井上国博　速水洋志　渡辺 彰　吉田勇人　共著

誠文堂新光社

図解でよくわかる 2級土木施工管理技術検定 第1次検定 まえがき

「2級土木施工管理技術検定」（種別：土木・鋼構造物塗装・薬液注入）は，建設業法に基づき，建設工事に従事する施工技術の確保，向上を図ることにより，資質を向上し，建設工事の適正な施工の確保に資するもので，国土交通大臣指定試験機関である一般財団法人 全国建設研修センターが実施する国家試験です。（「受検の手引」から引用）

「2級土木施工管理技術検定」は，建設業法施行令の改正により，「第1次検定」及び「第2次検定」となりました。また，建設業界への若手入職者の促進，若手技術者の育成の観点から，若年層の受検者が多い「第1次検定（種別：土木）」は「前期」と「後期」の年2回実施され，受検の機会が拡大されています。

「第1次検定」は，**受検年度中における年齢が17歳以上であれば，学歴・実務経験に関係がなく，どなたでも受検できます。**

さらに，第1次検定合格者には「2級土木施工管理技士補」という称号が創設されました。施工管理技士補は，建設現場における**「監理技術者」を補佐することができ**，ますます建設技術者への需要が増えます。

2級土木施工管理技術検定 第1次検定の出題分野は，**「土木一般」**，**「専門土木」**，**「法規」**，**「共通工学」**，**「建設機械」**，**「施工管理」**，**「施工管理法（基礎的な能力）」**から**「環境問題」**までの多岐にわたるものです。体系的な学習努力が重要なポイントとなります。

本書は，各分野ごとに精通した4人の著者が分担して，過去の問題から重点的に「出題傾向」を分析，「チェックポイント」では図解を含めた解説，解答で編集いたしました。

過去の問題を繰り返し学習し，本書に示された例題について7割程度の正解率を目指せば，自ずから合格は手の届くものとなるでしょう。

本書を有効に活用され，検定に合格されることを心よりお祈り申し上げます。

なお，合格者が次に目指す第2次検定には，**図解でよくわかる「2級土木施工管理技術検定 第2次検定 2023年版」**も参考にしてください。

共著者：井上国博／速水洋志／渡辺彰／吉田勇人

図解でよくわかる 2級土木施工管理技術検定 第1次検定 2023年版

もくじ

《巻末付録》令和４年度前期・後期 **第１次検定** 問題・解説・解答

Lesson 1 土木一般 選択問題

選択問題

Lesson 2 専門土木

選択問題

Lesson 3 法規

必須問題

共通工学

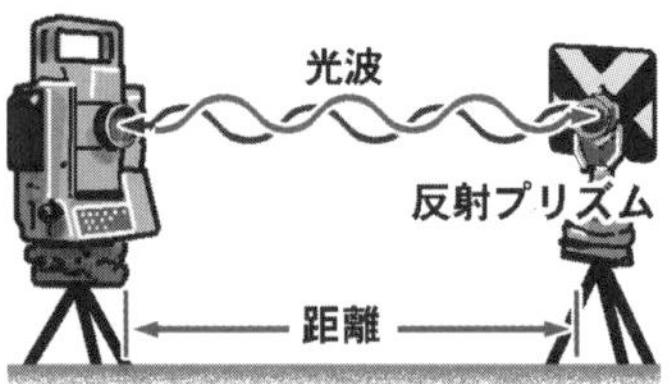

Lesson 5

必須問題

建設機械

Lesson 必須問題

6 施工管理

Lesson 必須問題

7 建設工事に伴う対策

表紙参考資料：PIXTA

2級土木施工管理技術検定

第1次検定 受検資格について

「2 級土木施工管理技術検定」は，令和 3 年度から「第 1 次検定」及び「第 2 次検定」によって行われています。第 1 次検定合格者は所定の手続き後**「2 級土木施工管理技士補」**が与えられ，建設現場で「監理技術者」を補佐することができます。なお，**必要な実務経験年数を経て**，「第 2 次検定」の受検資格が得られます。

第 2 次検定に合格すれば**「2 級土木施工管理技士」**と称することができます。

■2 級土木施工管理技術検定受検種別

2 級土木施工管理技術検定は，年 2 回実施されます。

・**前期試験種別**：土木のみ　　・**後期試験種別**：土木・鋼構造物塗装・薬液注入

■2 級土木施工管理技術検定受検資格

令和 5 年度の末日における**年齢が 17 歳以上の者**（平成 19 年 4 月 1 日以前に生まれた者）

※すでに 2 級土木施工管理技士の資格を取得済みの方は，再度の受検申込みはできません。

■（参考資料）2 級土木施工管理技術検定「第 2 次検定」の受検

第 2 次検定の受検について（令和 4 年度「第 1 次検定」のみを受検し合格した方の場合）

(1) 第 1 次検定免除　令和 4 年度以降の第 1 次検定に合格した方は，期間や回数の制約なく第 2 次検定を受検できます。※第 1 次検定が免除されるのは，同じ受検種別に限ります。

(2) 第 2 次検定の受検資格　**第 1 次検定合格者で，下表の実務経験年数を満たした者。**

学　歴	土木施工管理に関する必要な実務経験年数	
	指　定　学　科	指　定　学　科　以　外
学校教育法による ・大学 ・専門学校の「高度専門士」	卒業後 **1 年以上** の実務経験年数	卒業後 **1 年 6 ヵ月以上** の実務経験年数
学校教育法による ・短期大学 ・高等専門学校（5 年制） ・専門学校の「専門士」	卒業後 **2 年以上** の実務経験年数	卒業後 **3 年以上** の実務経験年数
学校教育法による ・高等学校 ・中等教育学校（中高一貫 6 年） ・専修学校の専門課程	卒業後 **3 年以上** の実務経験年数	卒業後 **4 年 6 ヵ月以上** の実務経験年数
その他（学歴を問わず）	**8 年以上**の実務経験年数	

（令和 4 年度「受検の手引」より一部引用）

■2 級土木施工管理技士「第 1 次検定」受検手続

「前期　第 1 次検定」（種別：土木のみ）

・試 験 日：**令和 5 年 6 月 4 日（日）**

・試 験 地：札幌・仙台・東京・新潟・名古屋・大阪・広島・高松・福岡・那覇
（※近郊都市も含む）

・申込受付期間：**令和 5 年 3 月 1 日（水）〜3 月 15 日（水）**

・合 格 発 表：令和 5 年 7 月 4 日（火）

・申込用紙等の販売：令和 5 年 2 月 17 日（金）から，全国建設研修センター及び全国の委託機関にて販売。（金額及び委託機関先については，全国建設研修センターに問い合わせのこと）

「後期　第 1 次検定」（種別：土木・鋼構造物塗装・薬液注入）

・試 験 日：**令和 5 年 10 月 22 日（日）**

・試 験 地：（種別：土木）札幌・釧路・青森・仙台・秋田・東京・新潟・富山・静岡・名古屋・大阪・松江・岡山・広島・高松・高知・福岡・熊本（第 1 次検定のみ）・鹿児島・那覇（※近郊都市も含む）
（種別：鋼構造物塗装・薬液注入）札幌・東京・大阪・福岡（※近郊都市を含む）

・申込受付期間：**令和 5 年 7 月 5 日（水）〜7 月 19 日（水）**

・合 格 発 表：令和 5 年 11 月 30 日（木）（※第 1 次検定のみ受検者）

・申込用紙等の販売：令和 5 年 6 月 19 日（月）から，全国建設研修センター及び全国の委託機関にて販売。（金額及び委託機関先については，全国建設研修センターに問い合わせのこと）

・申込方法：簡易書留による個人別申込みとし，締切日の消印まで有効。必ず郵便局の窓口で，簡易書留郵便として郵送してください。
（ポストに投函しないでください。）
宅配便等を利用した申込みは受け付けません。

詳細は全国建設研修センターのホームページ（https://www.jctc.jp/）を参照してください。

土木施工管理技術検定試験に関する申込書類提出先及び問合せ先

〒187-8540　東京都小平市喜平町 2-1-2

一般財団法人　**全国建設研修センター　土木試験課**

TEL　042-300-6860　　https://www.jctc.jp/

※令和 4 年 12 月 16 日付官報の資料をもとに作成したもので，今後変更されることもあります。
必ず受検年度の「受検の手引」又は「全国建設研修センター　土木試験課」で確認してください。

1 土工

出題傾向

1. 「土の原位置試験」に関する問題は，過去10回で10回出題。原位置試験の種類，目的と内容を確実に理解しておく。
2. 「土工量計算」は，過去10回では出題されていない。出題は減ってきているが，実際の仕事で使う機会が多いので，土量変化率について把握し，土量計算も行っておく。
3. 「土工作業と建設機械の選定」は，過去10回で11回出題。土工作業と建設機械の選定を理解しておく。
4. 「盛土の品質管理」は，過去10回では出題されていないが，本項では，品質規定方式を理解しておく。
5. 「盛土の施工」は，過去10回で9回出題。現場条件による盛土の施工方法，品質管理の方法を確実に理解しておく。
6. 「のり面施工」は，過去10回では出題されていないが，それ以前の出題率が高く，のり面保護の工法とその目的・特徴を理解しておく。

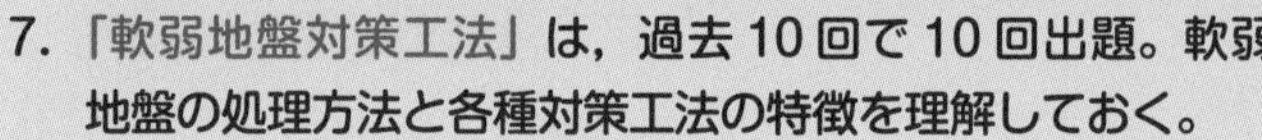

7. 「軟弱地盤対策工法」は，過去10回で10回出題。軟弱地盤の処理方法と各種対策工法の特徴を理解しておく。

point チェックポイント

■原位置試験の目的と内容

原位置試験の結果から求められるもの，その利用及び内容について，下表に示す。

試験の名称	求められるもの	利用方法	試験内容
単位体積質量試験	湿潤密度　ρ_t 乾燥密度　ρ_d	締固めの施工管理	砂置換法，カッター法など各種方法があるが，基本は土の重量を体積で除す。
標準貫入試験	N 値	土の硬軟，締まり具合の判定	重さ 63.5 kg のハンマーにより，30 cm 打ち込むのに要する打撃回数。
スウェーデン式サウンディング試験	Wsw 及び Nsw 値	土の硬軟，締まり具合の判定	6 種の荷重を与え，人力によるロッド回転の貫入量に対応する半回転数を測定。
オランダ式二重管コーン貫入試験	コーン指数　q_c	土の硬軟，締まり具合の判定	先端角 60°及び底面積 10 cm² のマントルコーンを，速度 1 cm/s により，5 cm 貫入し，コーン貫入抵抗値を算定する。

試験の名称	求められるもの	利用方法	試験内容
ポータブルコーン貫入試験	コーン指数　q_c	トラフィカビリティの判定	先端角 30°及び底面積 6.45 cm^2 のコーンを，人力により貫入させ，貫入抵抗値は貫入力をコーン底面積で除した値で表す。
ベーン試験	粘着力　c	細粒土の斜面や基礎地盤の安定計算	ベーンブレードを回転ロッドにより押込み，その抵抗値を求める。
平板載荷試験	地盤係数　K	締固めの施工管理	直径 30 cm の載荷板に荷重をかけ，時間と沈下量の関係を求める。
現場透水試験	透水係数　k	透水関係の設計計算 地盤改良工法の設計	ボーリング孔を利用して，地下水位の変化により，透水係数を求める。
弾性波探査	地盤の弾性波速度　V	地層の種類，性質 成層状況の推定	火薬により弾性波を発生させ，伝波状況の観測により，弾性波速度を解明する。
電気探査	地盤の比抵抗値	地層・地質 構造の推定	地中に電流を流し，電位差を測定し，比抵抗値を算定する。

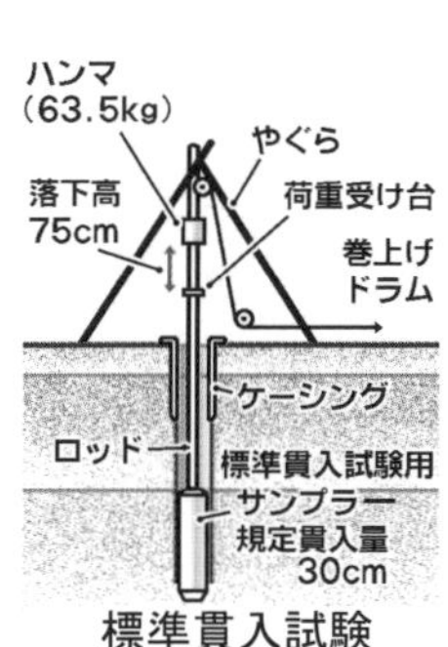

標準貫入試験

スウェーデン式
サウンディング試験

オランダ式二重管コーン貫入試験

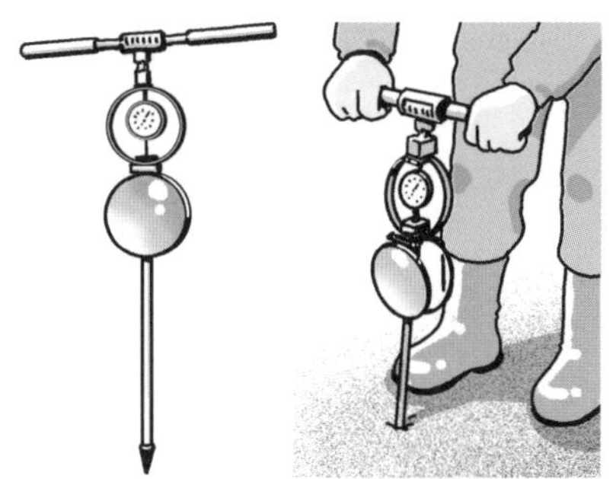
ポータブルコーン貫入試験

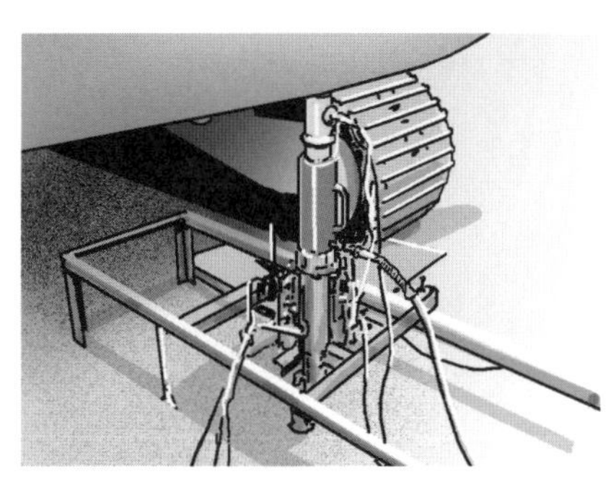
平板載荷試験

■土工量計算

①土の状態と土量変化率

・地山の土量（地山にある，そのままの状態）………　掘削土量
・ほぐした土量（掘削され，ほぐされた状態）………　運搬土量
・締固めた土量（盛土され，締固められた状態）……　盛土土量

$$L=\frac{\text{ほぐした土量}(\mathrm{m}^3)}{\text{地山の土量}(\mathrm{m}^3)} \qquad C=\frac{\text{締固めた土量}(\mathrm{m}^3)}{\text{地山の土量}(\mathrm{m}^3)}$$

②土工計算（計算例）

次の①～④に記述された土量（イ），（ロ），（ハ），（ニ）を求める。

（条　件）　土量の変化率は$L=1.20$，$C=0.90$とする。

① 1,000 m³の盛土を行うのに必要な地山土量は［約　（イ）　m³］となる。

② 1,000 m³の地山をほぐすと，［（ロ）　m³］となる。

③ 1,000 m³の地山をほぐして締め固めると，［（ハ）　m³］の盛土量となる。

④ 1,000 m³の盛土を行うのに必要なほぐした土量は，［約　（ニ）　m³］である。

（解　答）

（イ）　地山の土量＝締固め土量 $\times\frac{1}{C}=1{,}000\times\frac{1}{0.9}\fallingdotseq 1{,}110\ \mathrm{m}^3$

（ロ）　ほぐした土量＝地山の土量 $\times L=1{,}000\times1.2=1{,}200\ \mathrm{m}^3$

（ハ）　締固め土量＝地山の土量 $\times C=1{,}000\times0.9=900\ \mathrm{m}^3$

（ニ）　ほぐした土量＝締固め土量 $\times\frac{L}{C}=1{,}000\times\frac{1.2}{0.9}\fallingdotseq 1{,}330\ \mathrm{m}^3$

■土工作業と建設機械の選定

①土質による適応する建設機械

・トラフィカビリティー

建設機械の土の上での走行性を表すもので，締め固めた土を，コーンペネトロメータにより測定した値，コーン指数 q_c で示される。

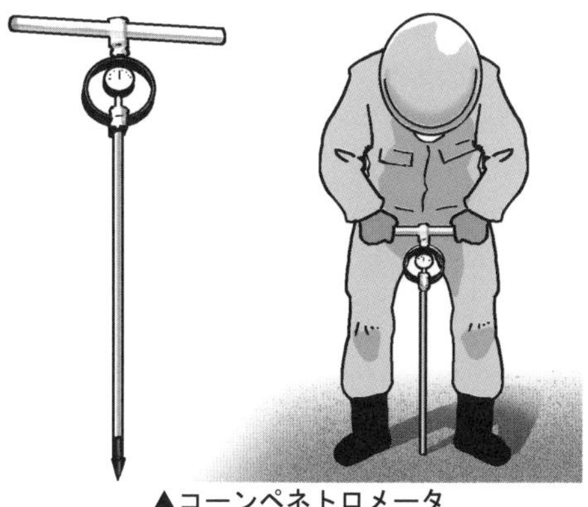

▲コーンペネトロメータ

建設機械の走行に必要なコーン指数

建設機械の種類	コーン指数 q_c (kN/m²)	建設機械の接地圧 (kN/m²)
超湿地ブルドーザ	200 以上	15〜23
湿地ブルドーザ	300 以上	22〜43
普通ブルドーザ（15 t 級）	500 以上	50〜60
普通ブルドーザ（21 t 級）	700 以上	60〜100
スクレープドーザ	600 以上 （超湿地型は 400 以上）	41〜56 (27)
被けん引式スクレーパ（小型）	700 以上	130〜140
自走式スクレーパ（小型）	1,000 以上	400〜450
ダンプトラック	1,200 以上	350〜550

②運搬距離等と建設機械の選定

・**運搬距離**：建設機械ごとの適応運搬距離を下表に示す。

運搬機械と土の運搬距離

建設機械の種類	適応する運搬距離
ブルドーザ	60 m 以下
スクレープドーザ	40〜250 m
被けん引式スクレーパ	60〜400 m
自走式スクレーパ	200〜1,200 m

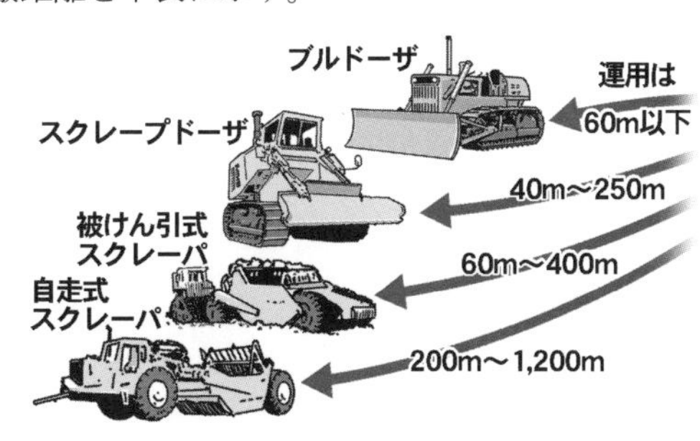

・**勾　配**：運搬機械は登り勾配のときは走行抵抗が増し，下り勾配のときは危険が生じる。

運搬機械の走行可能勾配

運搬機械の種類	運搬路の勾配
普通ブルドーザ	3 割（約 20°）〜2.5 割（約 25°）
湿地ブルドーザ	2.5 割（約 25°）〜1.8 割（約 30°）
被けん引式スクレーパ	15〜25%
ダンプトラック	10%以下
自走式スクレーパ	（坂路が短い場合15%以下）

■盛土の品質管理

①基準試験の最大乾燥密度，最適含水比を利用する方法

品質規定方式の一つで，最も一般的な方法である。現場で締固めた土の乾燥密度と基準の締固め試験の最大乾燥密度との比を締固め度と呼び，この値を規定する方法である。乾燥側から加水する場合と湿潤側から乾燥させる場合とで，締固め曲線が異なるのは，火山灰質粘性土のような土質であり，基準となる最大乾燥密度が定めにくく，適用はできない。

②空気間隙率又は飽和度を施工含水比で規定する方法

品質規定方式の一つで，締固めた土が安定な状態である条件として，空気間隙率又は飽和度が一定の範囲内にあるように規定する方法である。同じ土に対してでも突固めエネルギーを変えると，異なった突固め曲線が得られる。

③締固めた土の強度あるいは変形特性を規定する方法

品質規定方式の一つで，締固めた盛土の強度あるいは変形特性を貫入抵抗，現場CBR，支持力，プルーフローリングによるたわみの値によって規定する方法である。岩塊，玉石等の乾燥密度の測定が困難なものに適している。水の浸入により，強度が変化する粘性土には適さず，安定性は確認できない。

④工法規定方式

使用する締固め機械の種類，締固め回数などの工法を規定する方法である。あらかじめ現場締固め試験を行って，盛土の締固め状況を調べる必要があり，盛土材料の土質，含水比が変化しない現場では便利な方法である。

■盛土の施工

①基礎地盤の処理

・**伐開除根**：草木や切株を残すことによる，腐食や有害な沈下を防ぐ。

・**表土処理**：表土が腐植土の場合，盛土への悪影響を防ぐために，表土をはぎ取り，盛土材料と置き換える。

②水田等軟弱層の処理

・**排 水 溝**：基礎地盤に溝を掘り盛土敷の外に排水し，乾燥させる。

・**サンドマット**：厚さ 0.5～1.2 m の敷砂層を設置し，排水する。

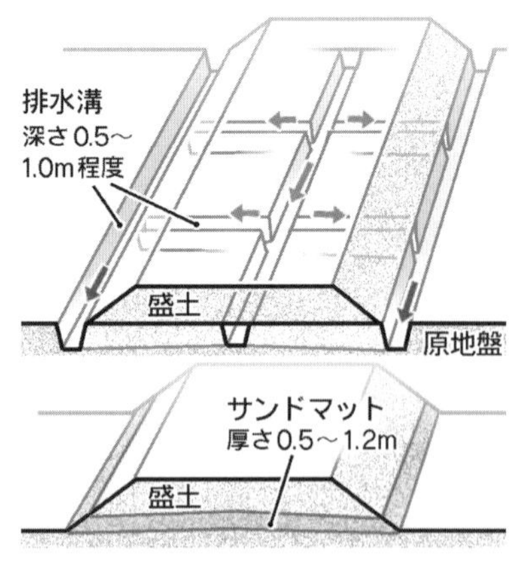

③段差の処理

・**かきならし**：基礎地盤に凹凸や段差がある場合，均一でない盛土を防ぐため，できるだけ平坦にかきならす必要がある。特に盛土が低い場合には，田のあぜなどの小規模のものでもかきならしを行う。

④敷均し及び締固め

・**敷均し及び締固めの厚さ**：盛土の種類により締固め厚さ及び敷均し厚さを下表のとおりとする。

盛土の種類による締固め厚さ及び敷均し厚さ

盛土の種類	締固め厚さ（1層）	敷均し厚さ
路体・堤体	30 cm以下	35～45 cm以下
路　　床	20 cm以下	25～30 cm以下

・**一般盛土材料の敷均し**：盛土の敷均し厚さは，薄く，均等にすることにより，安定性が保たれる。ブルドーザの場合は連続作業のため，土量の確認が困難であり，オペレーターの技術にも左右され，厚さの確認が困難となる。ダンプトラックやスクレーパの場合は，運搬土量が明らかになるので，厚さの把握が容易である。

・**高含水比盛土材料の敷均し**：高含水比粘性土を盛土材料として使用するときは，運搬機械によるわだち掘れができやすくなる。スクレーパ及びショベル＋ダンプトラック施工の場合には盛土の荷下ろし箇所に直接運搬機械を入れることができず，運搬路付近より盛土箇所まで材料を二次運搬する必要がある。

⑤締固め

・盛土材料の含水比を最適含水比に近づける。
・材料の性質により適当な締固め機械を選ぶ。
・施工中の排水処理を十分に行う。
・走行路を1箇所に固定せず，均等に締固め効果が上がるようにする。
・**土質による締固め機械**：締固め機械の種類と特徴により，適用する土質が異なる。

締固め機械の種類と適用土質

締固め機械	特　　徴	適　用　土　質
ロードローラ	静的圧力による締固め	粒調砕石，切込砂利，礫混じり砂
タイヤローラ	空気圧の調整により各種土質に対応	砂質土，礫混じり砂，山砂利，細粒土，普通土一般
振動ローラ	振動による締固め	岩砕，切込砂利，砂質土
タンピングローラ	突起（フート）による締固め	風化岩，土丹，礫混じり粘性土
振動コンパクタ	起振機を平板上に取付ける	鋭敏な粘性土を除くほとんどの土

■のり面施工

①切土のり面

切土に対する標準のり面勾配

地山の土質	切土高	勾配
硬岩		1:0.3〜1:0.8
軟岩		1:0.5〜1:1.2
砂（密実でない粒度分布の悪いもの）		1:1.5〜
砂質土（密実なもの）	5 m 以下	1:0.8〜1:1.0
	5〜10 m	1:1.0〜1:1.2
砂質土（密実でないもの）	5 m 以下	1:1.0〜1:1.2
	5〜10 m	1:1.2〜1:1.5
砂利又は岩塊まじり砂質土（密実なもの，又は粒度分布のよいもの）	10 m 以下	1:0.8〜1:1.0
	10〜15 m	1:1.0〜1:1.2
砂利又は岩塊まじり砂質土（密実なもの，又は粒度分布の悪いもの）	10 m 以下	1:1.0〜1:1.2
	10〜15 m	1:1.2〜1:1.5
粘性土	10 m 以下	1:0.8〜1:1.2
岩塊又は玉石まじりの粘性土	5 m 以下	1:1.0〜1:1.2
	5〜10 m	1:1.2〜1:1.5

注）① 土質構成などにより単一勾配としないときの切土高及び勾配の考え方は図のようにする。

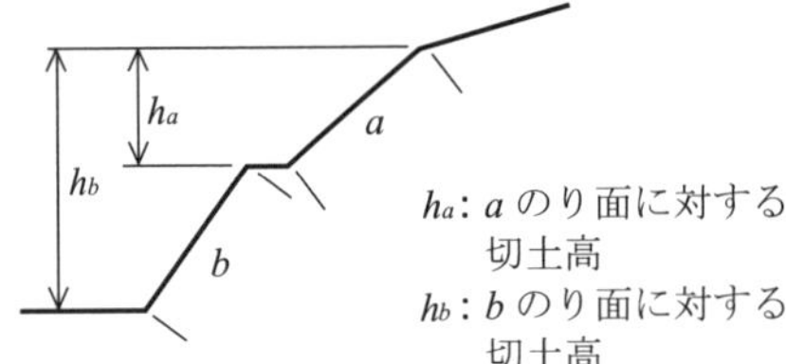

h_a: a のり面に対する切土高
h_b: b のり面に対する切土高

・勾配は小段を含めない。
・勾配に対する切土高は当該切土のり面から上部の全切土高とする。

② シルトは粘性土に入れる。
③ 上表以外の土質は別途考慮する。

②盛土のり面

盛土材料及び盛土高に対する標準のり面勾配

盛土材料	盛土高（m）	勾配
粒度の良い砂，礫及び細粒分混じり礫	5 m 以下	1:1.5〜1:1.8
	5〜15 m	1:1.8〜1:2.0
粒度の悪い砂	10 m 以下	1:1.8〜1:2.0
岩塊（ずりを含む）	10 m 以下	1:1.5〜1:1.8
	10〜20 m	1:1.8〜1:2.0
砂質土，硬い粘質土，硬い粘土（洪積層の硬い粘質土，粘土，関東ロームなど）	5 m 以下	1:1.5〜1:1.8
	5〜10 m	1:1.8〜1:2.0
火山灰質粘性土	5 m 以下	1:1.8〜1:2.0

③のり面保護工

のり面保護工の工種と目的

工種			目的
のり面緑化工（植生工）	播種工	種子散布工 客土吹付工 植生基材吹付工 （厚層基材吹付工） 植生シート工 植生マット工	浸食防止，凍上崩落抑制，植生による早期全面被覆
		植生筋工	盛土で植生を筋状に成立させることによる浸食防止，植物の侵入・定着の促進
		植生土のう工 植生基材注入工	植生基盤の設置による植物の早期生育 厚い生育基盤の長期間安定を確保
	植栽工	張芝工	芝の全面張り付けによる浸食防止，凍上崩落抑制，早期全面被覆
		筋芝工	盛土で芝の筋状張り付けによる浸食防止，植物の侵入・定着の促進
		植栽工	樹木や草花による良好な景観の形成
	苗木設置吹付工		早期全面被覆と樹木等の生育による良好な景観の形成

種子散布工

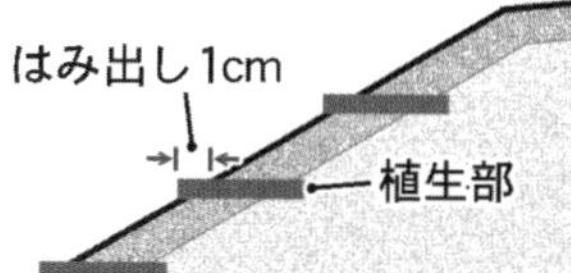

筋芝工法

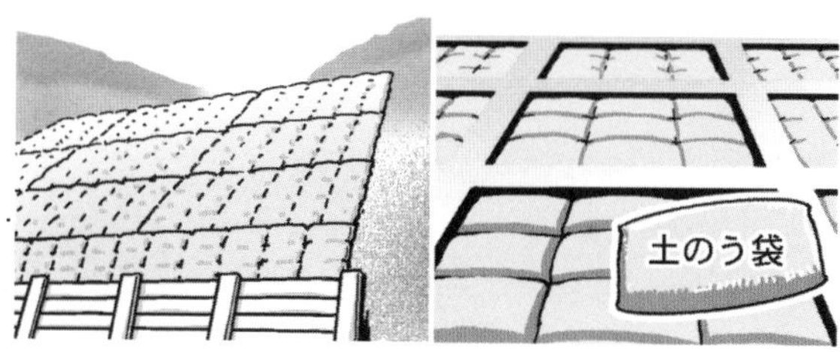

植生土のう工

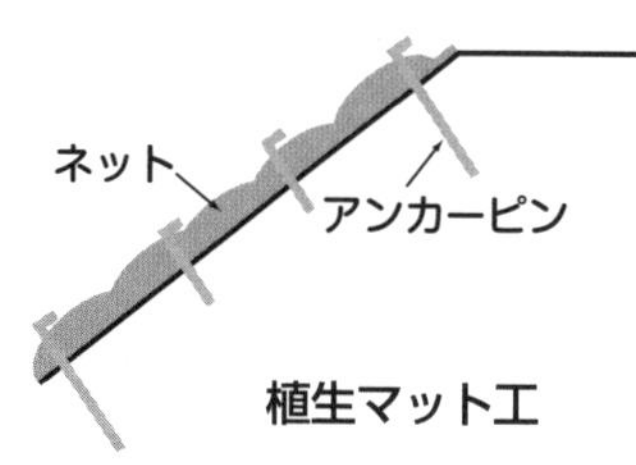

植生マット工

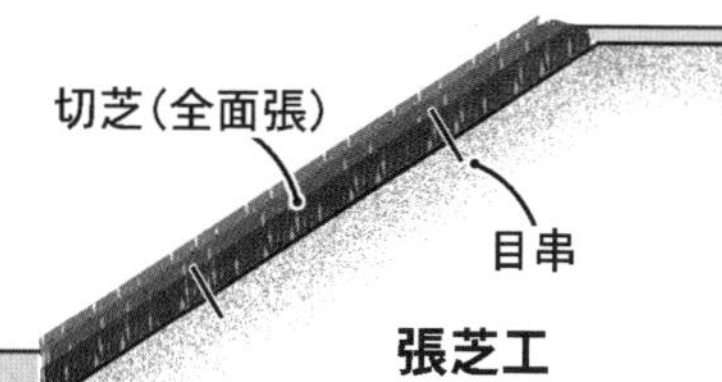

張芝工

工　種		目　的
構造物工	金網張工 繊維ネット張工	生育基盤の保持や流下水によるのり面表層部のはく落の防止
	柵工 じゃかご工	のり面表層部の浸食や湧水による土砂流出の抑制
	プレキャスト枠工	中詰の保持と浸食防止
	モルタル・コンクリート吹付工 石張工 ブロック張工	風化，浸食，表流水の浸透防止
	コンクリート張工 吹付枠工 現場打ちコンクリート枠工	のり面表層部の崩落防止，多少の土圧を受けるおそれのある箇所の土留め，岩盤はく落防止
	石積，ブロック積擁壁工 かご工 井桁組擁壁工 コンクリート擁壁工 連続長繊維補強土工	ある程度の土圧に対抗して崩壊を防止
	地山補強土工 グラウンドアンカー工 杭工	すべり土塊の滑動力に対抗して崩壊を防止

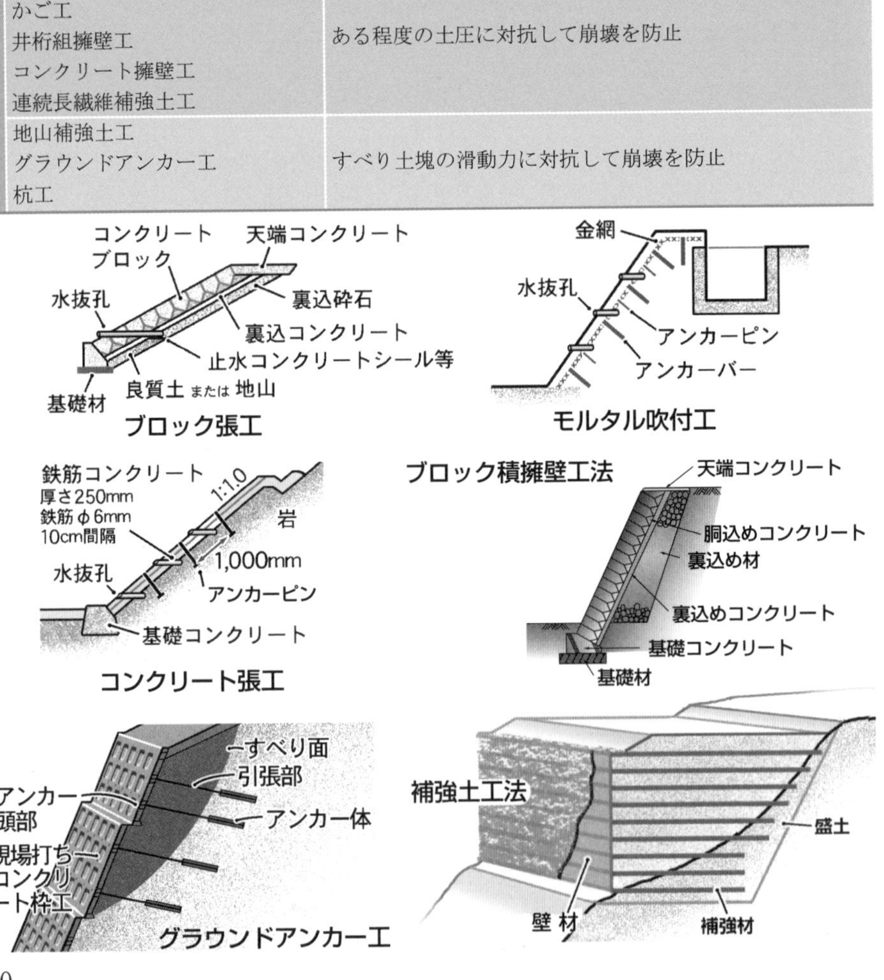

■軟弱地盤対策工法

軟弱地盤対策工の種類

区　分	対　策　工　法	工法の概要と特徴
表層処理工法	敷設材工法 表層混合処理工法 表層排水工法 サンドマット工法	基礎地盤の表面を石灰やセメントで処理したり，排水溝を設けて改良したりして，軟弱地盤処理工や盛土工の機械施工を容易にする。
載荷重工法	盛土荷重載荷工法 大気圧載荷工法 地下水低下工法	盛土や構造物の計画されている地盤にあらかじめ荷重をかけて沈下を促進した後，あらためて計画された構造物を造り，構造物の沈下を軽減させる。
バーチカルドレーン工法	サンドドレーン工法 カードボードドレーン工法	地盤中に適当な間隔で鉛直方向に砂柱などを設置し，水平方向の圧密排水距離を短縮し，圧密沈下を促進し併せて強度増加を図る。
サンドコンパクション工法	サンドコンパクションパイル工法	地盤に締固めた砂杭を造り，軟弱層を締固めるとともに，砂杭の支持力によって安定を増し，沈下量を減ずる。
振動締固め工法	バイブロフローテーション工法	バイブロフローテーション工法は，棒状の振動機を入れ，振動と注水の効果で地盤を締固める。
	ロッドコンパクション工法	ロッドコンパクション工法は，棒状の振動体に上下振動を与え，締固めを行いながら引き抜くものである。
固結工法	石灰パイル工法 深層混合処理工法 薬液注入工法	吸水による脱水や化学的結合によって地盤を固結させ，地盤の強度を上げることによって，安定を増すと同時に沈下を減少させる。
押え盛土工法	押え盛土工法 緩斜面工法	盛土の側方に押え盛土をしたり，法面勾配をゆるくしたりして，すべりに抵抗するモーメントを増加させて，盛土のすべり破壊を防止する。
置換工法	掘削置換工法 強制置換工法	軟弱層の一部又は全部を除去し，良質材で置き換える工法である。置き換えによってせん断抵抗が付与され，安全率が増加し，沈下も置き換えた分だけ小さくなる。

問題 1

土質調査に関する次の試験方法のうち，**原位置試験**はどれか。

⑴　突き固めによる土の締固め試験
⑵　土の含水比試験
⑶　スウェーデン式サウンディング試験
⑷　土粒子の密度試験

H30 年後期 No.1

解説

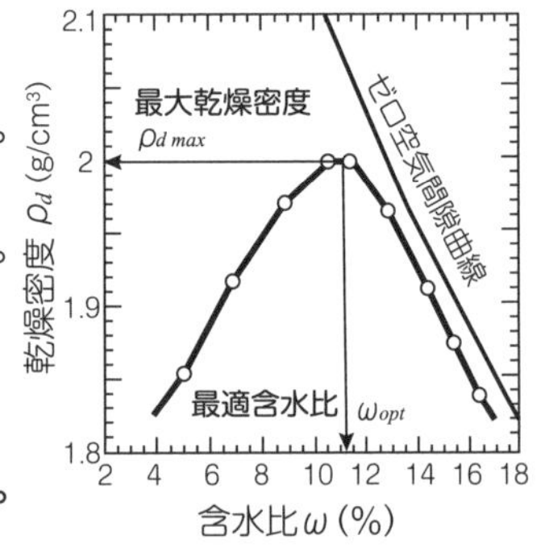

⑴　突固めによる土の締固め試験は，最大乾燥密度及び最適含水比を求める**室内試験**である。含水比を変化させた土を締め固めて得られた乾燥密度を図にしたのが締固め曲線である。右図のように含水比によって締固め密度が異なるので施工管理では，土の密度と含水比の関係を把握しておくことが重要である。

よって，**原位置試験でない。**

⑵　土の含水比試験は，土に含まれる水分の土粒子に対する質量比を測定する**室内試験**である。土は土粒子（固体），水（液体），空気（気体）の 3 相で構成されており，土の含水比は土粒子の質量に対する土中の水の質量の比である。

よって，**原位置試験でない。**

⑶　スウェーデン式サウンディング試験は，原位置における土の硬軟，締り具合，土層の構成を把握するために行う原位置試験である。比較的軟らかい地盤に適しており，調査可能深度は 10 m までである。　よって，原位置試験である。

⑷　土粒子の密度試験は，土粒子の単位体積（1 cm^3）あたりの質量を測定する**室内試験**である。土は土粒子（固体），水（液体），空気（気体）の 3 相で構成されており，土粒子の密度は土粒子部分の単位体積質量である。

よって，**原位置試験でない。**

土質調査に関する次の試験方法のうち，**室内試験**はどれか。

(1) 土の液性限界・塑性限界試験
(2) ポータブルコーン貫入試験
(3) 平板載荷試験
(4) 標準貫入試験

H30 年前期 No.1

解説

(1) 土の液性限界・塑性限界試験は，土の状態が変化する境界の含水比を測定する室内試験である。液性限界は，塑性限界及び塑性指数などと合わせて，土の物理的性質を推定することや，塑性図を用いた土の分類などに利用される。

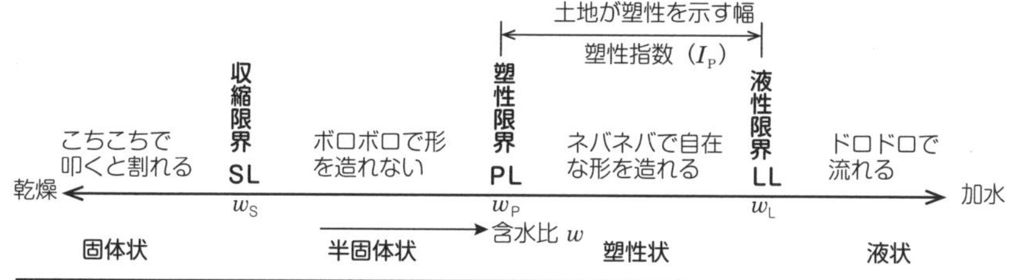

液性限界とは，土が塑性状態から液状に移るときの含水比
塑性限界とは，土が塑性状態から半固体状に移るときの含水比
塑性指数とは，液性限界と塑性限界の差

(2) ポータブルコーン貫入試験の結果は，粘性土や腐食土などの軟弱地盤に人力で静的にコーンを貫入させることによって，コーン貫入抵抗を求める**原位置試験**である。このコーン貫入抵抗から，地層構成の厚さ，強度，粘着力が求められ，建設機械の走行性（トラフィカビリティ）の良否の判定に使用される。

(3) 平板載荷試験は，地盤上に円形の平板を通して荷重を加え，このときの荷重の大きさと平板の沈下量から支持力（q_a），地盤反力係数（K 値），変形係数（E）を求める**原位置試験**である。この試験結果は，基礎や舗装の設計に用いられる。

(4) 標準貫入試験は，原位置における土の硬軟，締まり具合の判定を目的としている**原位置試験**である。標準貫入試験で得られる結果，N 値は，地盤支持力の判定に使用されるほか，内部摩擦角の推定，液状化の判定等にも利用される。

よって，室内試験は(1)である。

問題 3

土工に用いられる「試験の名称」とその「試験結果の活用」に関する次の組合せのうち，**適当でないもの**はどれか。

	[試験の名称]	[試験結果の活用]
(1)	突固めによる土の締固め試験…………	盛土の締固め管理
(2)	土の圧密試験……………………………	地盤の液状化の判定
(3)	標準貫入試験……………………………	地盤の支持力の判定
(4)	砂置換による土の密度試験……………	土の締まり具合の判定

R元年前期 No.1

解説

(1) 突固めによる土の締固め試験は，最大乾燥密度，最適含水比を調べる試験で，盛土の締固め管理に利用される。 よって，**適当である。**

(2) 土の圧密試験，地盤の圧密沈下の予測を行うために実施される室内試験で，圧縮を受ける土の圧縮特性を知ることができる。標準的な圧密試験は，「JIS A 1217 土の段階載荷による圧密試験方法」と「JIS A 1227 土の定ひずみ速度載荷による圧密試験方法」の 2 つがある。地盤の液状化の判定は標準貫入試験などがある。 よって，適当でない。

(3) 標準貫入試験は，原位置における土の硬軟，締まり具合の判定を目的としている。標準貫入試験で得られる結果，N 値は，地盤支持力の判定に使用される他，内部摩擦角の推定，液状化の判定等にも利用される。 よって，**適当である。**

(4) 砂置換による土の密度試験は，試験孔から掘り取った土の質量と，掘った試験孔に充填した砂の質量から求めた体積を利用して原位置の土の密度を求める試験である。土の締まり具合，土の締固めの良否の判定に使用される。 よって，**適当である。**

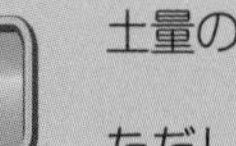

問題 4

土量の変化に関する次の記述のうち，**正しいもの**はどれか。

ただし，土量の変化率を $L=1.25=\dfrac{\text{ほぐした土量}}{\text{地山の土量}}$

$C=0.80=\dfrac{\text{締固めた土量}}{\text{地山の土量}}$ とする。

(1) 100 m^3 の地山土量をほぐして運搬する土量は 156 m^3 である。
(2) 100 m^3 の盛土に必要な地山の土量は 125 m^3 である。
(3) 100 m^3 の盛土に必要な運搬土量は 125 m^3 である。
(4) 100 m^3 の地山土量を掘削運搬して締め固めると 64 m^3 である。

H21 年 No.2

解説

(1) 100 m^3 の地山土量をほぐして運搬する土量は，**$100\times L$ (1.25) $=125$ m^3**
よって，**誤っている。**

(2) 100 m^3 の盛土に必要な地山の土量は，$\dfrac{100}{C\ (0.80)}=125$ m^3
よって，正しい。

(3) 100 m^3 の盛土に必要な運搬土量は，**$100\times\dfrac{L\ (1.25)}{C\ (0.80)}=156$ m^3**
よって，**誤っている。**

(4) 100 m^3 の地山土量を掘削運搬して締め固めると，**$100\times C$ (0.80) $=80$ m^3**
よって，**誤っている。**

解答 (2)

問題 5

土量の変化率に関する次の記述のうち，**誤っているもの**はどれか。

ただし，L＝1.20　　L＝ほぐした土量／地山土量

C＝0.90 とする。C＝締め固めた土量／地山土量

(1) 締め固めた土量 100 m^3 に必要な地山土量は 111 m^3 である。

(2) 100 m^3 の地山土量の運搬土量は 120 m^3 である。

(3) ほぐされた土量 100 m^3 を盛土して締め固めた土量は 75 m^3 である。

(4) 100 m^3 の地山土量を運搬し盛土後の締め固めた土量は 83 m^3 である。

H24 年 No.1

解説

(1) 締め固めた土量 100 m^3 に必要な地山土量は $\frac{100}{C\,(0.90)}$＝111 m^3 である。

よって，**正しい。**

(2) 100 m^3 の地山土量の運搬土量は $100 \times L\,(1.20) = 120$ m^3 である。

よって，**正しい。**

(3) ほぐされた土量 100 m^3 を盛土して締め固めた土量は

$100 \times \frac{C\,(0.90)}{L\,(1.20)} = 75$ m^3 である。

よって，**正しい。**

(4) 100 m^3 の地山土量を運搬し，盛土後に締め固めた土量は

$100 \times C\,(0.90) = 90$ m^3 である。

よって，誤っている。

問題 6

土工において**掘削及び積込みの作業に用いられる建設機械**は，次のうちどれか。

(1) ブルドーザ
(2) 振動ローラ
(3) モーターグレーダ
(4) バックホゥ

H27 年 No.2

解説

(1) ブルドーザは，**「伐採と除根」，「掘削と運搬」，「敷均しと締固め」**に用いられる建設機械である。

(2) 振動ローラは，**締固め**に用いられる建設機械である。他にはブルドーザ，タイヤローラ，ランマ，タンパ，振動コンパクタ，ロードローラ等がある。

(3) モーターグレーダは，主に道路工事において**路床・路盤の整地作業**に用いられる建設機械である。

(4) バックホウは，ドラグライン，クラムシェル等と同じショベル系掘削機械で，「掘削と積込み」の作業に用いられる。

よって，掘削及び積込みの作業に用いられる建設機械は(4)である。

解答 (4)

問題 7

「土工作業の種類」と「使用機械」に関する次の組合せのうち，**適当でないもの**はどれか。

［土工作業の種類］　　　　［使用機械］
(1) 伐開除根 ………………… バックホゥ
(2) 溝掘り …………………… トレンチャ
(3) 掘削と積込み …………… トラクタショベル
(4) 敷均しと整地 …………… ロードローラ

R元年後期 No.2

解説

(1) 伐開除根の使用機械は，ブルドーザ，レーキドーザ，バックホウが使用される。 よって，**適当である。**

(2) 溝掘りの使用機械は，トレンチャ，バックホウが使用される。 よって，**適当である。**

(3) 掘削と積込みはショベル系掘削機（バックホウ，ドラグライン，クラムシェル）トラクタショベルが使用される。 よって，**適当である。**

(4) 敷均しと整地は，ブルドーザ，モータグレーダ，タイヤドーザが使用される。ロードローラは，締固めに使用される機械である。 よって，適当でない。

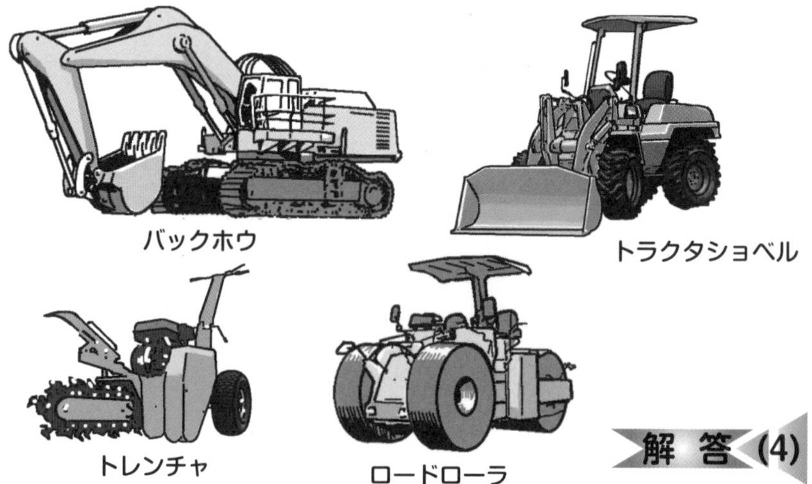

解答 (4)

問題 8

一般にトラフィカビリティーはコーン指数 qc（kN/m^2）で示されるが，普通ブルドーザ（15 t 級程度）が走行するのに**必要なコーン指数**は，次のうちどれか。

(1) 50（kN/m^2）以上
(2) 100（kN/m^2）以上
(3) 300（kN/m^2）以上
(4) 500（kN/m^2）以上

H30 年後期 No.3

解説

(1) 50（kN/m^2）以上とは，泥土が 200（kN/m^2）未満であり，一般的な建設機械は走行できない。

(2) 100（kN/m^2）以上とは，超湿地ブルドーザでも 200（kN/m^2）以上が必要である。

(3) 300（kN/m^2）以上は，湿地ブルドーザである。

(4) 500（kN/m^2）以上は，普通ブルドーザ（15 t 級）である。

よって，(4)が必要なコーン指数である。

建設機械の走行に必要なコーン指数

建設機械の種類	コーン指数 q_c (kN/m^2)	建設機械の接地圧 (kN/m^2)
超湿地ブルドーザ	200 以上	15～23
湿地ブルドーザ	300 以上	22～43
普通ブルドーザ（15 t 級）	500 以上	50～60
普通ブルドーザ（21 t 級）	700 以上	60～100
スクレープドーザ	600 以上 （超湿地型は 400 以上）	41～56 （27）
被けん引式スクレーパ（小型）	700 以上	130～140
自走式スクレーパ（小型）	1,000 以上	400～450
ダンプトラック	1,200 以上	350～550

問題 9

盛土の施工に関する次の記述のうち，**適当でないもの**はどれか。

⑴ 盛土の施工で重要な点は，盛土材料を水平に敷き均すことと，均等に締め固めることである。

⑵ 盛土の締固めの効果や特性は，土の種類，含水状態及び施工方法によって大きく変化する。

⑶ 盛土の締固めの目的は，盛土の法面の安定や土の支持力の増加などが得られるようにすることである。

⑷ 盛土の施工における盛土材料の敷均し厚さは，路体より路床の方を厚くする。

H28 年 No.3

解 説

⑴ 盛土の施工で重要な点は，ダンプトラック等で運搬された盛土材料をブルドーザ等で一定の厚さに，水平に敷き均すことと，締固め機械で均等に締め固めることである。 よって，**適当である。**

⑵ 盛土の締固めの効果や特性は，土の種類，含水状態及び施工方法によって大きく変化する。高含水比の盛土材料の場合，運搬機械によるわだち掘れができたり，こね返しによって著しく強度が低下したりするので，敷均し方法には注意が必要である。 よって，**適当である。**

⑶ 盛土の締固めの目的は，盛土の法面の安定や土の支持力の増加などが得られるようにすることである。この締固めで最も重要な特性は，含水比と密度の関係である。同じ土を同じ方法で締め固めても得られる土の密度は含水比によって変化するので，締固め度管理が可能となる含水比における最適含水比での施工が最も望ましい。 よって，**適当である。**

⑷ 盛土の施工における盛土材料の敷均し厚さは，路体より路床の方を薄くする。敷均し厚さは，試験施工によって決めることが望ましいが，一般的には 1 層の締固め後の仕上り厚さは路体で 30 cm 以下，路床で 20 cm 以下としている。 よって，適当でない。

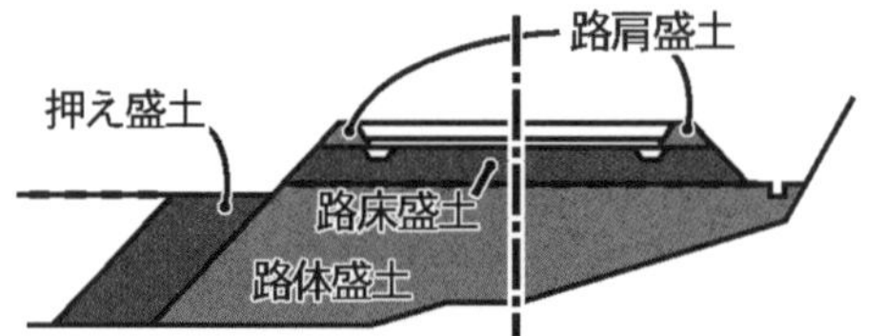

解 答 (4)

問題10

盛土の施工に関する次の記述のうち，**適当でないもの**はどれか。

⑴　盛土の施工で重要な点は，盛土材料を均等に敷き均すことと，均等に締め固めることである。

⑵　盛土の締固め特性は，土の種類，含水状態及び施工方法にかかわらず一定である。

⑶　盛土材料の自然含水比が施工含水比の範囲内にないときには，含水量の調節を行うことが望ましい。

⑷　盛土材料の敷均し厚さは，締固め機械及び要求される締固め度などの条件によって左右される。

R2 年後期 No.3

解説

⑴　盛土の施工は，薄層でていねいに敷き均して，盛土全体を均等に締め固めることが重要である。厚く敷き均してできた盛土では，転圧エネルギーが下層まで十分に及ばず締固めが不十分になり，不同沈下などの原因にもなる。

よって，**適当である。**

⑵　盛土の締固めで最も重要な特性は，含水比と密度の関係である。同じ土を同じ方法で締め固めても，得られる土の密度は含水比によって変化する。締固め度管理が可能となる含水比における最適含水比での施工が最も望ましい。したがって，盛土の締固めの効果や特性は，土の種類及び含水状態などで変化する。

よって，適当でない。

⑶　盛土材料の含水比が施工含水比の範囲内にないときには，含水量の調節が必要となる。含水量の調整は，ばっ気（気乾し含水比を下げること）や処理材により，自然含水比を下げるものや，散水により含水比を高めるものがある。

よって，**適当である。**

⑷　盛土材料の敷均し厚さは，材料，締固め機械と施工法などの条件によって左右される。敷均し厚さは，試験施工によって決めることが望ましいが，一般的には 1 層の締固め後の仕上り厚さは路体で 30 cm 以下，路床で 20 cm 以下としている。 よって，**適当である。**

問題11

盛土の施工に関する次の記述のうち，**適当でないもの**はどれか。

(1) 盛土の締固めの目的は，土の構造物として必要な強度特性が得られるようにすることである。
(2) 盛土材料の含水比が施工含水比の範囲内にないときには，含水量の調節が必要となる。
(3) 盛土材料の敷均し厚さは，材料，締固め機械と施工法などの条件によって左右される。
(4) 盛土の締固めの効果や特性は，土の種類及び含水状態などにかかわらず一定である。

R元年前期 No.3

解説

(1) 盛土の締固めの目的は，土の構造物として必要な強度特性が得られるようにすること，盛土の法面の安定や土の支持力の増加などが得られるようにすることである。 よって，**適当である。**

(2) 盛土材料の含水比が施工含水比の範囲内にないときには，含水量の調節が必要となる。含水量の調整は，ばっ気（気乾し含水比を下げること）や処理材により，自然含水比を下げるものや，散水により含水比を高めるものがある。 よって，**適当である。**

(3) 盛土材料の敷均し厚さは，材料，締固め機械と施工法などの条件によって左右される。敷均し厚さは，試験施工によって決めることが望ましいが，一般的には1層の締固め後の仕上り厚さは路体で 30 cm 以下，路床で 20 cm 以下としている。 よって，**適当である。**

(4) 盛土の締固めで最も重要な特性は，含水比と密度の関係で，同じ土を同じ方法で締め固めても得られる土の密度は含水比によって変化する。締固め度管理が可能となる含水比における最適含水比での施工が最も望ましい。したがって，盛土の締固めの効果や特性は，土の種類及び含水状態などで変化する。 よって，適当でない。

問題12　道路土工の盛土材料として望ましい条件に関する次の記述のうち，**適当でないもの**はどれか。

⑴　盛土完成後のせん断強さが大きいこと。
⑵　盛土完成後の圧縮性が大きいこと。
⑶　敷均しや締固めがしやすいこと。
⑷　トラフィカビリティーが確保しやすいこと。

H30 年前期 No.3

解　説

盛土材料には，施工が容易で盛土の安定を保ち，かつ有害な変形が生じないような材料（下記①～④）を用いなければならない。

①　敷均し・締固めが容易
②　締固め後のせん断強度が高く，圧縮性が小さく雨水等の浸食に強い
③　吸水による膨張性（水を吸着して体積が増大する性質）が低い
④　粒度配合のよい礫質土や砂質土

⑴　盛土完成後のせん断強さが大きいことは，②に該当する。
よって，**適当である。**

⑵　盛土完成後の圧縮性は，②にあるように圧縮性が小さいことが望ましい。
よって，適当でない。

⑶　敷均しや締固めがしやすいことは，①に該当する。　よって，**適当である。**

⑷　トラフィカビリティーとは建設機械等の走行性を表す度合いで，これが確保しやすいことは施工が容易であることに該当する。　よって，**適当である。**

解答 (2)

問題13

軟弱地盤における次の改良工法のうち，表層処理工法に**該当するもの**はどれか。

(1) 薬液注入工法
(2) サンドコンパクションパイル工法
(3) サンドマット工法
(4) プレローディング工法

H30 年後期 No.4

解説

(1) 薬液注入工法は，砂地盤の間隙に注入材を注入することにより，地盤の安定性の増大，遮水又は液状化の防止を図る方法であり，**固結工法**に分類される。

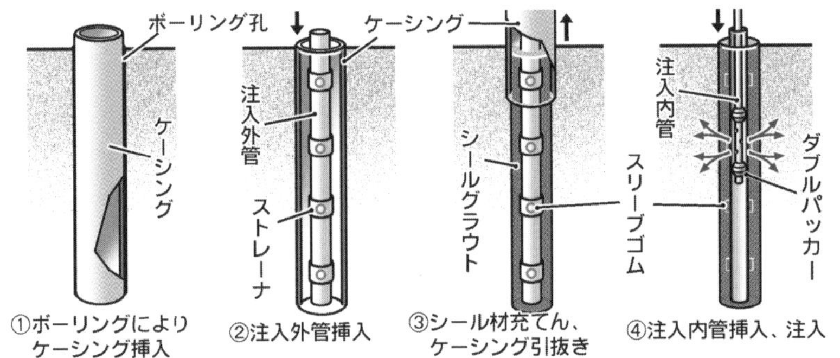

薬液注入工法

よって，**該当しない。**

(2) サンドコンパクションパイル工法は，バイブロハンマーを用いてケーシングパイプの引き抜き打ち戻し工程を繰り返すことにより，地盤中に締め固めた砂杭を強制的に造成し，周辺地盤を締固めて強化する**締固め工法**である。液状化対策等によく用いられる。 よって，**該当しない。**

(3) サンドマット工法は，地盤表層に砂を敷き均すことにより，軟弱層の圧密のための上部排水を確保する工法で，圧密・排水工法に分類される表層処理工法である。

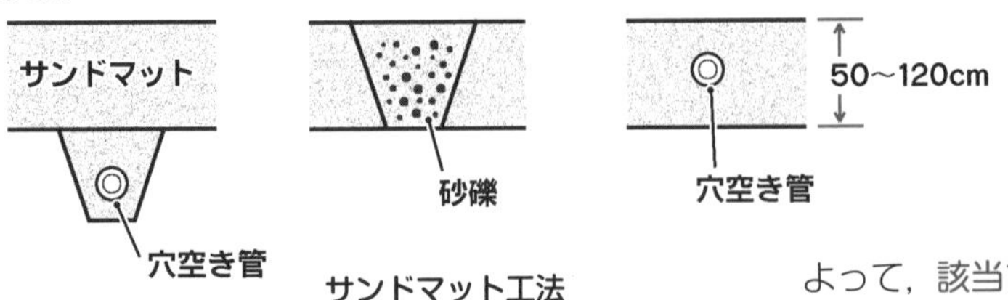

サンドマット工法

よって，該当する。

⑷　プレローディング工法は，構造物の施工に先立って盛土荷重などを載荷し，ある放置期間後載荷重を除去して沈下を促進させて地盤の強度を高める**載荷重工法**である。　　　　よって，**該当しない。**

プレローディング工法

解　答　(3)

問題14

軟弱地盤における次の改良工法のうち，**載荷工法に該当するもの**はどれか。

⑴　深層混合処理工法
⑵　ウェルポイント工法
⑶　プレローディング工法
⑷　バイブロフローテーション工法

H27年 No.4

解　説

⑴　深層混合処理工法は，塊状，粉末状，スラリー状の石灰やセメント系の安定材を地中に供給する。原位置の軟弱土と強制混合することによって原位置で深層に至る強固な柱体状，ブロック状，壁状の安定処理土を形成する**固結工法**である。（36ページ図「深層混合処理工法」参照）　　　　よって，**該当しない。**

⑵　ウェルポイント工法は，地盤中の地下水を低下させることにより，有効応力を増加させて軟弱層の圧密促進を図る**地下水位低下工法**である。他の工法としては，ディープウェル工法がある。　　よって，**該当しない。**

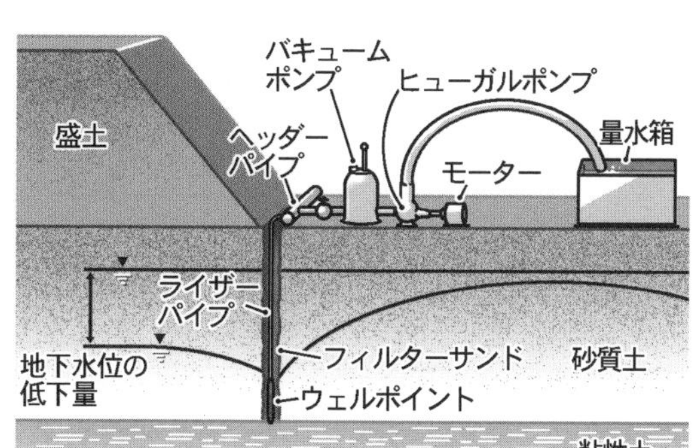

ウェルポイントによる地下水位低下工法

(3) プレローディング工法は，構造物の施工に先立って盛土荷重などを載荷し，ある放置期間後載荷重を除去して沈下を促進させて地盤の強度を高める載荷重工法である。　よって，該当する。

(4) バイブロフローテーション工法は，ゆるい砂地盤に対して用いられ，棒状の振動機を地盤中に振動させながら水を噴射し，水締めと振動により地盤を締め固める。同時に，生じた空隙に砂利などを補給して地盤を改良する**振動締固め工法**である。　よって，**該当しない。**

解　答 (3)

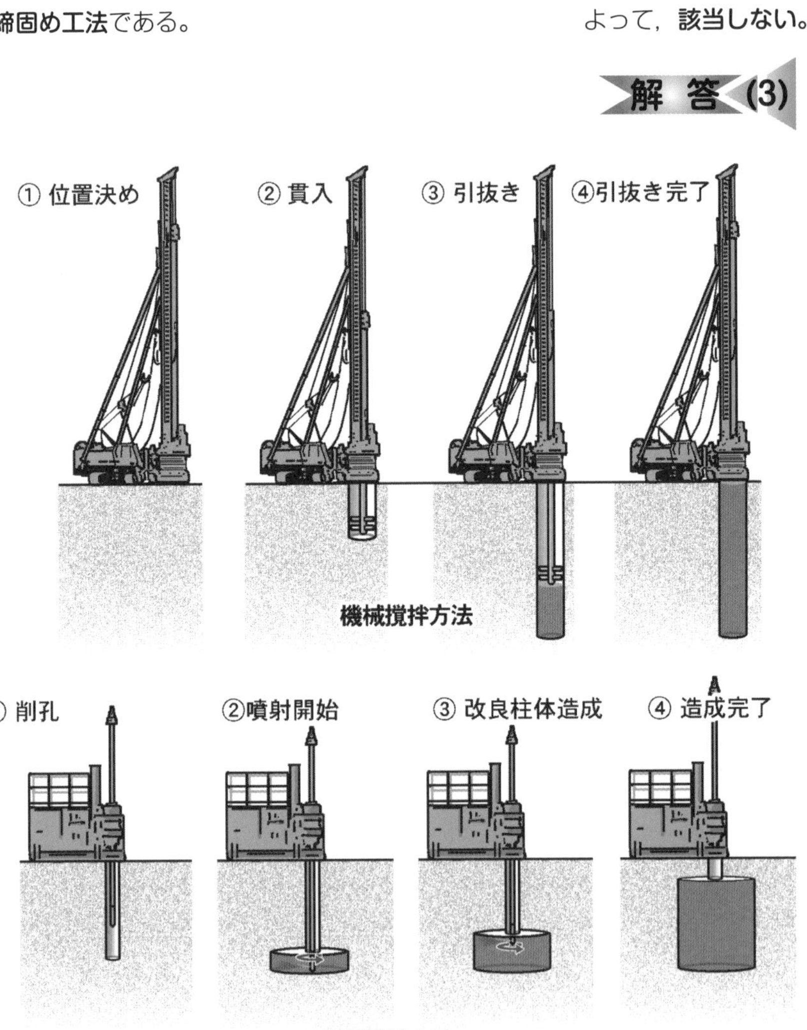

深層混合処理工法

軟弱地盤における次の改良工法のうち，地下水位低下工法に**該当するもの**はどれか。

(1) 押え盛土工法
(2) サンドコンパクションパイル工法
(3) ウェルポイント工法
(4) 深層混合処理工法

R元年後期 No.4

解　説

(1) 押え盛土工法は，盛土側方への押え盛土や，法面勾配を緩くすることによって，すべり抵抗のモーメントを増大させ，盛土のすべり破壊を防ぐもので**押え盛土工法，緩斜面工法**に分類される。

よって，**該当しない。**

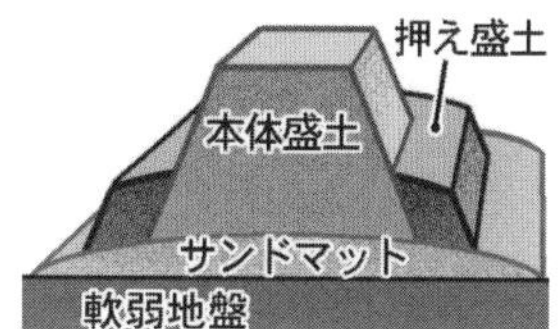

押え盛土工法

(2) サンドコンパクションパイル工法は，地盤に締め固めた砂ぐいを造るものである。緩い砂地盤に対しては液状化の防止，粘土質地盤には支持力を向上させる工法で，**サンドコンパクションパイル工法**に分類される。

よって，**該当しない。**

(3) ウェルポイント工法は，地下水を低下させることで地盤が受けていた浮力に相当する荷重を下層の軟弱層に載荷して圧密沈下を促進し，強度増加を図る圧密・排水工法で地下水低下工法に分類される。　　よって，該当する。

(4) 深層混合処理工法は，セメント又は石灰で現地盤の土と混合することにより柱体状の安定処理土を形成し，盛土のすべり防止，沈下の低減などを目的とする。**固結工法**に分類される。　　よって，**該当しない。**

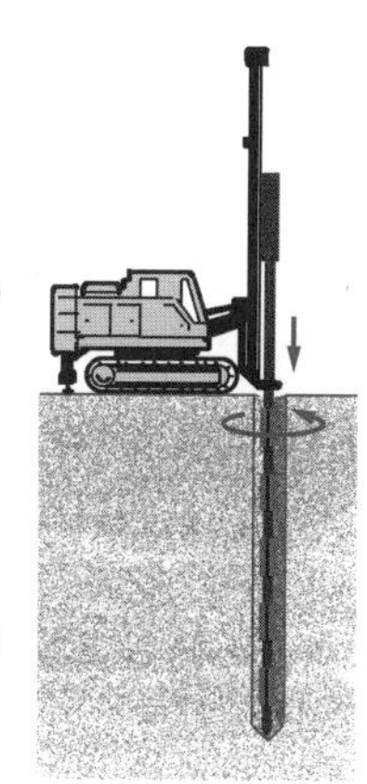
固結工法

Lesson 1 土木一般

2 コンクリート

1. 「コンクリートの品質管理」は，過去10回で3回出題。コンクリートの配合，スランプ試験から出題されており，各品質規定を理解しておく。
2. 「コンクリートの材料」は，過去10回で10回出題。セメント，骨材の種類・混和剤などの特徴を理解しておく。
3. コンクリートの施工は，出題数が多く，施工全般（運搬，打込み，締固め，打継目，鉄筋，型枠，支保，養生）について確実に理解しておく。特にコンクリートの用語とその定義（例としては「スランプとは○○を表す指標である」等）は確実に理解しておく。

point チェックポイント

■コンクリートの品質規定

①圧縮強度：強度は材齢28日における標準養生供試体の試験値で表し，1回の試験結果は，呼び強度の強度値の85%以上で，かつ3回の試験結果の平均値は，呼び強度の強度値以上とする。

②空気量：下表のとおりとする。

（単位：%）

コンクリートの種類	空気量	空気量の許容差
普通コンクリート	4.5	±1.5
軽量コンクリート	5.0	
舗装コンクリート	4.5	

③スランプ：下表のとおりとする。

（単位：cm）

スランプ	2.5	5及び6.5	8以上18以下	21
スランプの誤差	±1	±1.5	±2.5	±1.5

④塩化物含有量：塩化物イオン量として 0.30 kg/m³ 以下とする。（承認を受けた場合は0.60 kg/m³ 以下とする）

⑤アルカリ骨材反応の防止対策

- アルカリシリカ反応性試験（化学法及びモルタルバー法）で無害と判定された骨材を使用して防止する。
- コンクリート中のアルカリ総量を Na_2O 換算で 3.0 kg/m³ 以下に抑制する。
- 混合セメント（高炉セメント（B種，C種），フライアッシュセメント（B種，C種））を使用して抑制する。あるいは高炉スラグやフライアッシュ等の混和材をポルトランドセメントに混入した結合材を使用して抑制する。

■コンクリートの材料

①セメント

・ポルトランドセメント：普通・早強・超早強・中庸熱・低熱・耐硫酸塩ポルトランドセメント（低アルカリ形）の6種類

・混合セメント：以下の4種類がＪＩＳに規定されている。

①高炉セメント：A種・B種・C種の3種類

②フライアッシュセメント：A種・B種・C種の3種類

③シリカセメント：A種・B種・C種の3種類

④エコセメント：普通エコセメント，速硬エコセメントの2種類

・その他特殊なセメント：超速硬セメント，超微粉末セメント，アルミナセメント，油井セメント，地熱セメント，白色ポルトランドセメント，カラーセメント

②練混ぜ水

・上水道水，河川水，湖沼水，地下水，工業用水（ただし，鋼材を腐食させる有害物質を含まない水）

・回収水（「レディーミクストコンクリート」付属書に適合したもの）

・海水は使用してはならない。（ただし，用心鉄筋を配置しない無筋コンクリートの場合は可）

③骨材

・細骨材の種類：砕砂，高炉スラグ細骨材，フェロニッケルスラグ細骨材，銅スラグ細骨材，電気炉酸化スラグ細骨材，再生細骨材

・粗骨材の種類：砕石，高炉スラグ粗骨材，電気炉酸化スラグ粗骨材，再生粗骨材

・吸水率及び表面水率：骨材の含水状態による呼び名は，「絶対乾燥（絶乾）状態」，「空気中乾燥（気乾）状態」，「表面乾燥飽水（表乾）状態」，「湿潤状態」の4つで表す。示方配合では，「表面乾燥飽水（表乾）状態」が吸水率や表面水率を表すときの基準とされる。

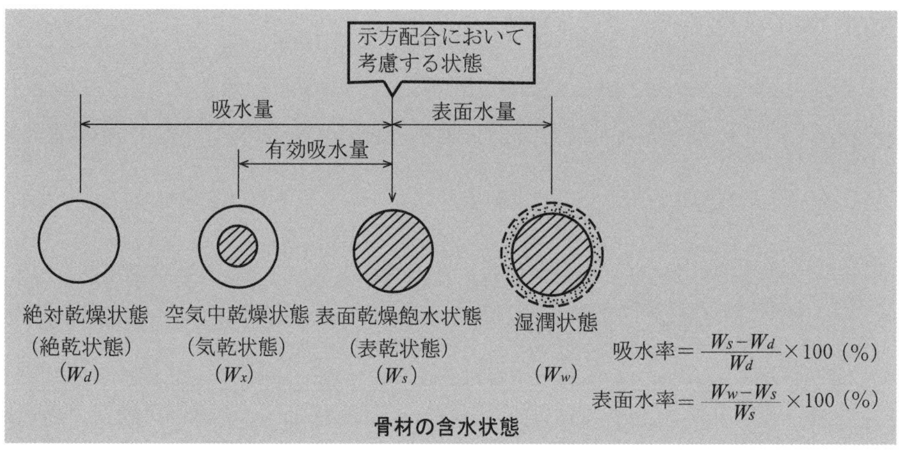

骨材の含水状態

④混和材料

・**混和材**：コンクリートのワーカビリティーを改善し，単位水量を減らし，水和熱による温度上昇を小さくすることができる。主な混和材としてフライアッシュ，シリカフューム，高炉スラグ微粉末，石灰石微粉末等がある。

・**混和剤**：ワーカビリティー，凍霜害性を改善するものとして AE 剤，AE 減水剤等，単位水量及び単位セメント量を減少させるものとして減水剤や AE 減水剤等，その他高性能減水剤，流動化剤，硬化促進剤等がある。

■コンクリートの施工

①練混ぜから打終わりまでの時間

外気温 25℃以下のとき 2 時間以内，25℃を超えるときは 1.5 時間以内とする。

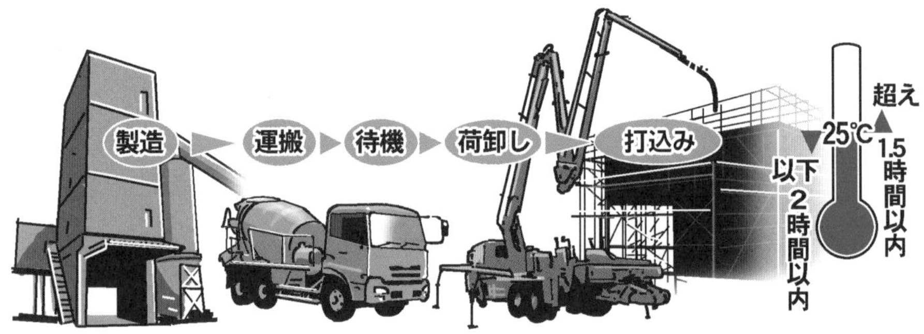

②現場までの運搬

・トラックミキサあるいはトラックアジテータを使用して運搬する。

・レディーミクストコンクリートは，練混ぜ開始から荷卸しまでの時間は 1.5 時間以内とする。

③現場内での運搬

・**コンクリートポンプ**：管径は大きいほど圧送負荷は小さいが，作業性は低下する。また，コンクリートポンプの配管経路は短く，曲がりの数を少なくし，コンクリートの圧送に先立ち先送りモルタルを圧送し配管内面の潤滑性を確保する。

・**バケット**：材料分離の起こりにくいものとする。

・**シュート**：縦シュートの使用を原則とし，コンクリートが 1 箇所に集まらないようにし，やむを得ず斜めシュートを用いる場合は水平 2 に対し鉛直 1 程度を標準とする。また，使用前後に水洗いし，使用に先がけてモルタルを流下させる。

・**コンクリートプレーサ**：輸送管内のコンクリートを圧縮空気で圧送するもので，水平あるいは上向きの配管とし，下り勾配としてはならない。

・**ベルトコンベア**：終端にはバッフルプレート及び漏斗管を設ける。

・手押し車やトロッコを用いる場合の運搬距離は 50～100 m 以下とする。

④打込み

- **準　備**：鉄筋や型枠の配置を確認し，型枠内にたまった水は取り除く。
- **打込み作業**：鉄筋の配置や型枠を乱さない。
- **打込み位置**：目的の位置に近いところにおろし，型枠内で横移動させない。
- **1 区画内での打込み**：一区画内では完了するまで連続で打ち込み，ほぼ水平に打ち込む。
- **2 層以上の打込み**：各層のコンクリートが一体となるように施工し，許容打重ね時間の間隔は，外気温25℃以下の場合は2.5時間，25℃を超える場合は2.0時間とする。
- **1 層当たりの打込み高さ**：打込み高さは 40～50 cm 以下を標準とする。
- **落下高さ**：吐出し口から打込み面までの高さは 1.5 m 以下を標準とする。
- **打上がり速度**：30 分あたり1.0～1.5 m 以下を標準とする。
- **ブリーディング水**：表面にブリーディング水がある場合は，これを取り除く。
- **打込み順序**：壁又は柱のコンクリートの沈下がほぼ終了してからスラブ又は梁のコンクリートを打ち込む。

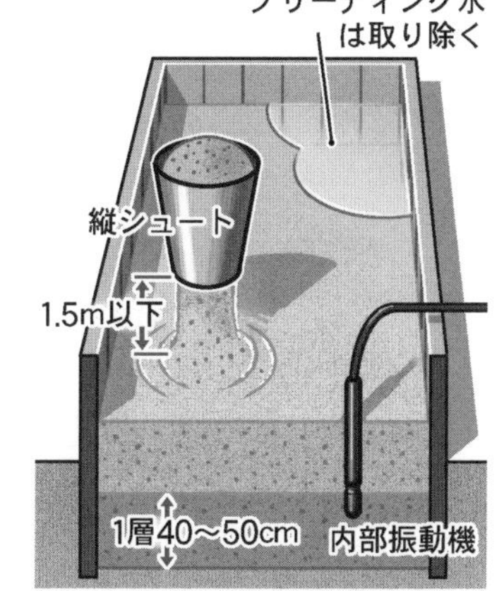

コンクリートの打込み

⑤締固め

- **締固め方法**：原則として内部振動機を使用する。
- **内部振動機**：下層のコンクリート中に 10 cm 程度挿入し，間隔は 50 cm 以下とする。
  また，横移動に使用してはならない。

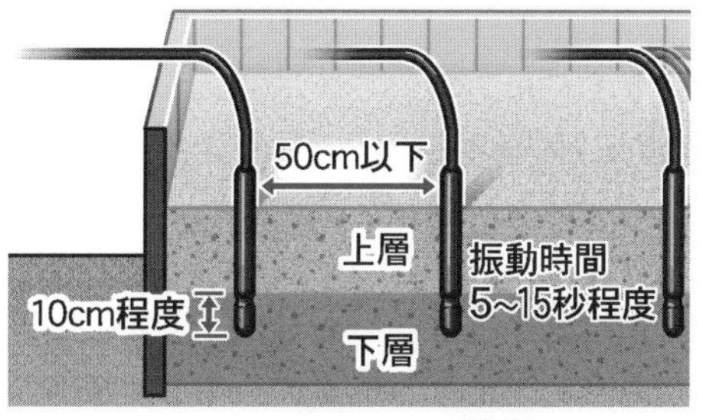

コンクリートの締固め

- **振動時間**：1 箇所あたりの振動時間は 5～15 秒とし，引き抜くときは徐々に引き抜き，後に穴が残らないようにする。

⑥仕上げ

- **表面仕上げ**：打上がり面はしみ出た水がなくなるか，又は上面の水を取り除いてから仕上げる。
- **ひび割れ**：コンクリートが固まり始めるまでに発生したひび割れは，タンピング又は再仕上げにより修復する。

⑦養生

・**養生の目的及び方法**：以下の3項目に分類する。

①湿潤に保つ：水中，湛水，散水，湿布（マット，むしろ），湿砂，膜養生（油脂系，樹脂系）

②温度を制御する：マスコンクリート（湛水，パイプクーリング），寒中コンクリート（断熱，蒸気，電熱），暑中コンクリート（散水，シート），促進養生（蒸気，オートクレーブ，給熱）

③有害な作用に対して保護する：振動，衝撃，荷重，海水等から保護する。

・**湿潤養生期間**：表面を荒らさないで作業ができる程度に硬化したら，下表に示す養生期間を保たなければならない。

日平均気温	普通ポルトランドセメント	混合セメントB種	早強ポルトランドセメント
15℃以上	5日	7日	3日
10℃以上	7日	9日	4日
5℃以上	9日	12日	5日

・**せき板**：乾燥するおそれのあるときは，これに散水し湿潤状態にしなければならない。

・**膜養生**：コンクリート表面の水光りが消えた直後に行い，散布が遅れるときは，膜養生剤を散布するまではコンクリートの表面を湿潤状態に保ち，膜養生剤を散布する場合には，鉄筋や打継目等に付着しないようにする必要がある。

・**寒中コンクリート**：保温養生あるいは給熱養生が終わった後，温度の高いコンクリートを急に寒気にさらすと，コンクリートの表面にひび割れが生じるおそれがあるので，適当な方法で保護し表面が徐々に冷えるようにする。

・**暑中コンクリート**：直射日光や風にさらされると急激に乾燥してひび割れが生じやすい。打ち込み後は速やかに養生する必要がある。

⑧打継目

・**位置**：せん断力の小さい位置に設け，打継面を部材の圧縮力の作用方向と直交させる。

・**水平打継目**：コンクリートを打継ぐ場合は既に打込まれたコンクリート表面のレイタンス等を取り除き，十分に吸水させる。

・**鉛直打継目**：旧コンクリート面をワイヤブラシ，チッピング等で粗にし，セメントペースト，モルタルを塗り，一体性を高める。

⑨鉄筋工

・**鉄筋の継手位置**：できるだけ応力の大きい断面を避け，同一断面に集めないことを原則とする。

・**鉄筋の加工**：常温で加工するのを原則とする。

・**鉄筋の溶接**：鉄筋は，原則として，溶接してはならない。やむを得ず溶接し，溶接した鉄筋を曲げ加工する場合には溶接した部分を避けて曲げ加工しなければならない。また，曲げ加工した鉄筋の曲げ戻しは一般に行わないのがよい。

・**組立用鋼材**：鉄筋の位置を固定するために必要なばかりでなく，組立を容易にする点からも有効である。

・**かぶり**：鋼材（鉄筋）の表面からコンクリート表面までの最短距離で計測したコンクリートの厚さである。

・**鉄筋の組立**：型枠に接するスペーサーはモルタル製あるいはコンクリート製を使用する。

⑩**型枠・支保工**

・型枠を取り外してよい時期は，下表のように規定されている。

型枠及び支保工の取外しに必要なコンクリートの圧縮強度の参考値

部材面の種類	例	コンクリートの圧縮強度（N/mm²）
厚い部材の鉛直に近い面，傾いた上面，小さいアーチの外面	フーチングの側面	3.5
薄い部材の鉛直に近い面，45°より急な傾きの下面，小さいアーチの内面	柱，壁，はりの側面	5.0
スラブ及びはり，45°より緩い傾きの下面	スラブ，はりの底面，アーチの内面	14.0

・**転　用**：型枠（せき板）は，転用して使用することが前提となり，一般に転用回数は，合板の場合 5 回程度，プラスチック型枠の場合 20 回程度，鋼製型枠の場合 30 回程度を目安とする。

問題 1

荷おろし時の目標スランプが 8 cm であり，練上り場所から現場までの運搬にともなうスランプの低下が 2 cm と予想される場合，**練上り時の目標スランプ**は次のうちどれか。

⑴ 6 cm
⑵ 8 cm
⑶ 10 cm
⑷ 12 cm

H29 年前期 No.6

解説

練上がり時の目標スランプは，荷卸し箇所までの場外運搬に伴うスランプ低下を考慮して定めることから，荷卸し時のスランプ 8 cm に運搬に伴うスランプ低下 2 cm を加え，練上がり時の目標スランプを 10 cm とする。　よって，⑶の 10 cm である。

解 答 (3)

問題 2

コンクリート標準示方書におけるコンクリートの配合に関する次の記述のうち，**適当でないもの**はどれか。

⑴ コンクリートの単位水量の上限は，175 kg/m³ を標準とする。
⑵ コンクリートの空気量は，耐凍害性が得られるように 4～7% を標準とする。
⑶ 粗骨材の最大寸法は，鉄筋の最小あき及びかぶりの 3/4 を超えないことを標準とする。
⑷ コンクリートの単位セメント量の上限は，200 kg/m³ を標準とする。

H30 年前期 No.6

解 説

⑴ コンクリートの単位水量の上限は，175 kg/m³ を標準とする。単位水量の推奨範囲は下表である。

粗骨材の最大寸法（mm）	単位水量の範囲（kg/m³）
20～25	155～175
40	145～165

よって，**適当である。**

⑵ コンクリートの空気量は，ワーカビリティや耐凍害性が得られるように練上がり時においてコンクリート容積の 4～7%を標準とする。

よって，**適当である。**

⑶ 粗骨材の最大寸法は，鉄筋の最小あき及びかぶりの 3/4 を超えないことを標準とする。また，鉄筋コンクリートの場合は部材最小寸法の 1/5 を，無筋コンクリートの場合は部材最小寸法の 1/4 を超えないことを標準とする。

よって，**適当である。**

⑷ コンクリートの単位セメント量は下限値が設定されており，粗骨材の最大寸法が 20～25 mm の場合 270 kg/m³ 以上確保する。より望ましい値としては，300 kg/m³ 以上を推奨している。 よって，適当でない。

問題 3

レディーミクストコンクリートの配合に関する次の記述のうち，**適当でないもの**はどれか。

(1) 配合設計の基本は，所要の強度や耐久性を持つ範囲で，単位水量をできるだけ少なくする。

(2) 水セメント比は，コンクリートの強度，耐久性や水密性などを満足する値の中から大きい値を選定する。

(3) スランプは，運搬，打込み，締固めなどの作業に適する範囲内でできるだけ小さくする。

(4) 空気量は，AE剤などの混和剤の使用により多くなり，ワーカビリティーを改善する。

H28年No.6

解説

(1) 配合設計の基本は，所要の強度や耐久性をもつ範囲で，単位水量をできるだけ少なくする。単位水量が多いコンクリートを使用すると，同じ水セメント比とするのに必要な単位セメント量が多くなり不経済となるだけではなく，材料分離が生じやすく，均質で欠陥の少ないコンクリートを造ることが困難になる。 よって，**適当である。**

(2) 水セメント比は，コンクリートの強度，耐久性や水密性などを満足する値の中から最小の値を選定する。なお，水セメント比は 65%以下とするのが基本である。 よって，適当でない。

(3) スランプは，構造条件として部材の種類や寸法，補強材（鉄筋，鋼材）の配置を考慮するとともに，施工条件としての場内運搬方法（ポンプ機種，圧送距離，配管方法），打込み方法（落下高さ，打込み 1 層の高さ），締固め方法（棒状バイブレータの種類，挿入間隔，挿入深さ，振動時間）を考慮して設定し，ワーカビリティーが満足される範囲内でできるだけ小さくする。よって，**適当である。**

(4) 空気量は，AE剤などの混和剤の使用により多くなり，ワーカビリティーを改善する。コンクリートの空気量は粗骨材の最大寸法，その他に応じてコンクリート容積の4～7%を標準とする。 よって，**適当である。**

問題 4

コンクリートで使用される骨材の性質に関する次の記述のうち，**適当なもの**はどれか。

⑴ すりへり減量が大きい骨材を用いたコンクリートは，コンクリートのすりへり抵抗性が低下する。
⑵ 吸水率が大きい骨材を用いたコンクリートは，耐凍害性が向上する。
⑶ 骨材の粒形は，球形よりも偏平や細長がよい。
⑷ 骨材の粗粒率が大きいと，粒度が細かい。

H30 年後期 No.5

解 説

⑴ すりへり減量とは骨材の耐摩耗性を示す値である。すりへり減量が大きい骨材を用いたコンクリートは，コンクリートのすりへり抵抗性が低下する。
よって，適当である。

⑵ 吸水率が大きい骨材を用いたコンクリートは，強度，耐久性は低下するとともに**耐凍害性は低下する**場合がある。 よって，**適当でない。**

⑶ 骨材に砕石を用いる場合は，角ばりの程度の大きなものや，**細長い粒，あるいは偏平な粒の多いものは避ける。** よって，**適当でない。**

⑷ 骨材の粗粒率が大きいと，**粒度が大きい。**同じ水セメント比のコンクリートでは粗粒率が小さいほどスランプは小さいことも覚えておく。
よって，**適当でない。**

問題 5

コンクリートに用いられる次の混和材料のうち，発熱特性を改善させる混和材料として**適当なものは**どれか。

⑴ 流動化剤
⑵ 防せい剤
⑶ シリカフューム
⑷ フライアッシュ

R元年前期 No.5

解説

⑴ 流動化剤は，あらかじめ練り混ぜられたコンクリートに添加し，これを撹拌することによって，その流動性を増大させることを主たる目的とする化学混和剤。
よって，**適当でない。**

⑵ 防せい剤は，コンクリートの鉄筋防せい効果がある混和剤。
よって，**適当でない。**

⑶ シリカフュームは，高性能 AE 減水剤と併用することにより所要の流動性が得られ，しかもブリーディングや材料分離の小さいものが得られる混和材。
よって，**適当でない。**

⑷ フライアッシュは，適切に用いることによって以下の効果が期待できる混和材である。
①コンクリートのワーカビリティーを改善し単位水量を減らすことができる。
②水和熱による温度上昇を小さくする。
③長期材齢における強度を増加させセメントの使用量が節減できる。
④乾燥収縮を減少させる。
⑤水密性や化学的浸食に対する耐久性を改善させる。
⑥アルカリ骨材反応を抑制する。
よって，適当である。

問題 6　コンクリート用セメントに関する次の記述のうち，**適当でないもの**はどれか。

(1) セメントは，風化すると密度が大きくなる。
(2) 粉末度は，セメント粒子の細かさをいう。
(3) 中庸熱ポルトランドセメントは，ダムなどのマスコンクリートに適している。
(4) セメントは，水と接すると水和熱を発しながら徐々に硬化していく。

R元年後期 No.5

解説

(1) セメントの密度は，化学成分によって変化し，風化するとその値は小さくなる。セメントの風化とは，大気中の湿気とセメント粒子の表面が水和する現象で，密度は低下し，強熱減量（揮発する成分の合計量）が増し，強度が低下する。
よって，適当でない。

(2) 粉末度とは，セメント粒子の細かさを示すもので，粉末度の高いものほど水和作用が速くなる。これは，粉末度が高いほど水と接触する表面積が大きくなるためで，水和反応が速くなることでブリーディング水は減少し，凝結も速くなる。
よって，**適当である。**

(3) 中庸熱ポルトランドセメントは，ダムなどのマスコンクリートに適している。これは，中庸熱ポルトランドセメントが普通ポルトランドセメントに比べ，水和に伴う発熱量が小さいため，温度ひび割れの抑制が可能となるからである。
よって，**適当である。**

(4) セメントは，水と接すると水和熱を発しながら徐々に硬化していく。そのセメントの水和作用の現象である凝結は，一般に使用時の温度が高いほど速くなる。
よって，**適当である。**

問題 7 フレッシュコンクリートの「性質を表す用語」と「用語の説明」に関する次の組合せのうち，**適当でないもの**はどれか。

[性質を表す用語]	[用語の説明]
(1) ワーカビリティー	コンクリートの打込み，締固めなどの作業のしやすさ
(2) コンシステンシー	コンクリートのブリーディングの発生のしやすさ
(3) ポンパビリティー	コンクリートの圧送のしやすさ
(4) フィニッシャビリティー	コンクリートの仕上げのしやすさ

H30 年後期 No.6

解説

(1) ワーカビリティーは材料分離を生じることなくコンクリートの運搬，打込み，締固め仕上げなどの作業のしやすさを表す。 よって，**適当である。**

(2) コンシステンシーは水分の多少によって左右されるコンクリートの変形，又は流動に対する抵抗力。ブリーディングとは固体材料の沈降により練混ぜ水の一部が遊離して上昇する現象である。 よって，適当でない。

(3) ポンパビリティーはコンクリートの圧送を可能にするためのコンクリート自体の品質や性能のことで，コンクリートの圧送のしやすさを表す。
よって，**適当である。**

(4) フィニッシャビリティーはコンクリートの打上がり面を平滑に仕上げる場合の作業性の難易の程度で，コンクリートの仕上げのしやすさを表す。
よって，**適当である。**

(2)

問題 8

コンクリートの打込みに関する次の記述のうち，**適当でないもの**はどれか。

(1) コンクリートと接して吸水のおそれのある型枠は，あらかじめ湿らせておかなければならない。
(2) 打込み前に型枠内にたまった水は，そのまま残しておかなければならない。
(3) 打ち込んだコンクリートは，型枠内で横移動させてはならない。
(4) 打込み作業にあたっては，鉄筋や型枠が所定の位置から動かないように注意しなければならない。

R元年前期 No.6

解 説

(1) 木製型枠は，加工しやすくコンクリートに対する保温性，吸水性を有している。コンクリートと接する木製型枠は，コンクリートの品質が低下するので，湿らせなければならない。型枠の内面については，打設前に清掃し，はく離剤を均一に塗布するとともに，はく離剤が，鉄筋に付着しないようにしなければならない。　よって，**適当である。**

(2) 打込み前に型枠内にたまった水を取り除かないと，型枠に接する面が洗われ，砂すじや打ちあがり面近くに脆弱な層を形成するおそれがある。スポンジやひしゃく，小型水中ポンプ等により適切に取り除かなければならない。
よって，適当でない。

(3) 打ち込んだコンクリートは，型枠内で横移動させてはならない。これは，コンクリートを目的の位置まで移動させるごとに材料分離を生じる可能性が高くなるためである。型枠内で横移動させることなく目的の位置にコンクリートをおろして打ち込むことが大切である。　よって，**適当である。**

(4) 打込み作業にあたっては，鉄筋や型枠が所定の位置から動かないように注意しなければならない。打込み作業は鉄筋の配置や型枠を乱すおそれがあるので注意して作業を進める必要がある。また，配筋や型枠を乱した場合に備えて，鉄筋工や型枠工の人員を配置しておくのが望ましい。
よって，**適当である。**

問題 9 コンクリートの施工に関する次の記述のうち，**適当でないもの**はどれか。

(1) コンクリートを打ち込む際は，打ち上がり面が水平になるように打ち込み，1 層当たりの打込み高さを 90～100 cm 以下とする。
(2) コンクリートを打ち重ねる場合には，上層と下層が一体となるように，棒状バイブレータで締固めを行う際は，下層のコンクリート中に 10 cm 程度挿入する。
(3) コンクリートの練混ぜから打ち終わるまでの時間は，外気温が 25℃を超えるときは 1.5 時間以内とする。
(4) コンクリートを 2 層以上に分けて打ち込む場合は，気温が 25℃を超えるときの許容打重ね時間間隔は 2 時間以内とする。

R元年前期 No.7

解説

(1) コンクリートを打ち込む際は，均等質なコンクリートを得るために打ち上がり面が水平になるように打ち込み，1 層当たりの打込み高さは **40～50 cm 以下を標準**とする。これは，棒状バイブレータの振動部の長さよりも小さく，コンクリートの横移動も抑制できるからである。　よって，適当でない。

(2) コンクリートを打ち重ねる場合には，上層と下層が一体となるように，棒状バイブレータで締固めを行う際は，下層のコンクリート中に 10 cm 程度挿入する。また，振動機の挿入間隔は 50 cm 程度以下を目安とする。
よって，**適当である。**

(3) コンクリートの練混ぜから打ち終わるまでの時間は，外気温が 25℃以下のときで 2 時間以内，25℃を超えるときで 1.5 時間以内とする。
よって，**適当である。**

(4) コンクリートを 2 層以上に分けて打ち込む場合は，外気温が 25℃を超えるときの許容打重ね時間間隔は 2 時間以内とする。また，外気温が 25℃以下の場合は 2.5 時間以内とする。この許容重ね時間間隔とは下層のコンクリートが固まり始める前に上層のコンクリートを打ち重ねることで一体性を保つことができる時間間隔である。　よって，**適当である。**

解答 (1)

問題10

鉄筋の組立と継手（つぎて）に関する次の記述のうち，**適当なもの**はどれか。

(1) 継手箇所は，同一の断面に集めないようにする。
(2) 鉄筋どうしの交点の要所は，溶接で固定する。
(3) 鉄筋は，さびを発生させて付着性を向上させるため，なるべく長期間大気にさらす。
(4) 型枠に接するスペーサは，原則としてプラスチック製のものを使用する。

R2 年後期 No.8

解　説

(1) 鉄筋の継手は，大きな荷重がかからない位置で同一断面に集めないようにする。　よって，適当である。

(2) 鉄筋どうしの交点の要所，重ね継手は，直径 0.8 mm 以上の**焼なまし鉄線**で数箇所緊結する。　よって，**適当でない。**

(3) 組立後に鉄筋を長期間大気にさらす場合は，鉄筋表面に防錆処理を施す。また，汚れや浮錆が認められる場合は，再度鉄筋を清掃し付着物を除去しなければならない。錆を発生させても**付着性は向上しない**し，鉄筋の強度も低下する。　よって，**適当でない。**

(4) 型枠に接するスペーサは，**モルタル製あるいはコンクリート製**を原則とする。また，モルタル製あるいはコンクリート製のスペーサは本体コンクリートと同等程度以上の品質を有するものを用いる。　よって，**適当でない。**

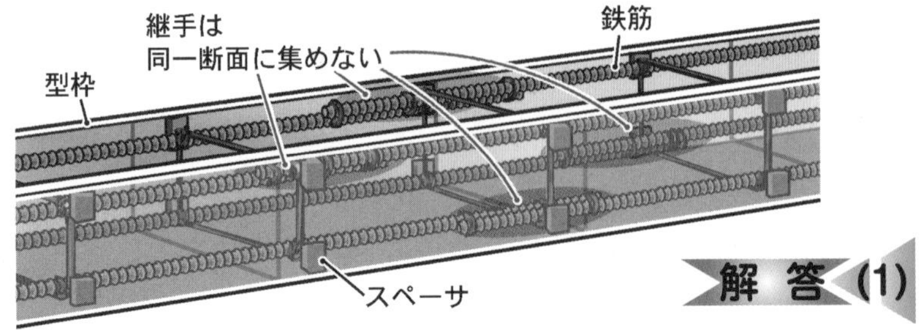

解　答　(1)

問題11

型枠の施工に関する次の記述のうち，**適当でないもの**はどれか。

⑴ 型枠のすみの面取り材設置は，供用中のコンクリートのかどの破損を防ぐ効果がある。
⑵ 型枠内面には，流動化剤を塗布することにより型枠の取外しを容易にする効果がある。
⑶ 型枠の施工は，所定の精度内におさまるよう加工及び組立をする。
⑷ コンクリート打込み中は，型枠のはらみ，モルタルの漏れなどの有無の確認をする。

H28年 No.8

解説

⑴ 型枠のすみの面取り材設置は，コンクリートの角に面取りを設け，供用中の衝撃によってコンクリートの角の破損を防ぐ効果がある。よって，**適当である。**

⑵ 型枠内面には，剥離剤を塗布することにより型枠の取外しを容易にする効果がある。流動化剤とは，コンクリートの流動性を高める混和剤の１つである。
よって，適当でない。

⑶ 型枠の施工は，所定の精度内に収まるよう加工及び組立をする。また，締め付け金物は，型枠を取り外した後，コンクリート表面に残しておいてはならない。
よって，**適当である。**

⑷ コンクリート打込み中は，型枠のはらみ，モルタルの漏れ，移動，傾き，沈下，接触部の緩みなどの有無の確認をする。打込み前は，型枠の下端部やコーナー部に外側から懐中電灯で光を当てて，型枠内部に漏れる灯りで隙間を見つける方法もある。
よって，**適当である。**

問題12

型枠・支保工の施工に関する次の記述のうち，**適当でないもの**はどれか。

(1) 型枠内面には，はく離剤を塗布する。
(2) 型枠の取外しは，荷重を受ける重要な部分を優先する。
(3) 支保工は，組立及び取外しが容易な構造とする。
(4) 支保工は，施工時及び完成後の沈下や変形を想定して，適切な上げ越しを行う。

R元年後期 No.8

解説

(1) 型枠内面には，コンクリート硬化後の付着防止と型枠をはがしやすくするため，はく離剤を塗布する。　よって，**適当である。**

(2) 型枠の取外しは，構造物に害を与えないように比較的荷重を受けない部分から取り外す。　よって，適当でない。

(3) 支保工は，組立及び取外しが容易な構造とし，継手や接続部は荷重を確実に伝えるものでなければならない。　よって，**適当である。**

(4) 支保工は，施工時及び完成後のコンクリート自重による沈下や変形を想定して，適切な上げ越しを行う。　よって，**適当である。**

問題13 各種コンクリートに関する次の記述のうち，**適当でないもの**はどれか。

⑴ 日平均気温が 4℃以下となると想定されるときは，寒中コンクリートとして施工する。
⑵ 寒中コンクリートで保温養生を終了する場合は，コンクリート温度を急速に低下させる。
⑶ 日平均気温が 25℃を超えると想定される場合は，暑中コンクリートとして施工する。
⑷ 暑中コンクリートの打込みを終了したときは，速やかに養生を開始する。

R元年前期 No.8

解説

⑴ 日平均気温が 4℃以下となると想定されるときは，寒中コンクリートとして施工する。日平均気温が 4℃以下になるような気象条件のもとでは，凝結及び硬化反応が著しく遅延して，夜間，早朝，日中でもコンクリートが凍結するおそれがあるので，寒中コンクリートとしての対応が必要である。

よって，**適当である。**

⑵ 寒中コンクリートで保温養生を終了する場合は，コンクリート温度を急速に低下させてはならない。これは，給熱養生を終了させる場合も同様で，温度の高いコンクリートを急に寒気にさらすとコンクリートの表面にひび割れが生じるおそれがあるので，適当な方法で保護し表面の急冷を防止する。

よって，適当でない。

⑶ 日平均気温が 25℃を超えると想定される場合は，暑中コンクリートとして施工する。これは，コンクリートの打込み時における気温が 30℃を超えると，コンクリートの諸性状の変化が顕著になるためである。　よって，**適当である。**

⑷ 暑中コンクリートの打込みを終了したときは，速やかに養生を開始する。特に気温が高く湿度が低い場合には表面が急激に乾燥しひび割れが生じやすいので，散水又は覆い等による適切な処置を行い表面の乾燥を抑えることが大切である。　よって，**適当である。**

Lesson 1

3 基礎工

1. 「既製杭の施工」は，過去10回で10回出題。既製杭の各種工法の特徴，施工方法について確実に理解しておく。
2. 「場所打ち杭」は，過去10回で10回出題。場所打ち杭の各種工法の特徴，施工方法，使用器具について確実に理解しておく。
3. 「ニューマチックケーソン」は，過去10回では出題はない。本項では，施工時の留意点を理解しておく。
4. 「直接基礎の施工」は，過去10回では出題はない。本項では，施工方法について理解しておく。
5. 「土留め工法」は，過去10回で10回出題。土留め部材の名称，工法の特徴と安全性の確保について確実に理解しておく。
6. 「地中連続壁基礎」は，過去10回では出題はない。本項では，施工方法について理解しておく。

point
チェックポイント

■既製杭の施工（道路橋示方書・同解説　下部構造編）

①基本事項

・杭　の　配　列：各工法による杭の最小中心間隔は下図のとおりである。

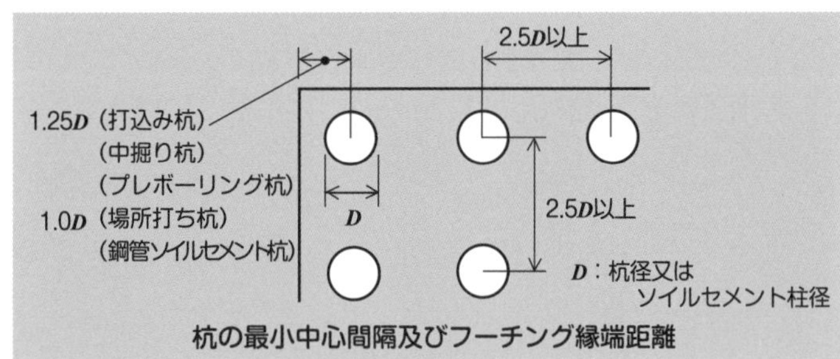

杭の最小中心間隔及びフーチング縁端距離

・作業地盤の整備：一般に使用されている杭打ち機械の接地圧は 0.1～0.2N/mm²（100～200kPa/m²）であり，これに耐え得るようにあらかじめ原地盤の整備を行う。

・試　　験　　杭：規格が本杭と同一のものを使用して，試験杭の施工を行うのを原則とする。試験杭は構造物の基礎ごとに適切な位置を選定し，本杭より1～2m長いものを用いる。

・建　　込　　み：打込みを正確に行うには，杭軸方向を設計で想定した角度で建込む必要がある。建込み後は杭を直交する2方向から検測する。

②鋼管杭

・**現場継手**：所要の強度を有し，施工性を考慮した構造とする。一般には継手金具を用いたアーク溶接継手とし，全周全厚突合わせ溶接とする。

・**杭頭処理**：鋼管杭の切りそろえにあたっては，できるだけ平滑に切断し，ずれ止め等を取付けるときは，確実に施工する。

③打撃工法

・**打込み順序**：群杭において周辺から中央部へ打ち進むと，締固めの影響が増大し，抵抗が大きくなったり，貫入不能となる。杭群の中央部から周辺へ打ち進むのが望ましい。

・**打止め**：杭の打止め時一打あたり貫入量は，杭の種類，長さ，形状，地盤の状況等により異なるため，一義的に定めることは不可能であるが，既往の資料等を参考にして，2〜10 mm を目安とする。

・**動的支持力算定**：道路橋示方書・同解説　下部構造編により，動的支持力算定式には下式をもちいる。

$$R_a = \frac{1}{3}\left(\frac{AEK}{e_0 l_1} + \frac{\overline{N} U l_2}{e_f}\right)$$

R_a：杭の許容支持力（kN）
A：杭の純断面積（m^2）
E：杭のヤング係数（kN/m^2）
l_1：動的先端支持力算定上の杭長で，e_0の値により補正する（m）
l_2：地中に打込まれた杭の長さ（m）
l：杭の先端からハンマ打撃位置までの長さ（m）
l_m：杭の先端からリバウンド測定位置までの長さ（m）
U：杭の周長（m）
$\overline{N}$：杭周面の平均 N値
K：リバウンド量（m）
e_0, e_f：補正係数であり，杭種により定まる。

④中掘工法

・**打設方法**：杭の中空部にオーガーやバケットを入れ，先端部を掘削しながら，支持地盤まで圧入又は押込みする工法である。

・**掘削方式**：スパイラルオーガ，ハンマグラブ，リバースサーキュレーション及び特殊機械による 4 方式がある。

・**先端処理**：最終打撃方式・セメントミルク噴出攪拌方式・コンクリート打設方式の 3 工法がある。

⑤プレボーリング工法

・**打設方法**：あらかじめ掘削機械によってボーリングを行い，既製杭を建込み，最後に支持力確保のために打撃，根固めを行う工法である。

・**根固め**：圧縮強度 $\sigma 28 \geqq 20\ N/mm^2$ のセメントミルクを注入する。

・**孔壁崩壊防止**：ベントナイト泥水に逸泥防止剤を添加した掘削液を用いるとともに，孔内水位低下によるボイリングの影響に注意する。

⑥ジェット工法

・**打　設　方　法**：高圧水をジェットとして噴出し，自重により摩擦を切って圧入する工法であり，砂質地盤に適用する。

・**先　端　処　理**：先端支持力を確保するために，最後に打撃あるいは圧入により打ち止める。

⑦圧入工法

・**打　設　方　法**：圧入機械あるいはアンカーによる反力を利用して静的に圧入するもので，無振動，無騒音の低公害の既製杭打設工法である。

・**先　端　支　持　力**：反力の荷重の確認により支持力の算定をする。

■場所打ち杭（道路橋示方書・同解説　下部構造編）

①オールケーシング工法

・**掘削・排土方法**：チュービング装置によるケーシングチューブの揺動圧入とハンマグラブなどにより行う。

・**孔壁保護方法**：掘削孔全長にわたるケーシングチューブと孔内水による。

②リバース工法

・**掘削・排土方法**：回転ビットにより土砂を掘削し，土砂はドリルパイプの内空を通しサクションポンプで水とともに吸出し，土砂沈殿後に泥水を孔内に送り込む。すなわち，孔内水を逆循環（リバース）する方式である。

・**孔壁保護方法**：外水位＋2 m 以上の孔内水位を保つことにより孔壁を保護する。

③アースドリル工法

・**掘削・排土方法**：回転バケットにより土砂を掘削し，バケット内部の土砂を地上に排出する。

・**孔壁保護方法**：安定液によって孔壁を保護する。

④深礎工法

・**掘削・排土方法**：掘削全長にわたる山留めを行いながら，主として人力により掘削する。

・**孔壁保護方法**：ライナープレートや波形鉄板等の山留め材を用いて保護する。

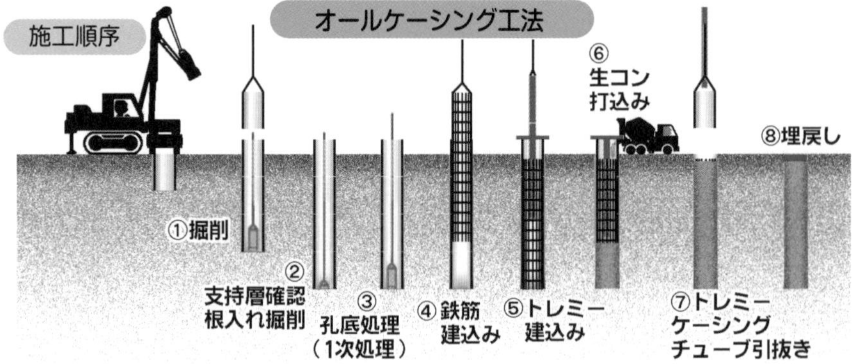

オールケーシング工法機械・機材配置例

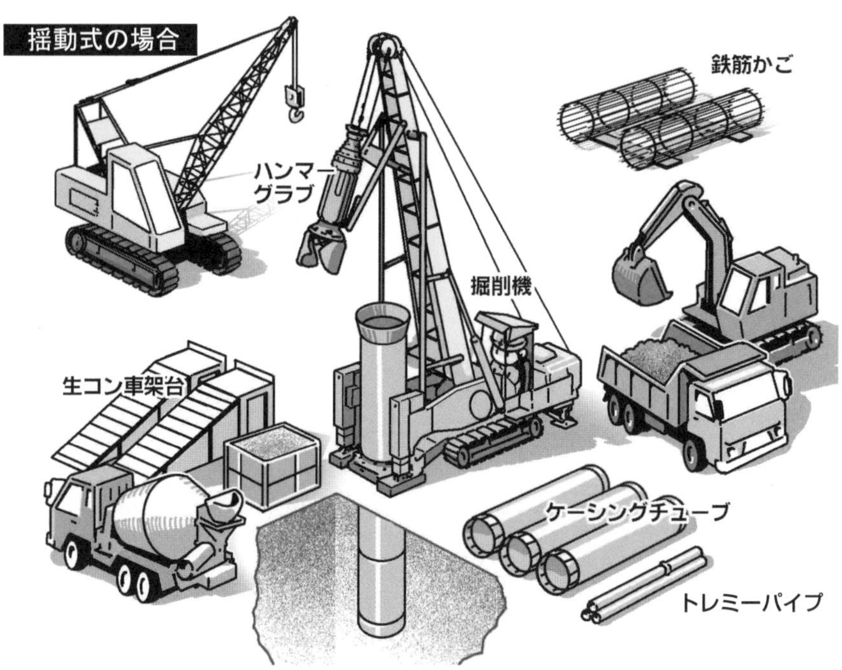

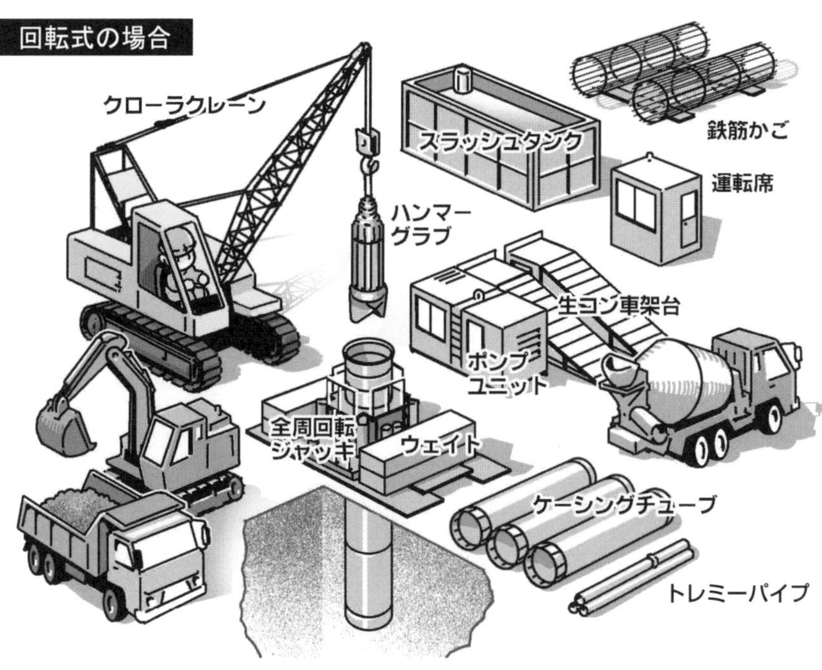

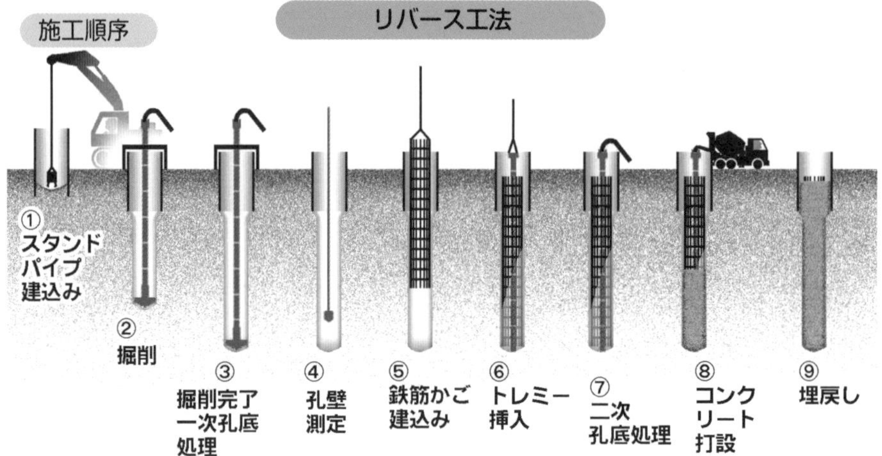
施工順序
リバース工法
①
スタンド
パイプ
建込み
②
掘削
③
掘削完了
一次孔底
処理
④
孔壁
測定
⑤
鉄筋かご
建込み
⑥
トレミー
挿入
⑦
二次
孔底処理
⑧
コンク
リート
打設
⑨
埋戻し
リバース工法機械・機材配置例 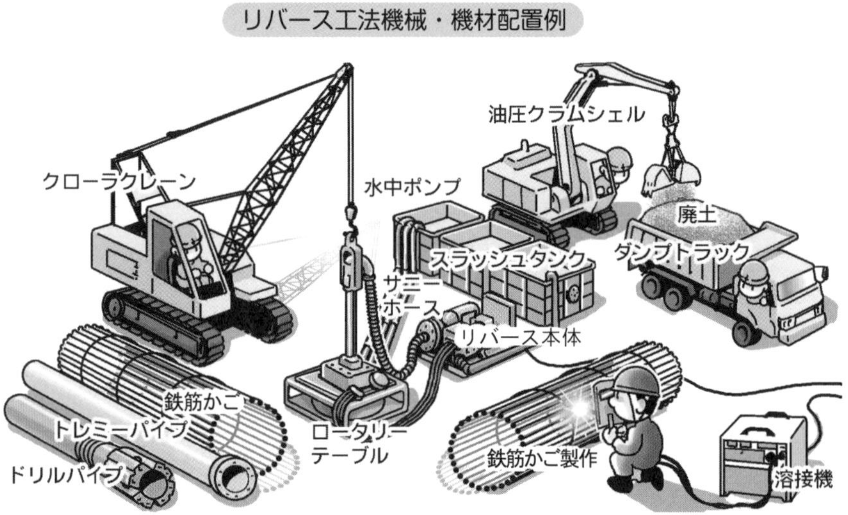
油圧クラムシェル
クローラクレーン
水中ポンプ
廃土
スラッシュタンク
ダンプトラック
サニー
ホース
リバース本体
鉄筋かご
トレミーパイプ
ロータリー
テーブル
ドリルパイプ
鉄筋かご製作
溶接機

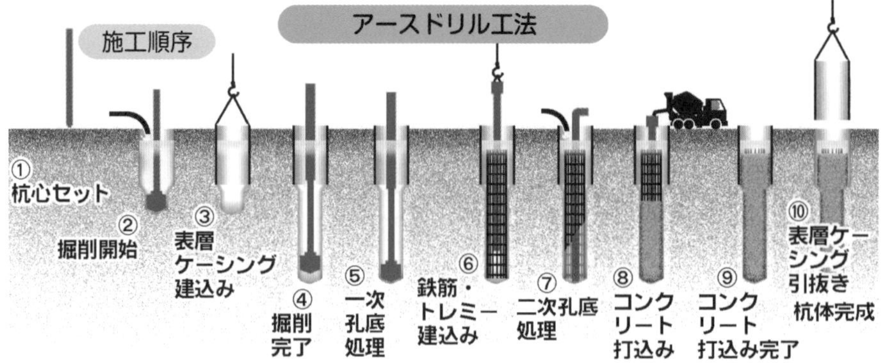
アースドリル工法
施工順序
①
杭心セット
②
掘削開始
③
表層
ケーシング
建込み
④
掘削
完了
⑤
一次
孔底
処理
⑥
鉄筋・
トレミー
建込み
⑦
二次孔底
処理
⑧
コンク
リート
打込み
⑨
コンク
リート
打込み完了
⑩
表層ケー
シング
引抜き
杭体完成

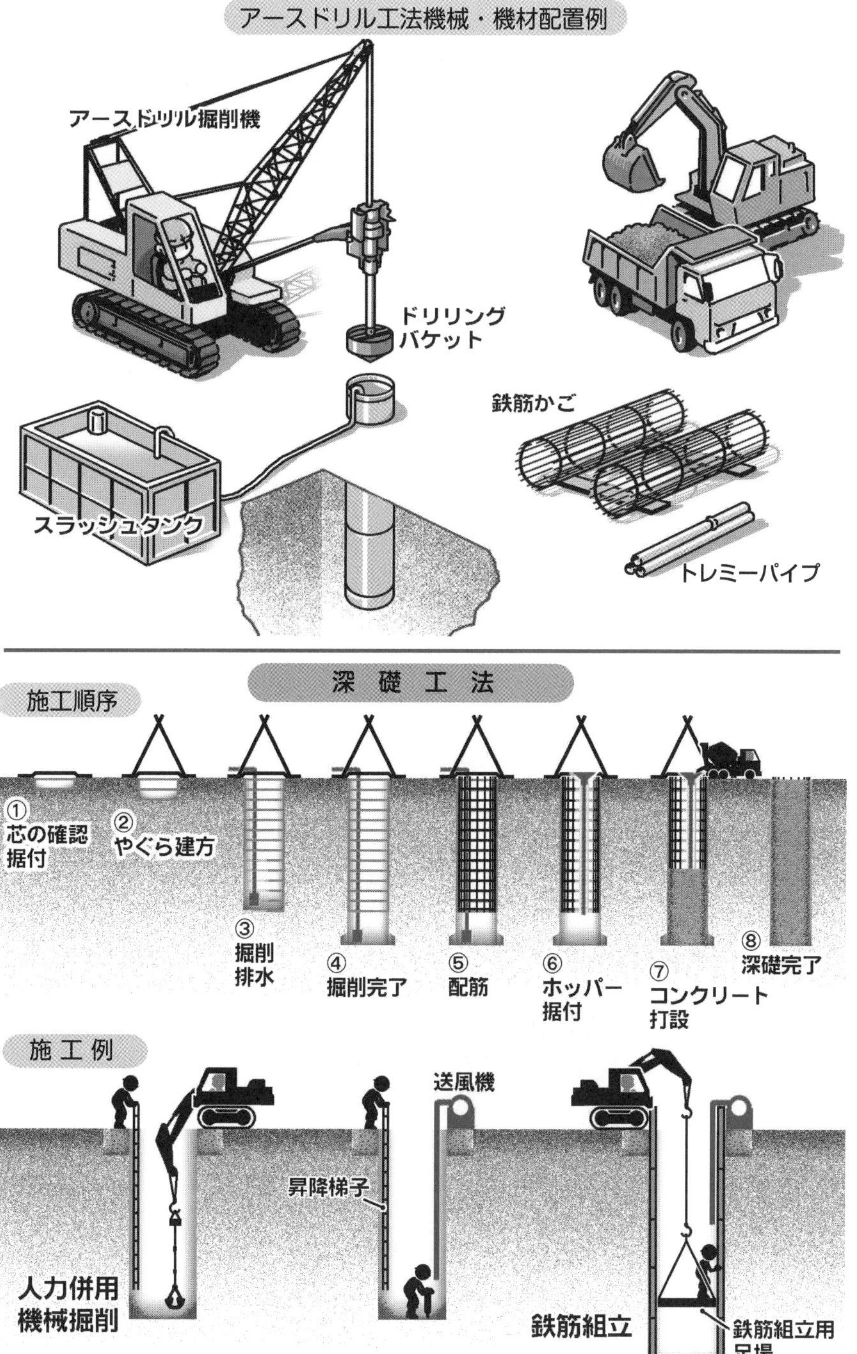
アースドリル工法機械・機材配置例
アースドリル掘削機
ドリリング
バケット
鉄筋かご
スラッシュタンク
トレミーパイプ
深礎工法
施工順序
①
芯の確認
据付
②
やぐら建方
③
掘削
排水
④
掘削完了
⑤
配筋
⑥
ホッパー
据付
⑦
コンクリート
打設
⑧
深礎完了
施工例
送風機
昇降梯子
人力併用
機械掘削
鉄筋組立
鉄筋組立用
足場

■ニューマチックケーソン（道路橋示方書・同解説　下部構造編）

①本　体

・**構　　　造**：作業室部は一体構造として水密かつ気密な構造体とするため，連続してコンクリートを打込む。

・**養生・脱型**：養生期間は長くとれない。脱型時期の目安としては，作業室部（圧縮強度…14 N/mm²，打込み後…3日），本体及び躯体接続部（圧縮強度…10 N/mm²，打込み後…3日）となっている。

②掘削及び沈設

・**沈　下　防　止**：根入れの比較的浅い時期(1～2 リフト)には，抵抗力が小さいので急激な沈下を生じるおそれがある。ケーソンのリフト長を短くしたり，作業室内にサンドル等を設けて沈下を調整する。

・**移動，傾斜の修正**：通常，沈下中の根入れがケーソン短辺長の 2 倍以上になると困難なので，根入れの比較的浅い時期(1～2 リフト)に修正する。

・**周　面　地　盤**：強度回復や密着性確保のために，沈設完了後，地盤とケーソン壁面間の空隙に地盤と同等以上の強度を有するセメントペーストやセメントベントナイト等の充填材を注入するコンタクトグラウトを行う。

・**掘　起　こ　し**：刃口下端面より下方は掘起こさないのが原則である。地盤によっては，掘削しないと沈設が困難となる場合があるが，0.5 m 以上掘下げてはならない。

・**摩擦抵抗低減**：最も一般的なものは，ケーソン刃口部に設けられるフリクションカットである。その寸法は一般に 50 mm 程度である。

③支持地盤の確認

・**平板載荷試験**：地盤の支持力と変形特性の確認は，一般的に作業室天井スラブを利用した平板載荷試験による。

平板載荷試験

・**ボ　ー　リ　ン　グ**：支持力に不安があると考えられる場合は，ケーソン位置でボーリングを行い確認する。

■直接基礎の施工（道路橋示方書・同解説　下部構造編）

①支持層の選定

・**砂　　質　　土**：砂層及び砂礫層においては十分な強度が得られる，N 値が 30 程度以上あれば良質な支持層とみなしてよい。

・**粘　　性　　土**：N 値が 20 程度以上（一軸圧縮強度 q_u が 0.4 N/mm^2 程度以上）あれば圧密のおそれのない良質な支持層と考えてよい。

②安定性の検討

・**設 計 の 基 本**：その安定性を確保するために，支持，転倒及び滑動に対して所要の安全率を確保しなければならない。

・**転　　　　　倒**：転倒に関しては，浅い基礎形式に対しては，原則として照査が必要であるが，深い基礎形式に対しては不要である。

・**滑　　　　　動**：基礎に作用する水平力を基礎底面のせん断地盤反力と基礎前面の水平地盤反力とで分担して抵抗する。

・**合力の作用位置**：常時は底面の中心より底面幅の 1/6 以内，地震時は 1/3 以内とする。

③基礎底面の処理及び埋戻し材料

・**砂　地　盤**：栗石や砕石とのかみあいが期待できるようにある程度の不陸を残して基礎底面地盤を整地し，その上に栗石や砕石を配置する。

・**岩　　　盤**：基礎地盤と十分かみあう栗石を設けられない場合には，ならしコンクリートにより，基礎地盤と十分かみあうように，基礎底面地盤にはある程度の不陸を残し，平滑な面としない。

・**底 面 処 理**：基礎が滑動する際のせん断面は，床付け面の極浅い箇所に生じることから，施工時に過度の乱れが生じないよう配慮する。

・**突　　　起**：滑動抵抗を持たせるために付ける突起は，割栗石，砕石等で処理した層を貫いて十分に支持地盤に貫入させるものとする。

・**埋戻し材料**：基礎岩盤を切込んで，直接基礎を施工する場合，切込んだ部分の岩盤の横抵抗を期待するには岩盤と同程度のもの，すなわち貧配合コンクリート等で埋戻す必要がある。“ずり”等で埋戻すと，ほとんど抵抗は期待できない。

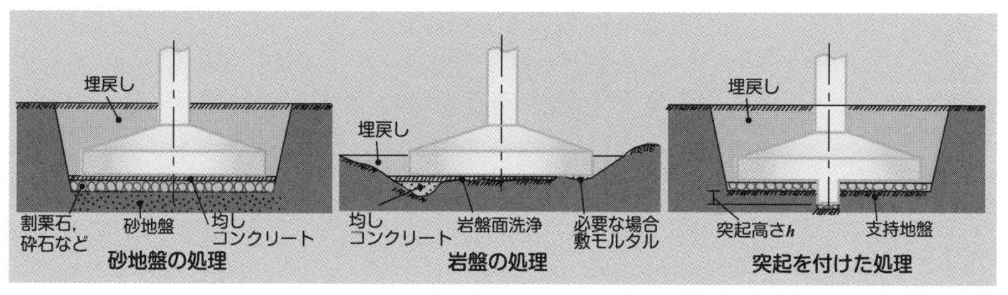

■土留工法（建設工事公衆災害防止対策要綱）

①工法の形式と特徴

形式	特徴	図
自立式	・掘削側の地盤の抵抗によって土留め壁を支持する工法 ・掘削は容易であるが土留め壁の変形は大きくなる	自立式土留め 土留め壁
切りばり式	・切りばり，腹起こし等の支保工と掘削側の地盤の抵抗によって土留め壁を支持する工法 ・機械掘削には支保工が障害となる	切ばり式土留め 切ばり 土留め壁 腹起し
アンカー式	・土留めアンカーと掘削側の地盤抵抗によって土留め壁を支持する工法 ・偏土圧が作用する場合や任意形状の掘削にも適応が可能	アンカー式土留め 腹起し 土留めアンカー 定着層 土留め壁
控え杭タイロッド式	・控え杭と土留め壁をタイロッドでつなぎ，これと地盤の抵抗により土留め壁を支持する工法 ・自立式では変位が大きい場合に用いる	控え杭タイロッド式土留め タイロッド 腹起し 控え杭 土留め壁

②杭，鋼矢板の根入れ長

- **根入れ長の決定**：安定計算，支持力の計算，ボイリングの計算及びヒービングの計算により決定する。ただし，杭の場合は 1.5 m，鋼矢板等の場合は3.0 mを下回らない。
- **ボイリング**：地下水位の高い砂質土地盤の掘削の場合，掘削面と背面側の水位差により，掘削面側の砂が湧きたつ状態となり，土留めの崩壊のおそれが生じる現象である。
- **ヒービング**：掘削底面付近に軟らかい粘性土がある場合，土留め背面の土や上載荷重等により，掘削底面の隆起，土留め壁のはらみ，周辺地盤の沈下により，土留めの崩壊のおそれが生じる現象である。

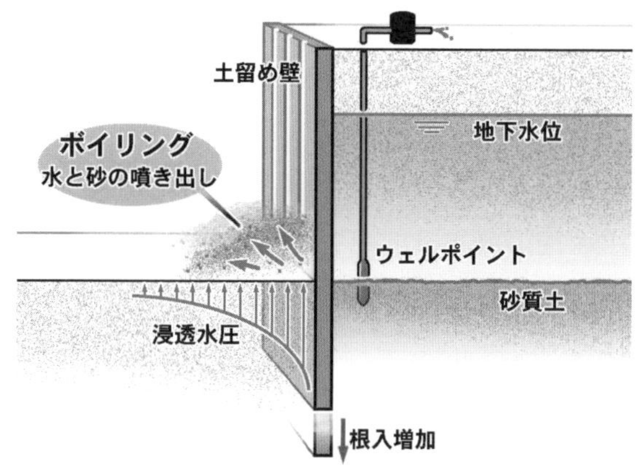

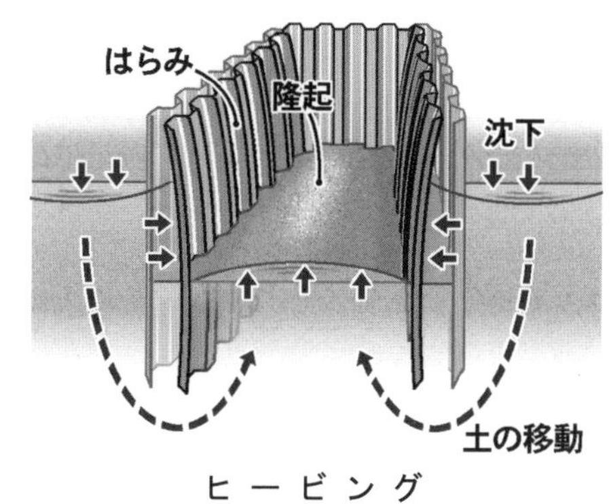

ヒービング

③構　造

・切りばり：座屈のおそれがないよう十分な断面と剛性を有するものを使用する。切りばりが長くなる場合には，中間杭，継材等により緊結固定すること。

・継ぎ手：切りばりには原則として継手を設けてはならない。やむを得ず設けるときは，突合わせ継手とし，座屈に対しては，水平縦材，垂直縦材又は中間杭で切りばり相互を緊結固定する。

・腹おこし：部材を極力連続させて外力を均等に負担する必要がある。H-300を最小部材とし，継手間隔は6 m 以上とする。

・火打ち：腹おこしの隅角部や切りばりとの接続部に 45° の角度で対称に取り付けるもので，切りばりの水平間隔を広くしたり，腹おこしの補強のために用いられる。

・中間杭：掘削幅が広いときに，切りばりの座屈防止のためと，覆工受桁からの鉛直方向荷重を受けるためのものであり，軸方向圧縮応力度の算定は行うが，曲げモーメントを部材としては設計しない。

■地中連続壁基礎（道路橋示方書・同解説　下部構造編）

①掘　　削

- **・掘　　　　削**：土質に応じ，所定の精度を確保できる適切な掘削速度で施工する。
- **・安　定　液**：掘削中の溝壁の安定を保つことと，良質な水中コンクリートを打設するための良好な置換流体となることである。
- **・スライム処理**：掘削完了後，一定時間放置した後に行う一次処理（大ざらえ）と，鉄筋かご建込み直前に行う二次処理に分けられる。一次処理は掘削機で行われ，二次処理は専用処理機で行われる。二次処理の管理は，砂分率（1％以下を目安）により行うのが望ましい。

②構　　造

- **・コンクリート**：打設にはトレミーを使用する。トレミーの配置は，エレメントの長手方向 3m程度に1本以上とし，トレミーをコンクリート上面から最低2m以上貫入させて，打込み面付近のレイタンスや押し上げられてくるスライムを巻き込まないように管理する。
- **・鉄　筋　か　ご**：必要な精度を確保し，堅固となるように組み立て，建て込みには適切なクレーンを選定し，吊り金具等を使用して所定の精度となるように施工する。
- **・頭　部　処　理**：品質の劣化を見込んでコンクリートを余分に打込み，硬化後，所定の高さまで取り壊す。

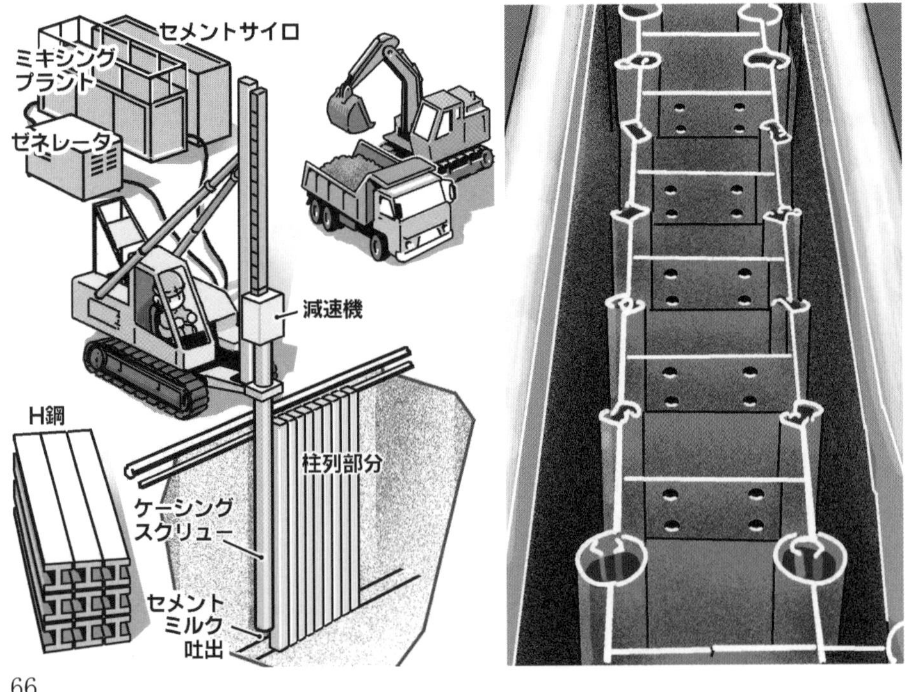

問題 1　既製杭の施工に関する次の記述のうち，**適当なもの**はどれか。

(1) 打撃工法による群杭の打込みでは，杭群の周辺から中央部に向かって打ち進むのがよい。

(2) 中掘り杭工法では，地盤の緩みを最小限に抑えるために過大な先掘りを行ってはならない。

(3) 中掘り杭工法は，あらかじめ杭径より大きな孔を掘削しておき，杭を沈設する。

(4) 打撃工法では，施工時に動的支持力が確認できない。

R2 年後期 No.9

解説

(1) 打撃工法により一群の杭を打つときは，**一方の隅から他方の隅へ打込んでいくか，中心部の杭から周辺部の杭へと順に打ち込む。**これは，打込みによる地盤の締固め効果によって打込み抵抗が増大し，貫入不能となるためである。
よって，**適当でない。**

(2) 中掘り杭工法の掘削，沈設中は，過大な先掘り及び拡大掘りを行ってはならない。中間層が比較的硬質で沈設が困難な場合でも，杭径程度以上の先掘りや拡大掘りは周辺地盤を乱し，周面摩擦力を低減させるので注意しなければならない。
よって，適当である。

(3) 中掘り杭工法は，**既製杭の中空部をアースオーガで掘削**しながら杭を地盤に貫入させていく埋込み杭工法である。先端処理方法としては，ハンマで打ち込む最終打撃方法と杭先端部の地盤にセメントミルクを噴出し，撹拌混合して根固め球根を築造するセメントミルク噴出撹拌方法，コンクリートを打設するコンクリート打設方法の 3 つに分類できる。
よって，**適当でない。**

(4) 打撃工法では，施工時に動的支持力が**確認できる。**
よって，**適当でない。**

解 答 (2)

問題 2

既製杭の打込み杭工法に関する次の記述のうち，**適当でないもの**はどれか。

(1) 杭は打込み途中で一時休止すると，時間の経過とともに地盤が緩み，打込みが容易になる。

(2) 一群の杭を打つときは，中心部の杭から周辺部の杭へと順に打ち込む。

(3) 打込み杭工法は，中掘り杭工法に比べて一般に施工時の騒音・振動が大きい。

(4) 打込み杭工法は，プレボーリング杭工法に比べて杭の支持力が大きい。

R元年後期 No.9

解 説

(1) 杭は打込み途中で一時休止すると，時間の経過とともに地盤の周面摩擦力が回復し，打込みが困難になる。　よって，適当でない。

(2) 一群の杭を打つときは，一方の隅から他方の隅へ打ち込んでいくか，中心部の杭から周辺部の杭へと順に打ち込む。これは，打込みによる地盤の締固め効果によって打込み抵抗が増大し，貫入不能となるためである。　よって，**適当である。**

(3) 打込み杭工法は，油圧ハンマ，ディーゼルハンマ，ドロップハンマなどで既製杭を打撃する工法である。スパイラルオーガ等で掘削し沈設する中掘り杭工法に比べ，一般に施工時の騒音・振動が大きい。　よって，**適当である。**

(4) 打込み杭工法は，油圧ハンマ，ディーゼルハンマ，ドロップハンマなどで既製杭を打撃して支持力を得る工法である。掘削ビット及びロッドを用いて掘削・泥土化した掘削坑内に根固め液，杭周辺固定液を注入し沈設するプレボーリング杭工法に比べ，杭の支持力が大きい。　よって，**適当である。**

問題 3

既製杭の中掘り杭工法に関する次の記述のうち，**適当でないもの**はどれか。

(1) 中掘り杭工法の掘削，沈設中は，過大な先掘り及び拡大掘りを行ってはならない。

(2) 中掘り杭工法の先端処理方法には，最終打撃方式とセメントミルク噴出攪拌方式がある。

(3) 最終打撃方式では，打止め管理式により支持力を推定することが可能である。

(4) セメントミルク噴出攪拌方式の杭先端根固部は，先掘り及び拡大掘りを行ってはならない。

R元年前期 No.9

解説

(1) 中掘り杭工法の掘削，沈設中は，過大な先掘り及び拡大掘りを行ってはならない。これは中間層が比較的硬質で沈設が困難な場合でも，杭径程度以上の先掘りや拡大掘りは周辺地盤を乱し，周面摩擦力を低減させるので注意しなければならない。 よって，**適当である。**

(2) 中掘り杭工法の先端処理方法には，ハンマで打込む最終打撃方式と杭先端部の地盤にセメントミルクを噴出し撹拌混合して根固め球根を築造するセメントミルク噴出攪拌方式がある。また，掘削後に杭先端部の管内を洗浄し，トレミーでコンクリートを打設するコンクリート打設方式もある。

よって，**適当である。**

(3) 最終打撃方式では，原則として打ち止めは打撃工法に準拠し，打止め管理式により支持力を推定することが可能である。 よって，**適当である。**

(4) セメントミルク噴出攪拌方式の杭先端根固部は，拡大根固め球根を築造する場合，拡大ビットにより拡大掘削を行う。設問の先掘り及び拡大掘りを行ってはならないとは，中間層のことである。 よって，適当でない。

問題 4

場所打ち杭をオールケーシング工法で施工する場合，**使用しない機材**は次のうちどれか。

(1) 掘削機
(2) スタンドパイプ
(3) ハンマグラブ
(4) ケーシングチューブ

H30 年後期 No.10

解説

場所打ち杭をオールケーシング工法で施工する場合，ケーシングチューブを揺動（回転）・押込みながら，ケーシングチューブ内の土砂をハンマーグラブにて掘削・排土する。所定の深さの地盤に達したら孔底処理を行い，鉄筋かごを建込み後，トレミーによりコンクリートを打込む工法である。

よって，使用しない機材は(2)スタンドパイプで，これはリバース工法で用いられる。

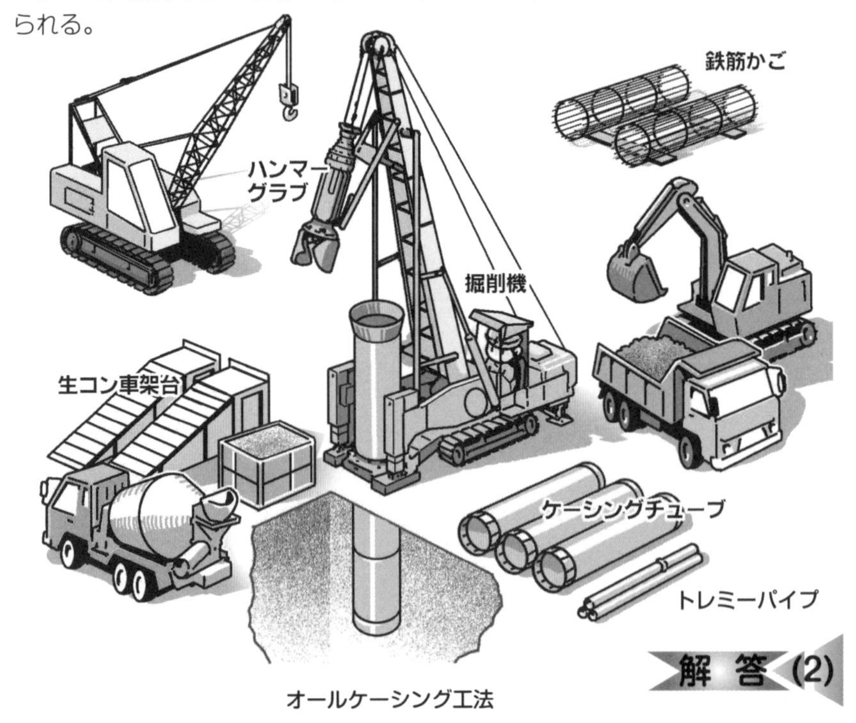

解答 (2)

問題 5

場所打ち杭の特徴に関する次の記述のうち，**適当なもの**はどれか。

⑴　施工時の騒音・振動が打込み杭に比べて大きい。
⑵　掘削土による中間層や支持層の確認が困難である。
⑶　杭材料の運搬などの取扱いや長さの調節が難しい。
⑷　大口径の杭を施工することにより大きな支持力が得られる。

R元年後期 No.10

解　説

⑴　場所打ち杭工法は，現場において機械あるいは人力によって掘削した孔の中に鉄筋コンクリート杭体を築造する工法である。そのため，打込み杭工法のように油圧ハンマ，ディーゼルハンマ，ドロップハンマなどで既製杭を打撃して支持力を得る工法と比べ，施工時の騒音・振動が**小さい。**
よって，**適当でない。**

⑵　場所打ち杭工法は，現場において機械あるいは人力によって掘削した孔の中に，鉄筋コンクリート杭体を築造する工法である。掘削土による中間層や支持層の**確認は比較的容易である。**　よって，**適当でない。**

⑶　場所打ち杭工法は，現場において機械あるいは人力によって掘削した孔の中に，鉄筋コンクリート杭体を築造する工法である。杭材料である定尺長さの鉄筋の運搬や取扱い，長さの調節は**容易である。**　よって，**適当でない。**

⑷　場所打ち杭工法の標準的な杭径は 0.8～3.0 m であり，大口径の杭を施工することにより大きな支持力が得られる。　よって，適当である。

解 答 (4)

問題 6

場所打ち杭の「工法名」と「掘削方法」に関する次の組合せのうち，**適当なもの**はどれか。

［工　法　名］	［掘　削　方　法］
(1) オールケーシング工法 ………………	表層ケーシングを建込み，孔内に注入した安定液の水圧で孔壁を保護しながら，ドリリングバケットで掘削する。
(2) アースドリル工法 ……………………	掘削孔の全長にわたりライナープレートを用いて孔壁の崩壊を防止しながら，人力又は機械で掘削する。
(3) リバースサーキュレーション工法 …	スタンドパイプを建込み，掘削孔に満たした水の圧力で孔壁を保護しながら，水を循環させて削孔機で掘削する。
(4) 深礎工法 ………………………………	杭の全長にわたりケーシングチューブを挿入して孔壁の崩壊を防止しながら，ハンマグラブで掘削する。

R元年前期 No.10

解　説

(1) オールケーシング工法は杭の全長にわたりケーシングチューブを挿入して，孔壁の崩壊を防止しながらハンマグラブで掘削する。孔壁崩壊防止が確実であり適用地盤が広いが機械の重量は重いので据付地盤の強度には注意が必要である。設問の掘削方法は，**アースドリル工法**である。　よって，**適当でない。**

(2) アースドリル工法は表層ケーシングを建込み，孔内に注入した安定液の水圧で孔壁を保護しながら，ドリリングバケットで掘削する。施工速度が速く仮設が簡単で無水で掘削できる場合もある。設問の掘削方法は，**深礎工法**である。
よって，**適当でない。**

(3) リバースサーキュレーション工法はスタンドパイプを建込み，掘削孔に満たした水の圧力で孔壁を保護しながら，水を循環させて削孔機で掘削する。孔内水位は地下水より 2 m 以上高く保持し孔内に水圧をかけて崩壊を防ぐ。
よって，適当である。

(4) 深礎工法は掘削孔の全長にわたりライナープレートを用いて土留めをしながら，孔壁の崩壊を防止する。掘削は人力又は機械で行うが，軟弱地盤や被圧地下水が高い場合の適応性は低い。設問の掘削方法は，**オールケーシング工法**である。よって，**適当でない。**

解答 (3)

問題 7

場所打ち杭の「工法名」と「孔壁保護の主な資機材」に関する次の組合せのうち，**適当でないもの**はどれか。

	[工法名]	[孔壁保護の主な資機材]
(1)	オールケーシング工法	ケーシングチューブ
(2)	アースドリル工法	安定液（ベントナイト水）
(3)	リバースサーキュレーション工法	セメントミルク
(4)	深礎工法	山留め材（ライナープレート）

H30 年前期 No.10

解説

(1) オールケーシング工法の孔壁保護は，掘削孔全長にわたりケーシングチューブを用いて掘削孔の崩壊を防止し，掘削径を保護する。　よって，**適当である。**

(2) アースドリル工法の孔壁保護は，比較的崩壊しやすい地表面に表層ケーシングを建込む。それより以深はベントナイト又は CMC を主材料とする安定液を用いる。 よって，**適当である。**

(3) リバースサーキュレーション工法の孔壁保護は，水を利用し，静水圧と自然泥水により孔壁面を安定させるものである。セメントミルクは用いない。 よって，適当でない。

(4) 深礎工法の孔壁保護は，山留材としてライナープレートや波形鉄板を組み立てて用いられる。 よって，**適当である。**

解 答 (3)

問題 8

基礎地盤及び基礎工に関する次の記述のうち，**適当でないもの**はどれか。

(1) 基礎工の施工にあたっては，周辺環境に与える影響にも十分留意する。
(2) 支持地盤が地表から浅い箇所に得られる場合には，直接基礎を用いる。
(3) 基礎地盤の地質・地層状況，地下水の有無については，載荷試験で調査する。
(4) 直接基礎は，基礎底面と支持地盤を密着させ，十分なせん断抵抗を有するよう施工する。

H26年 No.11

解説

(1) 基礎工の施工にあたっては，工事の安全性の確保に配慮するとともに，近接構造物への影響，有害な騒音や振動の低減，産業廃棄物の削減，自然環境の保全等周辺環境に与える影響にも十分留意する。　よって，**適当である。**

(2) 支持地盤が地表から浅い箇所に得られる場合には，構造物の荷重を直接その支持地盤で支持させる直接基礎を用いるのが経済的である。支持地盤が深くなる場合は，杭基礎形式等との比較検討を行い基礎形式を決定する。

よって，**適当である。**

(3) 基礎地盤の地質・地層状況，地下水の有無については，ボーリング等の調査によって判断する。載荷試験は現地盤に載荷板を設置して荷重を与え，地盤の変形や強さなどを調べるもので，地質・地層状況，地下水の有無については判断できない。　よって，適当でない。

(4) 直接基礎は，基礎底面と支持地盤を密着させ，十分なせん断抵抗を有するよう施工する。砂地盤の場合には栗石や砕石とのかみ合いが期待できるようにある程度不陸を残して基礎底面地盤を整地し，その上に栗石や砕石を配置する。

よって，**適当である。**

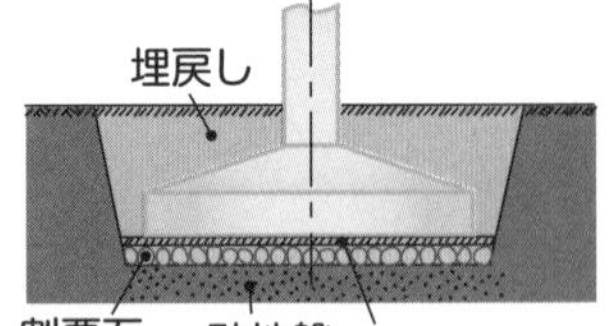

下図に示す土留め工の（イ），（ロ）の部材名称に関する次の組合せのうち，**適当なもの**はどれか。

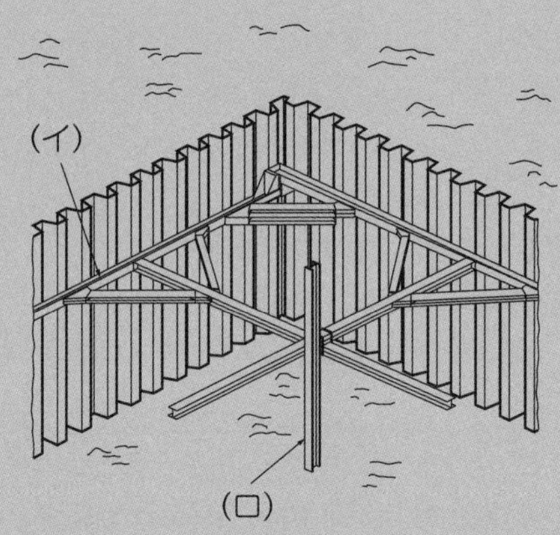

	（イ）		（ロ）
⑴	腹起し	………………	中間杭（ちゅうかんぐい）
⑵	腹起し	………………	火打ちばり
⑶	切ばり	………………	中間杭
⑷	切ばり	………………	火打ちばり

R2 年後期 No.11

解 説

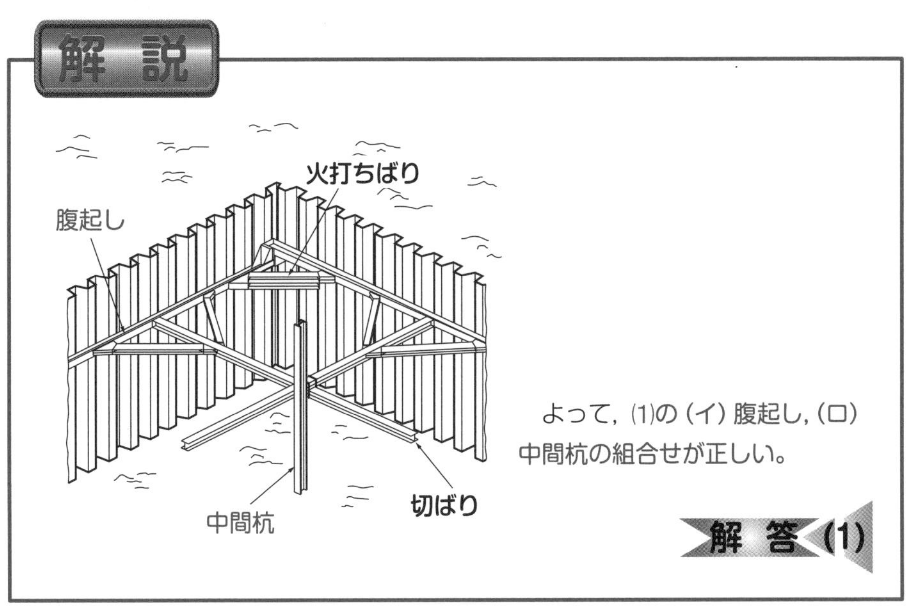

よって，⑴の（イ）腹起し，（ロ）中間杭の組合せが正しい。

解 答 ⑴

問題10

土留め壁の「種類」と「特徴」に関する次の組合せのうち，**適当なもの**はどれか。

	［種　類］	［特　　徴］
(1)	連続地中壁	剛性が小さく，他に比べ経済的である。
(2)	鋼矢板	止水性が低く，地下水のある地盤に適する。
(3)	柱列杭	剛性が小さいため，深い掘削にも適する。
(4)	親杭・横矢板	地下水のない地盤に適用でき，施工は比較的容易である。

R元年前期 No.11

解説

(1) 連続地中壁は安定液を使用して掘削した壁状の溝の中に鉄筋かごを建込み，場所打ちコンクリートで構築する連続した土留め壁で，**剛性が高く**，他に比べ工法によっては**不経済**である。　よって，**適当でない。**

(2) 鋼矢板は鋼矢板の継手部をかみ合せ地中に連続して構築された土留め壁で**止水性が高く**，地下水のある地盤に適する。　よって，**適当でない。**

(3) 柱列杭による柱列式連続壁には，モルタル柱列壁，ソイルセメント柱列壁，泥水固化壁などがあり，モルタル柱列壁，ソイルセメント壁などは**剛性が大きいため**，深い掘削にも適する。　よって，**適当でない。**

(4) 親杭・横矢板はH 形鋼等の親杭を 1～ 2 m 間隔で地中に設置し，掘削にともない親杭の間に土留め壁を挿入する工法。地下水のない地盤に適用でき，施工は比較的容易である。　よって，適当である。

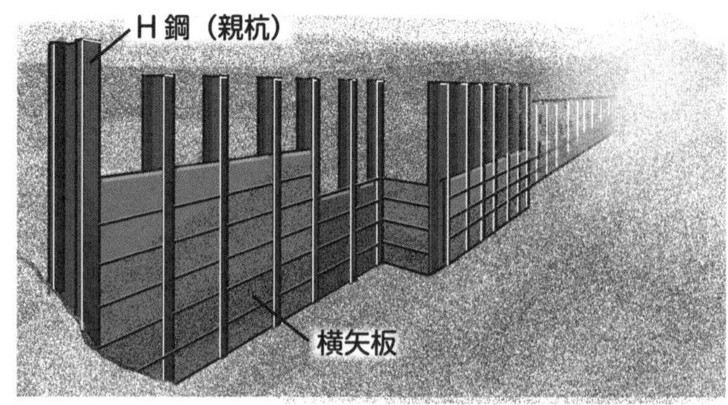

解答 (4)

問題11

土留め壁の特徴に関する次の記述のうち，**適当でないもの**はどれか。

(1) 鋼矢板壁は，止水性を有しているので地下水位の高い地盤に用いられる。
(2) 連続地中壁は，止水性を有しているので大規模な開削工事に用いられる。
(3) 親杭横矢板壁は，止水性を有しているので軟弱地盤に用いられる。
(4) 軽量鋼矢板壁は，止水性が良くないので小規模な開削工事に用いられる。

H28 年 No.11

解説

(1) 鋼矢板壁は，止水性を有しており掘削底面以下の根入れ部分の連続性が保たれていることから，地下水位の高い地盤，軟弱な地盤で用いられる。

よって，**適当である。**

(2) 連続地中壁は，安定液を使用して掘削した壁状の溝の中に鉄筋かごを建込み，場所打ちコンクリートで連続して築造された土留め壁で，止水性を有しているので大規模な開削工事に用いられる。

よって，**適当である。**

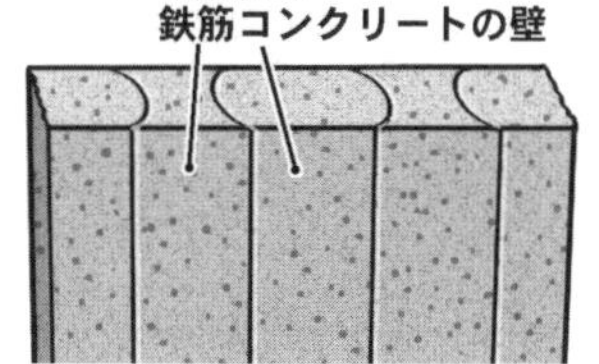

連続地中壁

(3) 親杭横矢板壁は，H 鋼等の親杭を 1～2 m 間隔で打ち込み，掘削に伴って親杭間に横矢板を挿入していく土留め壁である。比較的小規模な開削工事に用いられ，止水性が良くないことと掘削底面以下の根入れ部分の連続性が保たれていないことから，一般的に（補助工法なしで）地下水の高い地盤や軟弱地盤には用いられない。

よって，適当でない。

(4) 軽量鋼矢板壁は，断面性能が小さく止水性が良くないので，小規模な開削工事や掘削深さの浅い開削工事に用いられる。

よって，**適当である。**

解答 (3)

Lesson 2

1 構造物

1. 「鋼材の力学的性質」は，過去10回で8回出題。
2. 鋼材の種類・名称，規格・記号，力学的特性，試験方法及び品質確認など，加工や取扱い上の留意点などを理解しておく。

■鋼材の種類

鋼材の種類と記号の例

分類	種類	記号	例	数値の意味	備考
構造用鋼材	一般構造用圧延鋼材	SS	SS 400	引張強度	鋼板，鋼帯，形鋼，平鋼及び棒鋼
	溶接構造用圧延鋼材	SM	SM 400 A SM 490 A SM 490 B SM 520 C	引張強度	鋼板，鋼帯，形鋼及び平鋼 溶接性に優れる
	溶接構造用耐候性熱間圧延鋼材	SMA	SMA 400 W	引張強度	耐候性をもつ鋼板，鋼帯，形鋼 防食性に優れる
			SMA 490 W	引張強度	耐候性に優れた鋼板，鋼帯，形鋼
鋼管	一般構造用炭素鋼鋼管	STK	STK 400 STK 490	引張強度	
	鋼管ぐい	SKK	SKK 400 SKK 490	引張強度	
	鋼管矢板	SKY	SKY 400 SKY 490	引張強度	
接合用鋼材	摩擦接合用高力六角ボルト	—	F 8 T F 10 T	引張強度	継手用鋼材
棒鋼	熱間圧延棒鋼	SR	SR 235	降伏点強度	鉄筋コンクリート用丸鋼
	熱間圧延異形棒鋼	SD	SD 295 A SD 345	降伏点強度	鉄筋コンクリート用異形棒鋼

※記号の説明
- SS400：鋼材の引張強度が 400 N/mm² 以上の一般構造用圧延鋼材（主にボルト接合用）。S（Steel：鋼材），S（Structure：構造用）
- SM材：A，B，Cの種類の区分は，シャルピー衝撃試験の結果によって定められている（主に溶接接合用）。M（Marine）
- SMA材：塗装しなくてもさびにくい性質。A（Atmospheric：耐候性）鋼材の表面に発生した錆が緻密層（安定錆）を形成し腐食を防止する。
- F8T：引張強度 780N/mm² 以上の摩擦接合用高力ボルト。
- SR235：降伏点強度 235N/mm² 以上の熱間圧延丸鋼。R（Round：丸），D（Deformed：異形）

■鋼材の性質

力学特性など鋼材の性質の確認のため，引張試験，衝撃試験，曲げ試験，繰返し試験などが行われる。

① **引張試験**：鋼材に破断に至るまでの引張力を与え，引張強さ，降伏点伸び率などを測定すると図のような**応力－ひずみ曲線**が得られる。鋼材の強度は最大応力度点 **M** での応力度，棒鋼の場合は上降伏点 **Yu** での応力度で示される。

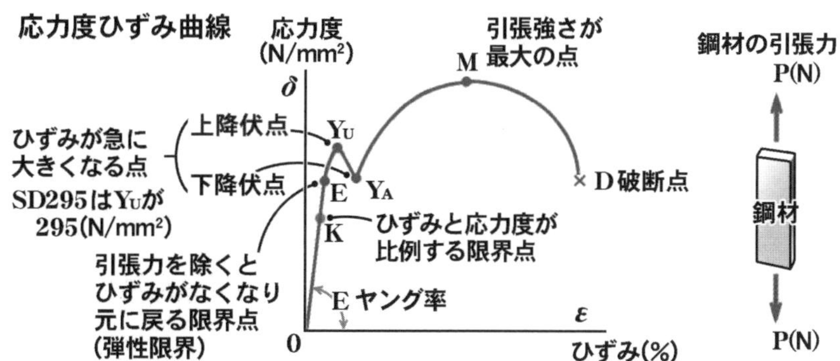

② 鋼材は，一般に荷重が作用すると，伸びて**延性**を示す。鋼材の伸び・絞りを伴った通常の破断を**延性破断**という。低温下や鋭い切欠きがある場合などでの伸びを伴わず突発的な破断を示す現象を**脆性破断**（ぜいせい）という。

溶接鋼材については，一般に**シャルピー衝撃試験**を行い，**靭性**（じんせい）を調べる。

③ 高強度の鋼材は，高い応力条件下で一定ひずみを与えておくと，時間経過とともに応力度が低下する**リラクセーション**や，ある時間の経過後に静的に突然破壊する**遅れ破壊**が生ずることがある。

④ 鉄道橋のように繰返し荷重が作用すると，静的強さ以下でも破壊する**疲労破壊**が生じる。

また，一定の持続荷重を与えておくと，時間経過に伴ってひずみが増加する**クリープ**が生ずることがある。

写真提供：photolibrary

問題 1

下図は，鋼材の引張試験における応力度とひずみの関係を示したものであるが，点 E を表している用語として，**適当なもの**は次のうちどれか。

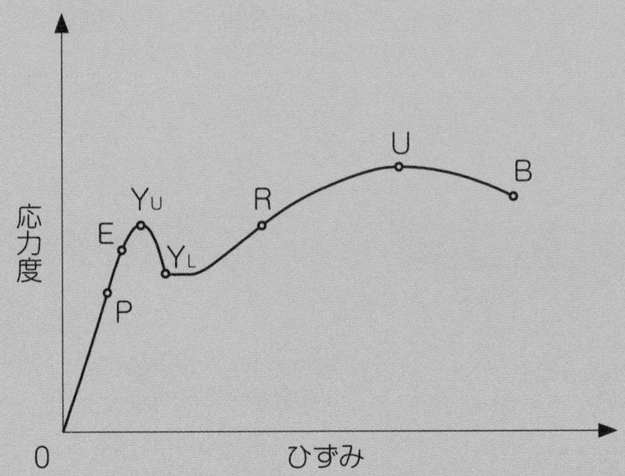

⑴ 比例限度
⑵ 弾性限度
⑶ 上降伏点
⑷ 引張強さ

R2 年後期 No.12

解 説

⑴ 比例限度：応力度とひずみが比例して増える限度で，図の**点 P** にあたる。
よって，**適当でない。**

⑵ 弾性限度：弾性変形をする最大限度で，図の点 E にあたる。
よって，適当である。

⑶ 上降伏点：応力が増えないのにひずみが急激に増加し始める点で，図の**点 Y_U** にあたる。 よって，**適当でない。**

⑷ 引張強さ：最大応力を示す点で，図の**点 U** にあたる。よって，**適当でない。**

「鋼材の種類」と「主な用途」に関する次の組合せのうち，**適当でないもの**はどれか。

	[鋼材の種類]	[主な用途]
(1)	棒鋼……………………	異形棒鋼，丸鋼，PC 鋼棒
(2)	鋳鉄……………………	橋梁の伸縮継手
(3)	線材……………………	ワイヤーケーブル，蛇かご
(4)	管材……………………	基礎杭，支柱

H30 年後期 No.12

解説

(1) 棒鋼 ……… 棒鋼は，展性・延性に富み加工性が高い異形棒鋼，丸鋼，PC 鋼棒等が用いられる。 よって，**適当である。**

(2) 鋳鉄 ……… 鋳鉄は，低い温度での溶解・鋳造作業が可能で複雑形状品を一体で製造することができる。鋳鉄は展延性が悪いので橋梁の伸縮継手には適さない。 よって，適当でない。

(3) 線材 ……… 線材は，ワイヤーケーブル，蛇かごの他にピアノ線材，硬鋼線材，PC 鋼線，PC 鋼より線などがあり，一般的に炭素量の多い硬鋼線材などが用いられる。 よって，**適当である。**

(4) 管材 ……… 管材には，鋼管，鋳鉄管があり基礎杭，支柱などに用いられる。 よって，**適当である。**

解 答 (2)

問題 3

鋼材の特性，用途に関する次の記述のうち，**適当でないもの**はどれか。

⑴ 防食性の高い耐候性鋼材には，ニッケルなどが添加されている。
⑵ つり橋や斜張橋のワイヤーケーブルには，軟鋼線材が用いられる。
⑶ 表面硬さが必要なキー・ピン・工具には，高炭素鋼が用いられる。
⑷ 温度の変化などによって伸縮する橋梁の伸縮継手には，鋳鋼などが用いられる。

H30 年前期 No.12

解　説

⑴ 防食性の高い耐候性鋼とは，普通鋼に微量の銅やクロム，ニッケルを添加した低合金鋼である。耐候性鋼にできる錆が，母材に密着することにより，錆層自身が水や酸素の障壁となって，その後の腐食反応を抑制するため無塗装で使用される。　よって，**適当である。**

⑵ つり橋や斜張橋のワイヤーケーブルは，張力が高く耐久性のある高張力線材でなければならない。　よって，適当でない。

⑶ 表面硬さが必要なキー・ピン・工具には，高炭素鋼が用いられる。ここで，高炭素鋼は炭素量の増加に伴って硬度は得られるが，延伸性，じん性は低下することを覚えておく。　よって，**適当である。**

⑷ 伸縮装置は，桁の温度変化，コンクリートのクリープ及び乾燥収縮，活荷重等による橋の変形が生じた場合でも，車両が支障なく通行できる路面を確保する耐久性を有したものであり，鋳鋼などが用いられる。
よって，**適当である。**

Lesson 2 専門土木

1 構造物

②鋼橋の架設方法

出題傾向

1. 「鋼橋の架設方法」は，過去 10 回で 5 回出題。
2. 鋼橋の架設工法名とその特徴，使用機械・設備，適用される橋梁形式，架設作業についての留意点などを理解しておく。

point チェックポイント

鋼橋の架設工法は，架橋場所の地形条件や橋梁の種類によって異なり，一般的に適用される代表的な工法を以下に示す。

■ベント工法

最も一般的な工法で，橋梁の下部空間が利用可能であればこの工法がとられる。自走式クレーンを用いて部材をつり込み，桁下に設置した支持台（ベント，ステージング）で支持させて接合し架設する。キャンバー（そり）の調整が容易である。

写真提供：photolibrary

ベント工法の一例

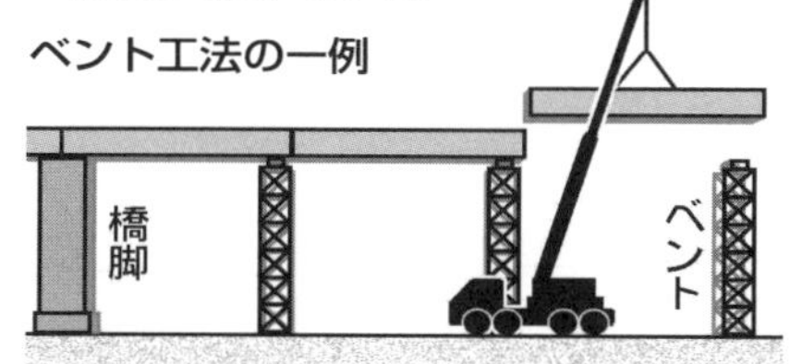

■ケーブルエレクション工法

深い谷地形の場所でランガー橋などのアーチ橋を架設する場合に用いられることが多い。ケーブルを張り，主索，吊索とケーブルクレーンにより架設する。キャンバーの調整が難しく，管理が必要である。

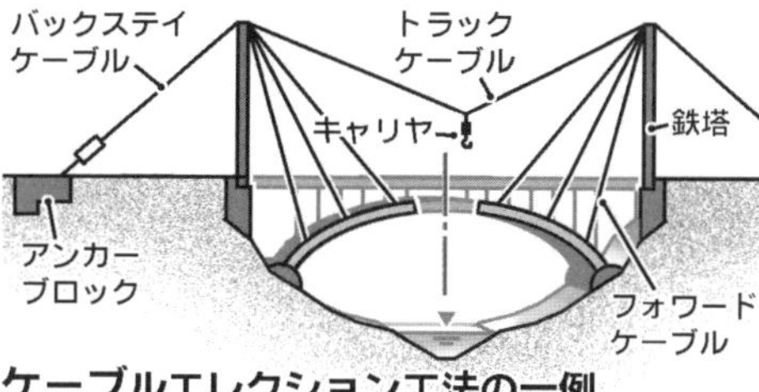

ケーブルエレクション工法の一例

■架設桁工法

架設場所が**深い谷部や軌道上でベントが組めない場所**や，高い安定度が必要な**曲線橋の架設**に用いられる。

あらかじめ架設桁を設置し，橋桁をつり込み又は引出して架設する。

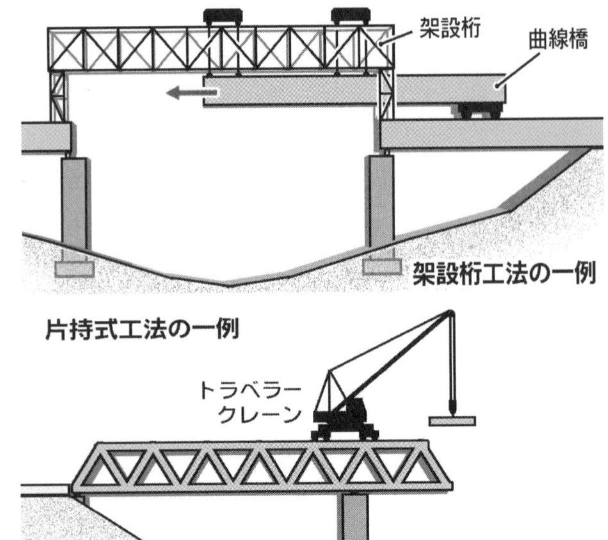

架設桁工法の一例

■片持式工法

河川上や山間部でベントが組めない場合に適用される。主に連続トラスの架設に用いられる。トラスの上面にレールを敷きトラベラークレーンなどを用いて部材を運搬し，組立てていく。

片持式工法の一例

■引出し（送出し）工法

軌道や道路又は河川を横断して架設する場合に用いられる。手延べ機等を用いて隣接場所で組立てた橋桁を送り出して架設する方法。

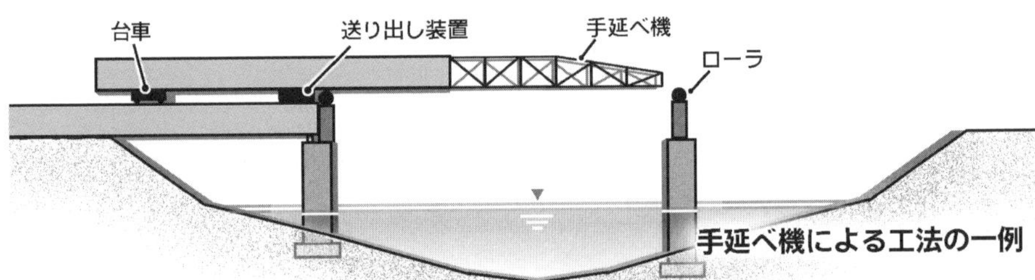

手延べ機による工法の一例

■フローティングクレーン（大ブロック式）工法

海上又は河川橋梁などで，組立済みの橋梁の大ブロックを台船等で移動し，フローティングクレーンを用いて架設する。

フローティングエ法の一例

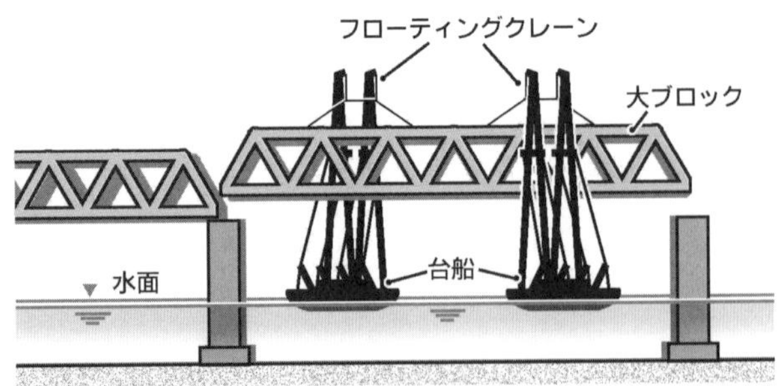

橋梁の「架設工法」と「工法の概要」に関する次の組合せのうち，**適当でないもの**はどれか。

[架設工法]	[工法の概要]
(1) ベント式架設工法	橋桁を自走クレーンでつり上げ，ベントで仮受けしながら組み立てて架設する。
(2) 一括架設工法	組み立てられた部材を台船で現場までえい航し，フローティングクレーンでつり込み一括して架設する。
(3) ケーブルクレーン架設工法	橋脚や架設した桁を利用したケーブルクレーンで，部材をつりながら組み立てて架設する。
(4) 送出し式架設工法	架設地点に隣接する場所であらかじめ橋桁の組み立てを行って，順次送り出して架設する。

R元年後期 No.13

解　説

(1) ベント式架設工法は橋桁を自走クレーンでつり上げ，ベントで仮受けしながら組み立てて架設する。自走クレーン車が進入できる場所での施工に適している。また，他の架設工法に比べ，少ない架設で行うことができることから，工期も短くできる。　よって，**適当である。**

(2) 一括架設工法は製作工場又は架設現場付近にて組み立てられた橋桁部材を台船で現場までえい航し，フローティングクレーンでつり込み，一括して架設する。　よって，**適当である。**

(3) ケーブルクレーン架設工法は鉄塔で支えられたケーブルクレーンで橋桁をつり込んで架設する工法で，海上や河川上で自走クレーンが進入できない場所での施工に適している。　よって，適当でない。

(4) 送出し式架設工法は架設地点に隣接する場所であらかじめ橋桁の組み立てを行って，順次送り出して架設する。桁下の空間が使用できない場合に適している。　よって，**適当である。**

解　答 (3)

Lesson 2　1 構造物

問題 2

鋼道路橋の架設工法に関する次の記述のうち，**適当なもの**はどれか。

(1) クレーン車によるベント式架設工法は，橋桁をベントで仮受けしながら部材を組み立てて架設する工法で，自走クレーン車が進入できる場所での施工に適している。

(2) フローティングクレーンによる一括架設式工法は，船にクレーンを組み込んだ起重機船を用いる工法で，水深が深く流れの強い場所の架設に適している。

(3) ケーブルクレーン工法は，鉄塔で支えられたケーブルクレーンで橋桁をつり込んで架設する工法で，市街地での施工に適している。

(4) 送出し工法は，すでに架設した桁上に架設用クレーンを設置して部材をつりながら片持ち式に架設する工法で，桁下の空間が使用できない場合に適している。

H29 年第 1 回 No.13

解 説

(1) クレーン車によるベント式架設工法は，橋桁をベントで仮受けしながら部材を組み立てて架設する工法で，自走クレーン車が進入できる場所での施工に適している。また，他の架設工法に比べ，少ない架設で行うことができるので工期も短くできる。　よって，適当である。

(2) フローティングクレーンによる一括架設式工法は，船にクレーンを組み込んだ起重機船を用いる工法で，水深が深く**流れの弱い**場所の架設に適している。　よって，**適当でない。**

(3) ケーブルクレーン工法は，鉄塔で支えられたケーブルクレーンで橋桁をつり込んで架設する工法で，**海上や河川上で自走クレーンが進入できない場所**での施工に適している。　よって，**適当でない。**

(4) 送出し工法は，**手延機と橋桁の部分組立て又は全体組立てを行って，順次送り出す工法**で，桁下の空間が使用できない場合に適している。すでに架設した桁上に架設用クレーンを設置して，部材をつりながら架設するのは片持ち式工法である。　よって，**適当でない。**

問題 3

鋼道路橋の架設工法に関する次の記述のうち，主に深い谷等，桁下の空間が使用できない現場において，トラス橋などの架設によく用いられる工法として**適当なもの**はどれか。

(1) トラベラークレーンによる片持式工法
(2) フォルバウワーゲンによる張出し架設工法
(3) フローティングクレーンによる一括架設工法
(4) 自走クレーン車による押出し工法

R3 年後期 No.13

解 説

(1) トラベラークレーンによる片持式工法は，ベント工法にて架設した側径間等をアンカー支間とし，中央径間を順次片持ち架設する工法である。トラス橋や桁下空間が使用できない場合に採用される。　よって，適当である。

(2) フォルバウワーゲンによる張出し架設工法は，架設作業台車（フォルバウワーゲン）を張り出しの先端に固定し，これに型枠を設置してコンクリートを打設する工法。支保工の必要がないため深い谷や河川，道路を横断して架設する場合に採用されるが，**トラス橋では用いられない。**よって，**適当でない。**

(3) フローティングクレーンによる一括架設工法は，**川や海などで用いられる工法**である。製作工場又は架設現場付近で組み立てられた橋桁部材を台船により現場までえい航し，フローティングクレーンでつり込み，一括して架設する。　よって，**適当でない。**

(4) 自走クレーン車による押出し工法は，隣接場所で組立てた橋桁を送り出して架設する方法である。**桁橋などで軌道や道路，又は河川を横断して架設**する場合に用いられる。　よって，**適当でない。**

Lesson 2 専門土木

1 構造物

③鋼橋の溶接合

1. 「鋼橋の溶接合」は，過去 10 回で 3 回出題。
2. 鋼材の溶接方法，及び鋼橋の現場溶接の施工について留意点を理解しておく。

point チェックポイント

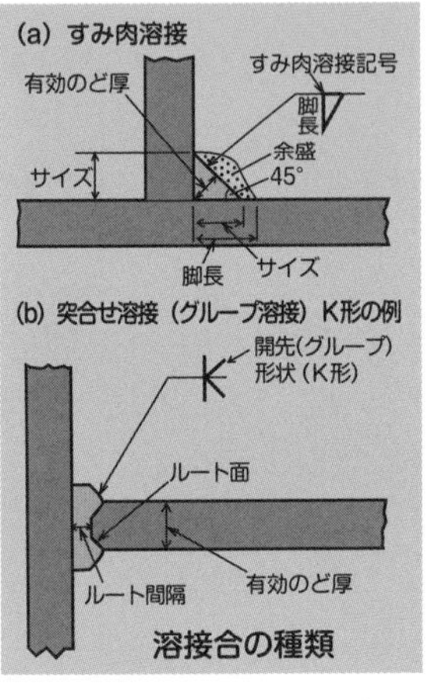

溶接合の種類

■溶接合の種類

・**すみ肉溶接**：ほぼ直交する 2 つの接合面（隅肉）に溶着金属を盛って溶接合する方法で，片側溶接と両側溶接がある。

・**グルーブ（突合せ）溶接**：接合する部材間に間隙（グルーブ，開先と呼ぶ）をつくり，その部分に溶着金属を盛って溶接合する。

■溶接方法の種類

・**手溶接（被覆アーク溶接）**：溶着金属の酸化，窒化を防ぐフラックスを被覆した溶接棒を用いて行う溶接で，溶接棒の乾燥が重要である。

・**半自動溶接（ガスシールドアーク溶接）**：溶着金属ワイヤ（溶接棒）の送りを自動化し炭酸ガスのシールドにより大気を遮断し，溶着金属の酸化，窒化を防ぐ。主に現場に適用される。

・**全自動溶接**：サブマージアーク溶接が一般的で，溶着金属ワイヤ（溶接棒）の送りと移動速度が連動して自動化されている。工場溶接に適用される。

■溶接の施工

・**現場溶接の禁止条件**：現場溶接の以下の気象条件については，防風設備及び余熱等により溶接作業が整えられる場合を除いて溶接作業を行ってはならない。

・雨天時又は作業中に雨天となるおそれのある場合

・雨上がり直後　・風の強いとき　・気温が 5℃以下のとき

・**溶接の欠陥**：ひび割れ，のど厚やサイズ不足，アンダーカット，オーバーラップなどと内部的なブローホール，スラグの巻込みなどがある。

鋼橋の溶接に関する次の記述のうち，**適当でないもの**はどれか。

⑴　グループ溶接は，溶接する部分を加工してすきまをつくり溶接する継手である。
⑵　橋梁の溶接は，一般にスポット溶接が多く用いられる。
⑶　すみ肉溶接には，重ね継手とT継手がある。
⑷　溶接部の強さは，溶着金属部ののど厚と有効長によって求められる。

H24年No.13

解　説

⑴　グループ溶接（開先溶接）は，突合せ継手やT継手などで，溶接する部分を加工して隙間をつくり溶接する継手である。　　よって，**適当である。**

⑵　橋梁の溶接は，一般にアーク溶接が用いられる。　　よって，適当でない。

⑶　すみ肉溶接には，板を重ねてつなぐ重ね継手とT字につなぐT継手がある。　　よって，**適当である。**

⑷　溶接部の強さは，溶着金属部ののど厚と有効長によって求められる。応力を伝える溶接部の有効厚さは溶接部分の理論のど厚とし，有効長は理論のど厚を有する溶接部分の長さとする。　　よって，**適当である。**

解　答　(2)

Lesson 2　1　構造物

問題 2

鋼材の溶接接合に関する次の記述のうち，**適当でないもの**はどれか。

⑴　すみ肉溶接は，部材の交わった表面部に溶着金属を溶接するものである。
⑵　開先溶接は，部材間のすきまに溶着金属を溶接するものである。
⑶　溶接の始点と終点は，溶接欠陥が生じやすいので，スカラップという部材を設ける。
⑷　溶接の方法には，手溶接や自動溶接などがあり，自動溶接は主に工場で用いられる。

H29 年第 2 回 No.13

解　説

⑴　すみ肉溶接は，部材の交わった表面部に溶着金属を溶接するものである。すみ肉溶接には片側溶接と両側溶接がある。　よって，**適当である。**

⑵　開先溶接は，部材間のすきまに溶着金属を溶接するものである。開先とは，グルーブとも呼ばれ，継手の端部を突き合わせたときにできる V 字型の溝のことである。　よって，**適当である。**

⑶　溶接の始点と終点は，溶接欠陥が生じやすいので，エンドタブを設ける。スカラップは「切り欠き」で，溶接の継ぎ目同士が重なることを避けるために扇形に切り込むことである。　よって，適当でない。

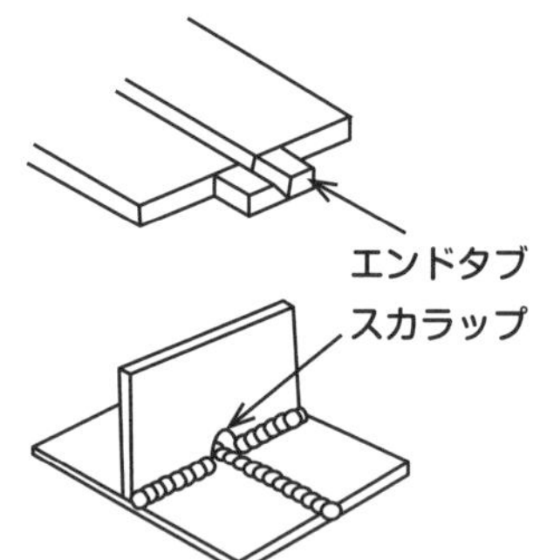

⑷　溶接の方法には，手溶接や自動溶接などがあり，自動溶接は主に工場のラインで連続的に行う溶接法である。　よって，**適当である。**

問題 3

鋼橋の溶接接合に関する次の記述のうち，**適当でないもの**はどれか。

⑴　溶接の始端と終端部分は，溶接の乱れを取り除くためにスカラップを取り付けて溶接する。
⑵　溶接を行う部分は，溶接に有害な黒皮，さび，塗料，油などを除去する。
⑶　溶着金属の線が交わる場合は，応力の集中を避けるため，片方の部材に扇状の切欠きを設ける。
⑷　軟鋼用被覆アーク溶接棒は，吸湿がはなはだしいと欠陥が生じるので十分に乾燥させる。

H26年 No.12

解　説

⑴　溶接の始端と終端部分は，溶接の乱れや溶接金属の溶込み不足などの欠陥が生じやすいのでエンドタブを取り付け溶接欠陥が部材上に入らないようにする。
よって，適当でない。

⑵　溶接部の部材清掃と乾燥について，溶接を行う部分は，溶接に有害な黒皮，さび，塗料，油などを除去する。また，溶接線近傍を十分に乾燥させなければならない。　よって，**適当である。**

⑶　溶着金属の線が交わる場合は，応力の集中を避けるため，片方の部材にスカラップという扇状の切欠きを設ける。　よって，**適当である。**

⑷　軟鋼用被覆アーク溶接棒は，割れのおそれのない場所に使用され，吸湿がはなはだしいと欠陥が生じるので十分に乾燥させる。　よって，**適当である。**

解答 ⑴

問題 4

鋼橋の溶接継手に関する次の記述のうち，**適当でないもの**はどれか。

⑴ 溶接を行う部分には，溶接に有害な黒皮，さび，塗料，油などがあってはならない。

⑵ 応力を伝える溶接継手には，開先溶接又は連続すみ肉溶接を用いなければならない。

⑶ 溶接継手の形式には，突合せ継手，十字継手などがある。

⑷ 溶接を行う場合には，溶接線近傍を十分に湿らせてから行う。

R元年後期 No.12

解 説

⑴ 溶接を行う部分には，溶接に有害な黒皮，さび，塗料，油などがあってはならない。これらはブローホールや割れの発生原因になる。よって，**適当である。**

⑵ 応力を伝える溶接継手には，完全溶込み開先溶接，部分溶込み開先溶接又は連続すみ肉溶接を用いなければならない。開先（グルーブ）をとって溶接するものを開先溶接，材片の交わった表面の間にするものをすみ肉溶接という。
よって，**適当である。**

⑶ 溶接継手の形式には，突合せ継手，十字継手，T継手，角継手，重ね継手などがある。
よって，**適当である。**

⑷ 溶接を行う場合には，溶接線近傍を十分に乾燥させてから行う。
よって，適当でない。

1 構造物

④高力ボルトの締付け及び鉄筋コンクリートの鉄筋の継手

1. 過去 10 回で 3 回出題されている。
2. 高力ボルト接合の機能，接合面の処理，締付け方法と検査，鉄筋コンクリートの鉄筋の継手・加工などについて理解しておく。

point チェックポイント

■高力ボルト接合の機能

基本的に，ナットを回転させることにより，必要な軸力を得る。ボルトで締付けられた継手材間の**摩擦力による**摩擦接合，**支圧抵抗による**支圧接合，**軸方向外力の作用する**引張接合の 3 形式がある。

■ボルトの締付け方法と検査

① **ナット回転法（回転法）**：ボルトの軸力を伸びによって管理し，伸びはナットの回転角で表す。一般に降伏点を超えるまで軸力を与える。締付け検査はボルト全本数についてマーキングで外観検査する。

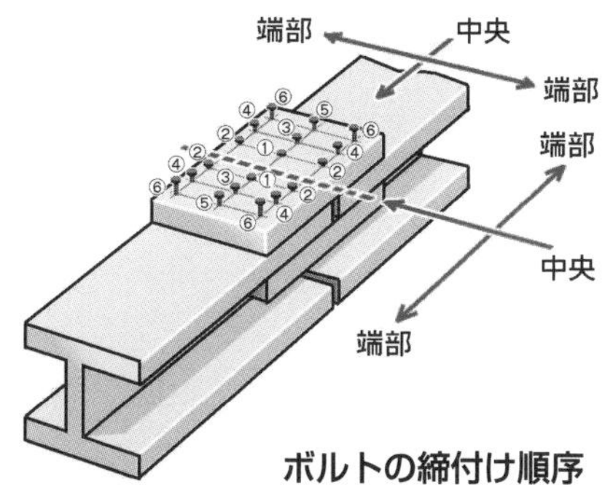

ボルトの締付け順序

白チョーク又は白ペンキでマークをつける

(a) 予備締め後のマーキング

(b) 本締め後の適切な状態

(c) ナットとボルトが共まわりした状態

(d) ナットと座金が共まわりした状態

マーキング

② **トルクレンチ法（トルク法）**：事前にレンチのキャリブレーションを行い，60%導入の予備締め，110%導入の本締めを行う。予備締め後マーキングし，締付け検査はボルト群の10%について行う。

③ **耐力点法**：導入軸力とボルトの伸びの関係が非線形を示す点をセンサーで感知し，締付けを終了させる。**全数マーキングとボルト5組についての軸力平均が**，所定の範囲にあるかどうかを検査する。

④ **トルシア形高力ボルト**：破断溝がトルク反力で切断できる機構になっており，専用の締付け機を用いて締付ける。**検査は全数についてピンテールの切断とマーキング**の確認による。

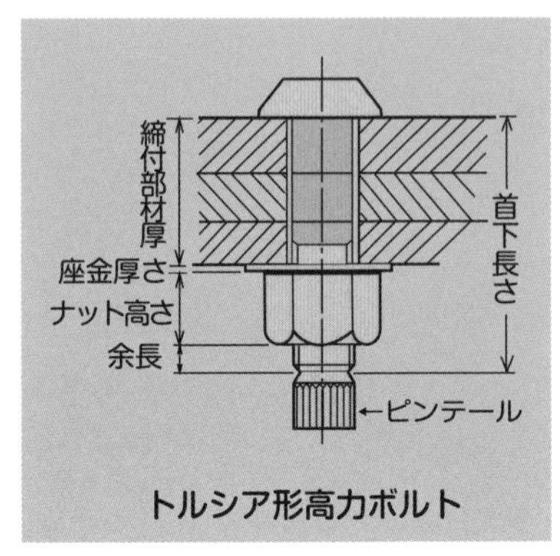

トルシア形高力ボルト

■鉄筋コンクリートの鉄筋の継手

① **鉄筋の加工**：鉄筋の加工は，**原則として常温で行う**。フックの形状は下図に示す。

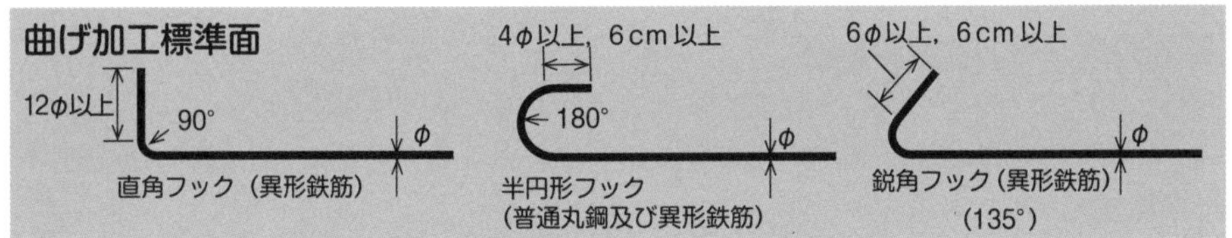

② **鉄筋の継手**：通常は鉄筋を重ねて結束する**重ね継手**が用いられる。断面形によりガス圧接継手，溶接継手，機械式継手などが適用されるが，これらの場合は継手としての所要の性能を満足するものでなければならない。

・鉄筋の重ね継手は，所定の長さを重ね合わせて，**直径φ0.8 mm以上の焼なまし鉄線**で数箇所緊結しなければならない。鉄線を巻く長さはできるだけ短いのがよい。

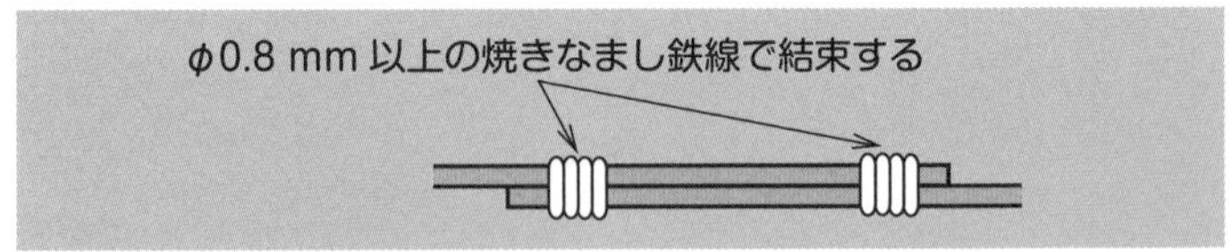

・鉄筋の継手位置は，できるだけ応力の大きい断面を避けるものとし，**継手は同一断面に集めないこと**を原則とする。

・軸方向鉄筋に重ね継手を用いる場合，**重ね合わせ長さは算出基準以上，かつ，鉄筋直径の20倍以上**とする。

問題 1　鋼道路橋に用いる高力ボルトに関する次の記述のうち，**適当でないもの**はどれか。

⑴　高力ボルト摩擦接合は，高力ボルトの締付けで生じる部材相互の摩擦抵抗で応力を伝達する。

⑵　高力ボルトの締付けは，各材片間の密着を確保し，十分な応力の伝達がなされるように行う。

⑶　高力ボルトの締付けは，継手の端部から順次中央のボルトに向かって行う。

⑷　高力ボルト摩擦接合による継手は，重ね継手と突合せ継手がある。

R元年前期 No.13

解　説

⑴　高力ボルト摩擦接合は，高力ボルトで母材及び連結板を締付け，それらの間で生じる部材相互の摩擦抵抗で応力を伝達する。　よって，**適当である。**

⑵　高力ボルトの締付けは，各材片間の密着を確保し，十分な応力の伝達がなされるように行う。締付施工前には，継手部の部材同士の食い違いや材片間の肌隙の程度，孔のずれ等を確認しなければならない。　よって，**適当である。**

⑶　高力ボルトの締付けは，継手の中央部から順次端部のボルトに向かって行う。　よって，適当でない。

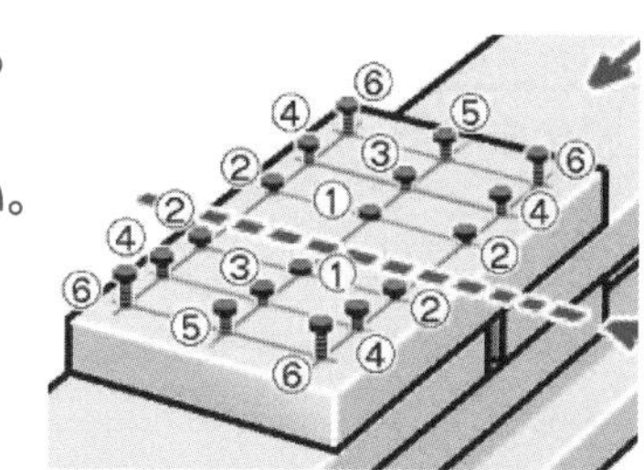

⑷　高力ボルトには支圧接合，引張接合，摩擦接合があり，摩擦接合による継手は，重ね継手と突合せ継手がある。　よって，**適当である。**

問題 2

鋼道路橋に高力ボルトを使用する際の確認する事項に関する次の記述のうち，**適当でないもの**はどれか。

(1) 鋼材隙間の開先の形状
(2) 高力ボルトの等級と強さ
(3) 摩擦面継手方法
(4) 締め付ける鋼材の組立形状

H28 年 No.12

解説

(1) 開先とは，鋼材の端部を突き合わせたときにできる V 字形の溝を指し，突合せ溶接を行う場合に鋼材の開先の形状が重要になる。　よって，適当でない。

(2) 高力ボルトは設計で指定された規格のものである必要がある。したがって，高力ボルトの等級と強さは高力ボルトを使用する際の確認する事項に含まれる。
よって，**適当である。**

(3) 高力ボルト継手の接合方法として，摩擦接合，支圧接合，引張接合があり，それぞれ応力の伝達機構が異なる。したがって，締め付け施工に際してはその特徴を十分に理解し，施工要領を定め確実に施工する必要がある。このことから，摩擦面継手方法は高力ボルトを使用する際の確認する事項に含まれる。
よって，**適当である。**

(4) 締付け後の継手性能や締付け施工に問題が生じないように，締付け施工前には継手部における部材同士の食い違いや材片間の肌隙の程度，孔のずれ等に関し組立精度を確認する必要がある。したがって，締め付ける鋼材の組立形状は高力ボルトを使用する際の確認する事項に含まれる。　よって，**適当である。**

Lesson 2　専門土木

1 構造物

⑤コンクリート構造物の耐久性照査及び維持管理

1. 毎回出題されており，出題数が多く重要項目である。出題数が多い順に，「コンクリートの劣化機構の特徴」，「コンクリート構造物の耐久性照査」，「コンクリートの劣化防止」である。
2. コンクリート構造物の設計や施工段階における耐久性照査項目，照査の省略条件，耐久性向上対策について理解しておく。また，コンクリート構造物の維持管理面から，劣化機構の分類と損傷の外観上の特徴，劣化診断に使用される点検・調査方法，劣化対策及びそれらの関連について理解しておく。

point チェックポイント

■コンクリート構造物の耐久性照査

①要求性能

コンクリート構造物の設計の基本として，構造物には施工中及び設計耐用期間内において，その使用目的に適合するために要求される全ての性能を設定することとされている。一般に，耐久性，安全性，使用性，復旧性，環境及び景観などに関する要求性能を設定することとされている。

②コンクリート構造物の耐久性に関する照査

コンクリート構造物の所要性能の確保を目的として，設計段階で行う耐久性照査の項目として塩害及び中性化による鋼材腐食，凍害，化学的侵食によるコンクリートの劣化があげられ，施工段階での照査項目としてアルカリ骨材反応（アルカリシリカ反応）及び練混ぜ時よりコンクリート中に存在する塩化物による塩害があげられている。

■コンクリート構造物の維持管理

①維持管理と性能照査

維持管理では，現状の構造物の要求性能を継続的に照査し，構造物の予定供用期間を通じ，要求性能を満足しなくなる状況が考えられると評価，判定された場合には，性能の回復あるいは保持のための対策を講じることになる。

②劣化機構と損傷の外観上の特徴の例

劣化機構	損傷の外観上の特徴
中性化	鉄筋軸方向のひび割れ，剥離
塩害	鉄筋軸方向のひび割れ，錆汁，コンクリートや鉄筋の断面欠損
凍害	微細ひび割れ，スケーリング，ポップアウト，変形
化学的侵食	変色，剥離
アルカリ骨材反応	膨張ひび割れ（拘束方向，亀甲状），ゲル，変形
疲労（道路橋床版）	格子状ひび割れ，角落ち，遊離石灰
すり減り	モルタルの欠損，粗骨材の露出，コンクリートの断面欠損

問題 1　コンクリート構造物の耐久性を向上させる対策に関する次の記述のうち，**適当でないもの**はどれか。

⑴　塩害対策として，速硬エコセメントを使用する。
⑵　塩害対策として，水セメント比をできるだけ小さくする。
⑶　凍害対策として，吸水率の小さい骨材を使用する。
⑷　凍害対策として，AE 剤を使用する。

R元年後期 No.14

解　説

⑴　塩害対策として，速硬エコセメントは使用しない。速硬エコセメントは，塩化物イオン量が多いため，用途が無筋コンクリートに限定される。
よって，適当でない。

⑵　塩害対策としては，塩化物イオンの浸入を抑制するためコンクリートの硬化体組織を緻密にすることが効果的である。そのために，単位水量を少なくすること，水セメント比を小さくすること，湿潤養生を十分行うことなどが有効である。　よって，**適当である。**

⑶　凍害対策として，吸水率の小さい骨材を使用する。吸水率の大きい軟石を用いたコンクリートでは，凍結時に骨材自身が膨張し，表面のモルタルをはじき出すこと（ポップアウト）がある。　よって，**適当である。**

⑷　凍害対策として，AE 剤を使用する。凍結融解に対する抵抗性の向上とワーカビリティーの向上が見込まれる。　よって，**適当である。**

問題 2

コンクリート構造物に関する次の用語のうち，劣化機構に**該当しないもの**はどれか。

⑴ 中性化
⑵ 疲労
⑶ 豆板
⑷ 凍害

R2 年後期 No.14

解説

⑴ 中性化は二酸化炭素がセメント水和物と炭酸化反応を起こし，アルカリ性のコンクリートの pH を低下させる現象の劣化機構である。鉄筋軸方向のひび割れ，コンクリート剥離が発生する。反応性骨材が劣化要因となるのはアルカリ骨材反応である。 よって，**該当する。**

⑵ 疲労は，繰返し荷重により鋼材（鉄筋等）の強度低下やコンクリートにひび割れが発生する現象の劣化機構である。 よって，**該当する。**

⑶ 豆板（ジャンカ）は，コンクリートの締め固め不足や，セメントと砂利が分離したり，型枠下端からのセメントペーストの漏れなどによって，空隙ができ，脆くなっている状態のことである。施工時の現象である。
よって，該当しない。

⑷ 凍害は，コンクリート中に含まれる水分が凍結し，氷の生成による膨張圧などでコンクリートが破壊される現象の劣化機構である。コンクリート中の水分が凍結と融解を繰り返すことでコンクリート表面からスケーリング，微細なひび割れ，ポップアウトが発生する。 よって，**該当する。**

解 答 (3)

問題 3

コンクリート構造物に関する次の用語のうち，劣化機構に**該当しないもの**はどれか。

(1) レイタンス
(2) アルカリシリカ反応
(3) すりへり
(4) 中性化

H28年 No.14

解　説

(1) レイタンスとは，主に石灰石よりなる微粒子や骨材の微粒分が，ブリーディング水とともにコンクリートの上面に上昇して堆積する多孔質で脆弱な泥膜層のことである。施工時に随時取り除かれるので直接的には劣化機構にあてはまらない。　よって，該当しない。

(2) アルカリシリカ反応とは，アルカリ骨材反応によって生じる反応生成物（アルカリシリカゲル）が吸水して膨張し，コンクリートの劣化をもたらす。コンクリートの劣化機構の１つである。　よって，**該当する。**

(3) すりへりは，水流や車輪等の摩耗作用によってコンクリート断面が時間とともに徐々に欠損していく現象で，風化と同様にコンクリートの劣化機構の１つである。　よって，**該当する。**

(4) 中性化は，大気中の二酸化炭素とセメントの水和生成物である水酸化カルシウムの反応によって，鉄筋表面の不動態皮膜が破壊され鉄筋の腐食が進行する。コンクリートの劣化機構の１つである。　よって，**該当する。**

問題 4

コンクリートの「劣化機構」と「劣化要因」に関する次の組合せのうち，**適当でないもの**はどれか。

	［劣化機構］	［劣化要因］
(1)	凍害	凍結融解作用
(2)	塩害	塩化物イオン
(3)	中性化	反応性骨材
(4)	はりの疲労	繰返し荷重

H30 年後期 No.14

解 説

［劣化機構］　［劣化要因］

(1) 凍害 ………… コンクリート中の空隙中に存在する水分が凍結融解を繰り返すことにより起きる，ひび割れ・表面剥離現象を凍害と呼ぶ。微細ひび割れ，スケーリング，ポップアウト，変形が発生する。凍害対策として，AE 剤を使用し無数の微細な空気泡をコンクリートに混入する方法がある。コンクリート中の空気量は 6%程度を目標にする。よって，**適当である。**

(2) 塩害 ………… 塩害とは，コンクリート中に浸透した塩化物イオンによって鉄筋表面の不動態皮膜が破壊され，鉄筋の腐食が進行し鉄筋軸方向のひび割れ，錆汁，断面欠損が発生する。塩害を防止する対策として，かぶりを十分大きくとること，コンクリート表面及び鉄筋表面に合成樹脂などのコーティングを施すこと，材料に海砂などの塩化物イオンを含む骨材を使用しないこと，海砂を利用する場合は十分に洗浄したものを使用すること，などがあげられる。

よって，**適当である。**

(3) 中性化 ……… 中性化は，二酸化炭素がセメント水和物と炭酸化反応を起こし，アルカリ性のコンクリートの pH を低下させる現象である。鉄筋軸方向のひび割れ，コンクリート剥離が発生する。反応性骨材が劣化要因となるのは，アルカリ骨材反応である。　よって，適当でない。

(4) はりの疲労 … 繰返し荷重により鋼材（鉄筋等）の強度低下やコンクリートにひび割れが発生する現象である。

よって，**適当である。**　**解答 (3)**

Lesson 2 専門土木

2 河川

①河川堤防の施工

1. 「河川堤防の施工」については，毎回出題があり，「築堤の計画や施工上の留意点」及び「河川の用語・図面記載要領」に関する問題が4回，「河川堤防に用いる土質材料」に関する問題が2回出題されている。
2. 河川堤防の施工に関する築堤基礎地盤，築堤形態，築堤材料と締固め機械の適用性及び締固め方法，盛土の法面の施工方法，築堤の計画や施工上の留意点，軟弱地盤対策，河川各部の名称などについて理解しておく。

■河川堤防の種類

・連続して河川の両岸に設ける本堤。
・本堤の決壊などに備える副堤。
・洪水調節をするかすみ堤。
・水位差調整をはかる背割堤。
・流れの方向を安定させる導流堤。
・その他輪中堤，越流堤がある。

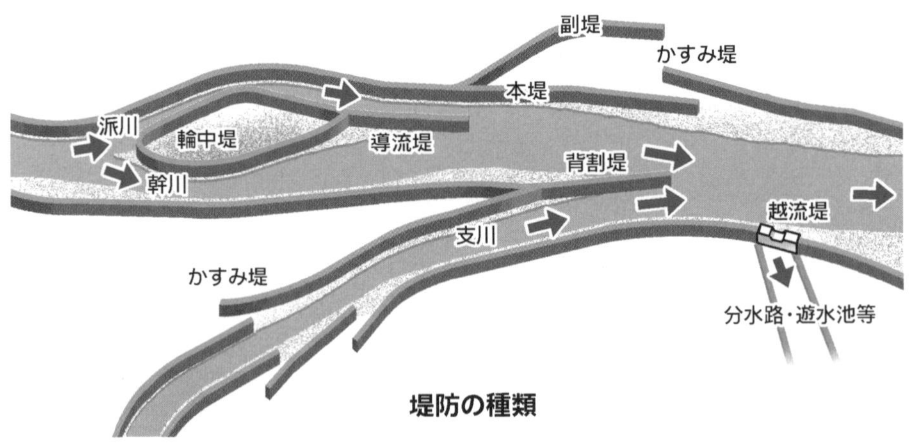

堤防の種類

■河川堤防の断面

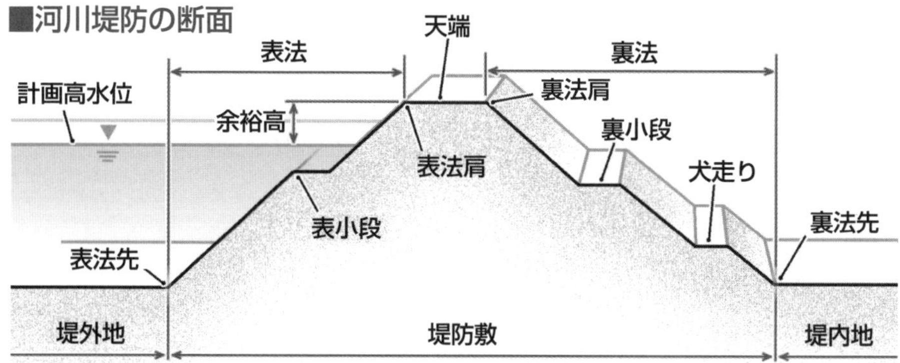

堤防断面の名称

■築堤材料の条件

・飽和状態になっても，法面にすべりが起きにくい。

・水に溶解する成分や草，木の根などの有機物を含まない。

・せん断抵抗角が大きい。

・掘削，運搬，締固めなどの施工性がよい。

・乾湿変化による膨張，収縮が小さい。

・締固め後の透水係数が小さい。

異種材料の混合により，これらの性質と安定性の確保が可能である。

■築堤工（堤体盛土の締固め）についての留意点

堤体盛土の場合道路と異なり，支持力などの耐荷性より**耐水性**が要求され，空隙などのない**均質性**が重要である。

・築堤にあたっては，**軟弱地盤対策**，滞水・湧水処理，草木の排除・除根，地盤のかき越しなどの準備工を行う。

・1 層毎の締固め後の仕上がりの厚さが 30 cm 以下になるようにし，盛土材を 35～45 cm 程度の厚さに敷き均す。

・締固め機械は，ブルドーザ，振動ローラ，タイヤローラなどが用いられ，法面部では振動コンパクタ，ランマ，タンパなど小型機械も用いられる。土質区分と締固め機械の一般的な適用を次に示す。

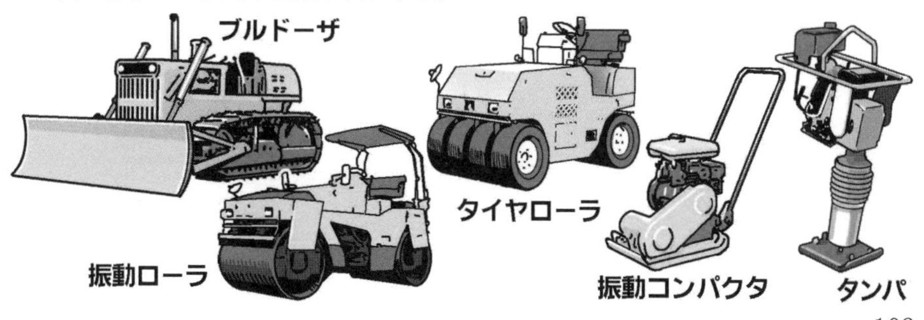

土質区分と締固め機械の一般的な適用

締固め機械 ＼ 土質区分	普通ブルドーザ	タイヤローラ	振動ローラ	振動コンパクタ	タンパ	備考
砂 礫混り砂	◯	◯	◯	○	○	単粒度の砂，細粒分の欠けた切込み砂利，砂丘の砂など
砂，砂質土 礫混り砂質土	◎	◎	◯	○	○	細粒分を適度に含んだ粒度配合の良い締固めの容易な土，マサ，山砂利など
粘性土 礫混り粘性土	◯	◯	◯	×	○	細粒分は多いが鋭敏性の低い土，低含水比の関東ローム，くだきやすい土丹など
高含水比の砂質土 高含水比の粘性土	◯	×	×	×	×	含水比調節が困難でトラフィカビリティーが容易に得られない土，シルト質の土など

◎：有効なもの
◯：使用できるもの
○：施工現場の規模の関係で，他の機械が使用できない場所などで使用するもの
×：不適当なもの

・高含水比の粘性土を，荷おろし箇所から盛土する箇所まで敷均し機械で押土する二次運搬では，一般に接地圧の小さなブルドーザを使用する。

・腹付けにより拡堤する場合は，下図のように段切りを行う。

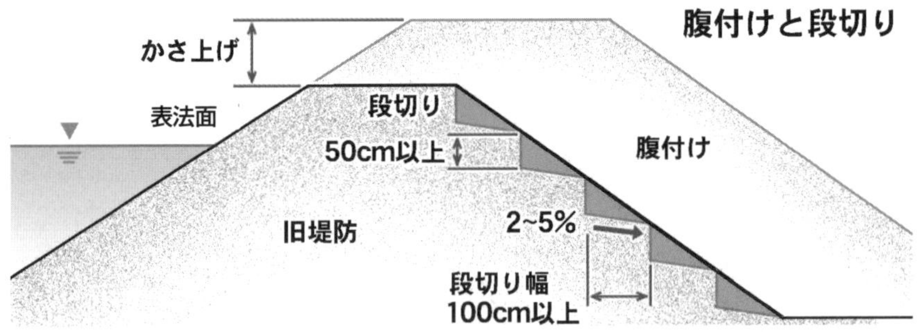

・腹付けは安定している旧堤防の表法面を生かし，裏腹付けとすることが望ましい。

・堤防の締固めは堤防法線に平行に行うことが望ましく，締固め幅が重複して施工されるように留意する。

・築堤後における基礎地盤の圧密沈下や堤体盛土の圧縮を考慮して，余盛を行う。

問題 1

河川堤防に用いる土質材料に関する次の記述のうち，**適当なもの**はどれか。

(1) 有機物及び水に溶解する成分を含む材料がよい。
(2) 締固めにおいて，単一な粒度の材料がよい。
(3) できるだけ透水性が大きい材料がよい。
(4) 施工性がよく，特に締固めが容易な材料がよい。

H30 年前期 No.15

解 説

(1) 河川堤防に用いる土質材料の優劣は，完成後の堤体の安定や施工の難易等に与える影響が大きい。築堤用土の条件には，浸水乾燥などの環境変化に対して，法すべりやクラックなどが生じにくく安定であることがある。草木の根などの有害な有機物や水に融解する成分を**含まない**材料が望ましい。
よって，**適当でない。**

(2) 締固めにおいて高い密度が得られる，**色々な粒径が含まれている粒度分布のよい**土質材料が望ましく，せん断強度が大きく安定性の高いものがよい。
よって，**適当でない。**

(3) 耐荷性に重点が置かれる道路盛土に対して，河川堤防では耐水性が最も重要であり，できるだけ**不透水性であること**が望ましい。 よって，**適当でない。**

(4) 河川堤防に用いる土質材料は，掘削，運搬などの施工性がよく，特に締固めが容易であるものがよい。 よって，適当である。

解 答 (4)

問題 2

河川堤防の施工に関する次の記述のうち，**適当でないもの**はどれか。

(1) 堤防の法面は，可能な限り機械を使用して十分締め固める。
(2) 引堤工事を行った場合の旧堤防は，新堤防の完成後，ただちに撤去する。
(3) 堤防の施工中は，堤体への雨水の滞水や浸透が生じないよう堤体横断面方向に勾配を設ける。
(4) 堤防の腹付け工事では，旧堤防との接合を高めるため階段状に段切りを行う。

R元年後期 No.15

解 説

(1) 堤防の法面は，可能な限り機械を使用して十分締め固める。締固め機械は，ブルドーザ，振動ローラ，タイヤローラなどが用いられるが，法面部では振動コンパクタ，ランマ，タンパなどの小型機械も用いられる。

よって，**適当である。**

(2) 有堤部において，川幅拡大のために現堤防の背後に新堤防を築くことを引堤工事といい，引堤工事を行った場合の旧堤防は，新堤防が完成後，必ず新堤防が安定するまで，通常は 3 年間，新旧両堤防を併存させる。

よって，適当でない。

(3) 堤防の施工中は，雨水の集中による堤体への滞水や浸透などが生じないように，表面に 3～5%程度の横断方向に勾配を設けて施工する。施工中の降雨による法面浸食に対しては，適当な間隔で仮排水溝を設けて雨水を流下させることが大切である。

よって，**適当である。**

(4) 旧堤防に腹付け工事を行う場合は，旧堤防との接合を高めるため階段状に段切りを行う。腹付けは，できるだけ裏法面に対して行う裏腹付けとする。

よって，**適当である。**

問題 3

河川に関する次の記述のうち，**適当でないもの**はどれか。

(1) 河川の流水がある側を堤内地，堤防で守られる側を堤外地という。
(2) 堤防の法面(のりめん)は，河川の流水がある側を表法面(おもてのりめん)，その反対側を裏法面(うらのりめん)という。
(3) 河川の横断面図は，上流から下流を見た断面で表し，右側を右岸という。
(4) 堤防の天端(てんば)と表法面の交点を表法肩(おもてのりかた)という。

R2年後期 No.15

解説

(1) 両岸の堤防に挟まれて河川の流水がある側を堤外地，堤防で洪水・氾濫から守られている側を堤内地という。　よって，適当でない。

(2) 堤防の法面は，河川の流水がある堤外地側を表法面，その反対の堤内地側を裏法面という。　よって，**適当である。**

(3) 河川の横断面図は，上流から下流方向を見た断面で表し，河川の両岸も上流から下流を見て右側を右岸，左側を左岸という。　よって，**適当である。**

(4) 堤防の天端と表法面との交点を表法肩といい，裏法面との交点を裏法肩という。　よって，**適当である。**

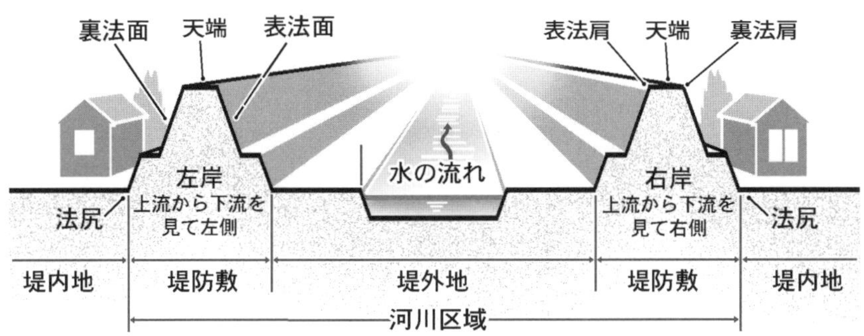

解答 (1)

Lesson 2 2 河川

Lesson 2　専門土木

2 河川

②河川護岸の施工

1. 「河川護岸の施工」については，毎回出題され，「護岸及び護岸を構成する各部の構造・機能」に関する問題が8回，「各種法覆工の特徴」に関する問題が2回出題されている。
2. 護岸の種類と名称，護岸を構成する各部の構造名称と機能，各種法覆工の特徴や適用性などについて理解しておく。

■護岸の種類

護岸は，流水から河岸や堤防を保護するための構造物で，図に示すように，河岸及び堤防法面を保護する高水護岸，低水路を保護し高水敷の洗掘防止をする低水護岸及び高水護岸で低水路が接近しているため低水部を含めて施されている堤防護岸の 3種に分類される。

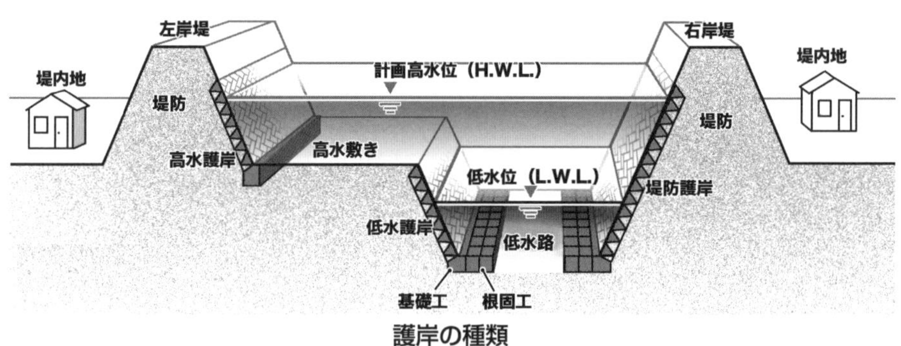

護岸の種類

■護岸の構成と機能

護岸は右図に示すように，法覆工，基礎工（法留工），根固工などによって構成されている。

水際部に設置する護岸は，十分に自然環境を考慮した構造とすることを基本にする。

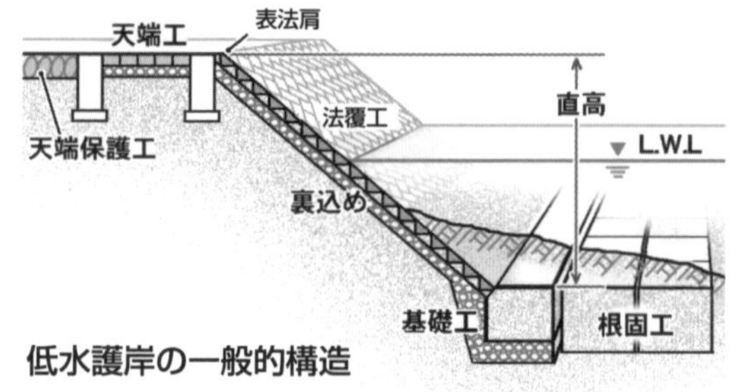

低水護岸の一般的構造

① **法覆工**：

法面を被覆して，河岸及び堤体が直接流水に接して洗掘されるのを防止し，法面を保護するもので，堤体や河岸の変形に対して，ある程度の**追随性**を持っていることが望ましい。

・法覆工には植生工，石張（積）工，コンクリートブロック張（積）工，コンクリート法枠工，蛇籠工などがある。

・必要な場合，付属工として小口止工を法覆工の上下流端に施工し，洗掘などに対して護岸を保護する。

② **基礎工（法留工）**：

法覆工を支持し滑動や崩壊を防止するとともに，洗掘に対して基礎部分を保護し，裏込め土砂の流失を防ぐ。

・基礎工天端高は，一般に計画河床又は現況河床のいずれか低い河床面より0.5～1.5 m 程度深くしている。

③ **根 固 工**：

護岸の前面付近の河床の洗掘を防ぐために，基礎工の前に設置して基礎工の安定をはかる。

・**根固工と基礎工とは絶縁**して根固工の破壊が基礎工の破壊を引き起こさないようにし，絶縁部は間詰を行う。

・根固工の前面の河床の洗掘に対しては，その変形に追従できるように**屈撓**（くっとう）**性と幅**をもたせ，また高水時の流速及び転石などに抵抗しうる**重さと**，**耐久性**，**粗度**をもたせる。

・根固工には捨石工，沈床工，コンクリートブロック張工などがある。

④ **天端工・天端保護工**：

天端工・天端保護工は，低水護岸が流水により**裏側**から侵食されることを防止するため，必要に応じて設ける。

・低水護岸の天端部分を洪水の侵食から保護するもので，天端工は，法肩部分に1～2 m 程度の幅で設置する。

・天端保護工は天端工と背後地の間からの侵食に備えて天端工端部から背後地に1.5～2 m 程度の幅で設置し，**屈撓性**のある構造とする。

⑤ **すりつけ工**：

すりつけ工は，護岸の上下流端部に設け在来の河岸，施設とのなじみをよくし，侵食の影響を吸収して護岸が上下流から侵食されるのを防止する機能があり，すりつけ工の粗度により流速を緩和し下流河岸の侵食を防止する機能もある。

・**屈撓性があり大きい粗度**を持つ構造とする。

問題 1

河川護岸に関する次の記述のうち，**適当でないもの**はどれか。

⑴　低水護岸の天端保護工は，流水によって護岸の裏側から破壊しないように保護するものである。

⑵　根固工は，法覆工の上下流の端部に施工して護岸を保護し，将来の延伸を容易にするものである。

⑶　基礎工は，法覆工を支える基礎であり，洗掘に対する保護や裏込め土砂の流出を防ぐものである。

⑷　法覆工には，主にコンクリートブロック張工やコンクリート法枠工などがあり，堤防及び河岸の法面を被覆し保護するものである。

H29 年第 1 回 No.16

解　説

⑴　低水護岸の天端工・天端保護工は，流水によって護岸の裏側から破壊しないように保護するものである。天端保護工は，天端工と背後地の間から侵食が生じることが予測される場合に設置する。　よって，**適当である。**

⑵　護岸の破壊は，基礎部の洗掘を契機として発生することが多く，根固工は，その地点の流勢を減じるとともに，河床を直接覆うことによって急激な洗掘を緩和するものである。法覆工の上下流の端部に施工して護岸を保護し，将来の延伸を容易にする効用のあるものは，小口止工である。

よって，適当でない。

⑶　基礎工は，護岸の法覆工を支持する基礎であるとともに，洗掘に対する法覆工の保護や裏込め土砂の流出を防ぐ機能をもつものである。

よって，**適当である。**

⑷　護岸の法覆工には，流水・流木の作用，土圧等に対して安全な構造が必要で，主にコンクリートブロック張工やコンクリート法枠工などがあり，堤防及び河岸の法面を被覆し保護するものである。護岸の法覆工は生態系や景観について考慮する必要があり，その他の工法として芝付工，鉄線蛇籠などの籠工，連節ブロック張り工等がある。　よって，**適当である。**

解　答　(2)

問題 2

河川護岸に関する次の記述のうち，**適当でないもの**はどれか。

(1) 横帯工は，法覆工（のりおおいこう）の延長方向の一定区間ごとに設け，護岸の変位や破損が他に波及しないように絶縁するものである。

(2) 縦帯工は，護岸の法肩部（のりかたぶ）に設けられるもので，法肩の施工（せこう）を容易にするとともに，護岸の法肩部の破損を防ぐものである。

(3) 小口止工は，法覆工の上下流端に施工して護岸を保護するものである。

(4) 護岸基礎工は，河床を直接覆うことで急激な洗掘を防ぐものである。

R3 年前期 No.16

解説

(1) 横帯工は法覆工において河川の延長方向の一定区間ごとに横断方向に設け，護岸の変位や破損が他に波及しないように絶縁するものである。

よって，**適当である。**

(2) 縦帯工は，護岸の法肩部において河川の縦断方向に設けられるもので，法肩の施工を容易にするとともに，護岸の法肩部の破損を防ぐものである。

よって，**適当である。**

(3) 在来河岸と新設護岸における流水に対する強度差が大きく影響し，護岸両端部が洗掘され，護岸破壊の原因となることが多い。これに対しては，新設護岸両端部の巻き込み，小口止工の設置などの護岸末端部の処理を行う。小口止工は，法覆工の上下流端に施工して護岸を保護するものであり，耐久性に優れ施工性のよい鋼矢板構造とすることが多い。　よって，**適当である。**

(4) 根固工は，河岸や基礎工前面に施工し，設置箇所の隆盛を減じるとともに，河床を直接覆うことで急激な洗掘を防ぐものである。法覆工の法先を支える基礎部分は，土圧を受けるものを法留工といい，土圧を受けないものを基礎工という。

よって，適当でない。

問題 3　河川護岸の法覆工に関する次の記述のうち，**適当でないもの**はどれか。

(1)　コンクリートブロック張工は，工場製品のコンクリートブロックを法面に敷設する工法である。
(2)　コンクリート法枠工は，法勾配の急な場所では施工が難しい工法である。
(3)　コンクリートブロック張工は，一般に法勾配が急で流速の大きい場所では平板ブロックを用いる工法である。
(4)　コンクリート法枠工は，法面のコンクリート格子枠の中にコンクリートを打設する工法である。

H30 年前期 No.16

解　説

(1)　コンクリートブロック張工は，工場製品のコンクリートブロックを法面に敷設する工法である。施工は石張りに比較して容易で，工期も短く済む。
よって，**適当である。**

(2)　コンクリート法枠工は，プレキャスト枠材を現地で組み立てる構造と現場打ちコンクリート構造のものがある。通常は現場打ちとなるため法勾配の急な場所では施工が難しく，2 割より緩いところで用いられる。
よって，**適当である。**

(3)　コンクリートブロック張工は，一般に法勾配が急で流速の大きい場所では間知ブロックを用い，法勾配が緩く流速が小さな場所では，平板ブロックを用いる工法である。　よって，適当でない。

(4)　コンクリート法枠工は，法面にコンクリートの格子枠をつくり，枠の中にコンクリート（中張コンクリート）を打設する工法である。
よって，**適当である。**

間知ブロック

解答 (3)

砂　防

1. 「砂防施設」については，「砂防えん堤」について毎回出題され，「計画，構造，機能」に関して6回，「施工上の留意点」及び「施工順序」に関して各2回出題されている。「その他の砂防施設」についての問題は出題がない。
2. 砂防えん堤の構造と機能，計画や施工に関する留意点，施工順序などについて整理しておく。
3. 最近の出題はないが，渓流保全工及び床固工の構造と機能，計画及び施工上の留意点並びに山腹保全工の種類などについて整理しておく。

point チェックポイント

■砂防施設配置計画と砂防の工種

砂防施設配置計画例

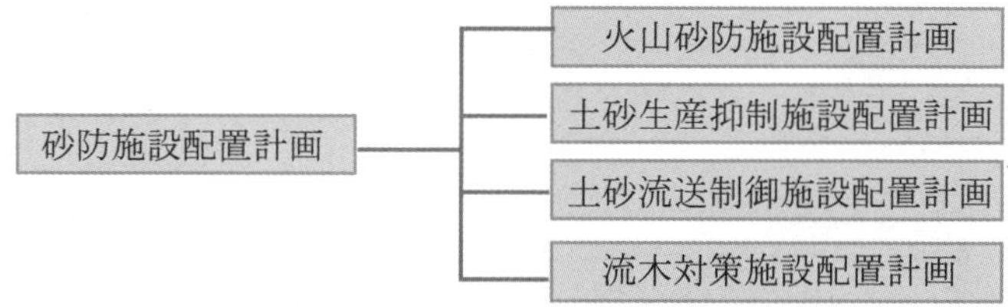

砂防基本計画について水系砂防計画及び土石流対策計画に基づき策定される砂防施設配置計画は，それぞれ土砂生産抑制施設配置計画及び土砂流送制御配置計画の組合せからなる。土砂生産・流送の場と使われる工種を下表に示す。

主な砂防計画と砂防の工種

土砂生産・流送の場	砂防の工種	砂防施設配置計画
山　腹	山腹基礎工，山腹緑化工，山腹斜面補強工，山腹保育工	土砂流送制御施設
渓床・渓岸	砂防えん堤，床固工，帯工，護岸工，渓流保全工	
渓流・河川	砂防えん堤，床固工，帯工，護岸工，水制工，渓流保全工，導流工，遊砂工	土砂生産抑制施設

■砂防えん堤

(1) 砂防えん堤の主な機能と設置場所

砂防えん堤は，土砂生産抑制に加えて土砂流送制御も目的として計画される場合が多い。

①土砂生産抑制施設としての砂防えん堤

・山脚固定による山腹の崩壊などの発生又は拡大の防止又は軽減。設置位置は原則として崩壊のおそれがある山腹の直下流。

・渓床の縦侵食の防止又は軽減。設置位置は原則として縦侵食域の直下流。

・渓床に堆積した不安定土砂の流出の防止又は軽減。設置位置は原則として不安定な渓床堆積物の直下流。

②土砂流送制御施設としての砂防えん堤

・土砂の流出制御あるいは調節。

・土石流の捕捉あるいは減勢。

・土砂流送制御施設としての砂防えん堤は，狭窄(さく)部でその上流の谷幅が広がっているところや支川合流点直下流部などに設置する。

写真提供：photolibrary

(2) 砂防えん堤の構造と留意点

砂防えん堤の構造を図に示すが，重力式コンクリートのものが多い。越流部断面の下流側のり勾配は，1：0.2を標準としている。**天端部には水通し**を設け，堆積土砂による土圧軽減のために**水抜き**をつける。水通しを落下する流水や土砂による洗掘や侵食を防ぐため，**下流部には水叩き工と側壁**を設置し，水叩き工先端には**副えん堤**又は**垂直壁**を設置する。

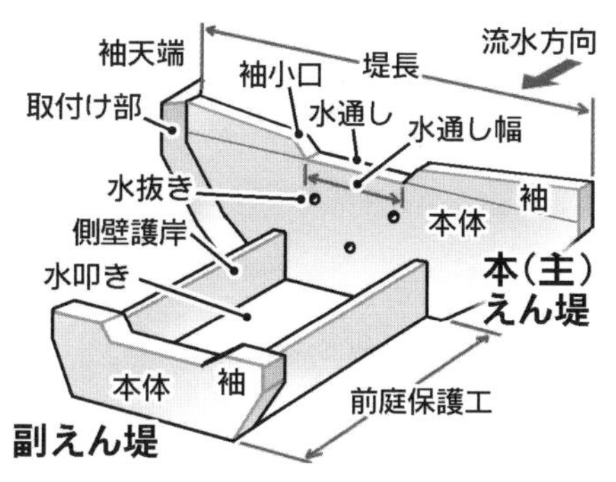

砂防えん堤の形式には，**透過型**と**不透過型**があり，土砂生産抑制施設としての砂防えん堤には透過型のものが適さない場合がある。原則として，山脚固定機能が必要とされる場所には，透過型砂防えん堤は配置しない。

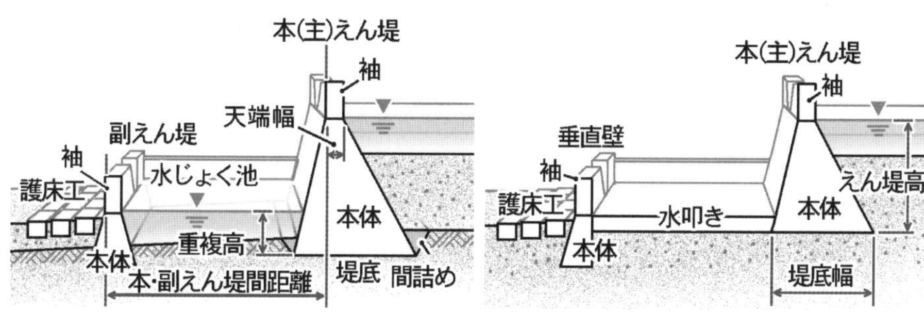

①**水 通 し**：水通しは対象流量に対して十分な断面とし，幅は越流高さを配慮してなるべく広くする。水通し幅は，流木や土石流を考慮して**最小限 3 m** とする。

②**袖**：袖は洪水を越流させないように両岸に向かって**上り勾配**をつける。

③**側壁護岸**：水叩きに落下する越流水による側部のり面の侵食を防止する。

④**前庭保護工**：えん堤からの越流水が前庭部の河道を洗掘し，えん堤基礎を破壊するのを防ぐために**水叩き工**又は**水褥(じょく)池**（**ウォータクッション**）を設ける。

⑤**副えん堤**：主えん堤下流部の洗掘防止のための止水堰で，主えん堤高が **15 m 以上**の場合は**硬岩基礎でも併用**するのが一般的である。副えん堤を設けない場合は，水叩き下流部に**垂直壁**を設ける。

⑥**護 床 工**：護床工は副えん堤，垂直壁の**下流部**に設け，河床の洗掘を防止しうる構造とする。

(3) 砂防えん堤の施工（コンクリートの打設）

コンクリートの打設は，えん堤の規模により**ブロック割り**（えん堤軸方向の横目地をかねて**9〜15m**）を行う。**1リフトの高さ**は，硬化熱を考慮して通常0.75〜2.0ｍとする。水叩き工及び副えん堤併用の場合の施工順序を図に示す。

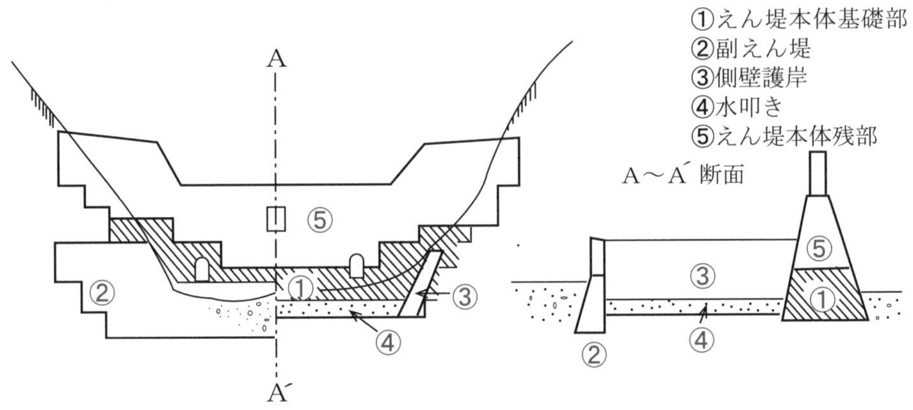

砂防えん堤の施工順序

■その他の砂防施設

(1) 渓流保全工

①構造と機能

渓流保全工は，山間部の平地や扇状地を流下する渓流などにおいて，乱流・偏流を制御することにより，渓岸の侵食・崩壊などを防止するとともに，縦断勾配の規制により渓床・渓岸侵食などを防止することを目的として設置するもので，**床固工，帯工と護岸工，水制工**などの組合せから構成される。

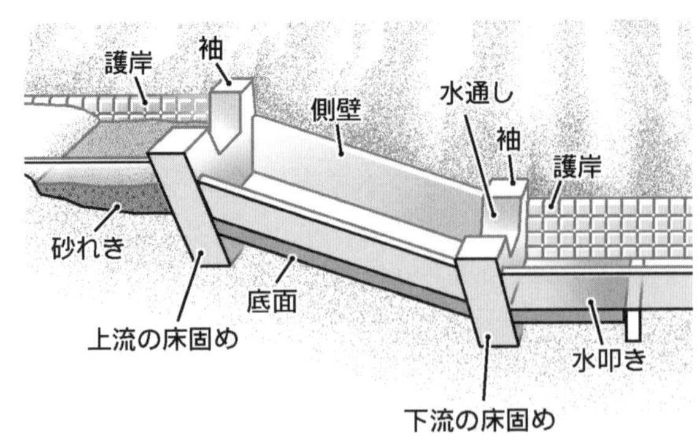

渓流保全工の構造図

また，多様な渓流空間，**生態系の保全**及び自然の土砂調節機能の活用の観点から，拡幅部や狭窄部などの自然の地形を活かすように砂防施設を配置する必要がある。流路工は，その目的，機能等から渓流保全工に包含される。

②計画と施工

渓流保全工は上流部の砂防施設により土砂の生産，流出が十分制御され低減されてから実施することが望ましい。また，原則として渓流保全工計画域の**上流端**には流出土砂抑制・調整効果のある**砂防えん堤か床固工**を設置する。渓流保全工の施工にあたっては，**上流側から下流側**に向かって進めることを原則とする。

渓床勾配に変化がある場合は，原則としてその折点に床固工を施工し落差を設ける。

渓流保全工の曲線部における外側護岸の天端高は，内側護岸よりも高くするのが原則である。

(2) 床固工

①構造と機能

床固工は，渓流において**縦侵食**と**河床堆積物の流出**を防止することにより河床の安定をはかり，水路を固定させることを目的とし，**渓床低下**のおそれのある場所に設置する。支渓が合流する場合は合流点の下流に，工作物の基礎を保護する目的の場合はその工作物の下流に，渓岸の決壊，崩壊及び地すべり等の箇所においては原則としてその下流にそれぞれ計画する。渓岸侵食や崩壊発生箇所もしくは縦侵食が問題視される区間延長が長い場合は，単独ではなく**階段状**に設置されることが多い。

②留意点

・床固工の方向は，計画箇所下流部の流心線に対して**直角**とし，階段式の場合水通しの中心は直上流の**流心線上**とする。

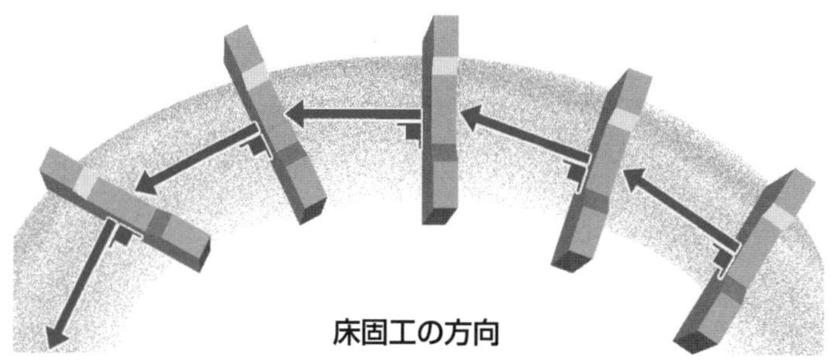

床固工の方向

・渓流の屈曲部においては，屈曲区間を避けてその下流に計画する。側壁護岸は，**山脚の固定**，**横浸食防止**の目的で設置し，勾配は河床勾配が急なほど急勾配とする。

・**護岸の形式は**背面地盤条件により**もたれ式**又は**自立式**とする。

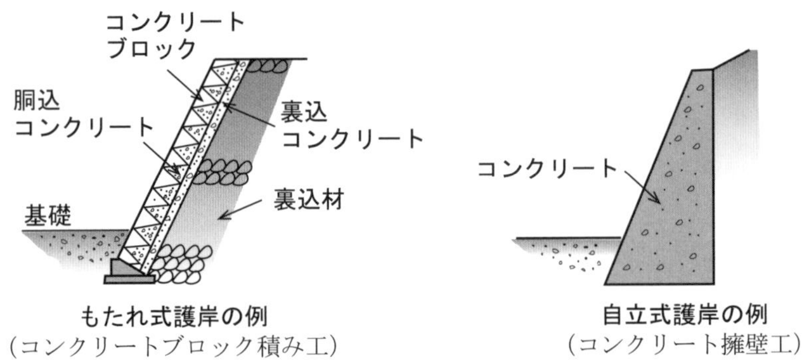

もたれ式護岸の例
(コンクリートブロック積み工)

自立式護岸の例
(コンクリート擁壁工)

(3) 山腹保全工

山腹保全工は，禿斜地(とくしゃち)や崩壊地などの荒廃地において切土・盛土などの土木工事や構造物による斜面の安定化をはかり，植生を導入することにより，表層土の風化，侵食，崩壊などの発生や拡大の防止又は軽減をはかる**山腹工**と，導入植生の保育などをはかる**山腹保育工**からなる。代表的な工種の例を次に示すが，これらの組み合わせにより効果を得る。

<table>
<tr><td rowspan="18">山腹保全工</td><td rowspan="17">山腹工</td><td rowspan="6">山腹基礎工</td><td colspan="2">谷止工</td></tr>
<tr><td colspan="2">切土工</td></tr>
<tr><td colspan="2">盛土工</td></tr>
<tr><td colspan="2">土留め工</td></tr>
<tr><td rowspan="2">山腹排水路工</td><td>水路工</td></tr>
<tr><td>暗渠工</td></tr>
<tr><td rowspan="9">山腹緑化工</td><td rowspan="5">山腹階段工</td><td>柵工</td></tr>
<tr><td>積苗工</td></tr>
<tr><td>筋工</td></tr>
<tr><td>積石工</td></tr>
<tr><td>そだ積工</td></tr>
<tr><td colspan="2">伏工</td></tr>
<tr><td colspan="2">実播工</td></tr>
<tr><td colspan="2">植栽工</td></tr>
<tr><td colspan="2">等高線壕工</td></tr>
<tr><td rowspan="2">山腹斜面補強工</td><td colspan="2">コンクリート法枠工</td></tr>
<tr><td colspan="2">鉄筋挿入工</td></tr>
<tr><td colspan="4">山腹保育工</td></tr>
</table>

問題 1

砂防えん堤に関する次の記述のうち，**適当なもの**はどれか。

⑴　袖は，洪水を越流させないため，両岸に向かって水平な構造とする。

⑵　本えん堤の堤体下流の法勾配（のりこうばい）は，一般に1：1 程度としている。

⑶　水通しは，流量を越流させるのに十分な大きさとし，形状は一般に矩形断面（くけいだんめん）とする。

⑷　堤体の基礎地盤が岩盤の場合は，堤体基礎の根入れは 1 m 以上行うのが通常である。

R3 年後期 No.17

解説

⑴　本えん堤の袖は，洪水を越流させないため，両岸に向かって**上り勾配**とする。勾配は渓床勾配程度，あるいは上流の計画堆砂勾配と同程度かそれ以上とする。

よって，**適当でない。**

⑵　本えん堤の堤体下流の法勾配は，越流土砂による損傷を受けないようにするため，急勾配にすることが望ましく，一般に **1：0.2** 程度としている。

よって，**適当でない。**

⑶　本えん堤の水通しは，本えん堤を越流する流量に対して十分な大きさとし，形状は一般に**台形（逆台形）**断面とする。水通し幅は渓床幅の許す限り広くして越流水深をなるべく小さくする。また，水通し高さは，対象流量を流しうる水位に余裕高以上の高さを加えて求める。　よって，**適当でない。**

⑷　堤体基礎の根入は，所定の強度が得られる地盤の場合でも，不均質性や風化速度等を考慮して，通常，基礎地盤が岩盤の場合は 1 m 以上，砂礫盤の場合で 2 m 以上としている。　よって，適当である。

問題 2

下図に示す砂防えん堤を砂礫の堆積層上に施工する場合の一般的な順序として，次のうち**適当なもの**はどれか。

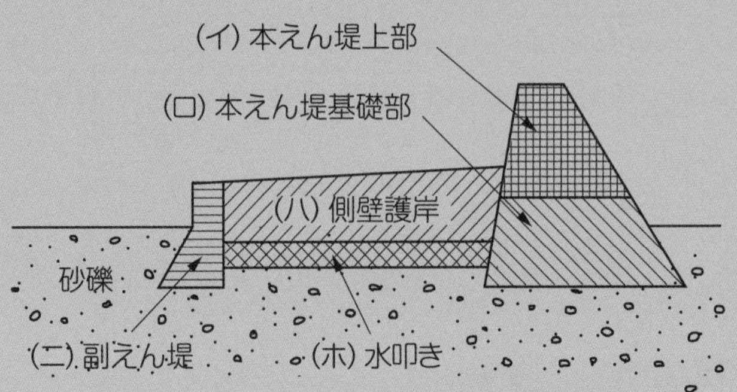

(1) (ロ) → (イ) → (ハ)・(ホ) → (ニ)
(2) (ニ) → (ロ) → (イ) → (ハ)・(ホ)
(3) (ロ) → (ニ) → (ハ)・(ホ) → (イ)
(4) (ニ) → (ロ) → (ハ)・(ホ) → (イ)

H30 年後期 No.17

解説

砂礫層上に施工する砂防えん堤の施工順序は，(ロ) 本えん堤基礎部から着手し，その施工高さは出水時の流下土砂量を勘案して他部の施工に支障をきたさないように決定する。その高さに達したら，(ニ)副えん堤を施工し，次いで(ハ)側壁護岸・(ホ) 水叩きを施工し，最後に (イ) 本えん堤上部を施工する。

よって，(ロ) → (ニ) → (ハ)・(ホ) → (イ) の順序となり，(3)が適当である。

問題 3　砂防えん堤に関する次の記述のうち，**適当でないもの**はどれか。

⑴　本えん堤の袖は，土石などの流下による衝撃に対して強固な構造とする。
⑵　水通しは，施工中の流水の切換えや本えん堤にかかる水圧を軽減させる構造とする。
⑶　副えん堤は，本えん堤の基礎地盤の洗掘及び下流河床低下の防止のために設ける。
⑷　水たたきは，本えん堤を落下した流水による洗掘を防止するために設ける。

R元年後期 No.17

解　説

⑴　えん堤の袖は，洪水を越流させないことを原則とし，また，土石などの流下による衝撃力で破壊されないように強固な構造とする。えん堤の袖は，えん堤基礎と同程度の安定性を有する地盤までかん入させる。

よって，**適当である。**

⑵　水抜きは，主に本えん堤施工中の流水の切換えや堆砂後の浸透水を抜いて，本えん堤にかかる水圧を軽減するために設けられる。水通しは，砂防えん堤の上流側からの水を越流させるために堤体に設置される。　　よって，適当でない。

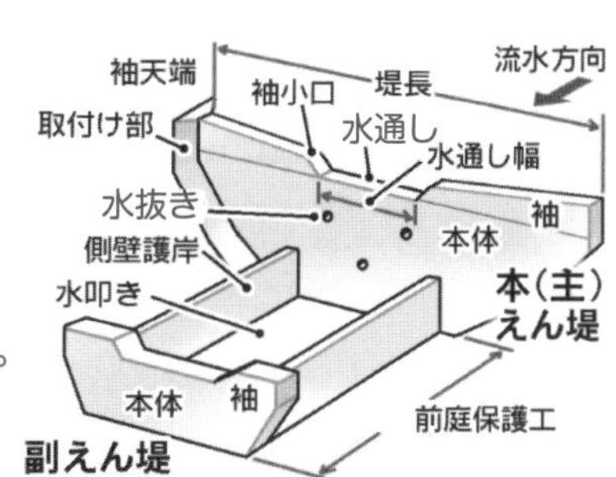

⑶　副えん堤は，本えん堤の基礎地盤の洗掘及び下流河床低下の防止のために設ける。前庭保護工は，副ダム及び水褥池による減勢工，水たたき，側壁護岸，護床工などからなり，全体で本えん堤を越流した落下水による洗掘を防止するための構造物として機能する。　　よって，**適当である。**

⑷　水たたきは，本えん堤を越流した落下水，落下砂礫などの衝撃を緩和し，ダム下流の河床の洗掘を防止するため及び揚圧力に対する安全のため，前庭部に設けられる。　　よって，**適当である。**

解 答 (2)

Lesson 2

3 砂 防

1. 「地すべり防止工」に関しては，「地すべり防止工の各種工法の特徴，機能，施工上の留意点等」についての問題が毎回出題されている。
2. 地すべり防止対策の抑制工と抑止工の工種とその特徴や機能，計画や施工上の留意点などについて理解しておく。

point
チェックポイント

■地すべり防止工の分類

地すべり防止工は，地すべり災害の防止又は軽減を目的として実施され，抑制工と抑止工に大別される。

・**抑制工**：地すべり発生地における地形，地下水位などの**自然条件**を変化させることによって地すべり運動を止めるか又は緩和させる方法である。

・**抑止工**：構造物を設置し，構造物自体が持つせん断強度などの抵抗力により，地すべり運動の一部分，又はすべてを止める方法である。

地すべり防止工の分類

	工種名			
地すべり防止工	抑制工	地表水排除工		水路工
				浸透防止工
		地下水排除工	浅層地下水排除工	暗渠工
				明暗渠工
				横ボーリング工
				地下水遮断工
			深層地下水排除工	横ボーリング工
				集水井工
				排水トンネル工
				立体排水工
		排土・盛土工		排土工
				押え盛土工
		河川構造物		堰堤工
				床固工
				水制工
				護岸工
	抑止工	杭　工		
		シャフト工		
		グラウンドアンカー工		
		擁壁工		

■計画にあたっての留意点

① 地すべりの要因を配慮して，抑制工と抑止工双方の特性を組み合わせ，合理的な計画とする。

② 防止対策工法の主体的な部分は**抑制工**とし，直接的に人家や施設などを守るために特定された運動ブロックの安定をはかる場合は抑止工を計画する。

③ 地すべり運動が活発に継続している場合は，抑止工は原則として**先行せず**，抑制工の施工によって運動が軽減，又は停止した後に抑止工を導入する。

■工法と留意点

（1） 抑制工

①地表水排除工

・**水路工**：地すべり地域内の降水を速やかに集水し地域外に排除するため，また地域外の流入水を排除するために計画し，地表水の集水と凹部に集まる水の再浸透を防ぐものである。地下水位の高いところに設ける水路は，原則として暗渠を併用した**明暗渠工**とする。水路工は，原則として底張りを行うものとし，また盛土の上に設置しないものとする。活動中の地すべり地域内の水路工は,柔軟性を備えたものを標準とする。

・**浸透防止工**：亀裂の発生箇所において地表水の浸透を防止するため，粘土やセメントなどの充填，シート皮膜などを行う。また，池沼，水路などからの漏水防止工がある。

②浅層地下水排除工

・**暗渠工**：暗渠工の深さは地表から 2 m 程度を標準とする。1 本あたりの長さは 20 m 程度で直線とし，集水ますを設けて地表面排水路に地下水を排除する。

・**明暗渠工**：地表水及び浅層地下水の集まりやすい凹地や谷部に施工し，暗渠工と水路工を併用する。

・**横ボーリング工**：表層部の帯水層に横ボーリングにて集水管を挿入して排水する。角度は**上向き 5～10°** とし長さは 50 m 程度までが標準で，帯水層又はすべり面に 5 m 程度貫入させる。

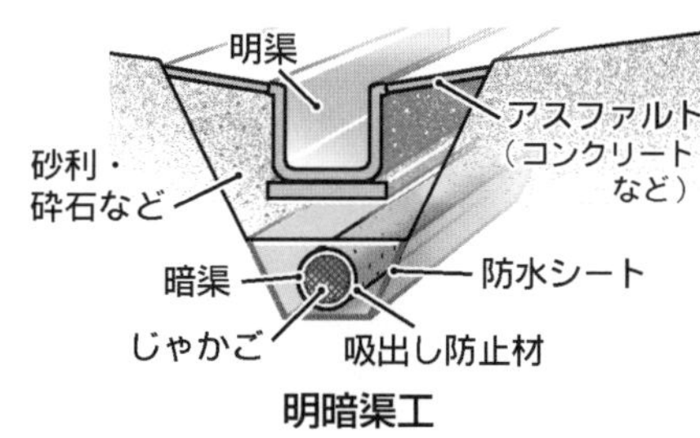

明暗渠工

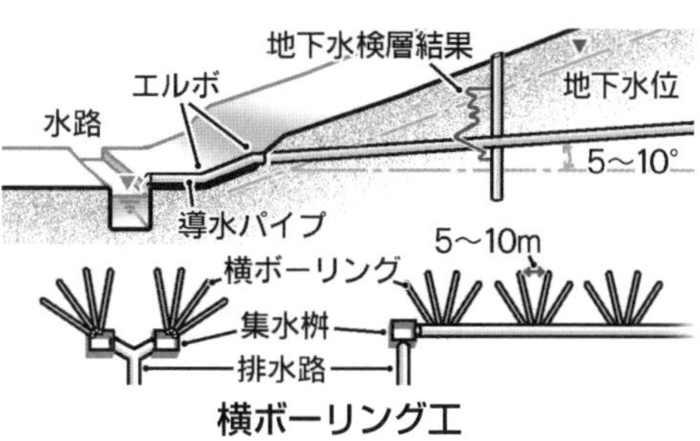

横ボーリング工

Lesson 2 3 砂防

③深層地下水排除工

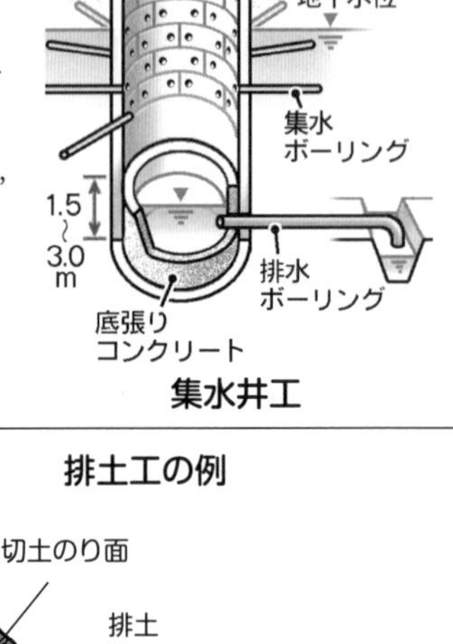

集水井工

・**横ボーリング工**：仕様は浅層地下水排除工の場合と同様であるが，地すべり深部の地下水を対象とし，すべり面を越えて**5～10 m** 基盤に貫入させる。

・**集水井工**：地すべり地域内に直径 3.5～4 m の井筒を 10～30 m 程度の深度まで下ろし，一般には**横ボーリング工**を併用して集水する。排水ボーリングは 80 m 程度までである。

・**排水トンネル工**：原則として**安定地盤**に設置し，主に坑内からの集水ボーリングにて基盤付近の深層地下水を排除する。立体排水工は垂直ボーリングと排水トンネル工又は横ボーリング工を併用する。

④排土工及び押え盛土工

排土工の例

切土のり面
排土
地表面
切土のり面
検討すべき
背後の地すべりブロック
地すべり面

・**排土工**：**地すべり頭部**の土塊を排土し，地すべりの滑動力を減少させる。排土工により，地すべり背後の斜面に新たな地すべりの発生や拡大の可能性が少ない場合に計画する。

・**押え盛土工**：**地すべり末端部**に盛土を施し，滑動力に対する抵抗力を増加させる。盛土工により，盛土部及び盛土下部斜面の安定度を低下させる可能性のない場合に計画する。

(2) 抑止工

①杭工

鋼管杭などを不動土塊まで挿入し，滑動力に対して杭の**剛性**によるせん断抵抗力や曲げ抵抗力などで直接対抗する。一般に地すべり運動方向に対して概ね**直角**に複数の杭を等間隔に配置する。計画位置は，原則として地すべりブロックの**中央部より下部**とし，根入れ部となる基盤が強固で地盤反力が期待できる場所とする。

②シャフト工

杭工では所定の安全率の確保が困難な場合で，基盤が良好な場合に計画され，**鉄筋コンクリート**を打設したシャフトを杭として対抗させる。

③グラウンドアンカー工

基盤内に定着させた PC 鋼材の**引張強さ**を利用して，引張効果あるいは締付け効果により滑動力に対抗させる。

地すべり防止工に関する次の記述のうち，**適当でないもの**はどれか。

⑴　抑制工は，地すべりの地形や地下水の状態などの自然条件を変化させることにより，地すべり運動を停止又は緩和させる工法である。
⑵　地すべり防止工では，抑止工，抑制工の順に施工するのが一般的である。
⑶　抑止工は，杭などの構造物を設けることにより，地すべり運動の一部又は全部を停止させる工法である。
⑷　地すべり防止工では，抑止工だけの施工は避けるのが一般的である。

H30 年前期 No.18

解　説

⑴　地すべり防止工は，抑制工と抑止工に大別される。抑制工は，地すべりの地形や地下水の状態などの自然条件を変化させることにより，地すべり運動を停止又は緩和させる工法である。　よって，**適当である。**

⑵　地すべり運動が活発に継続している場合，地すべり防止工の施工は，抑制工，抑止工の順に行う。抑止工は先行せず，抑制工によって地すべり運動が緩和，又は停止してから抑止工を導入するのが一般的である。　よって，適当でない。

⑶　抑止工は，杭などの構造物を設けることにより，地すべり運動の一部又は全部を停止させる工法である。地すべり防止計画にあたっては，抑制工と抑止工のもつそれぞれの特性を合理的に組み合わせた計画とする。
よって，**適当である。**

⑷　地すべり運動が活発に継続している場合，安全施工が困難になることなどがあり，抑止工だけの施工は避けるのが一般的である。　よって，**適当である。**

解　答　(2)

問題 2

地すべり防止工の工法に関する次の記述のうち，**適当でないもの**はどれか。

⑴ 押え盛土工とは，地すべり土塊の下部に盛土を行うことにより，地すべりの滑動力に対する抵抗力を増加させる工法である。
⑵ 排水トンネル工とは，地すべり土塊内にトンネルを設け，ここから帯水層に向けてボーリングを行い，トンネルを使って排水する工法である。
⑶ 杭工における杭の建込み位置は，地すべり土塊下部のすべり面の勾配が緩やかな場所とする。
⑷ 集水井工の排水は，原則として，排水ボーリングによって自然排水を行う。

R元年前期 No.18

解説

⑴ 押え盛土工とは，地すべり末端部において，地すべり土塊の下部に盛土を行うことにより，地すべりの滑動力に対する抵抗力を増加させ，地すべり斜面を安定させる工法である。 よって，**適当である。**

⑵ 排水トンネル工は，原則として安定した基盤内に設置して，集水井との連結やトンネルから滞水層に向けて集水ボーリングなどを行い，トンネルを使って排水する工法である。排水トンネル工は，深層地下水を排除することを目的とし，地すべり規模が大きい場合や，地すべりの移動土塊層が厚く横ボーリング工や集水井工による排水効果が得にくい場合などに計画する。
よって，適当でない。

⑶ 杭工は，鋼管などの杭を地すべり土塊の下層の不動土層まで打ち込み，せん断抵抗力や曲げ抵抗力を付加し，地すべり移動土塊の推力に対して直接抵抗させて斜面の安定を高める工法である。杭の建込み位置は，地すべり土塊下部のすべり面の勾配が緩やかな場所とする。 よって，**適当である。**

⑷ 集水井工は，地下水が集水できる堅固な地盤に井筒を設置して，横ボーリング工の集水効果に主眼を置く。また，地下水位以下の井筒の壁面に設けた集水孔などからも地下水を集水し，原則として排水ボーングによる自然排水を行う。 よって，**適当である。**

解答 (2)

問題 3

地すべり防止工に関する次の記述のうち，**適当なもの**はどれか。

⑴ 排水トンネル工は，地すべり規模が小さい場合に用いられる工法である。
⑵ 横ボーリング工は，地下水の排除を目的とした工法で，抑止工に区分される工法である。
⑶ シャフト工は，大口径の井筒を山留めとして掘り下げ，鉄筋コンクリートを充てんして，シャフト（杭(くい)）とする工法である。
⑷ 排土工は，土塊の滑動力を減少させることを目的に，地すべり脚部の不安定土塊を排除する工法である。

R2 年後期 No.18

Lesson 2 3 砂防

解説

⑴ 排水トンネル工は，トンネルからの集水ボーリングや集水井との連結などによって，地すべり地域内の水を効果的に排水するもので，地すべり規模が**大きい**場合や運動速度が大きい場合などに用いられる工法である。
よって，**適当でない。**

⑵ 横ボーリング工は，地下水の排除を目的にした工法で，浅層地下水排除工及び深層地下水排除工などに用いられ，**抑制工**に区分される工法である。
よって，**適当でない。**

⑶ シャフト工は，大口径の井筒を山留めとして掘り下げ，鉄筋コンクリートを充てんして，シャフト（杭）とする工法で，抑止工に区分される。抑止工に区分される工法は，他に，杭工，グラウンドアンカー工などがある。
よって，適当である。

⑷ 排土工は，地すべり土塊の滑動力を減少させることを目的に，原則として地すべり**頭部**の不安定土塊を排除する工法で，抑制工に区分される。
よって，**適当でない。**

Lesson 2

専門土木

4 道路・舗装

①路床・路体盛土

出題傾向

1. 過去 10 回で，道路のアスファルト舗装における「路床の施工」に関する問題が 4 回，「路床と路盤の双方」に関する問題が 2 回出題されている。
2. 路体盛土及び路床の 1 層あたりの敷均し厚さ，仕上がり厚さ，路床の安定処理及び排水処理に関する計画や施工上の留意点などについて理解しておく。

point チェックポイント

■アスファルト舗装道路の構造

表層・基層，路盤までを舗装という。

・表層：交通荷重を受け下層に分散伝達するもので，流動，磨耗，ひび割れに対する抵抗と，滑りにくさや平坦さなど快適な走行を可能にする機能がある。

・基層：役割は路盤の不陸を補正し，表層からの荷重を均一に路盤に伝えること。

・路盤：上層から伝えられた荷重を，分散させて路床に伝える。一般に上層，下層の2層に分けて施工され，上層路盤には上質の材料が用いられる。

・路床：舗装の支持層として構造計算に用いる層をいい，舗装の下の厚さ約 1 m の部分で，舗装と一体となって荷重を支持し路体に伝達，分散する。

・路体：路床の下部で，舗装と路床を支持する役割がある。

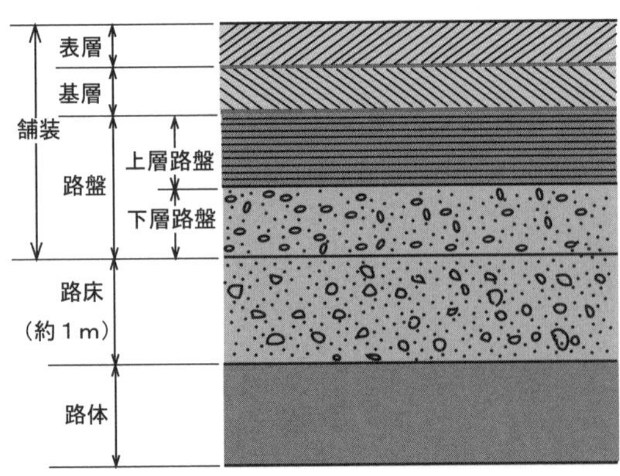

アスファルト舗装道路の構造

■路体盛土の施工

・盛土の品質は材料が決定すれば締固め機械，1層の締固め厚，締固め回数及び施工中の土の含水比によって決まってくる。

・路体は，切土又は盛土によって造成される。路体の盛土の締固めは，一般に1層あたり**敷均し厚さを35～45 cm程度**とし，締固め後の**仕上がり厚さは30 cm以下**としている。

・盛土材の敷均し作業では，オペレーターの目視によって層厚を管理されることが多いが，試験施工や丁張によって管理することが望ましい。

・路体施工中の排水対策：盛土の横断方向に4%程度の勾配をつけて，雨水による滞水がないように配慮する。

■路床の施工

・**構　築　路　床**：構築路床の工法には，切土，盛土，**安定処理工法及び置換え工法**がある。

・**路床の支持力**：路床の支持力は，舗装厚さの基準となるもので**CBR試験**の結果から評価する。

■路床の施工についての留意点

・**切土の施工**：粘性土や高含水比土の場合，こね返しや過転圧にならないようにする。また**路床表面から30 cm程度**以内の木根，転石など路床の均一性を損なうものは取除いて仕上げる。切り下げ後，安定処理工や置換え工法を併用する場合がある。路床が切土の場合山側からの浸透水などを考慮して，原則的に山側に地下排水施設を設ける。

・**盛土の施工**：1層の**敷均し厚さは25～30 cm程度**，締固め後の仕上がり厚さは**20 cm以下**としている。降雨排水対策として，縁部に仮排水溝を設けておくことが望ましい。

・**安定処理工の施工**：**CBRが3未満**の軟弱土に対して，現状路床土の有効利用を目的として現状土の支持力の改善を行う。一般に，路床土が砂質系の場合セメントが，粘性土系には石灰が有効である。粒状生石灰を用いる場合は，混合・仮転圧の後，生石灰の消化を待って再混合する。粉状（0～5 mm）の生石灰の場合は1回の混合でもよい。CBRが3未満のような軟弱な路床で安定処理や置換えが困難な場合，遮断層を設けたサンドイッチ舗装工法が用いられることがある。

・**置換え工法**：切土部分で軟弱な現状地盤がある場合などに，その一部又は全部を掘削し良質土で置き換える工法。

・**たわみ量の測定**：路床の締固めが適当かどうか，不良箇所があるかどうかは，**プルーフローリング**で調べる。

問題 1

道路のアスファルト舗装における路床に関する次の記述のうち，**適当でないもの**はどれか。

(1) 盛土路床の1層の敷均し厚さは，仕上り厚で20 cm 以下を目安とする。
(2) 切土路床の場合は，表面から30 cm 程度以内にある木根や転石などを取り除いて仕上げる。
(3) 構築路床は，交通荷重を支持する層として適切な支持力と変形抵抗性が求められる。
(4) 路床の安定処理は，原則として中央プラントで行う。

H30 年前期 No.19

解 説

(1) 構築路床の築造方法には，盛土工法，安定処理工法及び置換え工法がある。盛土路床は原地盤の上に良質土を盛り上げて築造するもので，その1層の敷均し厚さは，仕上り厚で20 cm以下を目安とする。　よって，**適当である。**

(2) 切土路床の場合は，表面から30 cm程度以内にある木根や転石などの路床の均一性を損なうものは，取り除いて仕上げる。　よって，**適当である。**

(3) 構築路床は，交通荷重を支持する層として適切な強度と支持力，変形抵抗性が求められる。　よって，**適当である。**

(4) 路床の安定処理工法は，一般に路上混合方式で行い，現状路床土と安定材を均一に混合し，締固めて仕上げる。中央プラントで現状路床土の安定処理を行い，盛土工法や置換え工法の材料として使用する場合もある。
よって，適当でない。

道路のアスファルト舗装における構築路床の安定処理に関する次の記述のうち，**適当でないもの**はどれか。

(1) 安定材の混合終了後，モータグレーダで仮転圧を行い，ブルドーザで整形する。

(2) 安定材の散布に先立って現状路床の不陸整正や，必要に応じて仮排水溝を設置する。

(3) 所定量の安定材を散布機械又は人力により均等に散布する。

(4) 軟弱な路床土では，安定処理としてセメントや石灰などを混合し，支持力を改善する。

R2 年後期 No.19

解説

(1) 安定材の混合終了後，タイヤローラなどで仮転圧を行い，ブルドーザやモータグレーダで所定の形状に整形し，タイヤローラなどで締め固める。

よって，適当でない。

(2) セメントや石灰などの安定材の散布に先立って，現状路床の不陸整正や必要に応じて仮排水溝を設置する。 よって，**適当である。**

(3) 所定量の安定材を散布機械，スタビライザ，バックホウ又は人力により均等に散布する。 よって，**適当である。**

(4) 軟弱な路床土では，安定処理としてセメントや石灰などを混合し，支持力を改善する。また，安定処理は舗装の長寿命化や舗装厚の低減等を目的として，良質土に適用する場合がある。 よって，**適当である。**

Lesson 2 専門土木

4 道路・舗装

②下層路盤・上層路盤の施工

1. 過去10回で，道路のアスファルト舗装における「上層路盤の施工」に関する問題が２回,「下層・上層路盤の施工」に関する問題が１回出題されている。
2. 下層，上層路盤に用いる材料の種類と必要とされる品質，それぞれの安定処理工法と特徴及び施工に関する留意点などについて理解しておく。

路盤は下層路盤と上層路盤に分けられ上層ほど大きな荷重を受けるので，上層路盤には下層路盤に比べて支持力の高い材料が用いられる。

■下層路盤

・下層路盤工法と材料：

下層路盤の築造工法には，現場近くで経済的に入手できる材料を用いる**粒状路盤工法並びにセメント安定処理工法及び石灰安定処理工法**があり，安定処理に用いる骨材の品質と使用材料の品質規格の概要を下表に示す。

工　法	安定処理に用いる骨材の望ましい品質（概要）	下層路盤材料の品質規格（概要）	備　考
セメント安定処理	修正ＣＢＲ：10％以上 ＰＩ　：９以下	一軸圧縮強さ（7日）：0.98 MPa	
石灰安定処理	修正ＣＢＲ：10％以上 ＰＩ　：6〜18	一軸圧縮強さ（10日）：0.7 MPa	アスファルト舗装
		一軸圧縮強さ（10日）：0.5 MPa	コンクリート舗装
粒状路盤		修正ＣＢＲ：20％以上 ＰＩ　：６以下	クラッシャラン鉄鋼スラグの場合は別途

・**粒状路盤工法の施工**：粒状路盤工法の場合，１層の仕上がり厚さは 20 cm 以下を標準とし，敷均しはモータグレーダで行い転圧は一般にロードローラとタイヤローラで行う。粒状路盤材料が乾燥しすぎている場合は，適宜散水して最適含水比付近の状態で締め固める。

・**セメント，石灰安定処理工法の施工**：セメント，石灰安定処理工法の場合は一般的に路上混合方式をとり，1 層の**仕上がり厚さは 15～30 cm**とする。骨材と安定材の混合の後，モータグレーダなどで粗均しを行い，タイヤローラで軽く締固めた後に整形し，舗装用ローラで所定の締固め度が得られるまで転圧する。路上混合方式の場合の施工継目部は，前日の施工端部を乱してから新たな材料を打ち継ぐ。

■上層路盤

・**上層路盤工法と材料**：上層路盤工法には，**粒度調整工法**，**セメント安定処理工法**，**石灰安定処理工法**，**瀝青安定処理工法及びセメント・瀝青安定処理工法**があり，安定処理に用いる骨材の品質の目安と使用材料の品質規格の概要を下表に示す。

工　法	安定処理に用いる骨材の品質の目安（概要）	上層路盤材料の品質規格（概要）	備　考
セメント安定処理	修正ＣＢＲ：20%以上 ＰＩ　　　：9 以下	一軸圧縮強さ（7日）：2.9 MPa	アスファルト舗装の場合
		一軸圧縮強さ（7日）：2.0 MPa	アスファルト舗装の場合
石灰安定処理	修正ＣＢＲ：20%以上 ＰＩ　　　：6～18	一軸圧縮強さ（10日）：0.98 MPa	
瀝青安定処理	ＰＩ　　　：9 以下	安定度：3.43 kN 以上	加熱混合
		安定度：2.45 kN 以上	常温混合
セメント・瀝青安定処理	修正ＣＢＲ：20%以上 ＰＩ　　　：9 以下	一軸圧縮強さ：1.5～2.9 MPa	
粒度調整		修正ＣＢＲ：80%以上 ＰＩ　：4 以下	

・**粒度調整工法**：粒度調整工法では，良好な粒度になるように調整した取扱いが容易な骨材を用いる工法である。一般に敷均しはモータグレーダで行い，転圧はロードローラとタイヤローラで行う。1 層の**仕上がり厚は 15 cm 以下**を標準とするが，**振動ローラを使用する場合は 20 cm 以下**としてよい。

・**セメント，石灰安定処理工法**：安定処理路盤材料を中央混合方式又は路上混合方式で製造する。施工は下層路盤に準じて行うが，以下の点に留意する。**締固め 1 層の仕上がり厚は 10～20cm** を標準とするが，**振動ローラを使用する場合は 30 cm 以下**としてよい。石灰安定処理路盤材料の締固めは，最適含水比よりやや湿潤状態で行うとよい。横方向の施工継目は，セメントの場合は施工端部を垂直に切り取り，石灰の場合は前日の施工端部を乱して新たな材料を打ち継ぐ。

・**瀝青安定処理工法**：一般には加熱アスファルト安定処理路盤材料を用い，**1 層の仕上がり厚が 10 cm 以下の『一般工法』と，それを超える『シックリフト工法』**がある。敷均しは一般にアスファルトフィニッシャを用いるが，ブルドーザ，モータグレーダを用いることもある。締固めは，舗装用ローラで所定の締固め度が得られるまで転圧する。

・**セメント・瀝青安定処理工法**：舗装発生材，地域産材料を用いて，又はこれに補足材を加え骨材とし，セメント及び瀝青材料を添加して安定処理する。主に**『路上路盤再生工法』**の安定処理に使用する。

問題 1

道路のアスファルト舗装における路床，路盤の施工に関する次の記述のうち，**適当でないもの**はどれか。

(1) 盛土路床では，1 層の敷均し厚さを仕上り厚さで 40 cm 以下とする。
(2) 切土路床では，土中の木根，転石などを取り除く範囲を表面から 30 cm 程度以内とする。
(3) 粒状路盤材料を使用した下層路盤では，1 層の敷均し厚さを仕上り厚さで 20 cm 以下とする。
(4) 路上混合方式の安定処理工を使用した下層路盤では，1 層の仕上り厚さを 15～30 cm とする。

R元年前期 No.19

解 説

(1) 構築路床の築造方法には，盛土工法，安定処理工法及び置換え工法がある。盛土路床は原地盤の上に良質土を盛り上げて築造するもので，その 1 層の敷均し厚さは，仕上り厚で 20 cm 以下を目安とする。　よって，適当でない。

(2) 切土路床の仕上げでは，土中の木根，転石など，路床の均一性を損なうものを取り除く範囲を表面から 30 cm 程度以内とする。　よって，**適当である。**

(3) 粒状路盤材料を使用した下層路盤では，1 層の敷均し厚さを仕上り厚さで 20 cm 以下を標準とし，敷均しは一般にモーターグレーダーを用いて行う。　よって，**適当である。**

(4) 路上混合方式の安定処理工を使用した下層路盤では，1 層の仕上り厚さを 15～30 cm とする。　よって，**適当である。**

問題 2

道路のアスファルト舗装における上層路盤の施工に関する次の記述のうち，**適当でないもの**はどれか。

⑴ 加熱アスファルト安定処理は，1 層の仕上り厚を 10 cm 以下で行う工法とそれを超えた厚さで仕上げる工法とがある。

⑵ 粒度調整路盤は，材料の分離に留意しながら路盤材料を均一に敷き均し締め固め，1 層の仕上り厚は，30 cm 以下を標準とする。

⑶ 石灰安定処理路盤材料の締固めは，所要の締固め度が確保できるように最適含水比よりやや湿潤状態で行うとよい。

⑷ セメント安定処理路盤材料の締固めは，敷き均した路盤材料の硬化が始まる前までに締固めを完了することが重要である。

H30 年後期 No.19

解　説

⑴ 加熱アスファルト安定処理は，1 層の仕上り厚を 10 cm 以下で行う工法（一般工法）とそれを超えた厚さで仕上げる工法（シックリフト工法）とがある。シックリフト工法は，大規模工事や急速施工工事などで用いられることがある。

よって，**適当である。**

⑵ 粒度調整路盤は，材料の分離に留意しながら路盤材料を均一に敷き均し締め固め，1 層の仕上り厚は，**15 cm 以下**を標準とする。振動ローラを用いる場合は，上限を 20 cm としてよい。また，1 層の仕上り厚が 20 cm を超える場合でも，所要の締固め度が保証される施工方法が確認されていれば，その厚さを用いてもよいとされている。

よって，適当でない。

⑶ セメント安定処理又は石灰安定処理は，中央混合方式又は路上混合方式により安定処理路盤材料を製造する。石灰安定処理路盤材料の締固めは，所要の締固め度が確保できるように最適含水比よりやや湿潤状態で行うとよい。

よって，**適当である。**

⑷ 敷均した路盤材料は，すみやかに締固める。セメント安定処理路盤材料の締固めは，敷き均した路盤材料の硬化が始まる前までに締固めを完了することが重要である。

よって，**適当である。**

Lesson 2 専門土木

4 道路・舗装
③プライムコート，タックコートの施工

1. 過去10回で，道路のアスファルト舗装における「アスファルト舗装とタックコートの双方」に関する問題が3回出題されている。
2. プライムコート，タックコートの相違点，それぞれの役割，散布量，施工上の留意点などを理解しておく。

point チェックポイント

■プライムコート

① 施工方法：瀝青安定処理工法を除く路盤の仕上がり後，速やかに路盤仕上がり面に瀝青材料をアスファルトディストリビュータ又はエンジンスプレーヤを用いて均一に散布する。瀝青材料は通常，アスファルト乳剤（PK−3）を用い，散布量は1〜2 L/m² が標準である。

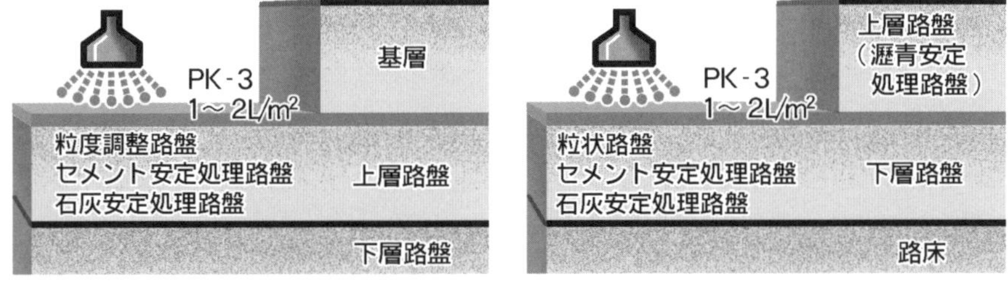

② プライムコートの役割と留意点：

・路盤の上にアスファルト混合物を施工する場合は，**路盤と混合物とのなじみをよくし**，コンクリートを施工する場合は，路盤による**コンクリート中の水の吸収を防止する**。
・路盤表面に浸透し，その部分を安定させるとともに路盤からの**水分の蒸発を遮断する**。
・降雨による**路盤の洗掘**又は**表面水の浸透**などを防止する。
・寒冷期などには養生期間を短くするため，アスファルト乳剤を**加温**（60℃以下）して散布する方法，高浸透性のアスファルト乳剤を用いる方法がある。

・アスファルト乳剤が路盤に浸透せず厚い皮膜ができたり養生が不十分な場合，上層の施工時にブリージングが生じたり，層間でずれてひび割れが生じることがあるので留意する。
・散布後のアスファルト乳剤のはがれ及び施工機械などへの付着を防ぐために，必要最小限の**砂を散布**するとよい。

■タックコート

① **施工方法**：タックコートは舗設するアスファルト混合物層下部の瀝青安定処理層（路盤），又は基層表面に瀝青材料をアスファルトディストリビュータ又はエンジンスプレーヤを用いて均一に散布するもので，瀝青材料は通常**アスファルト乳剤（PK－4）**を用い，**散布量は 0.3～0.6 L/m^2** が標準である。

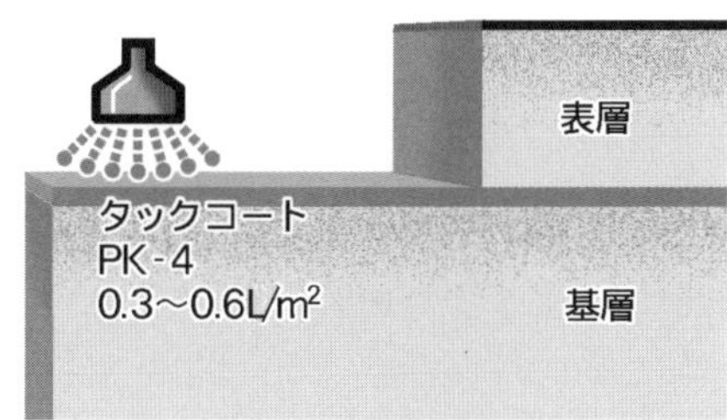

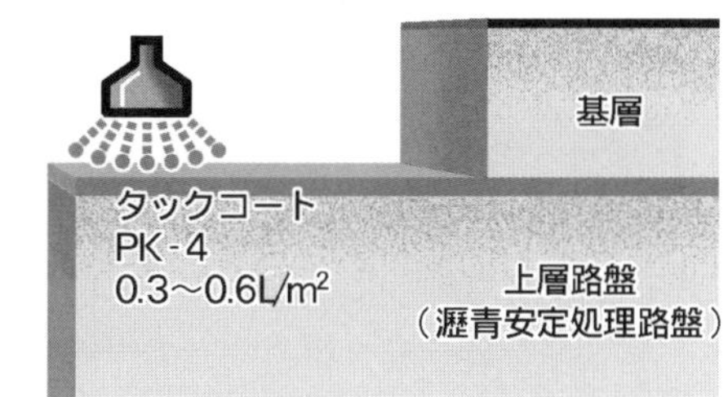

② **タックコートの役割と留意点**：
・舗設するアスファルト混合物層と瀝青安定処理層（路盤）又は**基層表面との付着及び継目部の付着**をよくする。
・寒冷期や急速施工の場合，アスファルト乳剤を**加温**（60℃以下）する方法，散布後ロードヒータにより加熱する方法，あるいは所定量を **2 回に分けて散布する**方法などがとられる。
・開粒度アスファルト混合物や改質アスファルト混合物を使用する場合などで，特に強い層間接着力が必要な場合は，**ゴム入りアスファルト乳剤（PKR－T）**を用いることがある。

▲スプレーヤによるアスファルト乳剤の散布

▲ディストリビュータによるアスファルト乳剤の散布

問題

道路のアスファルト舗装のプライムコート及びタックコートの施工に関する次の記述のうち，**適当でないもの**はどれか。

(1) プライムコートは，新たに舗設する混合物層とその下層の瀝青安定処理層，中間層，基層との接着をよくするために行う。

(2) プライムコートには，通常，アスファルト乳剤（ＰＫ－3）を用いて，散布量は一般に 1～2 ℓ/m² が標準である。

(3) タックコートの施工で急速施工の場合，瀝青材料散布後の養生時間を短縮するため，ロードヒータにより路面を加熱する方法を採ることがある。

(4) タックコートには，通常，アスファルト乳剤（ＰＫ－4）を用いて，散布量は一般に 0.3～0.6 ℓ/m² が標準である。

H26 年 No.20

解説

(1) 新たに舗設する混合物層とその下層の瀝青安定処理層，中間層，基層との接着及び継目部や構造物との付着をよくするために行うのは，タックコートである。プライムコートは，路盤の上にアスファルト混合物を施工する場合は，路盤とアスファルト混合物とのなじみを良くすること，路盤表面部に浸透してその部分を安定させることなどの目的がある。　よって，適当でない。

(2) プライムコートには，通常，アスファルト乳剤（PK－3）を用いて，散布量は一般に 1.2 L※/m² が標準である。(PK－3) 以外に，路盤への浸透性を特に高めた高浸透性乳剤（PK－P）を用いることもある。　よって，**適当である。**

(3) タックコートの施工で急速施工や寒冷期の施工の場合，瀝青材料散布後の養生時間を短縮するため，ロードヒータにより路面を加熱する方法，アスファルト乳剤を加温して散布する方法，所定の散布量を 2 回に分けて散布する方法などを採ることがある。　よって，**適当である。**

(4) タックコートには，通常，アスファルト乳剤（PK－4）を用いて，散布量は一般に 0.3～0.6 L/m² が標準である。ポーラスアスファルト混合物等を舗設する場合や橋面舗装など，層間接着力を特に高める必要のある場合には，ゴム入りアスファルト乳剤（PKR－T）が用いられる。よって，**適当である。**

※国際基準（SIと併用される単位）で表記しております。

Lesson 2 専門土木

4 道路・舗装

④アスファルト舗装

出題傾向

1. 過去 10 回で，「アスファルト舗装に関する施工上の留意点」の問題が 7 回,「アスファルト舗装の破損」及び「アスファルト舗装の補修工法」の問題が各 5 回,「各種の舗装」の問題が 1 回出題されている。
2. アスファルト混合物の施工上の留意点，排水性舗装の施工方法，アスファルトの舗装の破損とその原因及び補修工法の選定にあたっての留意点などを理解しておく。

point チェックポイント

■アスファルト混合物の敷均し・締固め

アスファルト舗装は，基層と表層の 2 層に分けて施工するのが一般的である。

① 敷均し

- アスファルト混合物は，ダンプカーで運搬し，所定の厚さが得られるように通常**アスファルトフィニッシャ**を用いて敷き均す。
- 作業中に降雨があった場合は,敷均しを中止し，敷均し済みの混合物は速やかに締め固める。

② 締固め

- アスファルト混合物敷均し後，ローラを用いて所定の密度が得られるように締め固める。
- 作業順序は**継目転圧→初転圧→二次転圧→仕上げ転圧**の順序で行う。
- 一般にローラは，アスファルトフィニッシャ側に駆動輪を向けて，横断勾配の低**い方から高い方**へ向かい，順次幅寄せしながら転圧する。
- 初転圧は，一般に10～12 t のロードローラ（速度 2～6 km/h）で 2 回（一往復)。
- 二次転圧は，8～20 t のタイヤローラ（速度 6～15 km/h）又は 6～10 t の振動ローラ（速度 3～8 km/h）を用いる。

Lesson 2 4 道路・舗装

・仕上げ転圧は，不陸の修正，ローラマークの消去が目的で，**タイヤローラ又はロードローラ**を用いて 2 回（一往復）程度行う。二次転圧に振動ローラを用いた場合は，タイヤローラを用いることが望ましい。

③　**アスファルト混合物の温度管理**

・敷均し時のアスファルト混合物の温度は，粘度にもよるが，**110℃を下回らない**ようにする。
・初転圧は，できるだけ高い温度で行い，一般に **110〜140℃**とする。
・二次転圧終了温度は一般に 70〜90℃とする。
・交通開放時の舗装表面温度は **50℃以下**とする。
・寒冷期（5℃以下）の施工の場合，舗設現場の状況に応じてアスファルト混合物製造時の温度を普通の場合より若干高めとする。

■継目の施工

舗装の継目部は，締固めが不十分となりがちで弱点となりやすく，施工継目はなるべく少なくする。

・**横継目**：道路横断方向の継目であり平坦性が要求されるので，あらかじめ型枠を置いて所定の高さに正確に施工する。上層と下層の継目は重ねないようにずらす。
・**縦継目**：表層の縦継目の位置は，原則として**レーンマーク（センターライン）**に合わせるようにする。また，下層の継目と重ねないようにする。縦継目部の施工は図のように粗骨材を取り除いた新しい混合物を既設舗装に 5 cm 程度敷均し，直ちにローラの駆動輪を 15 cm 程度かけて転圧する。

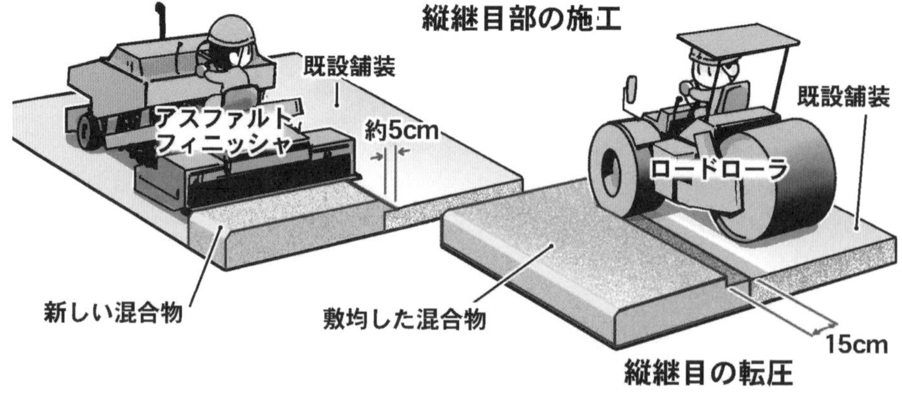

・ホットジョイント：縦継目部を 5～10 cm の幅で転圧しないでおき，後続の混合物の締固め時に同時に転圧する。

ホットジョイントの施工

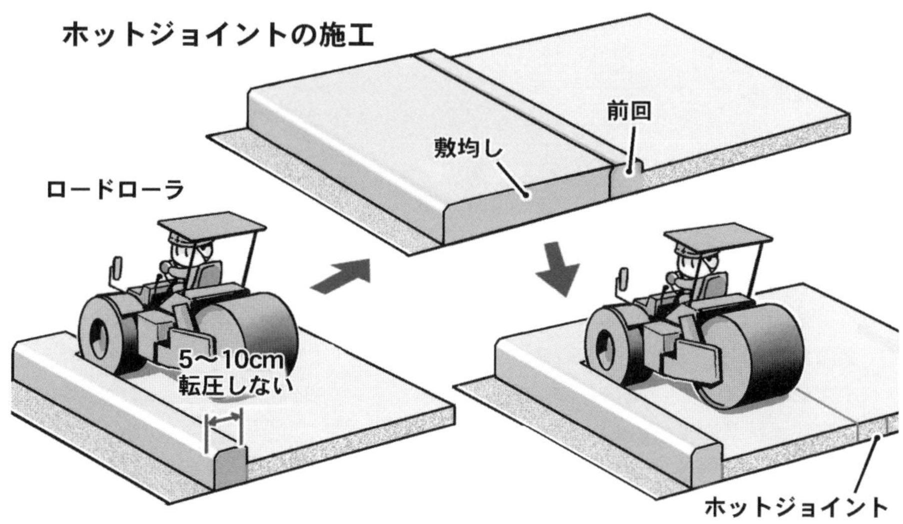

■アスファルト舗装の補修

① 補修の目的

アスファルトの補修は，主として全層に及ぶ**構造的対策**を目的とした補修工法と，**機能的対策**を目的とした表層の補修工法がある。主な補修工法を下図に示す。

対策の及ぶ層の範囲	工法の区分：機能的対策（予防的維持又は応急的対策）	工法の区分：機能的対策	工法の区分：構造的対策
路盤以下まで			路上路盤再生
路盤以下まで		線状打換え	
路盤以下まで			局部打換え
路盤以下まで			打換え（再構築を含む）
基層まで		路上表層再生	
基層まで			オーバーレイ
基層まで		表層・基層打換え	
表層のみ	薄層オーバーレイ		
表層のみ		わだち部オーバーレイ	
表層のみ	段差すり付け		
表層のみ	パッチング		
表層のみ	表面処理		
表層のみ	シール材注入		
表層のみ	切削		

② 主に構造的対策を目的とする補修工法の例

・**オーバーレイ工法**

既設舗装の上に，厚さ 3 cm 以上 15 cm 程度までの加熱アスファルト混合物層を舗設する工法。

・**打換え工法**

既設舗装の路盤もしくは路盤の一部まで打ち換えるもので，路床の入れ換え，路床又は路盤の安定処理を計画する場合もある。

③ 主に機能的対策を目的とする補修工法の例

・**わだち部オーバーレイ工法**

既設舗装のわだち掘れ部分のみに対し，加熱アスファルト混合物層を舗設する工法。

・**薄層オーバーレイ工法**

既設舗装の上に，厚さ 3 cm **未満**の加熱アスファルト混合物層を舗設する工法。

④ 予防的維持又は応急的対策工法の例

・**切削工法**

路面の凸部等を切削除去し不陸や段差を解消する工法で，オーバーレイ工法や表面処理工法などの事前処理として行われることが多い。

・**表面処理工法**

既設舗装の上に**加熱アスファルト混合物以外**の材料を用いて，厚さ 3 cm **未満の封かん層**を設ける工法。

・**パッチング工法**

局部的なひび割れ破損部分や路面に生じたポットホールなどに，アスファルト混合物などの舗装材料を用いて，**充てん，穴埋め**などを行う応急的な維持工法である。

⑤ 工法の選定概要

・**流動によるわだち掘れが大きい場合**

原因となっている層を除去せずにオーバーレイ工法を行うと再び流動する可能性があり，オーバーレイ工法よりも**表層・基層打換え工法**が望ましい。

・**ひび割れの程度が大きい場合**

路床，路盤の破損の可能性が高いので，オーバーレイ工法より**打換え工法**が望ましい。

・**路面のたわみが大きい場合**

路床，路盤に破損が生じている可能性があるので，安易にオーバーレイ工法を選定せずに**路床，路盤などの調査**を実施し，その原因を把握した上で工法の選定を行う。その状況によっては，打換え工法を選定する。

問題 1

道路のアスファルト舗装における締固めに関する次の記述のうち，**適当でないもの**はどれか。

⑴　締固め作業は，継目転圧・初転圧・二次転圧・仕上げ転圧の順序で行う。
⑵　初転圧時のローラへの混合物の付着防止には，少量の水，又は軽油等を薄く塗布する。
⑶　転圧温度が高すぎたり過転圧等の場合，ヘアクラックが多く見られることがある。
⑷　継目は，既設舗装の補修の場合を除いて，下層の継目と上層の継目を重ねるようにする。

R3 年後期 No.20

解　説

⑴　アスファルト混合物は，敷均し終了後，所定の密度が得られるように締め固める。締固め作業は，継目転圧・初転圧・二次転圧・仕上げ転圧の順序で行う。
よって，**適当である。**

⑵　初転圧時のロードローラへの混合物の付着防止には，ローラに少量の水，切削油乳剤の希釈液，又は軽油等を噴霧器等で薄く塗布する。軽油等の使用は，混合物表面のアスファルトをカットバックするおそれがあり，必要に応じて非石油系の付着防止剤の使用を考慮する。　よって，**適当である。**

⑶　転圧温度が高すぎたり過転圧等の場合，あるいはアスファルト混合物の品質不良により，ヘアクラックが多く見られることがある。よって，**適当である。**

⑷　継目の施工は，既設舗装の補修・延伸の場合を除いて，下層の継目と上層の継目の位置を重ねないようにする。　よって，適当でない。

問題 2

道路のアスファルト舗装における破損の種類に関する次の記述のうち，**適当でないもの**はどれか。

(1) 線状ひび割れは，縦，横に長く生じるひび割れで，路盤の支持力が不均一な場合に生じる。
(2) わだち掘れは，道路の横断方向の凹凸で，車両の通過位置に生じる。
(3) ヘアクラックは，路面が沈下し面状・亀甲状に生じる。
(4) 縦断方向の凹凸は，道路の延長方向に，比較的長い波長で凹凸が生じる。

H30 年後期 No.21

解説

(1) 線状ひび割れは，縦，横に長く生じるひび割れである。発生箇所にもよるが，混合物の劣化・老化，基層・路盤のひび割れ，路床・路盤の支持力の不均一などが原因で生じる。　よって，**適当である。**

(2) わだち掘れは，道路の横断方向の凹凸で，アスファルト混合物の塑性変形，沈下，混合物層の摩耗によるものなどがある。車両の通過位置に生じる。
よって，**適当である。**

(3) ヘアクラックは，路面性状に関するひび割れに分類され，舗設後の表面に発生する微細なひび割れである。アスファルト混合物の品質不良や転圧温度不適などの施工不良を原因として，転圧初期に生じるが，路面が沈下するものではない。亀甲状ひび割れは，構造に関する破損に分類され，車輪走行部に発生するものの場合は，路床・路盤の支持力低下・沈下，舗装厚さ不足，計画以上の交通量履歴などが原因である。　よって，適当でない。

(4) 縦断方向の凹凸は，アスファルト混合物の品質不良，路床・路盤の支持力の不均一などが原因で，道路の延長方向に，比較的長い波長で生じる。また，表層と基層の接着不良などにより，下り勾配の坂道や交差点手前などの車両が頻繁に制動をかける箇所に，比較的波長の短い波状の表面凹凸が規則的に道路延長方向に発生することがあり，コルゲーションと呼ばれる。
よって，**適当である。**

問題 3

アスファルト舗装道路の施工に関する次の記述のうち，**適当でないもの**はどれか。

⑴ 現場に到着したアスファルト混合物は，ただちにアスファルトフィニッシャ又は人力により均一に敷き均す。
⑵ 敷均し作業中に雨が降りはじめたときは，作業を中止し敷き均したアスファルト混合物を速やかに締め固める。
⑶ 敷均し終了後は，所定の密度が得られるように初転圧，継目転圧，二次転圧及び仕上げ転圧の順に締め固める。
⑷ 舗装継目は，密度が小さくなりやすく段差やひび割れが生じやすいので十分締め固めて密着させる。

R元年前期 No.20

解説

⑴ 現場に到着した加熱アスファルト混合物は，ただちにアスファルトフィニッシャにより均一に敷き均し，アスファルトフィニッシャが使用できない箇所では，人力によって行う。　よって，**適当である。**

⑵ 敷均し作業中に雨が降りはじめたときは，作業を中止し敷均し済のアスファルト混合物は速やかに締め固める。　よって，**適当である。**

⑶ 加熱アスファルト混合物の締固め作業は，所定の密度が得られるように，敷均し後ただちに継目転圧，初転圧，二次転圧及び仕上げ転圧の順序で行う。
　一般に継目転圧及び初転圧ではマカダムローラを用い，継目転圧はローラの後輪を利用するのがよいとされている。　よって，適当でない。

⑷ 舗装継目は，密度が小さくなりやすく段差やひび割れが生じやすいので十分締め固めて密着させる。また，継目部は弱点となりやすく，施工継目はなるべく少なくする。　よって，**適当である。**

問題 4

道路のアスファルト舗装の補修工法に関する次の記述のうち，**適当でないもの**はどれか。

(1) 打換え工法は，不良な舗装の一部分，または全部を取り除き，新しい舗装を行う工法である。
(2) 切削工法は，路面の凸部を切削して不陸や段差を解消する工法である。
(3) オーバーレイ工法は，ポットホール，段差などを応急的に舗装材料で充てんする工法である。
(4) 表面処理工法は，既設舗装の表面に薄い封かん層を設ける工法である。

R2年後期 No.21

解 説

(1) アスファルト舗装の補修工法には，主として全層に及ぶ工法である構造的対策を目的とするものと，主として表層の工法である機能的対策を目的とするものがある。打換え工法は，不良な舗装の一部分，または全部を取り除き，新しい舗装を行う工法である。　よって，**適当である。**

(2) 切削工法は，地面の凸部を切削して不陸や段差を解消する工法であり，オーバーレイ工法や表面処理工法の事前処理として施工されることも多い。
よって，**適当である。**

(3) オーバーレイ工法は，既設舗装上に厚さ3cm以上の加熱アスファルト混合物を舗設する工法である。ポットホール，段差などを応急的に舗装材料や瀝青材料などで充てんする工法は，パッチング及び段差すりつけ工法である。
よって，適当でない。

(4) 表面処理工法は，既設舗装の表面に薄い封かん層を設ける工法で，予防的維持工法として施工されることもある。　よって，**適当である。**

4 道路・舗装

⑤コンクリート舗装

1. 過去 10 回で「コンクリート舗装のコンクリート版」についての問題が毎回出題されている。
2. コンクリート舗装の路床の施工及びコンクリート版の種類と特徴，施工方法，施工順序，養生方法，目地の構造などについて理解しておく。

point チェックポイント

■コンクリート舗装版の種類と特徴

コンクリート舗装に用いられるコンクリート版には標準的なものとして，**普通コンクリート版**，**連続鉄筋コンクリート版**及び**転圧コンクリート版**がある。

① 普通コンクリート版：コンクリートを振動締固めによって締固め，コンクリート版とする。荷重伝達を図るためのダウエルバーなどを用いた膨張目地，横収縮目地及びタイバーを用いた縦目地を設ける。原則として鉄網及び縁部補強鉄筋を用いる。鉄網は径 6 mm の異形棒鋼を用いた 3 kg/m^2 のものを標準とし，表面からコンクリートの版厚の 1/3 の位置に挿入する。鉄網は，コンクリート版のひび割れの発生，発生後の開きの予防及び抑制のために用いる。縦方向の目地部などの縁部には，径 13 mm の異形棒鋼を 3 本用いて補強する。

・施工工程：コンクリートの荷おろし→ 敷均し（下層)→ 鉄網・縁部補強鉄筋設置→敷均し（上層)→ 締固め → 荒仕上げ → 平坦仕上げ → 粗面仕上げ → 養生

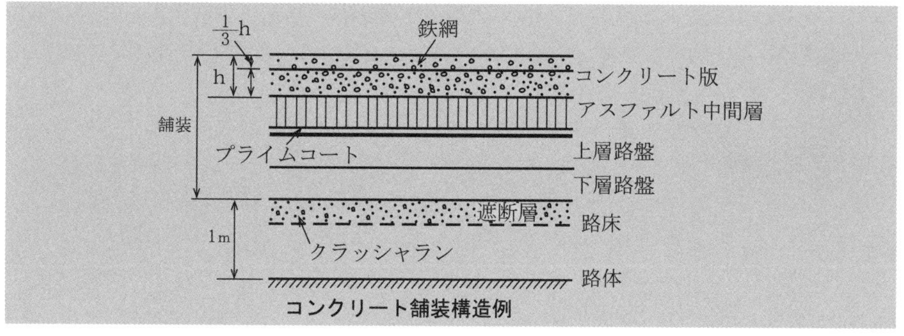

コンクリート舗装構造例

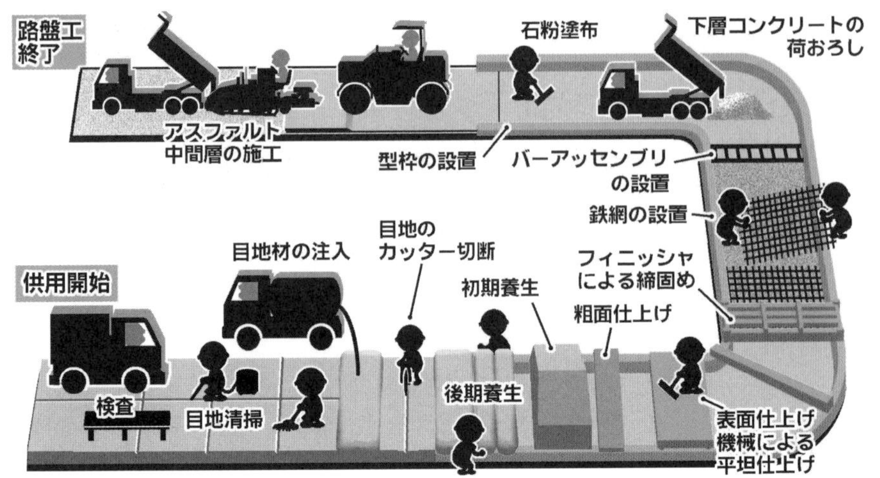

② **連続鉄筋コンクリート版**：コンクリート打設箇所にあらかじめ横方向鉄筋とその上に縦方向鉄筋を連続的に敷設しておき，コンクリートを振動締固めによって締固め，コンクリート版とする。横収縮目地は設けない構造で，横ひび割れは連続した縦方向鉄筋で分散させる。

・施工工程：鉄筋の設置→荷おろし→敷均し→締固め→荒仕上げ→平坦仕上げ→粗面仕上げ→養生

③ **転圧コンクリート版**：単位水量の少ない硬練りコンクリートを，アスファルト舗装用の舗設機械を用いた転圧締固めによってコンクリート版とするもの。一般に横収縮目地，膨張目地，縦目地等を設置するが，ダウエルバー及びタイバーは使用しない。

・施工工程：荷おろし→敷均し→締固め→養生

■施工方法

コンクリート版の施工は一般に機械化施工によって行われ，**セットフォーム工法**，**スリップフォーム工法**及び**転圧工法**がある。

① **セットフォーム工法**：あらかじめ路盤上に設置した型枠内にコンクリートを舗設する方法で，普通コンクリート版及び連続鉄筋コンクリート版に適用される。荷おろし機械以外の荒均し機械，締固め・整形機械，表面仕上げ機械等が編成され，型枠上に設置されたレールを走行する。

② **スリップフォーム工法**：型枠を使用せず，敷均し，締固め，平坦仕上げの一連の作業を行う専用のスリップフォームペーバを用いて舗設する方法で，連続鉄筋コンクリート版及び普通コンクリート版で鉄網と補強鉄筋を使用しない場合に適用される。

③ **転圧工法**：締固め能力の高いアスファルトフィニッシャによって硬練りコンクリートを敷均し，振動ローラ，タイヤローラなどの転圧によって締固める舗設方法で転圧コンクリート版に適用される。

■コンクリート版の目地

目地はコンクリート版の**膨張，収縮，そりなどを軽減する**ために設ける。

・**横目地**：

1 日の舗設の終わりに設ける**横膨張目地**（**第 1 図**）と**横収縮目地**（**第 2 図**）がある。横膨張目地は，ダウエルバーを用いチェア及びクロスバーを組み込んだバーアッセンブリを設置して目地溝に目地材を注入する構造を標準とし，横収縮目地は，**ダウエルバー**を用いたダミー目地を標準とする。

・**縦目地**：

縦目地はタイバーを入れた**ダミー目地**又は新旧版を継ぐための突合せ目地とする。突合せ目地の場合は，**ネジ付きタイバー**を用いたバーアッセンブリを設置する。タイバーは目地を横断して挿入される異形棒鋼で，目地が開いたり，くい違ったりするのを防ぐ機能がある。（**第 3 図**）

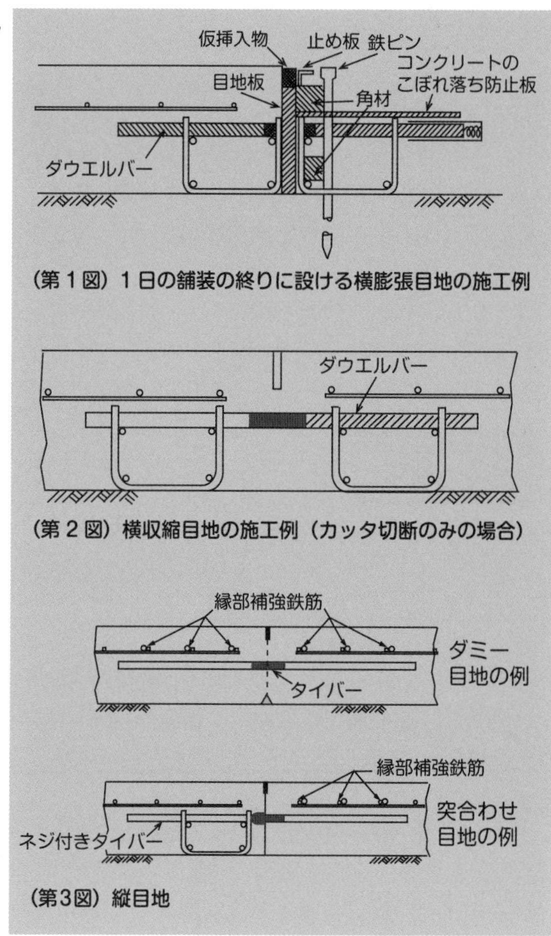

（第 1 図）1 日の舗装の終りに設ける横膨張目地の施工例

（第 2 図）横収縮目地の施工例（カッタ切断のみの場合）

（第3図）縦目地

■養　生

養生は，**初期養生**と**後期養生**に分けて行われる。転圧コンクリート版の場合は，舗設後直ちに後期養生が可能であり，初期養生は行わない。

・**初期養生**：初期養生はコンクリート版の表面仕上げ直後から，後期養生ができるまでの間，コンクリート表面の急激な乾燥を防止するために行う。コンクリート表面に養生剤を噴霧散布する膜養生又は三角屋根養生を併用する。

・**後期養生**：初期養生に引き続き，水分の蒸発や急激な温度変化を防ぐために行う。養生マットでコンクリート版表面を覆い散水により湿潤状態を保つもので，初期養生より効果が大きい。

問題 1

道路の普通コンクリート舗装に関する次の記述のうち，**適当でないもの**はどれか。

(1) コンクリート舗装版の厚さは，路盤の支持力や交通荷重などにより決定する。
(2) コンクリート舗装の横収縮目地は，版厚に応じて 8～10 m 間隔に設ける。
(3) コンクリート舗装版の中の鉄網は，底面から版の厚さの 1/3 の位置に配置する。
(4) コンクリート舗装の養生には，初期養生と後期養生がある。

R元年後期 No.22

解説

(1) コンクリート舗装版の厚さは，路盤の支持力や交通荷重などにより決定する。舗装用コンクリートのコンクリート版の厚さは，普通コンクリート舗装の場合は 15～30 cm 程度である。　よって，**適当である。**

(2) コンクリート舗装の横収縮目地は，版厚に応じて 8～10 m 間隔に設ける。鉄網及び縁部補強鉄筋を用いる場合の横収縮目地間隔は，版厚が 25 cm 未満の場合は 8 m，25 cm 以上の場合は 10 m とする。　よって，**適当である。**

(3) コンクリート舗装版の中の鉄網は，コンクリート版の上面から版の厚さの 1/3 の位置の深さを目標に設置する。ただし，版厚が 15 cm の場合には，版の中央の位置とする。また，鉄網の設置位置は，目標とする位置の ±3 cm の範囲とする。　よって，適当でない。

(4) コンクリート舗装の養生には，初期養生と後期養生がある。初期養生はコンクリート表面の乾燥防止のため，一般にコンクリート表面に養生材を噴霧散布する方法で行われる。後期養生は養生マットなどを用いてコンクリート版表面をすき間なく覆い，完全に湿潤状態になるように散水する方法で行われる。　よって，**適当である。**

道路のコンクリート舗装の施工で用いる「主な施工機械・道具」と「作業」に関する次の組合せのうち，**適当でないもの**はどれか。

［主な施工機械・道具］　　　　　　　［作　業］
(1) アジテータトラック…………………… コンクリートの運搬
(2) フロート……………………………… コンクリートの粗面仕上げ
(3) コンクリートフィニッシャ…………… コンクリートの締固め
(4) スプレッダ…………………………… コンクリートの敷均し

H30 年前期 No.22

解　説

(1) コンクリートの運搬は，スランプ値 5 cm 未満のコンクリート及び転圧コンクリートの場合はダンプトラックで行い，スランプ値 5 cm 以上の場合はアジテータトラックで行う。　よって，**適当である。**

(2) フロートは，コンクリートの平坦仕上げを手仕事で行う場合に用いる道具であり，粗面仕上げは，ほうき目仕上げ機械，タイングルーバ及び骨材露出機械の粗面仕上げ機械又は人力により行う。　よって，適当でない。

(3) セットフォーム工法の場合，コンクリートフィニッシャを用いて敷均したコンクリートを締め固めて粗仕上げを行う。　よって，**適当である。**

(4) セットフォーム工法の場合，スプレッダを用いてコンクリートが分離せず，全体が均等な密度となるように敷均し，締固め及び粗仕上工程を考慮して適切な余盛をつけて行う。　よって，**適当である。**

問題 3

道路の普通コンクリート舗装に関する次の記述のうち，**適当でないもの**はどれか。

(1) コンクリート舗装は，コンクリートの曲げ抵抗で交通荷重を支えるので剛性舗装ともよばれる。

(2) コンクリート舗装は，施工後，設計強度の 50%以上になるまで交通開放しない。

(3) コンクリート舗装は，路盤の厚さが 30 cm 以上の場合は，上層路盤と下層路盤に分けて施工する。

(4) コンクリート舗装は，車線方向に設ける縦目地，車線に直交して設ける横目地がある。

R元年前期 No.22

解説

(1) 荷重によってたわみの生じるアスファルト舗装に対して，コンクリート舗装は，コンクリート版の曲げ抵抗で交通荷重を支えるので剛性舗装とも呼ばれる。 よって，**適当である。**

(2) コンクリート舗装は，施工後，設計強度の 70%以上になるまで交通開放しない。養生期間を試験によって定める場合は，現場養生を行った供試体の曲げ強度が，配合強度から求められる所定強度の 70%以上となるまでとされている。 よって，適当でない。

(3) 路盤厚の設計は，路床の設計支持力あるいは設計 CBR を基にして行う。路盤の厚さは，一般に 15 cm 以上とし，30 cm 以上の厚さになる場合は，上層路盤と下層路盤に分けて計画する。 よって，**適当である。**

(4) 普通コンクリート舗装は，車線方向に設ける縦目地，車線に直交して設ける横目地がある。コンクリート版にはあらかじめ目地を設け，コンクリート版に発生するひび割れを誘導する。 よって，**適当である。**

Lesson 2 専門土木

5 ダム

①ダムの施工

1. 「ダムの建設」に関する問題が毎回出題されている。「ダムの施工全般」について5回,「RCD 工法」について3回,「コンクリートダムの施工」及び「フィルダムの施工」について各1回出題されている。
2. RCD 工法，ブロック工法などのコンクリートダム，及びフィルダムの施工方法，コンクリート打設前の基礎岩盤面の処理，ダムコンクリートに要求される基本的性質，ダムの施工上の留意点などについて理解しておく。

■ダムの分類

材料と構造による概要

ダム
- コンクリートダム
  - アーチダム：水圧等の力をアーチ作用により両岸部と河床部の岩盤に伝える。
  - 重力式ダム：荷重は自重及び堤体と岩盤との間のせん断力で受け持つ。
- フィルダム：重力式コンクリートダムよりも堤敷幅が広く，基礎岩盤のせん断強度，不等沈下の制約条件が少なく必ずしも堅硬な基礎岩盤を必要としない。
  - ゾーン型ダム（コア）
  - 表面遮水壁型ダム（アスファルト等）
  - 均一型ダム（アースダム）

■グラウチングの種類と目的

- **コンソリデーショングラウチング**：コンクリートダムの着岩部付近における浸透路長の短い部分を対象にして，カーテングラウチングの効果と相まって遮水性を改良すること及び，断層・破砕帯，強風化岩，変質帯などの弱部に対する補強並びにフィルダム洪水吐きの岩着部付近の遮水性の改良。
- **ブランケットグラウチング**：ロックフィルダムの基礎地盤において，浸透路長が短いコアゾーン着岩部付近の遮水性を改良する。
- **カーテングラウチング**：基礎岩盤，リム部地盤の浸透路長が短い部分，及び水みちを形成するおそれのある高透水部を対象に，遮水性を改良する。
- **その他のグラウチング**：コンクリートダム堤体と基礎岩盤の接触面，フィルダムの通廊などの接触部に生じた間隙閉塞のための**コンタクトグラウチング**，カーテングラウチング施工時のリーク防止のための**補助カーテングラウチング**などがある。

■コンクリートダムの施工

① ダムコンクリートに要求される性質

耐久性，ワーカビリティー，強度，水密性，経済的であることなどの一般的な要求の他に，**所要の単位体積重量があること**，**容積変化が小さいこと**及び**発熱量が小さく硬化時の温度上昇が小さいこと**が必要であるとされている。以上の目的のため，コンクリートの単位水量を小さくし，骨材はできるだけ大きい最大寸法を用い，セメント量を少なくするように検討することが必要である。

② コンクリート打設準備（岩盤面処理，水平打継面処理）

- **岩盤面の処理**：

コンクリートの着岩面では，ピックやウォータジェットなどにより，浮石，岩クズ，岩盤面にリークしたセメントミルク，その他の異物の除去を行う。

ひび割れの原因となりやすい岩盤の鋭角部は，できるだけ残さないようにする。

湧水箇所にはコーキングによる止水処理，大量の湧水の場合は鋼管の建込みによる湧水の排除などの処置を行う。

コンクリート打設に際しては，岩盤の表面に敷モルタルを施す必要があり，その厚さは2cmを標準とする。

岩盤面は，湿潤状態にしなければならないが，冬季には浮石が生じないように保護を行う。

- **コンクリートの打継面の処理**：

ウォータジェットを用いたグリーンカットにより粗骨材の表面が現れる程度にレイタンスの除去を行い，コンクリート打設に際しては標準厚さ 1.5 cm の敷モルタルを施す。

グリーンカットマシーン（サンドブラスト）

③ コンクリートの打込み

・コンクリートの打込み方式：

ブロック方式と縦継目をつくらないレヤー方式がある。ブロック方式の場合，原則として1ブロックのコンクリートは連続して打ち込まなければならない。

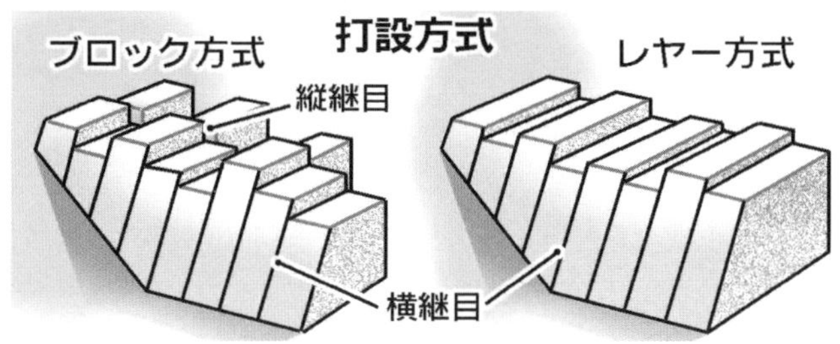

・コンクリートの打込み：

リフト厚は一般に 1.5～2.0 mとし，岩着部などのハーフリフトの場合は 0.75～1.0 mとする。コンクリートは締固めの都合上1リフトを 3～4 層に分けて打ち込み，1層の締固め後の厚さが 50 cm 程度になるように敷き均す。コンクリートの締固めは，振動締固機をなるべく鉛直に差込み，先端が 10 cm 程度下層に入るようにする。ダムコンクリートは骨材の最大寸法が大きく，単位水量が少ない硬練りであり，使用する振動締固機は振動数が多く重量のあるものが望ましい。

■RCD 工法

① 特　徴：コンクリートの冷却時間の短縮，全面レヤーによる打設能率の向上，ダンプカーなどによる運搬効率の向上，敷均し・締固め，グリーンカット，目地切りなどの機械化よる大幅な工期短縮，型枠不使用などの省力化により飛躍的な合理化がなされている。

在来工法との比較

項　目	在来工法	RCD 工法
コンクリート	軟練（普通配合）	超硬練（貧配合）
冷却	パイプクーリング	プレクーリング（必要な場合）
打設方法	ブロック方式	全面レヤー方式
横継目	型枠で形成	振動目地切り機により造成
運搬	バケット	ダンプ，インクライン
敷均し	人　力	ブルドーザ
締固め	振動棒（バイブレータ）	振動ローラ
試験	スランプ試験	VC試験

② 施工方法

・**RCD 用コンクリート**：発熱緩和のため，単位セメント量及び単位水量を減じたスランプ値 0 の超硬練りコンクリートである。コンシステンシー試験は一般のスランプ試験では無理なため，振動台式の **VC 試験**によって管理する。

・**コンクリートの運搬**：上下方向は**インクライン**，ケーブルクレーンなどを用い，水平移動は**ダンプカー**，ベルトコンベアなどを用いる。

・**リフト厚**：一般に 75～100 cm 程度を標準とし，**コンクリートの敷均しはブルドーザを使用**し，数回にわたる薄層敷均し方法によって行い，骨材の分離防止と**ブルドーザによる転圧効果**の増大を図る。

・**コンクリートの締固め**：フィルダム材料の締固めに使用するものと同様の**自走式振動ローラ**を用いる。

・**継目**：一般的に堤体の縦継目は設けず，収縮継目は横継目としコンクリート敷均し後，又は転圧直後に**振動目地切り機**を用いて造成する。

・**温度規制**：パイプクーリングによる，温度規制は行わない。

・**水平打継面**：水平打継面のグリーンカットは，**モータスイーパ**などの自走式機械を用いる。

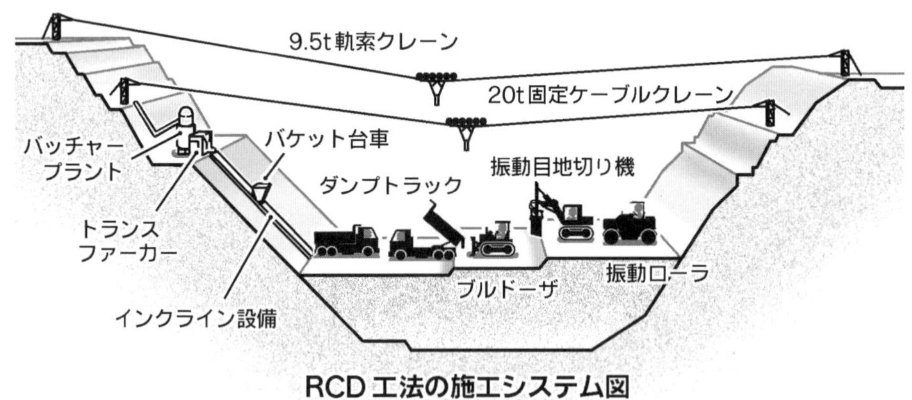

RCD 工法の施工システム図

ダムに関する次の記述のうち，**適当なもの**はどれか。

⑴ 重力式ダムは，ダム自身の重力により水圧などの外力に抵抗する形式のダムである。

⑵ ダム堤体には一般に大量のコンクリートが必要となるが，ダム堤体の各部に使用されるコンクリートは，同じ配合区分のコンクリートが使用される。

⑶ ダムの転流工は，比較的川幅が狭く，流量が少ない日本の河川では，半川締切り方式が採用される。

⑷ コンクリートダムの RCD 工法における縦継目は，ダム軸に対して直角方向に設ける。

H30 年後期 No.23

解　説

⑴ 重力式コンクリートダムは，ダム自身の重力により貯水の水圧などの外力に抵抗する形式のダムである。堤体の自重によってそれらの外力を下方の基礎岩盤に伝達する構造物であり，大きな堤体断面が要求される。また，基礎岩盤にはえん堤高に応じた十分なせん断強度が必要である。　　よって，適当である。

⑵ 重力式コンクリートダムでは安全性の確保ために，ダム堤体には一般に大量のコンクリートが必要となるが，それほど高い強度は必要とされない。ダム堤体の各部に使用されるコンクリートは，求められる特性に応じて品質の**異なった配合区分を設け**，内部コンクリート，外部コンクリート，岩着コンクリート及び構造用コンクリートに分け，内部コンクリートのセメント使用量は減じるのが一般的である。　　よって，**適当でない。**

⑶ ダムの転流工には，仮排水路による河川水バイパス方式と半川締切り方式がある。比較的川幅が狭く，流量が少ない日本の河川では，半川締切り方式が**採用されることは少なく**，大多数は仮排水路による河川水バイパス方式が採用されている。バイパス方式は，対象流量によって，基礎岩盤内にバイパストンネルを掘削して仮排水路を設ける場合と，コルゲートパイプ，ボックスカルバート等により堤敷を上下流方向に横断する仮排水路を設ける場合とがある。　　よって，**適当でない。**

⑷ コンクリートダムの RCD 工法における**横継目**は，ダム軸に対して直角方向に設ける。RCD 工法のコンクリート打設方式は，全面レヤー方式が基本であり，一般に縦継目は設けない。よって，**適当でない。**

解　答　⑴

問題 2

コンクリートダムの RCD 工法に関する次の記述のうち，**適当でないもの**はどれか。

(1) コンクリートの運搬は，一般にダンプトラックを使用し，地形条件によってはインクライン方式などを併用する方法がある。
(2) 運搬したコンクリートは，ブルドーザなどを用いて水平に敷き均し，作業性のよい振動ローラなどで締め固める。
(3) 横継目は，ダム軸に対して直角方向に設け，コンクリートの敷き均し後，振動目地機械などを使って設置する。
(4) コンクリート打込み後の養生は，水和発熱が大きいため，パイプクーリングにより実施するのが一般的である。

R元年後期 No.23

解説

(1) コンクリートの運搬は，一般にダンプトラックを使用し，地形条件によっては固定式ケーブルクレーンやインクライン方式などを併用する方法がある。堤体内運搬には，主にダンプトラックが用いられる。　よって，**適当である。**

(2) 運搬した RCD 用コンクリートは，汎用のブルドーザなどを用いて水平に敷き均し，作業性のよい振動ローラなどで締め固める。ブルドーザによる薄層敷均し法と骨材の分離防止による転圧効果が期待できる。
よって，**適当である。**

(3) 横継目は，ダム軸に対して直角方向に設け，コンクリートの敷き均し後，振動目地機械などを使って設置する。継目は，RCD コンクリートの温度ひび割れの発生を防止するために設ける。　よって，**適当である。**

(4) RCD 工法は，水和熱低減のために単位結合材量及び単位水量が少なく，超硬練りに配合されたコンクリートを用いる工法であり，コンクリート打込み後のパイプクーリングによる養生は実施しない。また，RCD 工法の場合，コンクリート打込み後の打設面上ではダンプトラック等の走行作業があるために湛水養生ができず，スプリンクラーなどによる散水養生を行う。
よって，適当でない。

問題 3

コンクリートダムに関する次の記述のうち，**適当でないもの**はどれか。

(1) ダム本体工事は，大量のコンクリートを打ち込むことから骨材製造設備やコンクリート製造設備をダム近傍に設置する。
(2) カーテングラウチングを行うための監査廊は，ダムの堤体上部付近に設ける。
(3) ダム本体の基礎の掘削は，大量掘削に対応できるベンチカット工法が一般的である。
(4) ダムの堤体工には，ブロック割りしてコンクリートを打ち込むブロック工法と堤体全面に水平に連続して打ち込む RCD 工法がある。

H30 年前期 No.23

解 説

(1) ダム本体工事は，大量のコンクリートを打ち込むことや連続施工を行うこと等から，骨材製造設備やコンクリート製造設備をダム近傍に設置することが多い。 よって，**適当である。**

(2) カーテングラウチングを行うための監査廊は，ダムの上流面と基礎地盤に近い堤体下部に設ける。グラウチングの施工時期は，注入効果を高めるために，上載荷重となる堤体コンクリートがある程度打ち上がった後に施工することが望ましい。 よって，適当でない。

(3) ダム本体の基礎掘削工は，基礎岩盤に損傷を与えることが少ない。大量掘削に対応できるベンチカット工法が一般的であるが，ベンチ造成のための進入路造成，事前掘削等の準備工が必要になることがある。よって，**適当である。**

(4) ダムの堤体工には，コンクリートの打込み方法により，ブロック割してコンクリートを打ち込むブロック工法と，全面レヤー方式を基本としてダム堤体全面に水平に連続して打ち込む RCD 工法などがある。よって，**適当である。**

Lesson 2 専門土木

6 トンネル

①トンネルの施工

出題傾向

1. 「山岳トンネルの施工」に関する問題が毎回出題されており，「山岳トンネルの施工方法全般」及び「山岳工法における掘削」について各 3 回，「トンネル覆工」について 2 回，「支保工の施工」及び「山岳トンネル施工時の観察・計測」について各 1 回出題されている。
2. 山岳トンネルの掘削方式，掘削工法，支保工の施工と用途効果，施工時の観察・計測などについて理解しておく。
3. トンネル覆工の区分，型枠方式，打設方法，インバートコンクリートの施工方式などについて理解しておく。

point チェックポイント

■トンネルの施工方法の概要

・掘　削：

掘削方式：人力掘削，爆破掘削，機械掘削がある。

掘削工法：全断面工法，ベンチカット工法，中壁分割工法，導坑先進工法などがある。掘削にあたっては，一般に全断面を一挙に掘削するのが能率的であるが，切羽の自立性によって断面を分割して掘削する場合が多い。

■掘削にあたっての留意点（切羽が自立しない場合の切羽の安定対策）

切羽の安定対策としては，一般的には単位掘進長の短縮，リングカット，一次閉合，適用された支保パターン内での変更などの安定対策方法が採用される。

■支保工の構成

支保工は，**主に吹付けコンクリート，ロックボルト，鋼製支保工**で構成されており，山岳トンネルでは **NATM 工法**が標準的である。

■NATM工法

地山からの圧力は，**地山自体が持っている強度で支持させる工法でリング構造を形成**し，トンネル支保工としての安定を得る。

・吹付け工法：

吹付け面は，凹凸を少なくするようにする。支保効果，内圧効果，リング閉合効果，外力配分効果などの効果がある。吹付け工法には乾式と湿式がある。乾式の場合湿式と比較すると，材料練混ぜから吹付けまでの時間が長くとれ，圧送距離が長い。湿式の場合乾式と比較すると，粉じん・はね返りは少ないが，吹付け終了時又は中断時に機械などの洗浄が必要である。

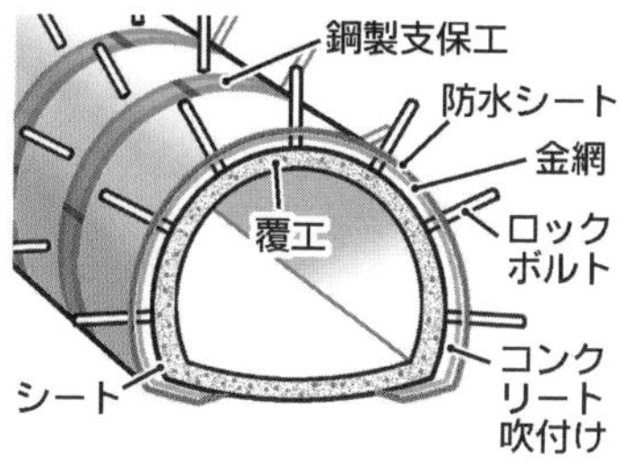

NATM(ナトム)工法

・ロックボルト：

縫付け効果，はり形成効果，内圧効果，アーチ形成効果，地山改良効果などの効果がある。

・鋼製支保工：

吹付け工と一体化することにより，支保機能を高める。

Lesson 2 6 トンネル

■トンネル覆工

①　トンネル覆工の形状

覆工の形状は，地山の良好な場合はアーチと鉛直又は湾曲した側壁を組合わせ，地山の状態が悪い場合などには，さらにインバートを設ける。覆工コンクリートは一般的には無筋構造であるが，坑口や膨潤性地山などで大きな圧力や荷重をうける場合は，鉄筋コンクリート構造とすることがある。

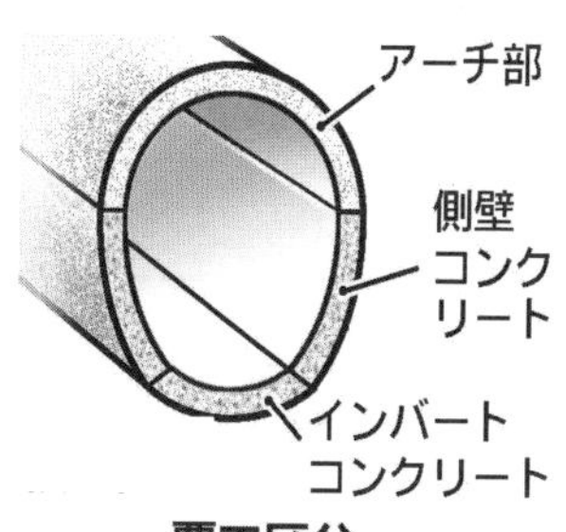

覆工区分

②　型枠工

型枠工は，一般的には**移動式型枠**が用いられ，急曲線や拡幅部では**組立式型枠**が用いられる。移動式型枠にはけん引式と自走式があり，一般的には自走式が多く用いられている。

型枠には，コンクリートの打込み，検測などを考慮して，適切な位置にコンクリートの投入口及び作業窓を設けなければならない。

移動式型枠

③ 覆工コンクリートの打設

・覆工の打設順序：

覆工は全断面打設で行うのが一般的であるが，**側壁導坑先進工法**の場合は側壁コンクリートを先行打設し，後から重複して全断面を打設する場合が多い。

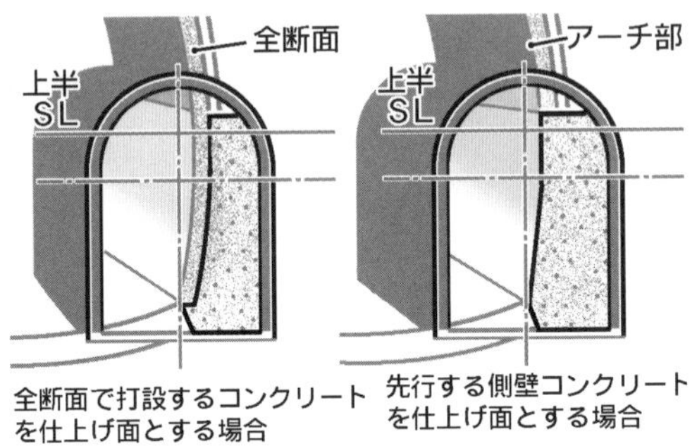

側壁部覆工例（側壁導坑先進工法）

・覆工の打設方式：

一般的には巻厚が 30 cm 程度と薄いため，パイプカット方式，引抜方式では充填が困難で**吹き上げ方式**が一般的である。

・覆工の施工時期：

覆工は，内空変位の収束を確認後に施工することを原則とするが，膨潤性地山の場合は閉合を得るため早期に打設する場合がある。

・ひび割れの防止：

凹凸のある掘削面や吹付けコンクリート面にシート類を張り付け，拘束を避けることにより，細かい亀裂の発生を防ぐ必要がある。

④ インバートコンクリートの打設

インバートは，**坑口部や地山が不良な区間，偏圧や路盤の泥ねい化が予想される区間**などに設けるものとする。インバートは，**先打ち方式と後打ち方式**がある。

・インバート先打ち方式：

早期の閉合が必要な膨潤性地山や大断面トンネルで用いられる。

・インバート後打ち方式：

安定した地山の場合や小断面トンネルで用いられる。

トンネルの施工に関する次の記述のうち，**適当でないもの**はどれか。

⑴　鋼製支保工（鋼アーチ式支保工）は，一次吹付けコンクリート施工前に建て込む。
⑵　吹付けコンクリートは，吹付けノズルを吹付け面に直角に向けて行う。
⑶　発破掘削は，主に硬岩から中硬岩の地山に適用される。
⑷　ロックボルトは，ベアリングプレートが吹付けコンクリート面に密着するように，ナットなどで固定しなければならない。

H30 年前期 No.24

解　説

⑴　鋼製支保工（鋼アーチ支保工）は，建て込みの施工と同時に強度を得ることができる。したがって，自立性の悪い地山の場合に，吹付けコンクリートが十分な強度を発揮するまでの短期間に生じる緩みの対策として初期荷重を負担する役割から，一次吹付けコンクリート施工後速やかに建て込む。

よって，適当でない。

⑵　吹付けコンクリートは，吹付けノズルを吹付け面に直角方向とし，ノズルと吹付け面の距離を保って行う。斜め吹付けの場合，先に吹き付けられた部分が吹き飛ばされて，剥離やはね返りが多くなる。吹付け面までの距離は，1 m 程度がよいとされている。　　よって，**適当である。**

⑶　発破掘削は爆薬で地山を破砕掘削する方式で，主に硬岩から中硬岩の地山に適用される。機械掘削は，中硬岩から軟岩及び土砂の地山に適用される。

よって，**適当である。**

⑷　ロックボルトは，その軸力をトンネル壁面に十分伝達させるため，ベアリングプレートが吹付けコンクリート面や掘削面に密着するように，ナットなどで固定しなければならない。　　よって，**適当である。**

問題 2

トンネルの山岳工法における支保工に関する次の記述のうち，**適当でないもの**はどれか。

(1) 支保工は，掘削後の断面を維持し，岩石や土砂の崩壊を防止するとともに，作業の安全を確保するために設ける。
(2) ロックボルトは，掘削によって緩んだ岩盤を緩んでいない地山に固定し，落下を防止するなどの効果がある。
(3) 吹付けコンクリートは，地山の凹凸を残すように吹き付けることで，作用する土圧などを地山に分散する効果がある。
(4) 鋼製（鋼アーチ式）支保工は，吹付けコンクリートの補強や掘削断面の切羽の早期安定などの目的で行う。

H29 年第 1 回 No.24

解　説

(1) 山岳工法の支保工部材には，一般に，吹付けコンクリート，ロックボルト，鋼製（鋼アーチ）支保工等があり，支保構造はそれぞれの特徴を生かして組み合わせて用いる。支保工は，周辺地山と一体となって掘削後の断面を維持し，岩石や土砂の崩壊を防止してトンネル及び周辺地山の安定を図るとともに，坑内作業の安全を確保するために設ける。　よって，**適当である。**

(2) ロックボルトの作用効果には，掘削によって緩んだ岩盤を緩んでいない地山に固定し，落下を防止する縫付け（吊下げ）効果がある。その他の作用効果に内圧効果，アーチ形成効果，はり形成効果などがある。よって，**適当である。**

(3) 吹付けコンクリートの作用効果には，地山の凹凸をなくすように吹き付けることで，作用する土圧などを地山に分散する支保効果及び弱層をまたいで接着することによる弱層の補強効果がある。その他の作用効果に内圧効果，リング閉合効果などがある。　よって，適当でない。

(4) 鋼製（鋼アーチ）支保工は，地表面沈下の防止，偏圧に対する押えなどの吹付けコンクリートの補強や，吹付けコンクリート，ロックボルトの支保機能発現までの掘削断面の切羽の早期安定などの目的で行う。

よって，**適当である。**

問題 3

トンネルの山岳工法における掘削に関する次の記述のうち，**適当でないもの**はどれか。

⑴ 機械掘削には，全断面掘削機と自由断面掘削機の 2 種類がある。
⑵ 発破掘削は，地質が硬岩質などの場合に用いられる。
⑶ ベンチカット工法は，トンネル断面を上半分と下半分に分けて掘削する方法である。
⑷ 導坑先進工法は，トンネル全断面を一度に掘削する方法である。

R元年前期 No.24

解説

⑴ 機械掘削には，ブーム掘削機やバックホウ，大型ブレーカなどの自由断面掘削機とトンネルボーリングマシンによる全断面掘削機の 2 種類がある。
よって，**適当である。**

⑵ 発破掘削は，地山が岩質である場合などに用いられ，第 1 段階として心抜きと呼ぶ切羽の中心の一部を先に爆破し，新しい自由面を次の爆破に利用する。
よって，**適当である。**

⑶ ベンチカット工法は，一般にトンネルの断面を上半断面（上半）と下半断面（下半）とに 2 分割して掘進する工法であり，3 段以上に分割する多段ベンチカット工法もある。ベンチの長さにより，ミニベンチ，ショートベンチ，ロングベンチなどに分けられる。
よって，**適当である。**

⑷ 導坑先進工法は，トンネル掘削断面をいくつかの区分に分け順序立てて掘進する方法である。導坑掘削時に湧水量や支保工に作用する土圧などを確認できるので，地質や湧水状態を調査する必要がある場合や，地山が軟弱で切羽の自立が困難な場合などに用いられる。全断面工法は，トンネルの全断面を一度に掘削する工法で，小断面のトンネルや，安定した地山に用いられる。
よって，適当でない。

問題 4　トンネルの山岳工法の観察・計測に関する次の記述のうち，**適当でないもの**はどれか。

(1)　観察・計測の頻度は，掘削直前から直後は疎に，切羽が離れるに従って密に設定する。
(2)　観察・計測は，掘削にともなう地山の変形などを把握できるように計画する。
(3)　観察・計測の結果は，施工（せこう）に反映するために，計測データを速やかに整理する。
(4)　観察・計測の結果は，支保工の妥当性を確認するために活用できる。

R2 年後期 No.24

解 説

(1)　観察・計測頻度は，地山と支保工の挙動の経時変化が把握できるように，掘削直前から直後は密に，切羽が離れるに従って疎になるように設定する。また，初期値の測定は，状況の許す限り掘削直後の切羽に近い位置で早期に行うことが必要である。　よって，適当でない。

(2)　観察・計測は，掘削にともなう地山の変形などを把握できるように計画する。地山の挙動把握は，トンネル掘削にともなって発生する変化を，坑内観察と坑外の地表面観察とをあわせて評価することにより可能になる。
よって，**適当である。**

(3)　観察・計測の結果は，トンネルの現状を把握して今後の予測や設計，施工に反映するために，計測データを速やかに整理する。　よって，**適当である。**

(4)　観察・計測の結果は，支保工の妥当性を確認するため，覆工の施工時期を判断するためなどに活用できる。　よって，**適当である。**

解 答 (1)

7 海岸

①海岸堤防・海岸保全施設

1. 過去10回で,「異形コンクリートブロックによる消波工」及び「傾斜型海岸堤防の構造と各部の名称」についての問題が各4回,「海岸堤防の形式と特徴」についての問題が2回出題されている。
2. 傾斜堤,緩傾斜堤などの海岸堤防,離岸堤などの海岸保全施設の構造形式や機能,適用性,施工上の留意点などについて理解しておく。

point チェックポイント

■海岸堤防の形式

海岸堤防の形式には,**傾斜型**,**緩傾斜型**,**直立型**,**混成型**がある。表勾配が1:1未満のものを直立堤,1:1以上のものを傾斜堤といい,傾斜堤のうち1:3以上のものを緩傾斜堤という。

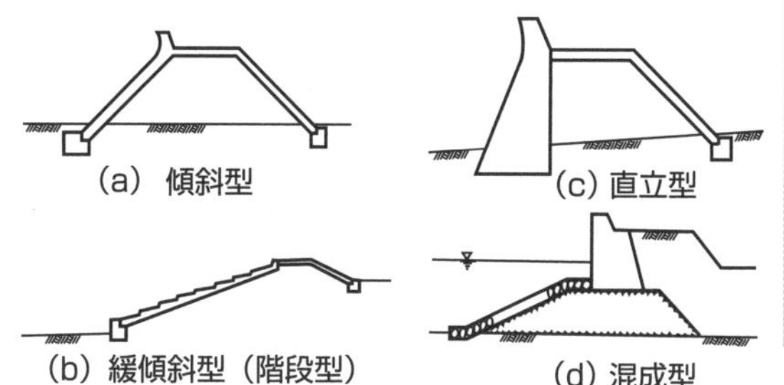

海岸堤防の形式

■海岸堤防の構造と施工

①海岸堤防の構成:海岸堤防は**堤体工**,**基礎工**,**根固工**,**表法被覆工**,**波返工**,**天端被覆工**,**裏法被覆工**などからなり,これらが一体となって堤防として機能する。

- **堤体工**:盛土材料は多少粘土を含む砂質,砂礫質の用土を原則とし,厚さ30 cm 程度ごとに層状に締め固める。
- **表法被覆工**:コンクリート被覆式が一般的で,厚さは標準 50 cm 以上とする。
- **波返工**:堤防天端からの高さは1m以下とし,天端幅は 50 cm 以上とする。
- **天端被覆工**:天端幅は原則として3m以上とし,直立型重力式堤防の場合は1m以上とする。天端被覆工は,排水のために陸側に3～5%程度の片勾配をつけるのがよいとされている。

②海岸堤防の根固工

- **根固工の機能**：根固工は，表法被覆工の下部又は基礎工の保護，表法前面の地盤の洗掘防止及び堤体の滑動防止を必要とされる場合に設けることを原則としている。
- **根固工の構造**：根固工は，表法被覆工法先又は基礎工の前面に接続して設け，単独沈下が可能な構造又は屈撓（とう）性を有する構造としなければならない。また，波力によって散乱，崩壊しないよう十分な重量を有することが必要で，用いる捨石やコンクリートブロックの重量はハドソン公式により検討する。
- **捨石根固工**：捨石の天端幅は 2〜5 m 程度， 前法勾配は 1：1.5〜1：3 程度，捨込厚さは 1 m 以上とする。捨石は，表面にはなるべく大きなものを用い，通常は 3 個以上並べるのが望ましく，中詰石は表層の 1/10〜1/20 程度の重量のものを用いる。
- **コンクリートブロック根固工**：異形コンクリートブロックを用いる場合は，かみ合わせ効果の面から，天端に最小限 2 個並べ，層厚は 2 個以上とする。

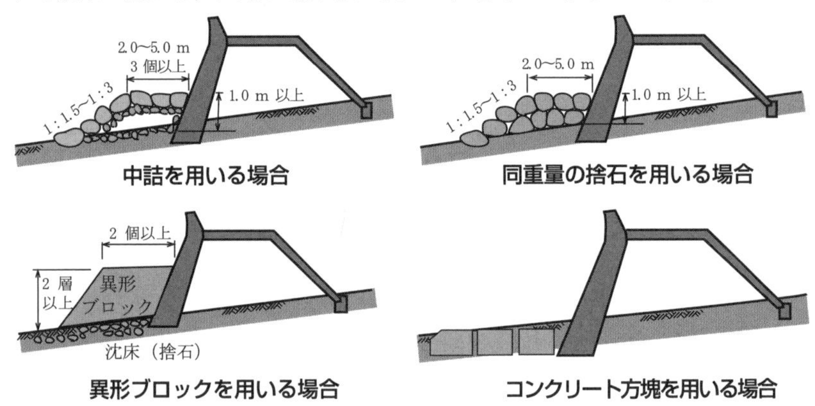

■緩傾斜堤の構造と施工

- **緩傾斜堤の用途**：緩傾斜堤は，地盤が悪く不同沈下のおそれがある場合に用いられてきたが，最近は反射波を小さくして侵食を助長させない目的で，侵食性の海岸でも用いられている。また，海岸の利用やアクセスの面から採用される例も増えてきている。
- **緩傾斜堤の構造**：コンクリートブロック張式の場合，ブロック重量は 2 t 以上，厚さは 50 cm 以上とし，法勾配は 1：3 よりも緩くすることが望ましい。

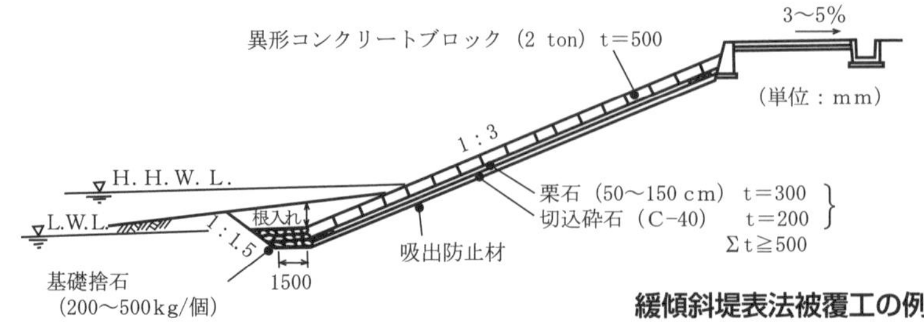

緩傾斜堤表法被覆工の例

・**根　固　工**：緩傾斜堤の場合，海岸の利用や環境の面からは根固工はないほうが望ましい。水中施工となる場合の基礎工は根固工の機能も有するので，十分な大きさの基礎工とすることで根固工の必要はないとされている。

・**裏　込　工**：裏込工の厚さは 50 cm 以上とし，汀線付近における吸出しを予防するため，**上層から下層へ徐々に粒径を小さくして，かみ合わせをよくする。**裏込材料は栗石，雑石，砕石又はフトン篭が一般によく用いられるが，吸出し防止材を併用する場合もある。吸出し防止材を用いても，その代替として裏込の砕石等を省略することはできない。

・**法先位置**：波の打上げ高さを低減させるため，法先位置はできるだけ陸側とすることが望ましい。前浜の利用，洗掘量の面から，法先位置は汀線より陸側にすることが有利である。

■海岸侵食対策工

①**対策方法の種類**：海岸侵食は風，波，潮流などにより，海岸の砂・砂礫の供給量よりも流出量のほうが多く，海岸が徐々に後退していく現象である。海岸侵食の対策方法には突堤，離岸堤のほか，養浜，潜堤（人工リーフ），ヘッドランド（人工岬）などがある。

②**突　堤**：海岸線に直角方向に海側に細長く突出して設置される堤体で，沿岸漂砂を制御することにより汀線を維持する。漂砂下手側では侵食が生じるので，通常複数の突堤を適当な間隔で配置した突堤群として効果を発揮させるものが多い。

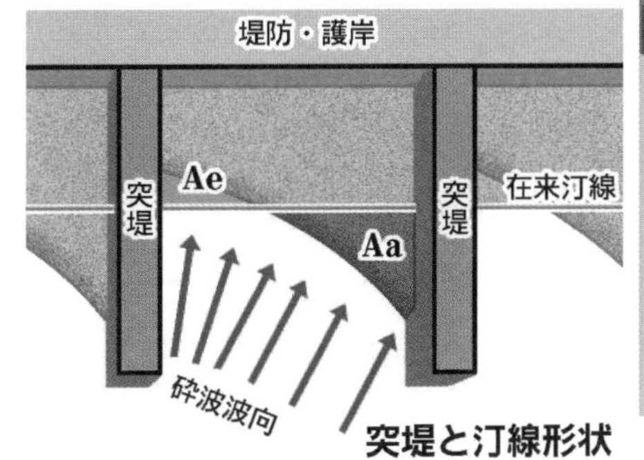

突堤と汀線形状

③**離岸堤**：汀線から離れた沖合いに海岸線と平行に設置される構造物で，消波及び波高減衰効果と汀線漂砂の制御による背後（陸側）での堆砂効果がある（トンボロの形成）。漂砂の方向が一定せず沖合い方向への砂の移動が多い所では，突堤よりも離岸堤のほうが望ましい。

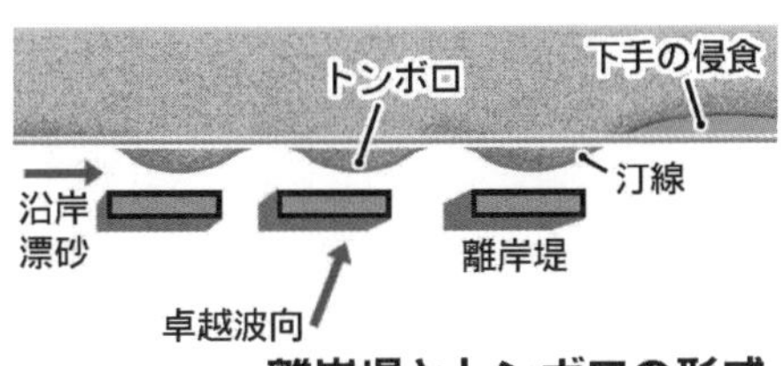

離岸堤とトンボロの形成

・離岸堤の形式は現在，堤長に対して1/2 程度の長さの開口部をもつ，施工性のよい透過型の不連続堤が多く用いられている。特に背後地の消波効果を高める場合には不透過型が用いられる。

Lesson 2 7 海岸

・汀線が後退しつつある場所で，護岸と離岸堤を新設しようとする場合は，なるべく護岸を施工する前に離岸堤を設置することが望ましい。
・侵食区域の上手側（例えば，河川のような漂砂供給源に近い側）から設置すると，下手側の侵食傾向を増長させることになるので，最も離れた下手側から順次上手に向かって施工することを原則とする。
・開口部又は堤端部は，施工後の波浪によってかなり洗掘されることがあり，計画された 1 基分の離岸堤はなるべくまとめて施工することが望ましい。
・離岸堤の沈下対策としては，離岸堤を砕波帯付近に設置する場合は捨石工が優れているとされており，マット，シート類は破損する例があり注意を要する。

④**養浜・潜堤（人工リーフ）・ヘッドランド（人工岬）**：侵食対策だけではなく利用や環境保全の面から，養浜（人工海浜）に突堤，離岸堤，潜堤等を補助的に設ける方式や，ヘッドランドの採用が見られるようになってきている。

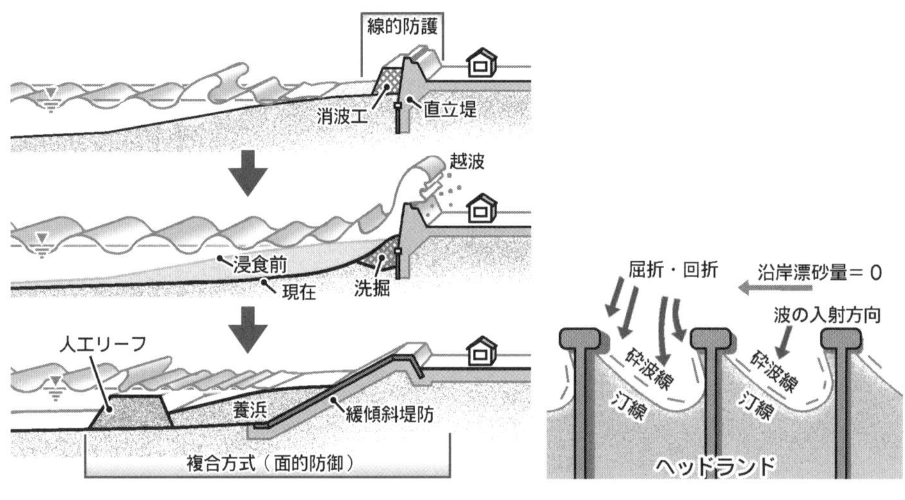

ヘッドランド（人工岬）　写真 / PIXTA

海岸堤防の形式に関する次の記述のうち，**適当でないもの**はどれか。

⑴ 緩傾斜型は，堤防用地が広く得られる場合や，海水浴場等に利用する場合に適している。
⑵ 混成型は，水深が割合に深く，比較的軟弱な基礎地盤に適している。
⑶ 直立型は，比較的良好な地盤で，堤防用地が容易に得られない場合に適している。
⑷ 傾斜型は，比較的軟弱な地盤で，堤体土砂が容易に得られない場合に適している。

R3 年後期 No.25

解説

⑴ 堤防前面の法勾配が 1：1 より緩やかなものを傾斜堤といい，緩傾斜堤は傾斜堤の中で堤防前面の法勾配が 1：3 より緩やかなものをいう。緩傾斜型は，堤防用地が広く得られる場合や，海水浴等に利用する場合に適している。
よって，**適当である。**

⑵ 混成型は，傾斜型構造物上に直立型構造物がのせられたもの，あるいは直立壁に傾斜堤がのせられたものであり，傾斜型と直立型の特性を生かして，水深が割合に深く，比較的軟弱な基礎地盤に適している。よって，**適当である。**

⑶ 直立型は，堤防前面の法勾配が 1：1 より急なものをいい，比較的堅固な地盤で，堤防用地が容易に得られない場合に適している。よって，**適当である。**

⑷ 傾斜型は，比較的軟弱な地盤で，堤体土砂が容易に得られる場合，堤防用地が容易に得られる場合等に適している。　よって，適当でない。

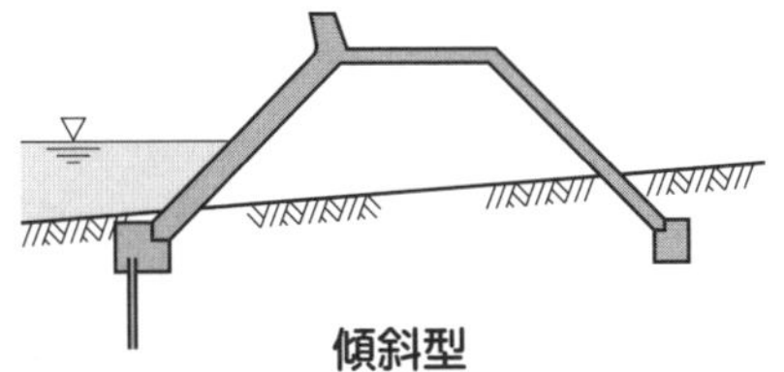

傾斜型

解答 (4)

Lesson 2 7 海岸

下図は傾斜型海岸堤防の構造を示したものである。図の（イ）～（ハ）の構造名称に関する次の組合せのうち，**適当なもの**はどれか。

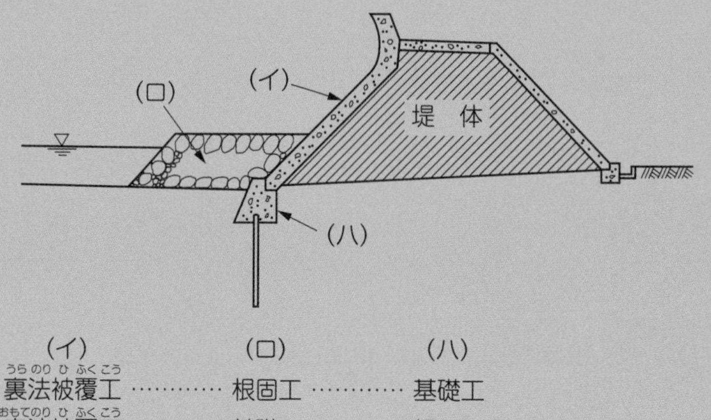

	(イ)		(ロ)		(ハ)
(1)	裏法被覆工（うらのりひふくこう）	…………	根固工	…………	基礎工
(2)	表法被覆工（おもてのりひふくこう）	…………	基礎工	…………	根固工
(3)	表法被覆工	…………	根固工	…………	基礎工
(4)	裏法被覆工	…………	基礎工	…………	根固工

R2 年後期 No.25

解　説

海岸保全施設としての堤防は，津波堤防と高潮堤防に大別され，堤防の前面勾配による型式分類では，傾斜型，直立型，及び混成型の 3 種類に分類される。勾配が 1 割（1：1）より急なものを直立型，1 割より緩いものを傾斜型，傾斜型のうち 3 割（1：3）より緩やかなものを緩傾斜型という。傾斜型海岸堤防の概念図を示すが，設問の各部の構造名称は，（イ）表法被覆工，（ロ）根固工，（ハ）基礎工である。

よって，(3)の組合せが適当である。

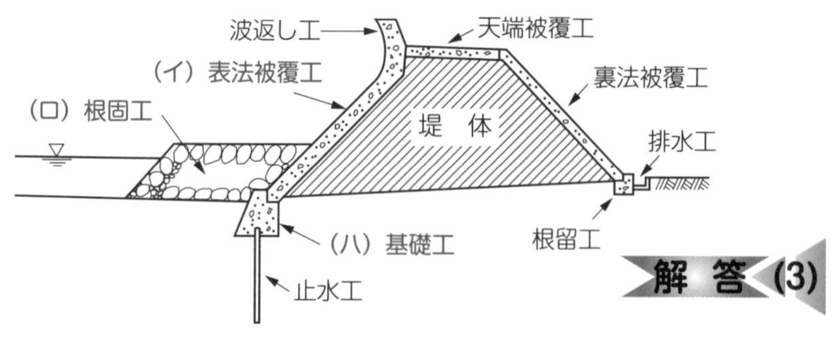

解　答　(3)

問題 3　海岸堤防の消波工の施工に関する次の記述のうち，**適当でないもの**はどれか。

⑴　異形コンクリートブロックを層積みで施工する場合は，すえつけ作業がしやすく，海岸線の曲線部も容易に施工できる。

⑵　消波工に一般に用いられる異形コンクリートブロックは，ブロックとブロックの間を波が通過することにより，波のエネルギーを減少させる。

⑶　異形コンクリートブロックは，海岸堤防の消波工のほかに，海岸の侵食対策としても多く用いられる。

⑷　消波工は，波の打上げ高さを小さくすることや，波による圧力を減らすために堤防の前面に設けられる。

H29 年第 1 回 No.25

解説

⑴　層積みは，ブロックの向きを規則正しく配列するすえつけ方法である。異形コンクリートブロックを層積みで施工する場合は，捨石の均し精度を要するなどの手間がかかるほか，海岸線の曲線部や隅角部では施工が難しい。

よって，適当でない。

⑵　効果的な消波工の必要条件の 1 つには，波の規模に応じた適度の大きさ，形，分布を有する空隙をもつことがある。消波工に一般に用いられる異形コンクリートブロックは，ブロックとブロックの間，又はブロック自体の空隙などを波が通過する際に，摩擦，渦，その他のじょう乱により，波のエネルギーを吸収・減少させる。　よって，**適当である。**

⑶　異形コンクリートブロックは，海岸堤防の消波工や根固工のほかに，離岸堤や人工リーフ等の海岸の侵食対策工に多く用いられる。

よって，**適当である。**

⑷　消波工は，波の打上げ高さを小さくすることや，越波量及び波による強大な圧力を減らすために堤防の前面に設けられる。消波工を設置した場合は，消波効果相当分，堤防の天端高を低くすることができる。

よって，**適当である。**

解答 ⑴

Lesson 2　8　港　湾

①防波堤・係留施設・浚渫

1. 過去10回で「ケーソン式混成堤の施工」に関する問題が7回，「浚渫船，及び浚渫工事の施工」に関する問題が3回出題されている。
2. 防波堤と係船岸の種類と構造，施工上の留意点，浚渫船の種類と施工方法などについて理解しておく。

■港湾の防波堤の種類と特徴の概要

・傾斜堤：傾斜堤は，比較的波が小さく水深の浅い場所の小規模な防波堤に用いられる。

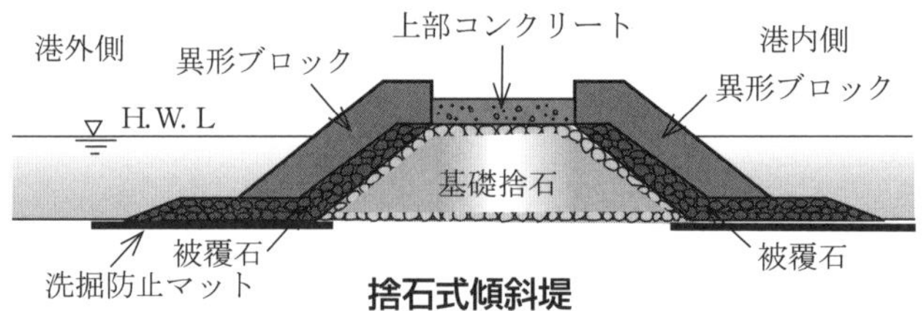

捨石式傾斜堤

・直立堤：直立堤は，地盤が強固で洗掘の影響を受けるおそれのない場所で用いられ，ケーソン式，ブロック式，コンクリート単塊式などがある。

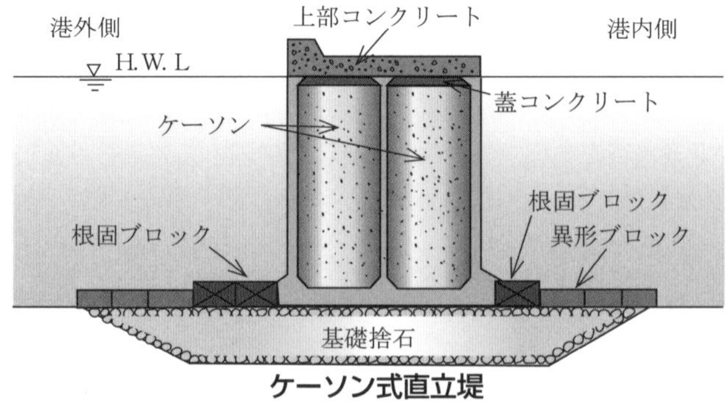

ケーソン式直立堤

・**混成堤**：混成堤は傾斜堤と直立堤の要素と特徴を兼ね備えており，水深の深い場所に適している。捨石部の上に直立壁を設け，一体化して防波堤とする。

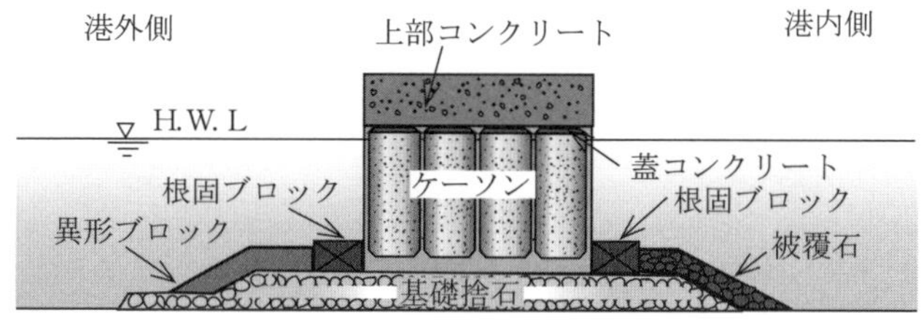

ケーソン式混成堤（砂地盤）

・**消波ブロック被覆堤**：直立堤，混成堤の前面に消波ブロックを設置したもの。

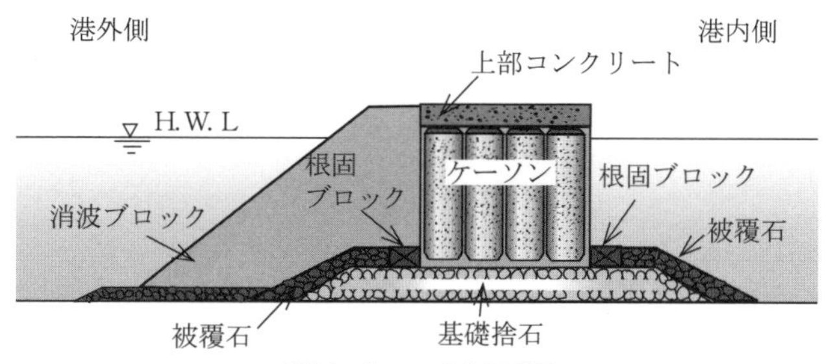

消波ブロック被覆堤

■防波堤の施工（混成堤）

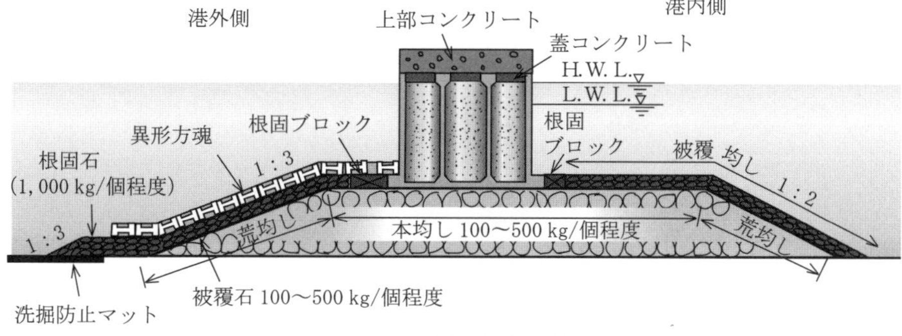

ケーソン式混成防波堤

・**混成堤の施工順序**：一般に**基礎工→本体工→根固工→上部工**の順である。

①**基礎工**

　基礎地盤が軟弱な場合は，基礎置換工法などの地盤改良工を採用する。支持力が十分な場合は，床掘りを行わずに基礎捨石を築造する例が多い。

・**基礎捨石工**：基礎捨石は，100～500 kg/個程度の割石を用いて築造し，これを1,000 kg/個程度の被覆石で２層を標準に被覆し，洗掘を防止するのが普通だが，外海に面した港の防波堤ではさらにコンクリートブロックによる被覆工を行う。捨石の捨込みは，極度の凹凸がないように潜水士又は測深機を用いて捨込み状況を調べながら投入する。

②**本体工**

・**ケーソン式**：陸上製作したケーソンを進水，仮置きの後，曳（えい）航，据付け，中詰，蓋コンクリートまでを一連作業として計画する。ケーソンの中詰は自重を増すためのものであり本体据付後速やかに行い，所定の高さまで投入した後，直ちに蓋コンクリートを施工する。

・**ブロック式**：施工段階における波による災害防止の面から，積込みは一気に上段まで施工することが望ましい。

③**根固工**

捨石基礎天端のケーソンなどによる直立部の据付け基部の洗掘防止を目的とし，直立部据付け後できるだけ早い時期に行う。根固ブロックの寸法は，波浪条件の厳しい防波堤の港外側ではその重量を20～30 t，厚さを1.5 m としている場合が多い。

④**上部工**

上部コンクリートは，堤体と一体になるように施工しなければならない。ケーソン式の場合，波浪による蓋コンクリートの破損，中詰材の流出，側壁の破損などを避けるため，蓋コンクリート打込み又は据付後できるだけ早い時期に施工することが望ましい。

■係留施設

（1）係留施設の分類

港湾における係留施設は，次のように分類される。

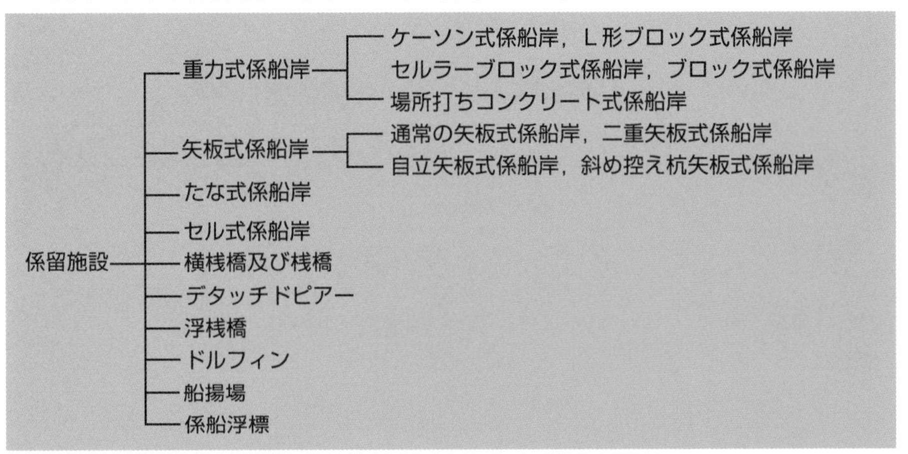

(2) 主な係船岸の施工

①重力式係船岸：

・**ケーソン式**：大型係船岸に適用される場合が多いが，製作ヤード，進水施設のほか起重機船，曳船等の作業船が必要である。

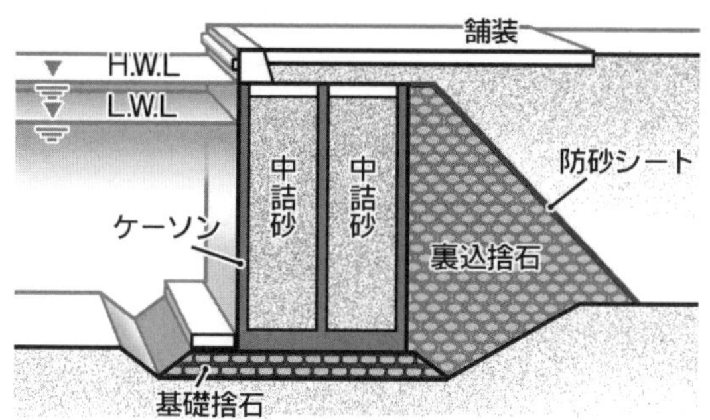

ケーソン式係船岸の構造例

・**L型ブロック式**：中型係船岸に採用されるが壁体重量が大きく，基礎地盤が軟弱な場合は地盤改良が必要になる。ブロック据付後は，波浪等により移動しやすいので速やかに良質の材料で裏込を施工しなければならない。また，防波堤と異なり裏込材の吸出しがあるので，極力据付目地を小さくしなければならない。目地には吸出しのために防砂板を施工するなどの対策を講じる。

・**ブロック式**：施工が確実で容易であるがケーソン式に比べて一体性に欠け不等沈下に弱い。ブロックを段積みする場合，一体性を保つため岸壁の法線直角方向の縦目地は垂直方向に通らないように千鳥状に配置し，法線方向もなるべく縦目地は通さないようにする。

・**セルラーブロック式**：施工が単純であるが，ブロック式と同様に一体性に欠ける欠点がある。セルラーブロックの中詰，裏込はブロック据付後速やかに施工する。

②**矢板式係船岸**：最も一般的に用いられているのは鋼矢板式であり，施工設備が比較的簡単で，多くの場合，基礎工事を水中工事として施工する必要がなく，急速施工が可能である。矢板打込み後の控え工や裏込工のない施工途中の状態では，現地盤が深い場合は波浪に対しては弱くなる。

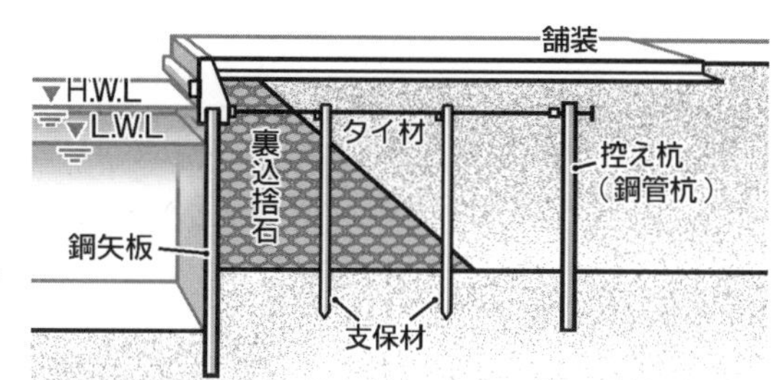

矢板式係船岸の構造例

・**施工順序**：矢板打込み工→控え工→腹起し取付工→タイロッド取付工→裏込工→裏埋工→前面浚渫工→上部工→エプロン舗装工→付属工が標準である。

■浚渫船と作業方法

・浚渫船：ポンプ船，グラブ船，ディッパー船，ドラグサクション船，バケット船などがあり，近年の施工はポンプ船又はグラブ船による方式がとられることが多い。

・ポンプ浚渫船：引船を伴う非航式と自航式があり，カッタを使用することにより軟泥から軟質岩盤までの広い地盤適応性がある。ポンプ運転中に，管内の流れが遅く閉塞のおそれがある場合は，ポンプの回転数を増す，排送管の径を小さくする，ブースターポンプを使うなどの処置をとる。

・グラブ浚渫船：中小規模の浚渫に適し，浚渫深度や地盤条件に対して制限が少ない。バケットには，図のようなものがあり，浚渫場所の土質に適したものを用いる。

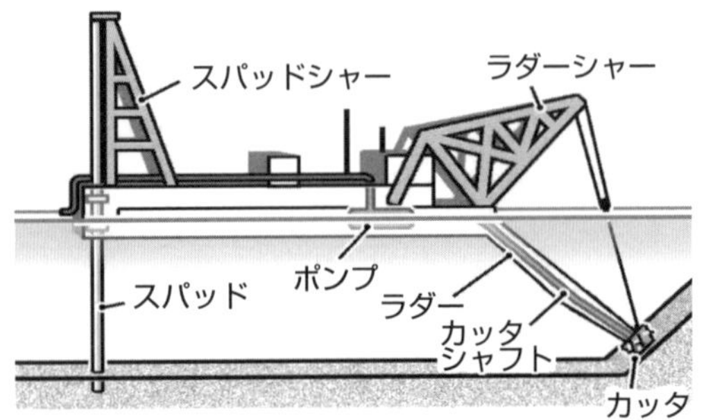

非航式ポンプ船の構造

グラブ船の構造

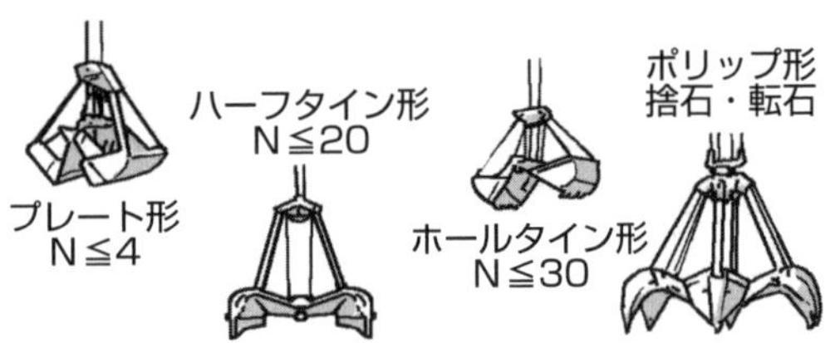

グラブバケットの種類

■底質の暫定除去基準

昭和50年10月28日付「環水管第119号環境庁水質保全局長通達」（昭和63年9月8日第127号（改正））として底質の内,水銀及び PCBを含むものについて『暫定除去基準』を定めている。

底質の暫定除去基準（抜粋）

	暫定除去基準値（底質の乾燥重量あたり）	
	河川・湖沼	海　　域
水銀	25 ppm 以上	次式により算出した値（C）以上のもの C＝0.18・(ΔH/J)・(1/S)(ppm) ΔH：平均潮差(m)，J：溶出率，S：安全率
PCB	10 ppm 以上 魚介類の PCB 汚染の推移を見て更に問題がある水域においては，地域の実情に応じたより厳しい基準値を設定するように配慮すること。	

（昭和 50. 10. 28. 環水管 119，環境庁水質保全局通知）

ケーソン式混成堤の施工に関する次の記述のうち，**適当でないもの**はどれか。

⑴ ケーソンは，注水により据付ける場合には注水開始後，中断することなく注水を連続して行い速やかに据付ける。
⑵ ケーソンは，海面がつねにおだやかで，大型起重機船が使用できるなら，進水したケーソンを据付け場所までえい航して据付けることができる。
⑶ ケーソンは，据付け後すぐにケーソン内部に中詰めを行って質量を増し，安定を高めなければならない。
⑷ ケーソンは，波の静かなときを選び，一般にケーソンにワイヤをかけて，引き船でえい航する。

R元年後期 No.26

Lesson 2 8 港湾

解 説

⑴ ケーソンは，注水により据付ける場合には注水開始後，底面が据付け面直前 10〜20 cm の位置まで近づいたら，注水を一時止め，最終的なケーソン引寄せを行い，潜水士によって正確な位置を決めたのち，再び注水して正しく据え付ける。 よって，適当でない。

⑵ ケーソンの据付け作業は波浪や潮流の影響を受けることが多いので，えい航，据付，中詰，蓋コンクリートまでを一連作業として実施できるように，天候を配慮して工程計画を立てる必要がある。海面がつねにおだやかで，大型起重機船が使用できるなら，進水したケーソンを据付け場所までえい航して据付けることができる。 よって，**適当である。**

⑶ ケーソン据付け後は，ケーソンの内部が水張り状態で浮力の作用で波浪の影響を受けやすく，据付け後すぐにケーソン内部に中詰めを行って質量を増し，安定を高めなければならない。 よって，**適当である。**

⑷ ケーソンのえい航作業は，据付け，中詰，蓋コンクリートなどの連続した作業工程となることがほとんどのため，気象，海象状況を十分に検討し，波の静かなときを選び，一般にケーソンにワイヤをかけて，引き船でえい航する。 よって，**適当である。**

解 答 (1)

問題 2

グラブ浚渫の施工に関する次の記述のうち，**適当なもの**はどれか。

(1) 出来形確認測量は，原則として音響測深機により，工事現場にグラブ浚渫船がいる間に行う。
(2) グラブ浚渫船は，岸壁など構造物前面の浚渫や狭い場所での浚渫には使用できない。
(3) 非航式グラブ浚渫船の標準的な船団は，グラブ浚渫船と土運船で構成される。
(4) グラブ浚渫船は，ポンプ浚渫船に比べ，底面を平たんに仕上げるのが容易である。

H30 年後期 No.26

解説

(1) 浚渫後の出来形確認測量には，原則として音響測深機を使用し，工事現場にグラブ浚渫船がいる間に行う。　よって，適当である。

(2) グラブ浚渫船は，中小規模の浚渫工事に適し，適用範囲が極めて広い。岸壁など構造物前面の浚渫や狭い場所での浚渫にも**使用できる。**　よって，**適当でない。**

(3) 非航式グラブ浚渫船の標準的な船団は，**グラブ浚渫船，引船，土運船及び揚錨船**の組合せで構成される。　よって，**適当でない。**

(4) グラブ浚渫船は，ポンプ浚渫船に比べ，底面を平坦に仕上げるのが**困難**である。　よって，**適当でない。**

解答 (1)

問題 3

港湾の防波堤に関する次の記述のうち，**適当でないもの**はどれか。

⑴ 直立堤は，傾斜堤より使用する材料は少ないが，波の反射が大きい。
⑵ 直立堤は，地盤が堅固で，波による洗掘のおそれのない場所に用いられる。
⑶ 混成堤は，捨石部と直立部の両方を組み合わせることから，防波堤を小さくすることができる。
⑷ 傾斜堤は，水深の深い大規模な防波堤に用いられる。

H29 年第 1 回 No.26

解 説

⑴ 直立堤は,前面が鉛直な壁体を海底に据えた構造で,主として波のエネルギーを反射させるものである。傾斜堤より使用する材料は少ないが，波の反射が大きい。 よって，**適当である。**

⑵ 直立堤は，地盤が堅固で，波による洗掘のおそれのない場所に用いられる。基礎岩盤は水平に均さねばならないが，凹凸は袋詰めコンクリートで均すことが多い。 よって，**適当である。**

⑶ 混成堤は，水深の大きな箇所，比較的軟弱な場所にも適している。捨石部と直立部の両方を組み合わせることから，石材とコンクリート資材の入手の難易，価格などを比較して捨石部と直立部の高さの割合を決めて経済的な断面にすることや，防波堤を小さくすることができる。 よって，**適当である。**

⑷ 傾斜堤は，石やコンクリートブロックを台形状に捨てこんだ構造で，主として斜面の砕波によって波のエネルギーを散逸させるものである。波があまり大きくなく，比較的水深の浅い場所の小規模な防波堤に用いられる。地盤の凹凸に関係なく施工でき，軟弱地盤にも適用できるが，水深が深くなると大量の材料及び労力を要する。 よって，適当でない。

Lesson 2　専門土木

9 鉄　道

① 鉄道工事

1. 「鉄道工事の施工」に関する問題は，ほぼ毎回出題がある。
2. 過去10回で出題はないが，基本項目として，「盛土の施工」について整理しておく。
3. 「強化（砕石）路盤の施工」について整理しておく。過去10回で2回出題されている。
4. 「軌道の施工」に関する出題は，過去10回で3回出題されている。
5. 「道床の施工」に関する出題は，過去10回で3回出題されている。

point
チェックポイント

■盛　土

①盛土施工

・**地盤処理**：施工地盤は，あらかじめ伐開，除根を行い，雑物，氷雪など盛土にとって有害なものを取り除かなければならない。

・**締 固 め**：盛土材料を一様に敷きならし，各層の仕上がり厚さは30 cm程度を標準とし，締固め強度は，K_{30}値が70 MN/m³ (7 kg f/cm³) あるいは最大乾燥密度の90%以上になるよう締め固める。

②法　面

・**形　　状**：地形，土質等を検討し，崩壊，地滑り，落石などが生じないように十分安定を確保する。

・**締 固 め**：法面付近の締固めは，盛土本体と異なる土羽土を用いる場合でも盛土本体と異なる土羽土を通しで施工し，同程度の締固め状態とする。

・**排水処理**：法尻には排水溝を設ける。

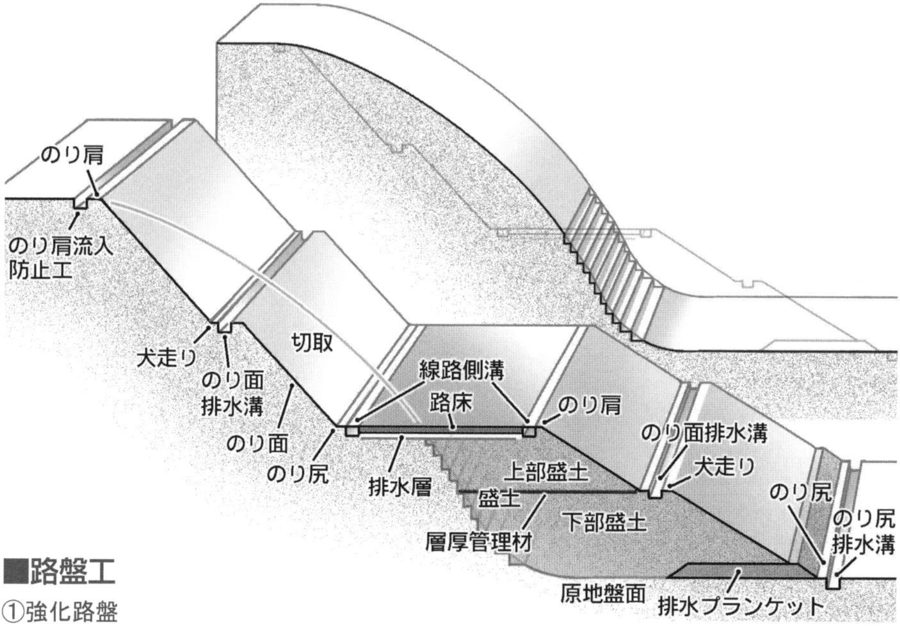

のり肩
のり肩流入
防止工
犬走り
のり面
排水溝
切取
線路側溝
路床
のり肩
のり面
のり尻
排水層
上部盛土
盛土
層厚管理材
下部盛土
のり面排水溝
犬走り
のり尻
のり尻
排水溝
原地盤面
排水ブランケット

■路盤工

①強化路盤

・**路盤材料**：十分混合された均質なものを使用し，1 層の敷均し厚さは仕上がり厚さが 15 cm 以下となるようにする。

・**締 固 め**：K_{30} 値が 110 MN/m^3（11 kgf/cm^3）あるいは最大乾燥密度の 95%以上とする。

・**路 床 面**：仕上がり精度は，設計高さに対して +15 mm～−50 mm とし，有害な不陸がないようにできるだけ平坦に仕上げる。

強化路盤

アスファルト
コンクリート
3%
強化路盤
3%
粒度調整砕石 または
粒度調整高炉スラグ砕石

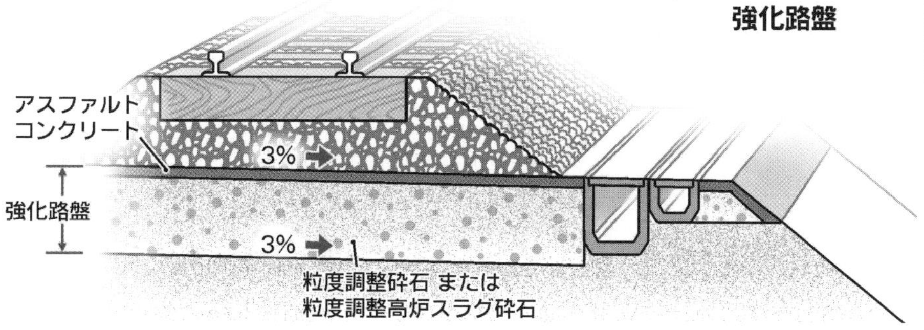

②排水処理

・**路盤面排水**：路盤表面及び路床面には，線路横断方向に 3%程度の排水勾配を設ける。

・**排 水 層**：強化路盤を地山，切取部に施工する場合，地下水の影響を防止するため路盤の下に，砂礫，砂等の排水性がよい材料で排水層を設ける。この排水層は強度上必要な路盤層厚には含めないものとして取扱う。

問題 1

鉄道の路盤の役割に関する次の記述のうち，**適当でないもの**はどれか。

(1) 軌道を十分強固に支持する。
(2) まくら木を緊密にむらなく保持する。
(3) 路床への荷重の分散伝達をする。
(4) 排水勾配を設け道床内の水を速やかに排除する。

R元年後期 No.27

解説

(1) 路盤の役割は，上部の軌道を十分強固に支持するとともに，列車の走行エネルギーを吸収する。 よって，**適当である。**

(2) まくら木を緊密にむらなく保持するのは，路盤ではなく道床である。 よって，適当でない。

(3) 列車荷重は，レール，まくら木，道床を介し，路盤に伝達される。路盤の役割は，路床への荷重を分散伝達させる。 よって，**適当である。**

(4) 路盤及び路床面には 3%程度の排水勾配を設け，道床内の水を速やかに排除する。 よって，**適当である。**

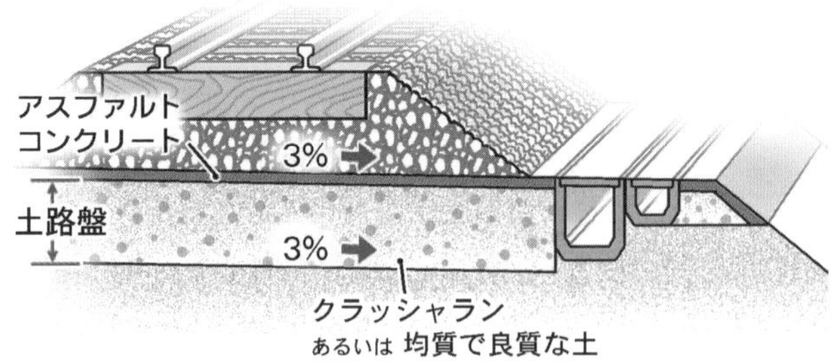

問題 2

鉄道の「軌道の用語」と「説明」に関する次の組合せのうち，**適当でないもの**はどれか。

［軌道の用語］　　　　　　　　　　［説　　明］

(1) カント量………車両が曲線を通過するときに，遠心力により外方（そっぽ）に転倒するのを防止するために外側のレールを高くする量

(2) 緩和曲線………鉄道車両の走行を円滑にするために直線と円曲線，又は二つの曲線の間に設けられる特殊な線形のこと

(3) バラスト………まくらぎと路盤の間に用いられる砂利，砕石などの粒状体のこと

(4) スラック………曲線上の車輪の通過をスムーズにするために，レール頭部を切削する量

R2 年後期 No.27

解　説

(1) カント量とは，車両が曲線部を通過するときに，車両が外側に転倒するのを防ぎ，乗り心地をよくするために内側よりも外側のレールを高くする量のことをいう。　よって，**適当である。**

(2) 緩和曲線とは，鉄道の直線区間あるいは曲線区間から曲線区間への移行の際に，運転操作や乗り心地を改善するために設ける特殊な線形のことである。　よって，**適当である。**

(3) バラストは，列車荷重の衝撃力を分散させるため，まくらぎと路盤の間に用いられる粒状体の砂利，砕石のことである。　よって，**適当である。**

(4) スラックとは，曲線部分の軌道を車輪がスムーズに走行できるように，軌間を広げる量のことをいう。軌間を広げるときは，外側のレールを基準にして，内側のレールを移動させる。　よって，適当でない。

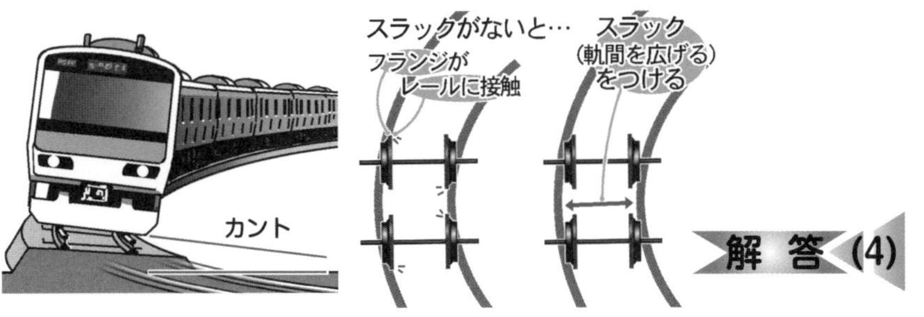

解答 (4)

Lesson 2 9 鉄道

問題 3

鉄道の軌道に関する「用語」と「説明」との次の組合せのうち，**適当なもの**はどれか。

［用　語］　　　　　　　　［説　明］

(1) ロングレール …………………… 長さ 200 m 以上のレール

(2) 定尺レール ……………………… 長さ 30 m のレール

(3) 軌間 ……………………………… 両側のレール頭部中心間の距離

(4) レールレベル（RL）………… 路盤の高さを示す基準面

H30 年前期 No.27

解　説

鉄道に関する用語は「わかりやすい鉄道技術（鉄道概論・土木編）」（公益財団法人 鉄道総合技術研究所　鉄道技術推進センター）に示されている。鉄道の「軌道の用語」と「説明」の組合せは下表のとおりである。

番号	軌道の用語	説　明	適　否
(1)	ロングレール	1 本の長さが 200 m 以上のレールで騒音防止のために継目の数を少なくしている。	適当である
(2)	定尺レール	1 本の長さが **20 m(30 kg レール)，あるいは 25 m(37～60 kg レール）の標準長をいう。**	**適当でない**
(3)	軌間	両側レール頭部の**内側の最短距離**をいう。	**適当でない**
(4)	レールレベル（RL）	**レール頭部の高さ**をいう。	**適当でない**

問題 4

鉄道工事における砕石路盤に関する次の記述のうち，**適当でないもの**はどれか。

⑴　砕石路盤は，軌道を安全に支持し，路床へ荷重を分散伝達し，有害な沈下や変形を生じないなどの機能を有する必要がある。
⑵　砕石路盤の施工管理においては，路盤の層厚，平坦性，締固めの程度などが確保できるよう留意する。
⑶　砕石路盤の施工は，材料の均質性や気象条件などを考慮して，所定の仕上り厚さ，締固めの程度が得られるようにする。
⑷　砕石路盤は，噴泥が生じにくい材料の多層の構造とし，圧縮性が大きい材料を使用する。

H27 年 No.27

解　説

鉄道工事における砕石路盤に関しては，「鉄道構造物等設計標準・同解説 土構造物　5 章 路盤　5.4 砕石路盤」において定められている。

⑴　砕石路盤は軌道を安全に支持し，路床へ荷重を分散伝達し，路床の軟弱化を防止し，有害な沈下や変形を生じない等の機能を有する必要がある。
（同解説 5.4.1 一般）　よって，**適当である。**

⑵　砕石路盤の施工管理においては，路盤の層厚，平坦性，締固めの程度等が確保できるよう留意する。（同解説　5.4.4 砕石路盤の施工管理）
よって，**適当である。**

⑶　砕石路盤の施工は，材料の均質性や気象条件等を考慮して，所定の仕上り厚さ，締固めの程度が得られるように入念に行う。（同解説　5.4.3 砕石路盤の施工）
よって，**適当である。**

⑷　砕石路盤は，支持力が大きく，圧縮性が小さく，噴泥が生じにくい材料の単一層からなる構造とする。（同解説　5.4.1 一般【解説】）　よって，適当でない。

解答 (4)

問題 5

鉄道の道床，路盤，路床に関する次の記述のうち，**適当でないもの**はどれか。

⑴ 線路は，レールや道床などの軌道とこれを支える基礎の路盤から構成される。

⑵ 路盤は，使用する材料により良質土を用いた土路盤，粒度調整砕石を用いたスラグ路盤がある。

⑶ バラスト道床の砕石は，強固で耐摩耗性に優れ，せん断抵抗角の大きいものを選定する。

⑷ 路床は，路盤の荷重が伝わる部分であり，切取地盤の路床では路盤下に排水層を設ける。

H28 年 No.27

解説

⑴ 日本産業規格 JIS E 1001 鉄道－線路用語によると，線路とは，「列車又は車両を走らせるための通路であって，軌道及びこれを支持するために必要な路盤，構造物を包含する地帯」としている。軌道とは，「施工基面上の道床（スラブを含む），軌きょう及び直接これらに付帯する施設」としている。軌きょうとは，「レールとまくらぎとを，はしご状に組み立てたもの」である。　よって，**適当である。**

⑵ 土路盤は砕石路盤とも呼ばれ，路盤材料としてクラッシャラン等の粒度調整砕石を用いる。粒度調整鉄鋼スラグ，水硬性粒度調整鉄鋼スラグはアスファルト路盤の下部路盤に用いられる。（「鉄道構造物等設計標準・同解説－土構造物」5 章 路盤より）　よって，適当でない。

⑶ 「バラスト道床を構成するバラストには，列車荷重の繰返し載荷による摩擦や粉砕に対する耐久性を有することが求められる。また自然砕石を用いることを前提としており，気温の変化や風雨の影響を受けるため，風化に対する耐久性も求められる。」としている。（「鉄道構造物等設計標準・同解説－軌道構造」6 章 バラスト軌道 6.1.2 より）　よって，**適当である。**

⑷ 「路床は，軌道および路盤を安全に支持し，安定した列車走行と良好な保守性を確保するとともに，軌道および路盤に凍上等による変状を発生させない等の機能を有するものとする。」としている。（「鉄道構造物等設計標準・同解説－土構造物」6 章　路床 6.1.3 より）また，「切土および素地に施工する場合は，地下水の影響を受け列車荷重の作用により路床の細粒土が路盤に侵入することや，路床表面が泥土化するのを防止するため，路盤の下に排水層を設けるものとする。」としている。（「鉄道構造物等設計標準・同解説－土構造物」5 章　路盤より）　よって，**適当である。**

9 鉄道
②営業線近接工事・軌道工事

出題傾向

1. 「営業線近接工事・軌道工事」に関する出題が，ほぼ毎回ある。
2. 「鉄道（在来線）の営業線近接工事の保安対策」について整理しておく。毎回出題されている。

point チェックポイント

■軌道工事

①軌道の種類

・**バラスト軌道**：道床がバラストによって構成されており，レールからの荷重をマクラギによって道床に均等に伝える。

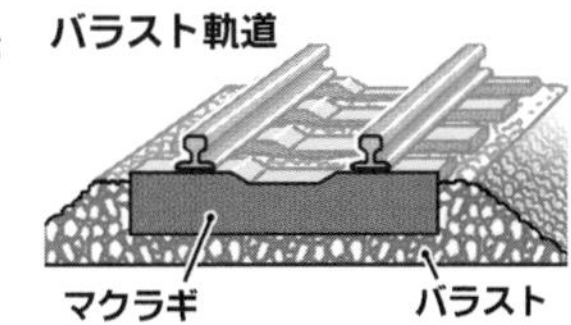

・**スラブ軌道**：レールを支持するためのプレキャストコンクリート版と路盤コンクリートの間にモルタル等の衝撃材を充填する。

スラブ軌道
軌道スラブ
路盤コンクリート

・**その他**：舗装軌道，直結軌道がある。

②道床工事

・**道床の役割**：列車荷重による衝撃，振動を緩和，吸収することである。道床の交換箇所と未施工箇所において締固めに差を生じると，不安定となる。境界付近の突固めは特に入念に行う必要がある。

・**道床交換の工法**：線路を閉鎖しないで列車を徐行させながら施工する場合は，間送りA法あるいは間送りB法を採用，線路を閉鎖して施工する場合はこう上法を適用する。

・**列車の徐行**：鼻バラストかき出し着手から交換施工箇所の道床つき固め終了時までは，道床の支持能力が低下している状態である。このような期間は列車を徐行させなければならない。

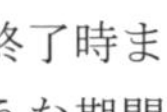

・**表面仕上げ**：つき固め後に道床のかき上げを行った後，コンパクター等を使用して十分な締固めを行う。

■保安対策

①作業表示標

・**建植位置**：作業表示標は，列車の進行方向左側で乗務員の見やすい位置に建植する。その際，列車の風圧等で建築限界を支障しないように注意する。

・**建植の省略**：線路閉鎖工事又は保守用車使用手続きにより作業等を行う場合，調査・測量等の簡易作業及び短時間移動作業。

②列車見張員

・**配置**：作業開始前に配置する。その際，列車見通しの不良箇所では，列車見通し距離を確保できるまで，列車見張員を増員しなければならない。

・**線路内歩行**：作業現場への往復は，指定された通路を歩行し，その際やむを得ず営業線を歩行する場合には列車見張員を配置し，努めて施工基面を列車に対向して歩行する。

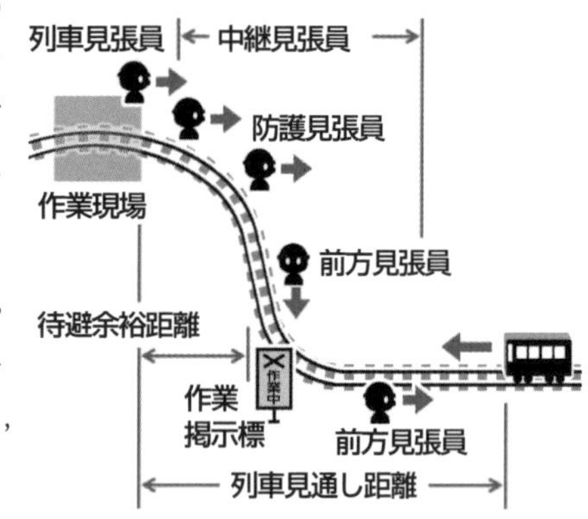

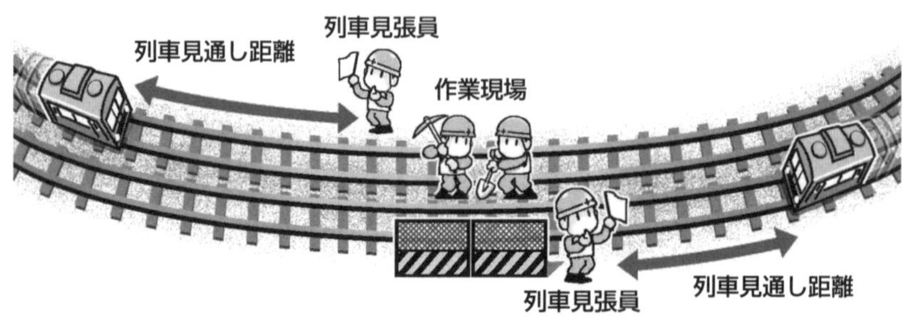

鉄道営業線における建築限界と車両限界に関する次の記述のうち，**適当でないもの**はどれか。

⑴　建築限界とは，建造物等が入ってはならない空間を示すものである。
⑵　曲線区間における建築限界は，車両の偏いに応じて縮小しなければならない。
⑶　車両限界とは，車両が超えてはならない空間を示すものである。
⑷　建築限界は，車両限界の外側に最小限必要な余裕空間を確保したものである。

R3 年後期 No.28

解　説

鉄道営業線における建築限界と車両限界，近接工事の工事保安体制に関しては，「営業線工事保安関係標準仕様書」，鉄道に関する技術上の基準を定める省令第 20 条により定められている。

⑴　建築限界とは，列車が安全に走行するために軌道付近の構造物や接近物が入ってこないように制限をした寸法上の限界のことを示す。　よって，**適当である。**

⑵　曲線区間における建築限界は，走行時に車両が偏倚（へんい）する（偏る）ために路線ごとに建築限界を拡大しなければならない。特に緩和曲線部や分岐部分は，寸法や区間が複雑となるので注意を要する。　よって，適当でない。

⑶　車両限界とは，周囲の構造物と接触しないように設定される車両の幅や高さなど横断面の限界範囲を指すものである。　よって，**適当である。**

⑷　建築限界は，車両限界の外側に最小限必要な余裕空間を確保したもので，この 2 つの空間的な制限により車両は一定空間を設けながら走行時の安全が確保できる。　よって，**適当である。**

解　答　(2)

問題 2

鉄道（在来線）の営業線路内及び営業線近接工事の保安対策に関する次の記述のうち，**適当でないもの**はどれか。

⑴　列車接近合図を受けた場合は，列車見張員による監視を強化し安全に作業を行うこと。

⑵　重機械の使用を変更する場合は，必ず監督員などの承諾を受けて実施すること。

⑶　ダンプ荷台やクレーンブームは，これを下げたことを確認してから走行すること。

⑷　工事用自動車を使用する場合は，工事用自動車運転資格証明書を携行すること。

R2 年後期 No.28

解　説

営業線（在来線）近接工事の工事従事者に関しては，「営業線工事保安関係標準仕様書」（一般社団法人日本鉄道施設協会）**により定められている。**

⑴　列車接近合図を受けた場合は，作業を中断し支障物がないことを確認し，指定された退避場所に退避する。（同仕様書 19．触車事故防止マニュアル 8 従事者の任務）

よって，適当でない。

⑵　列車運転，旅客，公衆，既設構造物等に危害または支障を与える恐れのある機械器具類及び指示された機械器具類については，品名，数量，性能等を明らかにした書類をあらかじめ監督員に届出て，承諾を受けること。（「土木工事標準仕様書」東日本旅客鉄道株式会社 1-10 主要機械器具類 (1)）

よって，**適当である。**

⑶　ダンプ荷台やクレーンブームは，これを下げたことを確認してから走行すること。（同仕様書 13 工事用重機械　解説 2 による）

よって，**適当である。**

⑷　工事用自動車を使用する場合は，所定の資格・免許を有する者，必要な教育を受講した者以外には運転及び操作をさせない。（同仕様書 13 工事用重機械）

よって，**適当である。**

問題 3

営業線内工事における工事保安体制に関する次の記述のうち，工事従事者の配置について**適当でないもの**はどれか。

⑴　工事管理者は，工事現場ごとに専任の者を常時配置しなければならない。

⑵　線閉責任者は，工事現場ごとに専任の者を常時配置しなければならない。

⑶　軌道工事管理者は，工事現場ごとに専任の者を常時配置しなければならない。

⑷　列車見張員及び特殊列車見張員は，工事現場ごとに専任の者を配置しなければならない。

H30 年後期 No.28

解説

営業線（在来線）近接工事の工事従事者に関しては，「営業線工事保安関係標準仕様書」（一般社団法人日本鉄道施設協会）4－3　工事従事者の任務，配置及び資格等**により定められている。**

⑴　工事管理者は，鉄道工事施工の指揮及び施工管理をはじめとする作業に関する責任を負う。工事現場ごとに専任の者を常時配置しなければならない。
よって，**適当である。**

⑵　線閉責任者は，線路閉鎖工事施行時や保守用車両を使用する場合等に配置する。工事現場ごとに専任の者を常時配置する必要はない。
よって，適当でない。

⑶　軌道工事管理者は，軌道工事施工の指揮及び施工管理を始めとする作業に関する責任を負う。工事現場ごとに専任の者を常時配置しなければならない。
よって，**適当である。**

⑷　列車見張員及び特殊列車見張員は，列車等の進来，通過の監視，作業員に対する列車接近の合図を行う。工事現場ごとに専任の者を配置しなければならない。
よって，**適当である。**

Lesson 2 専門土木

10 地下構造物

土留め支保工・シールド工事

出題傾向

1. 「シールド工法」について整理しておく。毎回出題されている。
2. 近年，出題はないがトンネルにおける支保工についても学習しておく。

point チェックポイント

■土留め支保工

①土留め壁

・土　圧

掘削後時間の経過とともに増大するので，速やかに所定の位置に土留め支保工を設置する。

・グラウンドアンカー

土圧等の外力が設計値に近くなると，グラウンドアンカーに伸びが生じて土留め壁が変位し，その背面の地盤に変形が生じることがあるので計測管理を十分に行う。

・撤　去

躯体あるいは埋戻し土による荷重の受替え措置を講じてから，順次必要な箇所から所定の方法で撤去する。

・すき間処理

腹起こしと土留め壁の間にすき間が生じると，荷重が切りばりに均等に伝達しなくなる。コンクリートを填充するなどして密着させる。

開削トンネルの施工例

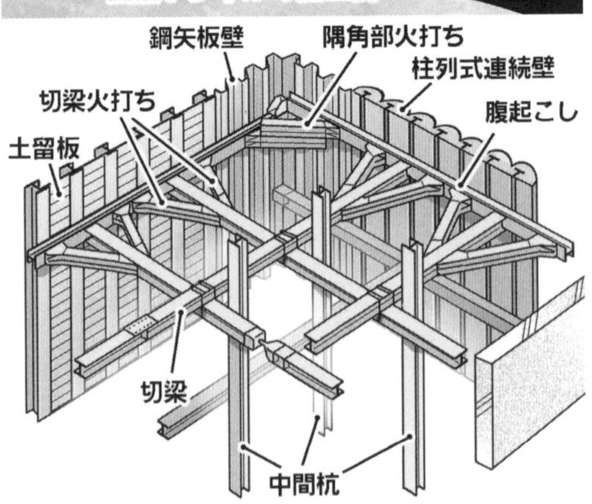

②腹起こし

・**長　　さ**：連続して土圧や水圧を分布させ，局部的破壊を防ぐために，6 m 以上とするのが望ましい。

・**継　　手**：継手の位置はなるべく切りばりの近くに配置し，継手位置での曲げモーメント及びせん断力に対して十分な強度を持つ構造とする。

・**二重腹起こし**：相互の腹起こしをボルト等により確実に緊結し一体となるようにしなければならない。

③切りばり

・**継　　手**：切りばりの継手は，座屈に対して弱点となるので設けないのが望ましい。やむを得ず設けるときの継手の位置は中間杭等の1 m 以内とする。

・**火 打 ち**：腹起こしにはね出しが生じた場合には，火打ちを取り付ける。

・**間　　隔**：長くなると座屈に対して安全性が低下するので，垂直及び水平繋材を設けて固定間隔を小さくする。

■シールド工事

①推　　進

・**密閉型シールド**：掘削と推進を同時に行うが，土砂の取り込みすぎや，チャンバー内の閉塞を起こさないように切羽の安定を図りながら，掘削と推進速度を同調させる。

発進立坑

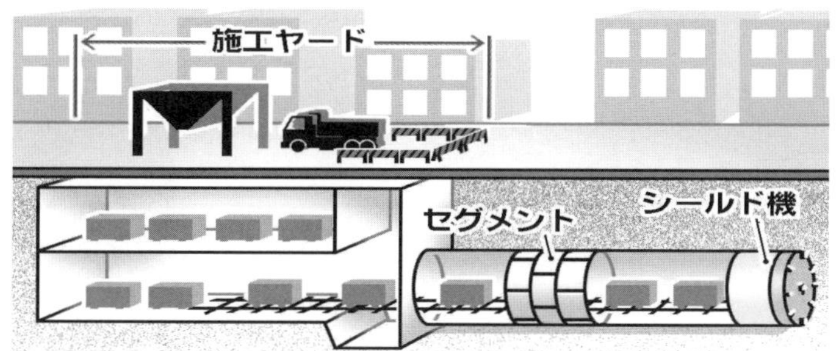

・**開放型シールド**：掘削後ただちに，あるいは掘削と同時に推進を行う。セグメント立が完了したならば，すみやかに掘削，推進を行い，切羽の開放時間を少なくする。

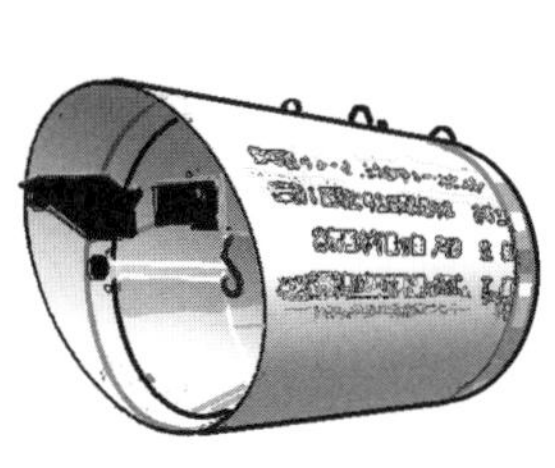

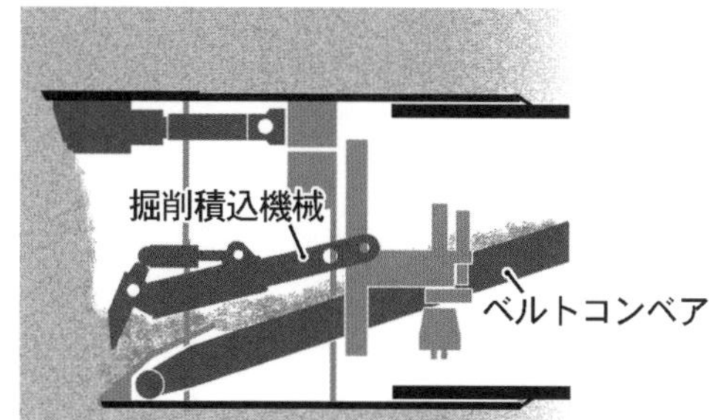

・**ジャッキ**：セグメントに損傷を与えないように，なるべくジャッキの数を多くし，推力を分散させる。

②土圧式シールド

・**掘　　削**：カッターヘッドにより掘削した土砂を切羽と隔壁間に充満させ，スクリューコンベアで排土する。土圧シールドと泥土圧シールドがある。

・**切羽の安定**：カッターチャンバー内の圧力を適正に保つ。不足すると切り羽での湧水や崩壊の危険性が増大し，過大になるとカッタートルクや推力の増大，推進速度の低下が生じる。

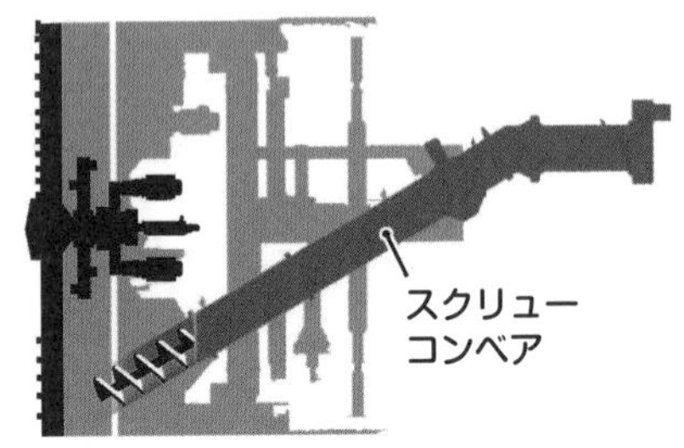

③泥水式シールド

・**掘　　削**：機械掘り方式により掘削し，掘削土は泥水として流体輸送方式によって地上に搬出する。

・**切羽の安定**：泥水圧を適正に設定し，保持する。一般に泥水圧が不足すると切羽の崩壊が生じる危険が大きくなり，過大になると泥水の噴発等が懸念される。

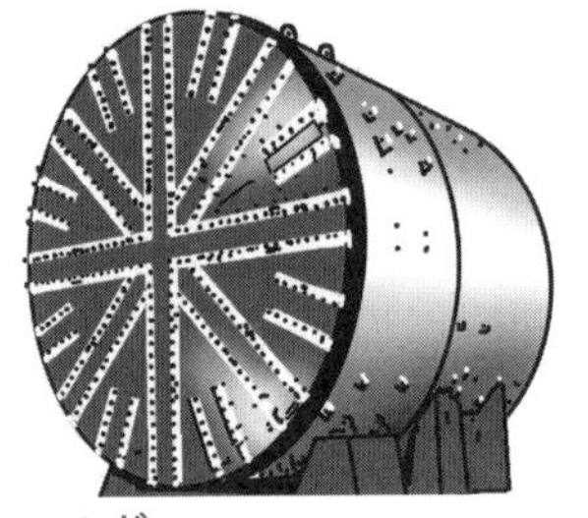

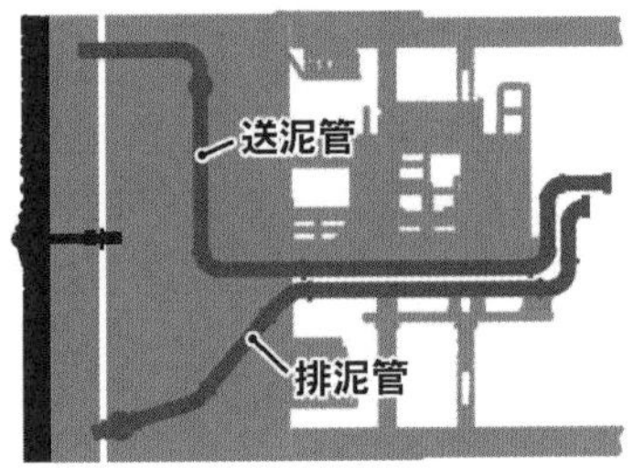

④機械掘り式シールド

・**掘　　削**：回転するカッターヘッドによって連続して掘削する。掘削土はベルトコンベア等により搬出する。

・**切羽の安定**：地山の自立あるいはフェースジャッキ等で山留めを行う。

⑤覆　　工

・**一 次 覆 工**：セグメントを組み立てる際，シールドジャッキ全部を一度に引き込めると地山の土圧や切羽の泥水圧によってシールドが押し戻されることがあるので，セグメントの組立順序に従って数本ずつ引き込み組み立てる。セグメントの組立ては，一般的には「千鳥組」にて行う。

・**二 次 覆 工**：無筋又は鉄筋コンクリートを巻き立て，内装仕上げを行う。

・**裏込め注入**：セグメントの強度，土圧，水圧及び泥水圧等を考慮のうえ，十分な充填ができる圧力に設定する。

問題 1

シールド工法に関する次の記述のうち，**適当でないもの**はどれか。

⑴ シールド工法は，開削工法が困難な都市の下水道工事や地下鉄工事などで用いられる。
⑵ 切羽とシールド内部が隔壁で仕切られたシールドは，密閉型シールドと呼ばれる。
⑶ 土圧式シールド工法は，スクリューコンベヤで排土を行う工法である。
⑷ 泥水式(でいすいしき)シールド工法(こうほう)は，大きい径の礫(れき)を排出するのに適している工法である。

R2年後期 No.29

解説

⑴ シールド工法は，シールドマシンを使用するトンネル工事である。開削工法が困難な都市の下水道，地下鉄，道路工事などで多く用いられている。
よって，**適当である。**

⑵ 切羽とシールド内部の作業室が分離する隔壁構造を有するものが，密閉型シールドと呼ばれる。
よって，**適当である。**

⑶ 土圧式シールド工法は，機械掘り式シールドの前部に隔壁を設け，カッターチャンバー内とスクリューコンベアに泥土化した掘削土砂を充満させる。これにより，切羽の土圧と掘削した土砂が平衡を保ちながら掘進する工法である。
よって，**適当である。**

⑷ 泥水式シールド工法は，砂礫，砂，シルト，粘土等に適している工法である。巨礫の排出には適していない。
よって，適当でない。

問題 2

シールド工法に関する次の記述のうち，**適当でないもの**はどれか。

(1) シールドマシンは，フード部，ガーダー部及びテール部の三つに区分される。
(2) シールド推進後は，セグメントの外周に空げきが生じるためモルタルなどを注入する。
(3) セグメントの外径は，シールドで掘削される掘削外径より大きくなる。
(4) シールド工法は，コンクリートや鋼材などで作ったセグメントで覆工を行う。

H29 年第 1 回 No.29

解説

(1) シールドマシンは，前面の切羽面から後部に向かってフード部，ガーダー部及びテール部の 3 つに区分される。　よって，**適当である。**

(2) シールド推進後は，セグメントの外周に空隙が生じるため，裏込め注入工としてモルタルやセメントベントナイトを注入する。　よって，**適当である。**

(3) セグメントは，露出した地山を崩壊するのを防ぐための覆工に用いる部材であり，外径はシールドの掘削外径より小さい。　よって，適当でない。

(4) シールド工法は，鉄筋コンクリート製又は鋼製のセグメントで覆工を組み立てて地山を保持する。　よって，**適当である。**

シールド工法に関する次の記述のうち，**適当でないもの**はどれか。

⑴　シールド工法は，開削工法が困難な都市の下水道，地下鉄，道路工事などで多く用いられる。
⑵　開放型シールドは，フード部とガーダー部が隔壁で仕切られている。
⑶　シールド工法に使用される機械は，フード部，ガーダー部，テール部からなる。
⑷　発進立坑は，シールド機の掘削場所への搬入や掘削土の搬出などのために用いられる。

R元年前期 No.29

解　説

⑴　シールド工法は，線的工事において開削工法が困難な都市の下水道，地下鉄，道路工事などで多く用いられる。　よって，**適当である。**

⑵　開放型シールドは，切羽面の全部又は大部分が開放されているシールドで，フード部とガーダー部の隔壁を設けずに地山を掘削する。よって，適当でない。

⑶　シールド工法に使用される機械は，フード部，ガーダー部，テール部からなり，フード部の先端にカッターヘッドがある。　よって，**適当である。**

⑷　発進立坑は，推進工事やシールド機の掘削場所への搬入や掘削土の搬出などのために用いられ，到達点には到達立坑を設ける。　よって，**適当である。**

問題 4

シールド工法に関する次の記述のうち，**適当でないもの**はどれか。

(1) シールド工法は，シールドをジャッキで推進し，掘削しながらコンクリート製や鋼製のセグメントで覆工を行う工法である。
(2) 土圧式シールド工法は，切羽の土圧と掘削した土砂が平衡を保ちながら掘進する工法である。
(3) 泥土圧式シールド工法は，掘削した土砂に添加剤を注入して泥土状とし，その泥土圧を切羽全体に作用させて平衡を保つ工法である。
(4) 泥水式シールド工法は，泥水を循環させ切羽の安定を保つと同時に，切削した土砂をベルトコンベアにより坑外に輸送する工法である。

H30 年後期 No.29

解説

(1) シールド工法は，シールドと呼ばれるトンネル掘削機をジャッキで推進し，土砂の崩壊を防ぎながらその内部で安全に掘削作業を行う。コンクリート製や鋼製のセグメントで覆工作業を行いトンネルを築造していく工法である。
よって，**適当である。**

(2) 土圧式シールド工法は，切り崩した土を撹拌して流動性をもたせ，その土を利用して掘削面に圧力をかけ，掘削面の安定を図りながら掘進する工法である。
よって，**適当である。**

(3) 泥土圧式シールド工法は，掘削した土砂に添加剤を注入して泥土状とし，それに所定の圧力を加えられた泥土圧を切羽全体に作用させて平衡を保つ工法である。掘進速度と排土量を制御して土圧を保持する。
よって，**適当である。**

(4) 泥水式シールド工法は，泥水を循環させ切羽の安定を保つと同時に，切削した土砂は，泥水とともに排泥ポンプにより坑外に輸送する工法である。
よって，適当でない。

①上水道の構成・施設

1. 過去 10 回で「配水管布設等の上水道管の施工」に関する問題が 6 回，「導水管・配水管の種類と特徴」に関する問題が 3 回，「配水管と継手の種類と特徴」に関する問題が 1 回出題されている。
2. 上水道導水管，配水管等の種類とその特徴，配水管の布設など，上水道管路の施工上の留意点，道路法に関連する規定などを理解しておく。

point チェックポイント

■水道施設

「水道施設」とは，水道のための取水施設，貯水施設，導水施設，浄水施設，送水施設及び配水施設であって，当該水道事業者，水道用水供給事業者の管理に属するものをいう。

■給水装置

「給水装置」とは，需要者に水を供給するために水道事業者の施設した配水管から分岐して設けられた給水管及びこれに直結する給水用具をいう。

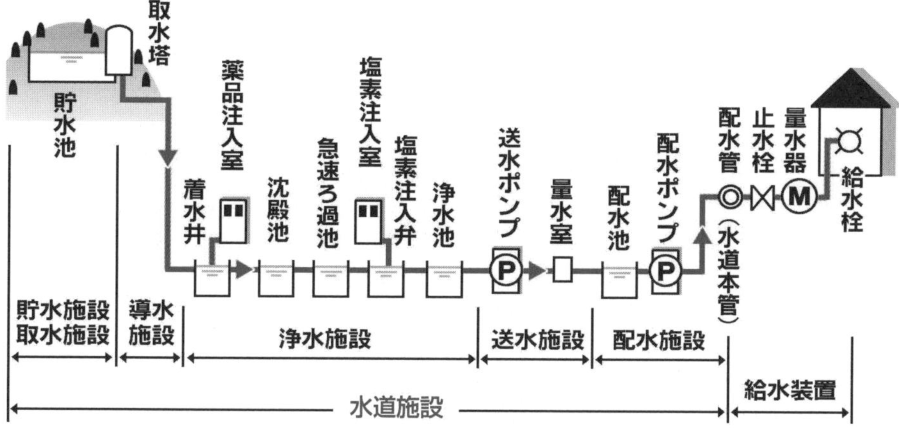

■配水管の種類

配水管にはダクタイル鋳鉄管，鋼管，ステンレス鋼管，水道用硬質塩化ビニル管，水道配水用ポリエチレン管などがある。

■配水管の布設に関する留意点

- 配水管は，維持管理の容易さの面から，原則として**公道**に布設する。公道に布設する場合は，道路法及び関係法令によるとともに道路管理者との協議による。公道以外に布設する場合でも，当該管理者からの使用承認を得る。
- 道路法施行令では，「水管の本線を埋設する場合においては，その頂部と路面との距離（土被り厚）は 1.2 m（工事実施上やむを得ない場合は 0.6 m）以下としないこと。」と規定されている。
- 配水本管は，**道路の中央寄り**に布設し，配水支管は**歩道**又は**道路の片側寄り**に布設する。
- 配水管を他の埋設物と**近接**又は**交差**して布設するときは，少なくとも 30 cm 以上の間隔を保つ。
- 道路法施行規則では道路占用物件について名称，管理者，埋設の年の明示が規定されており，埋設管には原則として企業名，布設年次，業種別名等を明示したテープを貼り付けなければならない。
- 寒冷地における管の埋設深さは，**凍結深度よりも深く**する。
- 管の布設は，原則として**低所から高所**へ向かって行い，また，受口のある管は受口を高所に向けて配管しなければならない。
- 配水管は，管内に水が停滞し水質悪化の原因となる行止まり管を避け，**網目式**に配置する。
- 水管橋や橋梁添架管では，橋台付近の埋設管にはたわみ性のある**伸縮継手**を設け，必要に応じ屈曲部には**防護工**を施す。
- 橋梁添架管では，温度変化に対応して橋の**可動端**に合わせて**伸縮継手**を設ける。
- 伏越し管の前後の取付管は，できるだけ**緩い勾配**にするとともに，基礎を強固にする。

水道橋　写真 / PIXTA

上水道に用いる配水管の種類と特徴に関する次の記述のうち，**適当でないもの**はどれか。

⑴　ステンレス鋼管は，ライニングや塗装を必要とする。
⑵　鋼管は，溶接継手により一体化でき，地盤の変動には管体の強度及び変形能力で対応する。
⑶　ダクタイル鋳鉄管は，管体強度が大きく，じん性に富み，衝撃に強い。
⑷　硬質ポリ塩化ビニル管は，耐食性に優れ，重量が軽く施工性に優れる。

R元年前期 No.30

解　説

⑴　ステンレス鋼管は，管体強度が大きく，耐久性があり，ライニングや塗装を必要としないが，溶接継手に時間がかかり，異種金属と接続させる場合には絶縁処理を必要とする。　よって，適当でない。

⑵　鋼管は，強度が大きく耐久性があり，じん性に富み衝撃に強く，溶接継手により一体化でき，地盤の変動には管体の強度及び変形能力で対応し，長大なラインとして追従する。　よって，**適当である。**

⑶　ダクタイル鋳鉄管は，管体強度が大きく，じん性に富み，衝撃に強く，施工性もよいが，内外の防食面に損傷を受けると腐食しやすい。
よって，**適当である。**

⑷　硬質ポリ塩化ビニル管は，内面粗度が変化せず，耐食性に優れ，質量が軽く施工性に優れているが，特定の有機溶剤，熱及び紫外線に弱い。
よって，**適当である。**

問題 2

上水道の管きょの継手に関する次の記述のうち，**適当でないもの**はどれか。

⑴　ダクタイル鋳鉄管の接合に使用するゴム輪を保管する場合は，紫外線などにより劣化するので極力室内に保管する。
⑵　接合するポリエチレン管を切断する場合は，管軸に対して切口が斜めになるように切断する。
⑶　ポリエチレン管を接合する場合は，削り残しなどの確認を容易にするため，切削面にマーキングをする。
⑷　ダクタイル鋳鉄管の接合にあたっては，グリースなどの油類は使用しないようにし，ダクタイル鋳鉄管用の滑剤を使用する。

H29 年第 1 回 No.30

解説

⑴　ダクタイル鋳鉄管の接合に使用するゴム輪を保管する場合は，紫外線，熱などにより劣化するので極力室内に保管する。梱包ケースから取出した後は，できるだけ早く使用し，未使用品は必ず梱包ケースに戻して保管する。

よって，**適当である。**

⑵　接合するポリエチレン管を切断する場合は，ポリエチレン管用のパイプカッタを用いて，管軸に対して管端の切口が直角になるように切断する。

よって，適当でない。

⑶　ポリエチレン管を接合する場合の融着面の切削にあたっては，管端から測って規定の差込み長さの位置に標線をマーキングする。次に，削り残し，切削むら等の確認を容易にするため，切削面に波形線をマーキングし，スクレーパを用いて管端から標線まで管表面を切削する。　よって，**適当である。**

⑷　ダクタイル鋳鉄管の接合にあたっての継手用滑剤については，ゴム輪に悪い影響を与えるもの，衛生上有害な成分を含むもの，中性洗剤，グリースなどの油類は使用しないようにし，ダクタイル鋳鉄管用の滑剤を使用する。

よって，**適当である。**

問題 3

上水道管きょの据付けに関する次の記述のうち，**適当でないもの**はどれか。

(1) 管を掘削溝内につり下ろす場合は，溝内のつり下ろし場所に作業員を立ち入らせない。
(2) 管のつり下ろし時に土留め用切ばりを一時取り外す必要がある場合は，必ず適切な補強を施す。
(3) 鋼管の据付けは，管体保護のため基礎に砕石を敷き均(しなら)して行う。
(4) 管の据付けに先立ち，十分管体検査を行い，亀裂その他の欠陥がないことを確認する。

R2 年後期 No.30

解説

(1) 管を掘削溝内につり下ろす場合は，溝内のつり下ろし場所に作業員を立ち入らせない。また，管の布設は原則として低所から高所に向けて行う。
よって，**適当である。**

(2) 管のつり下ろし時に土留め用切ばりを一時取り外す必要がある場合は，必ず適切な補強を施し，安全を確認のうえ，施工する。　よって，**適当である。**

(3) 鋼管の据付けは，管体保護のため基礎に良質の砂を敷き均して行う。
よって，適当でない。

(4) 管の据付けに先立ち，十分管体検査を行い，亀裂その他の欠陥がないことを確認する。また，1 日の布設作業完了後は，管内に土砂，汚水等が流入しないように管端部を木蓋などで塞ぐ。　よって，**適当である。**

Lesson 2 11 上・下水道

Lesson 2

専門土木

11 上・下水道

②下水道の構成・施工

1.「下水道管路」に関する問題が過去10回で,「地盤の土質と管渠の基礎工」について4回,「管渠の接合,継手」について3回,「管渠などの耐震対策」,「塩化ビニル管の有効長」及び「下管渠の更生工法」について各1回出題されている。

2. 下水道管渠の種類と基礎工及び土質との組合せ,接合方法とその特徴,伏越しの施工上の留意点,管渠の更生方法,土留め工法に関する留意点,開削による管渠の布設手順,管渠などの耐震対策,地下埋設物の保安対策,小口径管推進工法などについて理解しておく。

■下水道管路施設の施工

(1) 管の種類と基礎の形態

管と基礎の種類

管種 ＼ 地盤		硬質土及び普通土	軟弱土	極軟弱土
剛性管	鉄筋コンクリート管 レジンコンクリート管	砂基礎 砕石基礎 コンクリート基礎	砂基礎 砕石基礎 はしご胴木基礎 コンクリート基礎	はしご胴木基礎 鳥居基礎 鉄筋コンクリート基礎
	陶管	砂基礎 砕石基礎	砕石基礎 コンクリート基礎	
可とう性管	硬質塩化ビニル管 ポリエチレン管	砂基礎	砂基礎 ベットシート基礎 ソイルセメント基礎	ベットシート基礎 ソイルセメント基礎 はしご胴木基礎 布基礎
	強化プラスチック複合管	砂基礎 砕石基礎		
	ダクタイル鋳鉄管 鋼管	砂基礎	砂基礎	砂基礎 はしご胴木基礎 布基礎

地盤の区分例

地　盤	代表的な土質
硬質土	硬質粘土，れき混り土及びれき混じり砂
普通土	砂，ローム及び砂質粘土
軟弱土	シルト及び有機質土
極軟弱土	非常に緩い，シルト及び有機質土

基礎工の種類

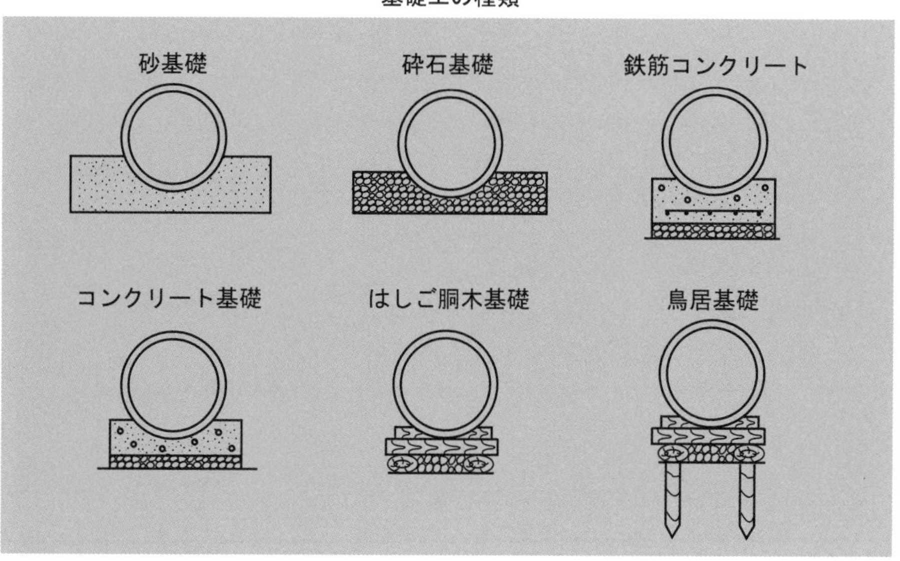

・砂基礎，砕石基礎：比較的地盤がよいところに用いられ，荷重の分散を図る。
・はしご胴木基礎：軟弱，極軟弱土，湧水のある地質や荷重が不均質な場合に用いられる。
・鳥居基礎：沈下防止のためにくい打ちを行い，極軟弱土で，ほとんど地耐力がなく沈下が予測される場合に用いる。
・コンクリート基礎：管の外圧荷重が大きく，管の補強が必要な場合に用いる。管の下部を包むコンクリート基礎の支承面角度が大きいほど強度を増す。
・可とう性管の基礎：**原則として砂又は砕石基礎を用い，自由支承とする場合が多い。**

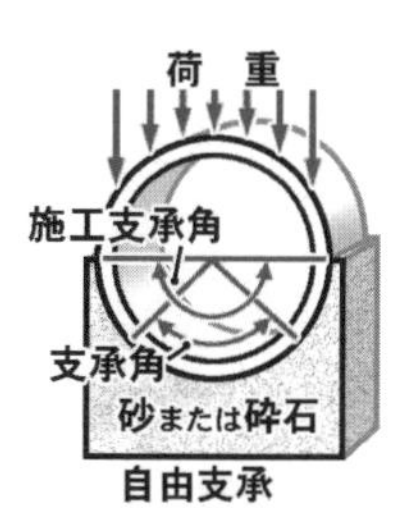

(2) 下水管渠の接合

管渠の径が変化する場合，2本の管渠が合流する場合は，原則として**水面接合**又は**管頂接合**とするのがよい。

・**水 面 接 合**：上下流各々の管渠内の水面位を水理計算から求め，この計画水位を上下流で一致させるように管の据付高さを定める方式。最も合理的であるが，計算が複雑である。

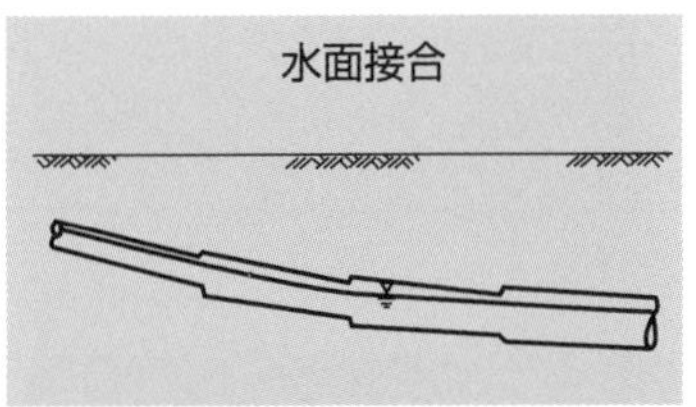

・**管 頂 接 合**：上下流の管の内面頂部の高さを一致させる方式。水理学的には水面接合に劣るが，流水は円滑で安全な方法である。下流側の掘削深さが増すので，地表勾配のある地域に適する。

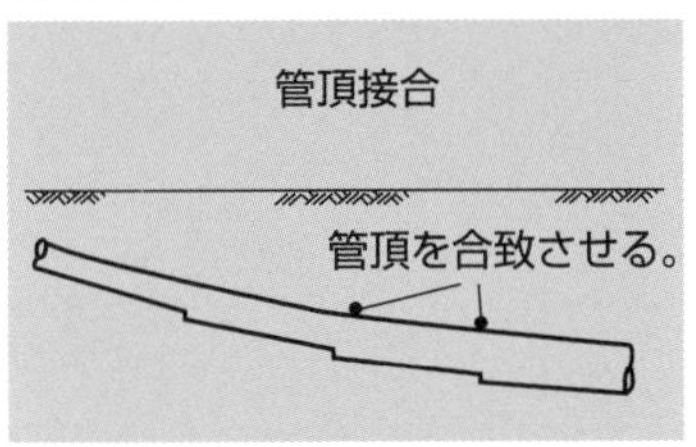

・**管中心接合**：水面接合と管頂接合の中間的な方式で，上下流管の中心を一致させる。

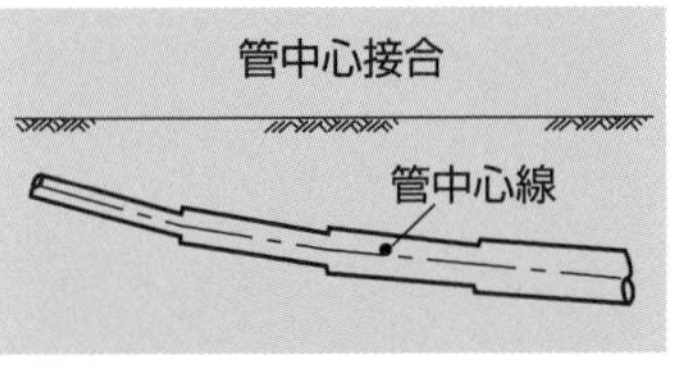

・**管 底 接 合**：管の内面底部の高さを上下流で一致させる方式。下流側の掘削深さが軽減でき経済的であるが，上流側の水理条件を悪くする。

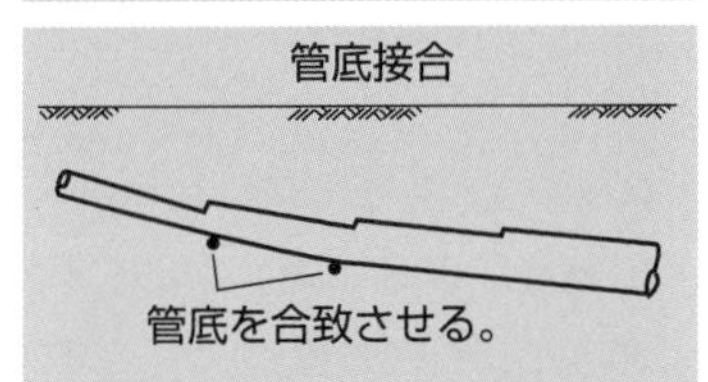

・**段 差 接 合**：地表面勾配が急で最小土被りが保てない場合に適用し，マンホール内で段差をつける。

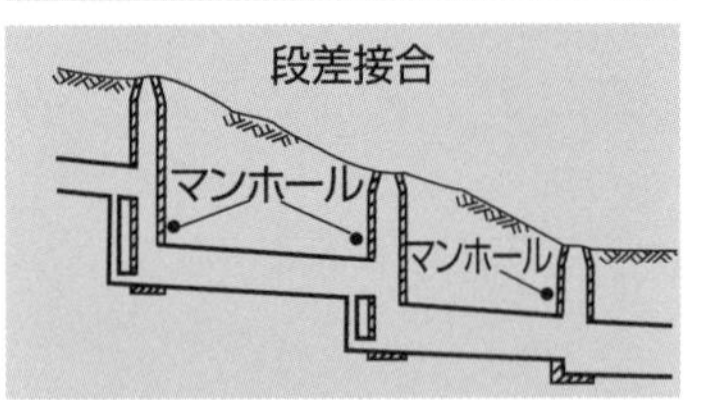

・**階 段 接 合**：地表面勾配が急な場合で大口径の管渠に用いる。流速調整と最小土被りを保つ。

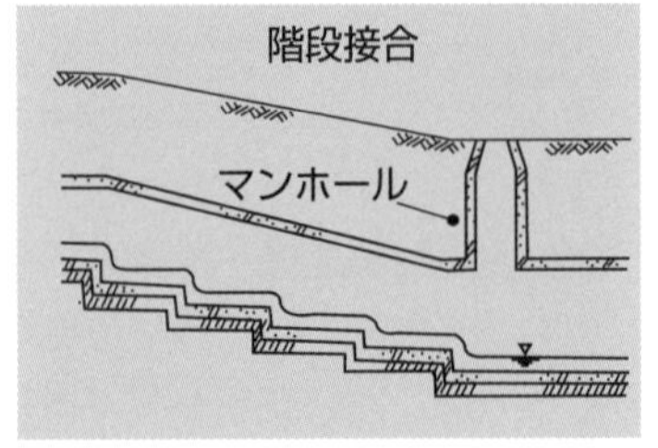

(3) 施工にあたっての事前調査及び地下埋設物の保安措置

・施工者は，埋設物に近接して掘削を行う場合には，周囲の地盤のゆるみ，沈下等に十分注意するとともに，必要に応じて埋設物の補強，移設等について起業者及びその埋設物の**管理者と予め協議**し，埋設物の保安に必要な措置を講じなければならない。

・起業者又は施工者は，埋設物が予想される場所で土木工事を施工しようとするときは，施工に先立ち，埋設物管理者等が保管する**台帳に基づいて試掘**等を行い，その埋設物の種類，位置（平面・深さ），規格，構造等を原則として**目視にて確認**しなければならない。

・施工に伴って地盤沈下や地下水位低下のおそれがある場合は，工事の着手に先立ち又は工事の施工中に管渠が布設される道路に面した宅地などの**沿道の建物その他の工作物に対し配置及び現況などの調査**を行う必要がある。

・地下埋設物の調査により，埋設物の障害が発見された場合，できるだけその埋設物を**移設**する必要がある。

■推進工法

(1) 推進工法の分類

・**刃口式推進工法**：開放型で，推進管の先端に先導体として刃口を用い，人力で掘削する。開放された切羽地山の自立が必要である。推進管径は一般に呼び径 800 mm 以上である。発進立坑に設置したジャッキによる元押し工法と，管体の途中に中押し装置を設置して併用する中押し工法がある。

・**セミシールド工法**：密閉型で管先端に先導体としてシールド機を用いる工法で，適用土質の範囲が広い。中押し工法を併用し，中押し装置を数段設置して長距離推進に適用されることが多い。

・**小口径管推進工法**：小口径推進管又はその誘導管の先端に小口径管先導体を取付け，立坑から遠隔操作を行って推進する。小口径推進管は呼び径 200～700 mmである。

・**けん引工法**：発進立坑，到達立坑間の水平ボーリングによりワイヤーを通し，到達側のけん引装置により推進管をけん引する工法。

(2) 小口径管推進工法の分類

・**高耐荷力方式**：高耐荷力管（鉄筋コンクリート管，ダクタイル鋳鉄管，陶管，複合管等）を用いて推進方向の管の耐荷力に抗して，直接管端に推進力を負荷して推進する施工方式である。適用土質の範囲は広いが圧入方式の場合，適用土質は一般的に N 値 15 程度までである。他の場合は硬質土まで適用できる。

・**低耐荷力方式**：低耐荷力方式は，低耐荷力管（硬質塩化ビニル管，強化プラスチック複合管等）を用い，先導体の推進に必要な推進力の先端抵抗力を推進力伝達ロッドなどに作用させ，低耐荷力管には，土との管外面抵抗のみを負担させることにより推進する方式である。適用土質は粘性土及び砂質土で，圧入方式では一般的に N 値 0～40 程度，その他の方式では N 値 1～50 程度まで可能とされている。

・**鋼製さや管方式**：先導体を接続した鋼製管に直接推進力を伝達して推進し，これをさや管として鋼製管内に塩化ビニル管等を布設する方式である。適用土質の範囲は広い。

小口径管推進工法の分類

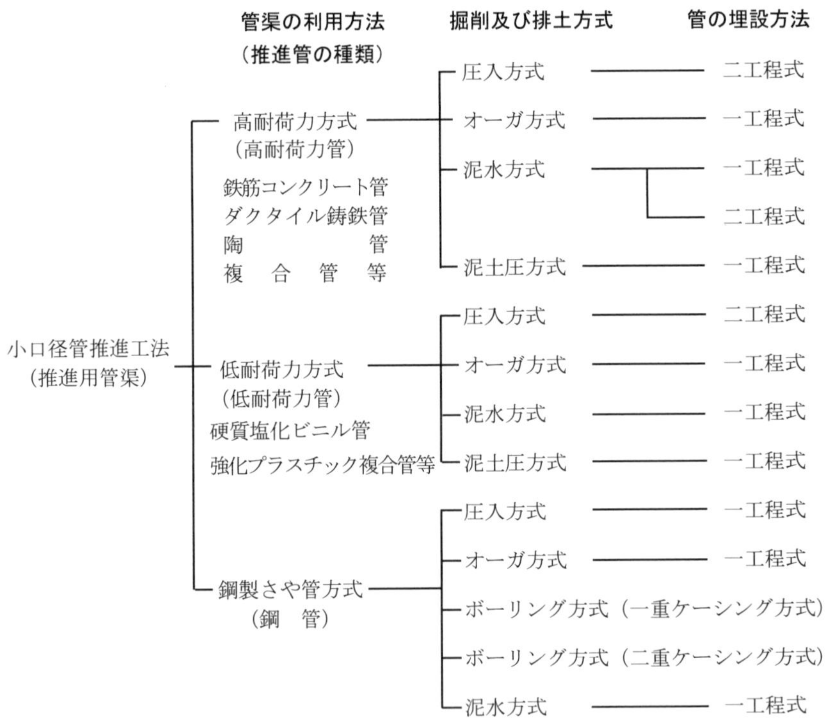

(3) 小口径管推進形式の概要

・**圧入方式**：初めに先導体及び誘導管を圧入し，これをガイドにして推進管を推進する（二工程）。鋼製さや管の場合は，主に空気衝撃ハンマ・ラム式である（一工程）。

・**オーガ方式**：管内に装着したオーガヘッド，スクリューコンベアを回転させ，排土をしながら推進する。

・泥水方式：推進管又は誘導管に泥水式の先導体を接続し，カッタによる掘削と泥水による切羽の安定保持及び泥水循環による排土を行いながら推進する（一工程又は二工程）。

・泥土圧方式：推進管に泥土圧式の先導体を接続し，カッタによる掘削と掘削土砂の塑性流動化をはかり，切羽土圧の調整により切羽の安定を保持し，掘進量と排土量のバランスをとりながら推進する（一工程）。

・ボーリング方式：**鋼製さや管方式にのみ適用される方式**で，ボーリングシステムを応用したものである。鋼管の先端に超硬ビットを取付け鋼管本体を回転させながら推進する「一重ケーシング方式」と，外管の内部に先端カッタを取り付けたスクリュー付ケーシングロット装着し，その回転により推進する「二重ケーシング方式」がある。

（4）小口径管推進工法の施工上の留意点

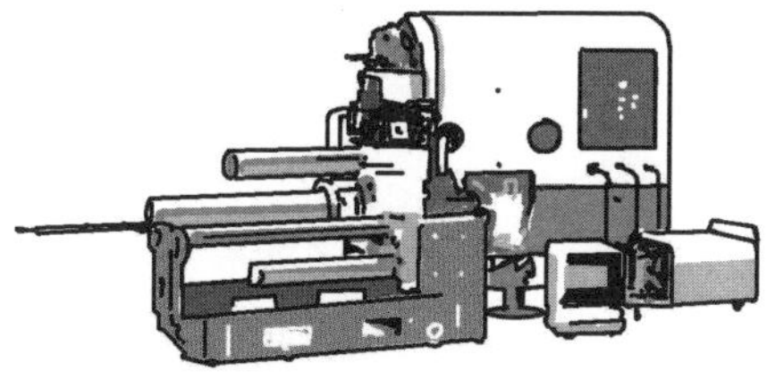

小口径管推進工法装置の一例

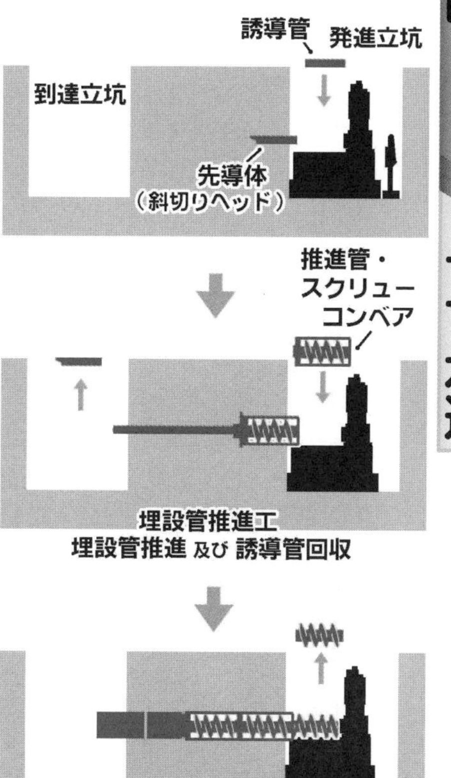

・蛇行の修正は，先導体の角度をかえて先導体に地盤半力を作用させる方法が一般的で，地盤反力が不足する場合は薬液注入工などの補助工法を併用する。また，先導体の回転方向を逆にする方法もある。

・互層地盤の場合は，軟らかい層のほうに変位しやすいので注意を要する。必要な場合は薬液注入など補助工法の採用や再掘進を行う。

・推進管に偏圧力がかかると，蛇行の原因となるので，支圧壁の加圧面は推進方向と直角に設置する必要がある。

（5）推進工法における補助工法

推進工法における主な補助工法には，薬液注入工法，攪拌混合工法，地下水位低下工法，圧気工法などがある。

問題 1

下水道管きょの接合方式に関する次の記述のうち，**適当でないもの**はどれか。

(1) 水面接合は，管きょの中心を一致させ接合する方式である。
(2) 管頂接合は，管きょの内面の管頂部の高さを一致させ接合する方式である。
(3) 段差接合は，特に急な地形などでマンホールの間隔などを考慮しながら，階段状に接合する方式である。
(4) 管底接合は，管きょの内面の管底部の高さを一致させ接合する方式である。

H30 年後期 No.31

解説

(1) 管きょ径が変化する場合又は 2 本の管きょが合流する場合の接合方法は，原則として水面接合又は管頂接合とする。水面接合は，水理学的におおむね上下流管きょ内の計画水位を一致させ接合する方法である。管中心接合は，上下流管きょの中心を一致させ接合する方法である。
よって，適当でない。

(2) 管頂接合は，管きょの内面の管頂部の高さを一致させ接合する方法である。水理学的には安全な方法であるが，管きょの埋設深さが増して建設費がかさむ。 よって，**適当である。**

(3) 地表勾配が急な場合，管きょ径の変化の有無にかかわらず，原則として地表勾配に応じ，段差接合又は階段接合とする。段差接合の場合，急な地表勾配に応じて適当なマンホールの間隔を考慮しながら，階段状に接合する。マンホール 1 箇所あたりの段差は，1.5 m 以内とすることが望ましい。 よって，**適当である。**

(4) 管底接合は，管きょの内面の管底部の高さを上下流で一致させて接合する方法である。掘削深さを減じて工費が軽減できるが，上流部において動水勾配線が管頂より上昇するおそれがある。 よって，**適当である。**

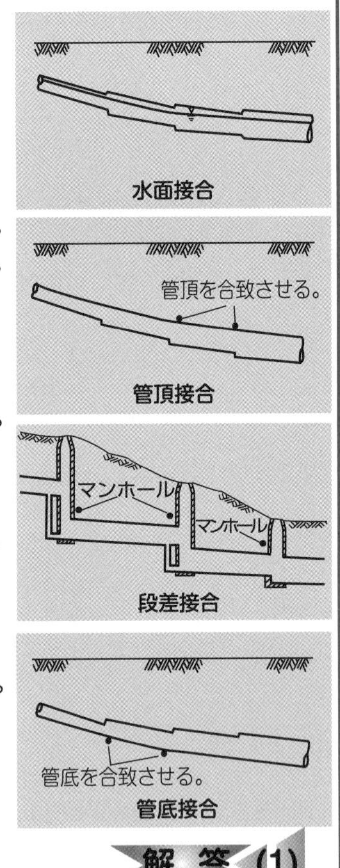

解答 (1)

問題 2

下水道管路の耐震性能を確保するための対策に関する次の記述のうち，**適当でないもの**はどれか。

(1) マンホールと管きょとの接続部における可とう継手の設置。
(2) 応力変化に抵抗できる管材などの選定。
(3) マンホールの沈下のみの抑制。
(4) 埋戻し土の液状化対策。

R元年後期 No.31

解 説

(1) 管きょ継手等の対策として，マンホールと管きょとの接続部に可とう性継手の採用による耐震性の向上がある。また，取付部のますや管きょへの接続箇所においても，特に重要と判断される場合は，可とう性継手等の採用がある。
よって，**適当である。**

(2) 地盤特性が急変する場所の対策として，応力変化に抵抗できる管材などの採用，並びに地盤改良や可とう性継手の採用による耐震性の向上がある。
よって，**適当である。**

(3) マンホールの被害には，マンホールの沈下・浮上がり（地表への突出），管きょとの接続部のずれ及び圧縮によるクラック，マンホールへの管きょの突込み，マンホール本体の破損，側塊のずれなどがある。液状化によって浮上したマンホールによる交通障害などの二次災害のおそれがあり，耐震性能を確保する対策としてマンホールの浮上抑制対策が必要である。 よって，適当でない。

(4) 管路施設における液状化対策には，周辺地盤の対策と埋戻し土の対策がある。埋戻し部における液状化時の過剰間隙水圧による浮上がり，沈下，側方流動などに対しては，管路周辺への透水性の高い砕石などによる埋戻しや，マンホール周辺を固化改良土などで埋め戻す対策が有効である。
よって，**適当である。**

問題 3

下水道管渠(げすいどうかんきょ)の剛性管における基礎工の施工(せこう)に関する次の記述のうち，**適当でないもの**はどれか。

(1) 礫混(れきま)じり土(ど)及び礫混じり砂の硬質土の地盤では，砂基礎が用いられる。
(2) シルト及び有機質土の軟弱土の地盤では，コンクリート基礎が用いられる。
(3) 地盤が軟弱な場合や土質が不均質な場合には，はしご胴木基礎が用いられる。
(4) 非常に緩いシルト及び有機質土の極軟弱土の地盤では，砕石基礎が用いられる。

R3年後期 No.31

解 説

(1) 礫混じり土及び礫混じり砂の硬質土の地盤では，砂基礎，砕石基礎等が用いられる。　よって，**適当である。**

(2) シルト及び有機質土の軟弱土の地盤では，コンクリート基礎，砕石基礎等が用いられる。　よって，**適当である。**

(3) 地盤が軟弱な場合や土質や上載荷重が不均質な場合には，はしご胴木基礎が用いられる。この場合，砂，砕石等の基礎を併用することが多い。
よって，**適当である。**

(4) 非常に緩いシルト及び有機質土の極軟弱土の地盤では，はしご胴木基礎，鉄筋コンクリート基礎が用いられる。また，ほとんど地耐力が期待できない場合には，鳥居基礎（くい打ち基礎）が用いられる。　よって，適当でない。

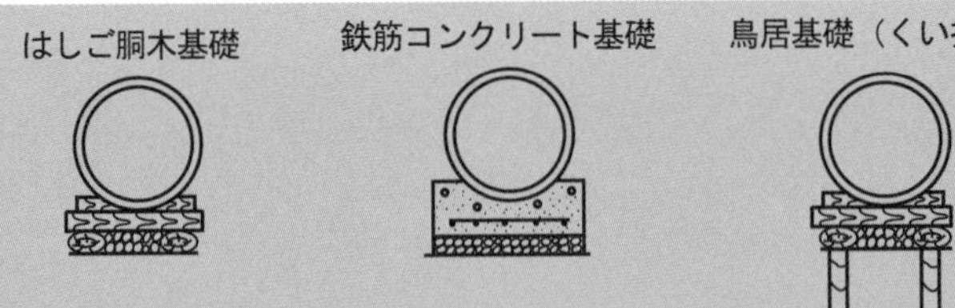

1 労働基準法

出題傾向

1.「労働時間・休暇・休日及び年次有給休暇」について理解する。過去 10 回で 8 回出題されている。
2.「災害補償」について理解する。過去 10 回で 8 回出題されている。
3.「年少者の就業制限」について理解する。過去 10 回で 7 回出題されている。
4.「賃金」について理解する。過去 10 回で 5 回出題されている。
5.「労働基準法」の定義を理解する。過去 10 回で 2 回出題されている。
6.「就業規則」について理解する。過去 10 回で 1 回出題されている。

point チェックポイント

■労働時間

① 1日8時間（休憩時間を除く。）

② 1週 40 時間

③ 就業規則に定めのある場合，暦月の1ヵ月以内において，一定の期間を平均して，上記①②の労働時間以内のとき，特定日，特定の週に①②の労働時間を超えて労働させてもよい。

④ 坑内労働は，休憩時間が坑内である時は，労働時間とみなす。

⑤ 事業所を異にする労働を行った場合，その時間は通算される。

■休憩時間

① 労働時間が 6 時間を超えるときは少なくとも 45 分，8 時間を超えるときは，少なくとも 1 時間以上の休憩時間を労働時間の途中に与える。

② 休憩時間は原則として一斉に与えなければならない。（ただし，行政官庁の許可を受けた場合はこの限りではない。）

③ 休憩時間は，労働者の自由にさせなければならない。

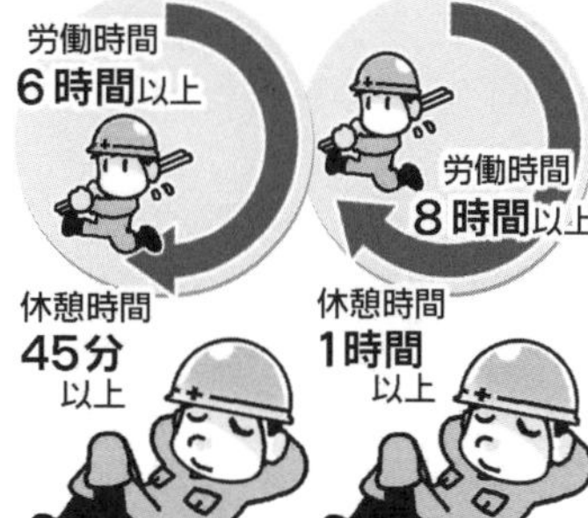

■休　日

① 休日は毎週少なくとも1回与えなければならない。

② 4週につき4日以上の休日を与える場合には，上記①の規定は適用されない。

■賃金支払の5原則

① 通貨で支払うこと（通貨払いの原則）

② 直接労働者に支払うこと（直接払いの原則）

未成年者は，独立して賃金を請求することができ，親権者又は後見人は，未成年者の賃金を代わって受け取ってはならない。

③ 全額を支払うこと（全額払いの原則）

④ 毎月最低1回払いの原則

⑤ 一定期日払いの原則

■年少者（満18歳未満）の就業制限

① 重量物を取り扱う業務

年齢・性別		重量（単位：キログラム）以上は禁止	
		断続作業の場合	継続作業の場合
満16歳未満	女	12	8
	男	15	10
満16歳以上 満18歳未満	女	25	15
	男	30	20

② クレーン，デリック又は揚貨装置の運転の業務

③ 最大積載荷重が2t以上の人荷共用若しくは荷物用のエレベーター又は高さが15m以上のコンクリート用エレベーターの運転の業務

④ 動力により駆動される軌条運輸機関，乗合自動車又は最大積載量が2t以上の貨物自動車の運転の業務

⑤ 動力により駆動される巻上げ機，運搬機又は索道の運転の業務

⑥ 直流750V，交流300Vを超える電圧の充電電路又はその支持物の点検，修理又は操作の業務

⑦ 運転中の原動機又は原動機から中間軸までの動力伝導装置の掃除，給油，検査，修理又はベルトの掛換えの業務

⑧ クレーン，デリック又は揚貨装置の玉掛けの業務（2人以上で行う玉掛けの業務における補助作業の業務を除く。）

⑨ 動力により駆動される土木建築用機械又は船舶荷扱用機械の運転の業務

⑩ 軌道内にあって，ずい道内の場所，見通し距離が400m以内の場所又は車両の通行が頻繁煩雑な場所において単独で行う業務

⑪ 岩石又は鉱物の破砕機又は粉砕機に材料を送給する業務

⑫ 土砂が崩壊するおそれのある場所又は深さが5m以上の地穴における業務

⑬ 高さが5m以上の場所で，墜落により労働者が危害を受けるおそれのあるところにおける業務

⑭ 足場の組立，解体又は変更の業務（地上又は床上における補助作業の業務を除く。）

⑮　胸高直径が 35 cm 以上の立木の伐採の業務
⑯　火薬，爆薬又は火工品を製造し，又は取り扱う業務で，爆発のおそれのあるもの
⑰　危険物（労働安全衛生法施行令別表第1に掲げる爆発性の物，発火性の物，酸化性の物，引火性の物又は可燃性ガスをいう。）を製造し，又は取り扱う業務で，爆発，発火又は引火のおそれのあるもの
⑱　圧縮ガス又は液化ガスを製造し，又は用いる業務
⑲　鉛，水銀，クロム，砒素，黄りん，弗素，塩素，シアン化水素，アニリンその他これらに準ずる有害物のガス，蒸気又は粉じんを発散する場所における業務
⑳　土石等のじんあい又は粉末を著しく飛散させる場所における業務
㉑　異常気圧下における業務
㉒　さく岩機，鋲打機等身体に著しい振動を与える機械器具を用いて行う業務
㉓　強烈な騒音を発する場所における業務

■妊産婦等に係る危険有害業務の就業制限

・妊娠中の女性に就かせてはならない業務（女性労働基準規則第2条から抜粋）

①　　　省　略
②　ボイラーの取扱いの業務
③　溶接の業務
④　つり上げ荷重が 5t 以上のクレーン，デリックの業務
⑤　運転中の原動機，動力伝導装置の掃除，給油，検査，修理の業務
⑥　クレーン，デリック又は揚貨装置の玉掛け業務（2人以上で行う玉掛け業務の補助作業の業務を除く。）
⑦　動力により駆動される土木建築用機械又は船舶荷扱用機械の運転業務
⑧〜⑫　　省　略
⑬　土砂が崩壊するおそれのある場所又は深さが 5 m 以上の地穴における業務
⑭　高さが 5 m 以上の場所で，墜落により労働者が危害を受けるおそれのあるところにおける業務
⑮　足場の組立て，解体又は変更の業務（地上又は床上における補助作業の業務は除く。）
⑯　胸高直径 35 cm 以上の立木の伐採の業務
⑰　機械集材装置，運材索道等を用いて行う木材の搬出の業務
⑱　鉛，水銀，クロム，砒素，黄りん，弗素，塩素，シアン化水素，アニリンその他これらに準ずる有害物のガス，蒸気又は粉じんを発散する場所における業務
⑲　多量の高熱物体，低温物体を取り扱う業務
⑳　著しく暑熱な場所における業務
㉑　　　省　略
㉒　著しく寒冷な場所における業務
㉓　異常気圧下における業務
㉔　さく岩機，鋲打機等身体に振動を与える機械器具を用いて行う業務

問題 1

満 18 歳に満たない者の就業に関する次の記述のうち，労働基準法上，**誤っているもの**はどれか。

(1) 使用者は，年齢を証明する親権者の証明書を事業場に備え付けなければならない。

(2) 使用者は，クレーン，デリック又は揚貨装置の運転の業務に就かせてはならない。

(3) 使用者は，動力により駆動される土木建築用機械の運転の業務に就かせてはならない。

(4) 使用者は，足場の組立，解体又は変更の業務（地上又は床上における補助作業の業務を除く。）に就かせてはならない。

R2 年後期 No.33

解 説

(1) 使用者は，使用する児童については，修学に差し支えないことを証明する学校長の証明書及び親権者又は後見人の同意書を事業場に備え付けなければならない。（労働基準法第 57 条第 2 項）　よって，誤っている。

(2) 使用者は，満 18 才に満たない者に，業務に就かせてはならない規定を設けている。

クレーン，デリック又は揚貨装置の運転の業務は，満 18 歳に満たない者を就かせてはならない。（労働基準法第 62 条第 1 項，年少者労働基準規則第 8 条第 3 号）
よって，**正しい。**

(3) 動力により駆動される土木建築用機械又は船舶荷扱用機械の運転の業務は，満 18 歳に満たない者を就かせてはならない。（労働基準法第 62 条第 1 項，年少者労働基準規則第 8 条第 12 号）　よって，**正しい。**

(4) 足場の組立，解体又は変更の業務（地上又は床上における補助作業の業務を除く。）は，満 18 歳に満たない者を就かせてはならない。（労働基準法第 62 条第 1 項，年少者労働基準規則第 8 条第 25 号）　よって，**正しい。**

問題 2

賃金の支払いに関する次の記述のうち，労働基準法上，**誤っているもの**はどれか。

(1) 賃金とは，賃金，給料，手当，賞与その他名称の如何（いかん）を問わず，労働の対償として使用者が労働者に支払うすべてのものをいう。
(2) 賃金は，通貨で，直接又は間接を問わず労働者に，その全額を毎月 1 回以上，一定の期日を定めて支払わなければならない。
(3) 使用者は，労働者が女性であることを理由として，賃金について，男性と差別的取扱いをしてはならない。
(4) 平均賃金とは，これを算定すべき事由の発生した日以前 3 箇月間にその労働者に対し支払われた賃金の総額を，その期間の総日数で除した金額をいう。

R3 年前期 No.32

解説

(1) 賃金とは，賃金，給料，手当，賞与その他名称の如何を問わず，労働の対償として使用者が労働者に支払うすべてのものをいう。（労働基準法第 11 条）

よって，**正しい。**

(2) 賃金は, 通貨で, 直接労働者に, その全額を支払わなければならない。賃金は, 毎月 1 回以上, 一定の期日を定めて支払わなければならない。（労働基準法第24条）

よって，誤っている。

(3) 使用者は，労働者が女性であることを理由として，賃金について，男性と差別的取扱いをしてはならない。（労働基準法第 4 条）

よって，**正しい。**

(4) 平均賃金とは，これを算定すべき事由の発生した日以前 3 箇月間にその労働者に対し支払われた賃金の総額を，その期間の総日数で除した金額をいう。（労働基準法第 12 条）

よって，**正しい。**

問題 3

年少者の就業に関する次の記述のうち，労働基準法上，**誤っているもの**はどれか。

⑴　使用者は，満 18 才に満たない者について，その年齢を証明する戸籍証明書を事業場に備え付けなければならない。
⑵　親権者又は後見人は，未成年者に代って使用者との間において労働契約を締結しなければならない。
⑶　満 18 才に満たない者が解雇の日から 14 日以内に帰郷する場合は，使用者は，必要な旅費を負担しなければならない。
⑷　未成年者は，独立して賃金を請求することができ，親権者又は後見人は，未成年者の賃金を代って受け取ってはならない。

R3 年後期 No.33

解　説

⑴　使用者は，満 18 才に満たない者について，その年齢を証明する戸籍証明書を事業場に備え付けなければならない。（労働基準法第 57 条第 1 項）

よって，**正しい。**

⑵　親権者又は後見人は，未成年者に代って労働契約を締結してはならない。（労働基準法第 58 条第 1 項）

よって，誤っている。

⑶　満 18 才に満たない者が解雇の日から 14 日以内に帰郷する場合においては，使用者は，必要な旅費を負担しなければならない。（労働基準法第 64 条）

よって，**正しい。**

⑷　未成年者は，独立して賃金を請求することができる。親権者又は後見人は，未成年者の賃金を代って受け取ってはならない。（労働基準法第 59 条）

よって，**正しい。**

問題 4 災害補償に関する次の記述のうち，労働基準法上，**正しいもの**はどれか。

⑴ 労働者が業務上死亡した場合は，使用者は，遺族に対して，平均賃金の 5 年分の遺族補償を行わなければならない。

⑵ 労働者が業務上の負傷，又は疾病（しっぺい）の療養のため，労働することができないために賃金を受けない場合は，使用者は，労働者の賃金を全額補償しなければならない。

⑶ 療養補償を受ける労働者が，療養開始後 3 年を経過しても負傷又は疾病がなおらない場合は，使用者は，その後の一切の補償を行わなくてよい。

⑷ 労働者が重大な過失によって業務上負傷し，且つその過失について行政官庁の認定を受けた場合は，使用者は，休業補償又は障害補償を行わなくてもよい。

R3 年前期 No.33

解 説

⑴ 労働者が業務上死亡した場合においては，使用者は，遺族に対して，**平均賃金の 1,000 日分**の遺族補償を行わなければならない。（労働基準法第 79 条）5 年分ではない。 よって，**誤っている。**

⑵ 労働者が業務上負傷し，又は疾病にかかり，治った場合において，その身体に障害が存するときは，使用者は，その障害の程度に応じて，**平均賃金によって定める日数を乗じて得た金額の障害補償**を行わなければならない。（労働基準法第 77 条）全額補償ではない。 よって，**誤っている。**

⑶ 療養補償を受ける労働者が，療養開始後 3 年を経過しても負傷又は疾病がなおらない場合においては，使用者は，**平均賃金の 1,200 日分の打切補償**を行い，その後はこの法律の規定による補償を行わなくてもよい。（労働基準法第 81 条）その後一切の補償ではなく，打切補償が必要である。よって，**誤っている。**

⑷ 労働者が重大な過失によって業務上負傷し，又は疾病にかかり，且つ使用者がその過失について行政官庁の認定を受けた場合においては，休業補償又は障害補償を行わなくてもよい。（労働基準法第 78 条） よって，正しい。

問題 5

労働基準法に定められている労働時間，休憩，年次有給休暇に関する次の記述のうち，**正しいもの**はどれか。

(1) 使用者は，原則として労働時間の途中において，休憩時間を労働者ごとに開始時刻を変えて与えることができる。

(2) 使用者は，災害その他避けることのできない事由によって，臨時の必要がある場合においては，制限なく労働時間を延長させることができる。

(3) 使用者は，1 週間の各日については，原則として労働者に，休憩時間を除き 1 日について 8 時間を超えて，労働させてはならない。

(4) 使用者は，雇入れの日から起算して 3 箇月間継続勤務し全労働日の 8 割以上出勤した労働者に対して，有給休暇を与えなければならない。

R2 年後期 No.32

解説

(1) 使用者は，雇用者に対し休憩時間を，**一斉に与えなければならない。**ただし，当該事業場に，労働者の過半数で組織する労働組合がある場合においてはその労働組合，労働者の過半数で組織する労働組合がない場合においては労働者の過半数を代表する者との書面による協定があるときは，この限りでない。(労働基準法第 34 条第 2 項)

よって，**誤っている。**

(2) 災害その他避けることのできない事由によって，臨時の必要がある場合においては，使用者は，行政官庁の許可を受けて，**その必要の限度において**労働時間を延長し，又は休日に労働させることができる。(労働基準法第 33 条第 1 項)

よって，**誤っている。**

(3) 使用者は，1 週間の各日については，労働者に，休憩時間を除き 1 日について 8 時間を超えて，労働させてはならない。(労働基準法第 32 条第 2 項)

よって，正しい。

(4) 使用者は，その雇入れの日から起算して **6 箇月間**継続勤務し全労働日の 8 割以上出勤した労働者に対して，継続し，又は分割した 10 労働日の有給休暇を与えなければならない。(労働基準法第 39 条第 1 項)

よって，**誤っている。**

Lesson 3 法規

2 労働安全衛生法

出題傾向

1. 安全管理体制の問題が中心である。特に「作業主任者を選任すべき作業」について理解する。過去10回で8回出題されている。
2. 「労働者の就業にあたっての措置で，安全衛生教育」について理解する。過去10回で4回出題されている。
3. 「労働基準監督署長への届出が必要な工事」について理解する。過去10回で2回出題されている。

point チェックポイント

■労働基準監督署長に届出が必要な工事（労働安全衛生規則第90条）

厚生労働大臣に届出る工事を除く**次の建設工事を行う場合**，**工事の開始の日の14日前までに**，**労働基準監督署長に届け出なければならない。**

① **高さ 31 mを超える建築物又は工作物（橋梁を除く。）**の建設，改造，解体又は破壊の仕事

② **最大支間 50 m 以上の橋梁**の建設等の仕事

③ **最大支間 30 m以上 50 m 未満の橋梁の上部構造**の建設等の仕事

④ **ずい道等の建設等**の仕事

⑤ **掘削の高さ又は深さが 10 m 以上である地山の掘削作業**を行う仕事。ただし，掘削機械を用いる作業で，掘削面の下方に労働者が立ち入らない場合は除く。

⑥ **圧気工法による作業**を行う仕事

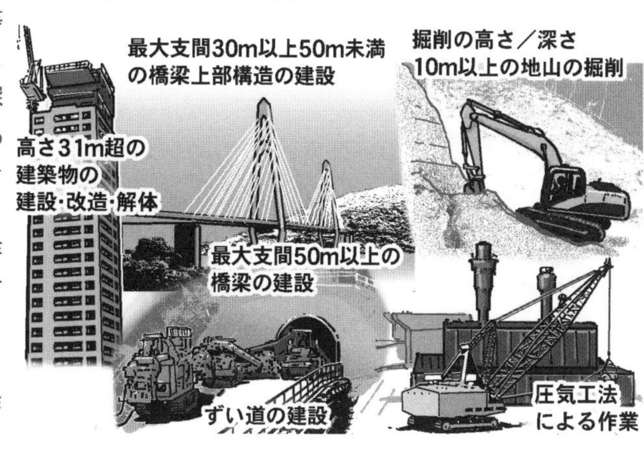

■作業主任者の資格（労働安全衛生法第 14 条）

（1）作業主任者資格が都道府県労働局長の免許を受けた者（労働安全衛生法施行令第 6 条）

① 高圧室内作業主任者（高圧室内作業）

② ガス溶接作業主任者（アセチレン溶接装置又はガス集合溶接装置を用いて行う金属の溶接，溶断又は加熱の作業）

（2）作業主任者資格が技能講習を修了した者（労働安全衛生規則別表第 1）

① コンクリート破砕器作業主任者
② 地山の掘削作業主任者
③ 土止め支保工作業主任者
④ ずい道等の掘削等作業主任者
⑤ ずい道等の覆工作業主任者
⑥ 採石のための掘削作業主任者
⑦ 型枠支保工の組立て等作業主任者
⑧ 足場の組立て等作業主任者
⑨ 建築物等の鉄骨の組立て等作業主任者
⑩ 鋼橋架設等作業主任者
⑪ 木造建築物の組立て等作業主任者
⑫ コンクリート造の工作物の解体等作業主任者
⑬ コンクリート橋架設等作業主任者
⑭ 酸素欠乏危険作業主任者
⑮ 有機溶剤作業主任者

■作業主任者について（労働安全衛生法第 14 条）

「事業者は，高圧室内作業その他の労働災害を防止するための管理を必要とする作業で，政令で定めるものについては，作業主任者を選任し，その者に当該作業に従事する労働者の指揮その他の厚生労働省令で定める事項を行わせなければならない。」と定め，「政令で定めるもの」として労働安全衛生法施行令第 6 条に「作業主任者を選任すべき作業」について規定している。

作業主任者一覧表　（免）：免許を受けた者，（技）：技能講習を修了した者

名　　称	選任すべき作業
高圧室内作業主任者（免）	高圧室内作業（潜函工法その他圧気工法により，大気圧を超える気圧下の作業室又はシャフトの内部において行う作業に限る。）
ガス溶接作業主任者（免）	アセチレン溶接装置等を用いて行う金属の溶接・溶断・加熱の作業
コンクリート破砕器作業主任者（技）	コンクリート破砕器を用いて行う破砕の作業
地山掘削作業主任者（技）	掘削面の高さが 2 m 以上となる地山の掘削の作業
土止め支保工作業主任者（技）	土止め支保工の切りばり又は腹おこしの取付け・取りはずしの作業
ずい道等の掘削等作業主任者（技）	ずい道等の掘削の作業又はこれに伴うずり積み，ずい道支保工の組立て，ロックボルトの取付け若しくはコンクリート等の吹付けの作業
ずい道等の覆工作業主任者（技）	ずい道等の覆工の作業
型枠支保工の組立等作業主任者（技）	型わく支保工の組立て又は解体の作業
足場の組立等作業主任者（技）	つり足場（ゴンドラのつり足場を除く。）張出し足場又は高さが 5 m 以上の構造の足場の組立て，解体又は変更の作業
建築物等の鉄骨の組立等作業主任（技）	建築物の骨組み又は塔であって，金属製の部材により構成される 5 m 以上のものの組立て，解体又は変更の作業
酸素欠乏危険作業主任者（技）	酸素欠乏危険場所における作業
コンクリート造の工作物解体等作業主任（技）	その高さが 5 m 以上のコンクリート造の工作物の解体又は破壊の作業
コンクリート橋架設等作業主任者（技）	上部構造の高さが 5 m 以上のもの又は橋梁の支間が 30 m 以上であるコンクリート造の橋梁の架設又は変更の作業
鋼橋架設等作業主任者（技）	橋梁の上部構造で，金属製の部材により構成されるものの高さが 5 m 以上であるもの又は橋梁の支間が 30 m 以上の架設，解体，変更の作業

問題 1

労働安全衛生法上，作業主任者の選任を**必要としない作業**は，次のうちどれか。

⑴ 高さが２ｍ以上の構造の足場の組立て，解体又は変更の作業
⑵ 土止め支保工の切りばり又は腹起しの取付け又は取り外しの作業
⑶ 型枠支保工の組立て又は解体の作業
⑷ 掘削面の高さが２ｍ以上となる地山の掘削作業

R3 年後期 No.34

解説

⑴ つり足場（ゴンドラのつり足場を除く。），張出し足場又は高さが５ｍ以上の構造の足場の組立て，解体又は変更の作業は，作業主任者の選任を必要とする。（労働安全衛生法施行令第６条第 15 号）高さ２ｍは作業主任者の選任を必要としない。

⑵ 土止め支保工の切りばり又は腹起こしの取付け又は取り外しの作業は，**作業主任者の選任を必要とする。**（労働安全衛生法施行令第６条第 10 号）

⑶ 型枠支保工（支柱，はり，つなぎ，筋かい等の部材により構成され，建設物におけるスラブ，桁等のコンクリートの打設に用いる型枠を支持する仮設の設備をいう。）の組立て又は解体の作業は，**作業主任者の選任を必要とする。**（労働安全衛生法施行令第６条第 14 号）

⑷ 掘削面の高さが２ｍ以上となる地山の掘削（ずい道及びたて坑以外の坑の掘削を除く。）の作業は，**作業主任者の選任を必要とする。**（労働安全衛生法施行令第６条第９号）

解答 (1)

問題 2

労働安全衛生法上，労働基準監督署長に工事開始の 14 日前までに**計画の届出を必要としない仕事**は，次のうちどれか。

(1) 掘削の深さが 7 m である地山の掘削の作業を行う仕事
(2) 圧気工法による作業を行う仕事
(3) 最大支間 50 m の橋梁の建設等の仕事
(4) ずい道等の内部に労働者が立ち入るずい道等の建設等の仕事

H30 年後期 No.34

解 説

労働安全衛生法上，労働基準監督署長に工事開始の 14 日前までに計画の届け出が必要な仕事（労働安全衛生法第 88 条第 3 項，同規則第 90 条）

1. 高さ 31 m を超える建築物又は工作物（橋梁を除く。）の建設，改造，解体又は破壊の仕事
2. **最大支間 50 m 以上の橋梁の建設等の仕事**
3. 最大支間 30 m 以上 50 m 未満の橋梁の上部構造の建設等の仕事
4. **ずい道等の建設等の仕事**（ずい道等の内部に労働者が立ち入らないものを除く。）
5. 掘削の高さ又は深さが 10 m 以上である地山の掘削（ずい道等の掘削及び岩石の採取のための掘削を除く。）の作業（掘削機械を用いる作業で，掘削面の下方に労働者が立ち入らないものを除く。）を行う仕事
6. **圧気工法による作業を行う仕事**
7. 掘削の高さ又は深さが 10 m 以上の土石の採取のための掘削の作業を行う仕事
8. 坑内掘りによる土石の採取のための掘削の作業を行う仕事

よって，(1)が計画の届出を必要としない仕事である。

解 答 (1)

問題 3

事業者が労働者に対して特別の教育を行わなければならない業務に関する次の記述のうち，労働安全衛生法上，**該当しないもの**はどれか。

⑴　エレベーターの運転の業務
⑵　つり上げ荷重が１ｔ未満の移動式クレーンの運転の業務
⑶　つり上げ荷重が５ｔ未満のクレーンの運転の業務
⑷　アーク溶接作業の業務

R3 年前期 No.34

解　説

労働安全衛生法第 59 条第 3 項において，事業者は，危険又は有害な業務に労働者をつかせるときは，従事する業務に関する安全又は衛生のための特別の教育を行なわなければならないとしている。労働安全衛生規則第 36 条に具体的な業務が定められている。

⑵のつり上げ荷重が１ｔ未満の移動式クレーンの運転業務（同規則第 36 条第 16 号），⑶のつり上げ荷重が ５ｔ 未満のクレーンの運転業務（同規則 36 条第 15 号イ），⑷のアーク溶接作業の業務（同規則第 36 条第 3 号）は該当する。

よって，⑴のエレベーターの運転業務が該当しない。

１ｔ未満の移動式クレーンの運転作業

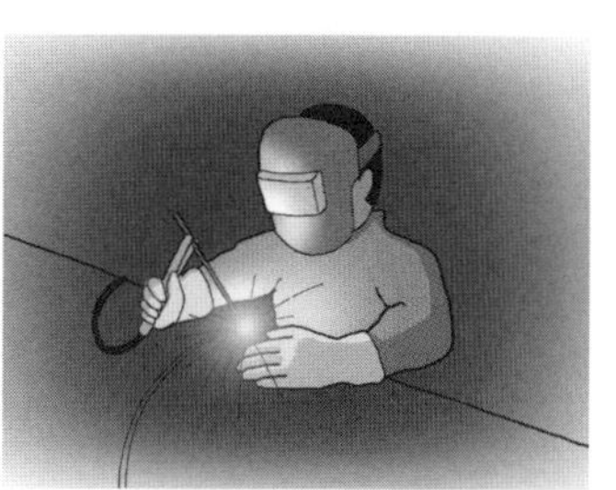

アーク溶接作業の業務

解　答　(1)

Lesson 3　法　規

3 建設業法

point チェックポイント

1. 「施工技術の確保で，主任技術者及び監理技術者の設置」について理解する。過去10回で9回出題されている。
2. 「建設工事の請負契約」について理解する。過去10回で5回出題されている。
3. 「建設業の許可」について理解する。過去10回で2回出題されている。
4. 「定義」について理解する。過去10回で1回出題されている。

■主任技術者及び監理技術者の設置

① 建設工事を施工する建設業者は，施工の技術上の管理を担当するため一定の実務経験又は資格をもつ「主任技術者」を置かなければならない。**公共，民間工事，元請，下請の別，又は請負工事代金の額にかかわらず適用される。**(建設業法第26条第1項)

② 建設業者が発注者から直接請け負った工事を4,500万円(建設工事業は7,000万円)以上の下請契約を締結して下請業者に施工させる場合に限り，「主任技術者」に代えて「監理技術者」を置かなければならない。(建設業法第26条第2項)

■専任の「主任技術者」又は，「監理技術者」を置かなければならない工事

建設業者は，下記の要件に該当する工事を施工するときは，元請，下請にかかわらず，工事現場ごとに専任の「主任技術者」又は，「監理技術者」をおかなければならない。

(建設業法第26条第3項～第5項)

① 主任技術者，監理技術者を専任で置く工事	公共性のある工作物に関する重要な工事（下記のイ～ニのいずれかに該当する場合）で，工事1件の請負代金の額が建築一式工事で，8,000万円以上，その他の工事で4,000万円以上であるもの。 イ）国，地方公共団体が発注する工事 ロ）鉄道，道路，橋，護岸，堤防，ダム，河川，砂防用工作物，港湾施設，上下水道等の公共施設の工事 ハ）電気，ガス事業用施設の工事 ニ）学校，図書館，病院，事務所ビル等公衆又は不特定多数が使用する施設の工事
② 監理技術者資格者証を交付されている監理技術者を専任で置く工事	国，地方公共団体 政令で定める公共法人が発注する工事を直接請け負い，下請代金が建築工事業で7,000万円以上，その他業種で4,500万円以上となる下請契約を締結して施工する場合 ＊発注者からの請求があったときは，監理技術者資格者証を提示しなければならない。

(令和5年1月1日改正施行)

建設業法に関する次の記述のうち，**誤っているもの**はどれか。

⑴　建設業者は，請負契約を締結する場合，主な工種のみの材料費，労務費等の内訳により見積りを行うことができる。
⑵　元請負人は，作業方法等を定めるときは，事前に，下請負人の意見を聞かなければならない。
⑶　現場代理人と主任技術者はこれを兼ねることができる。
⑷　建設工事の施工(せこう)に従事する者は，主任技術者又は監理技術者がその職務として行う指導に従わなければならない。

R3 年前期 No.35

解　説

⑴　建設業者は，建設工事の請負契約を締結するに際して，工事内容に応じ，工事の種別ごとの材料費，労務費その他の経費の内訳並びに工事の工程ごとの作業及びその準備に必要な日数を明らかにして，建設工事の見積りを行うよう努めなければならない。（建設業法第 20 条第 1 項）主な工種のみではない。
よって，誤っている。

⑵　元請負人は，その請け負った建設工事を施工するために必要な工程の細目，作業方法その他元請負人において定めるべき事項を定めようとするときは，あらかじめ，下請負人の意見をきかなければならない。（建設業法第 24 条の 2）
よって，**正しい。**

⑶　建設業者は，その請け負った建設工事を施工するときは，当該工事現場における建設工事の施工の技術上の管理をつかさどるもの（以下「主任技術者」という。）を置かなければならない（建設業法第 26 条第 1 項）が，現場代理人を置くことは，建設業法上の義務規定ではない。建設工事の請負契約の標準として用いられる公共工事標準請負契約約款，民間建設工事標準請負契約約款，建設工事標準下請契約約款においては，現場代理人の選任を規定している。現場代理人は主任技術者又は監理技術者と兼任することができる。 よって，**正しい。**

⑷　工事現場における建設工事の施工に従事する者は，主任技術者又は監理技術者がその職務として行う指導に従わなければならない。
（建設業法第 26 条の 4 第 2 項）　よって，**正しい。**

問題 2

建設業法に関する次の記述のうち，**誤っているもの**はどれか。

(1) 発注者から直接建設工事を請け負った特定建設業者は，主任技術者又は監理技術者を置かなければならない。
(2) 主任技術者及び監理技術者は，当該建設工事の施工計画の作成などの他，当該建設工事に関する下請契約の締結を行わなければならない。
(3) 発注者から直接建設工事を請け負った特定建設業者は，下請契約の請負代金額が政令で定める金額以上になる場合，監理技術者を置かなければならない。
(4) 工事現場における建設工事の施工に従事する者は，主任技術者又は監理技術者がその職務として行う指導に従わなければならない。　R元年後期 No.35

解 説

(1) 建設業者は，その請け負った建設工事を施工するときは，当該建設工事に関し，当該工事現場における建設工事の施工の技術上の管理をつかさどる，主任技術者又は監理技術者を置かなければならない。(建設業法第 26 条第 1 項)

よって，**正しい。**

(2) 主任技術者及び監理技術者は，工事現場における建設工事を適正に実施するため，当該建設工事の施工計画の作成，工程管理，品質管理その他の技術上の管理及び当該建設工事の施工に従事する者の技術上の指導監督の職務を誠実に行わなければならない。(建設業法第 26 条の 3 第 1 項) **下請契約の締結は請負契約の当事者の職務である。**(同法第 18 条，19 条)

よって，誤っている。

(3) 発注者から直接建設工事を請け負った特定建設業者は，当該建設工事を施工するために締結した下請契約の請負代金の額が政令で定める金額以上になる場合においては，当該工事現場における建設工事の施工の技術上の管理をつかさどるもの（以下「監理技術者」という。）を置かなければならない。(建設業法第 26 条第 2 項)

よって，**正しい。**

(4) 工事現場における建設工事の施工に従事する者は，主任技術者又は監理技術者がその職務として行う指導に従わなければならない。(建設業法第 26 条の 3 第 2 項)

よって，**正しい。**

4 道路関係法

1. 「道路の保全，特に車両の制限」について理解する。過去 10 回で 7 回出題されている。
2. 「道路の占用許可」について理解する。過去 10 回で 6 回出題されている。
3. 「道路の管理者」について理解する。過去 10 回で 1 回出題されている。
4. 「道路関係法の用語の定義」を理解する。過去 10 回で 1 回出題されている。

■道路管理者の許可が必要なもの

道路に次のような工作物，施設を設け，継続して道路を使用する場合，道路管理者の許可を受けなければならない。

① 水道管，下水管，ガス管
② 鉄道，軌道
③ 歩廊，雪よけ
④ 地下街，地下室，通路
⑤ 電柱，電線，変圧塔，郵便箱
⑥ 露店，商品置場

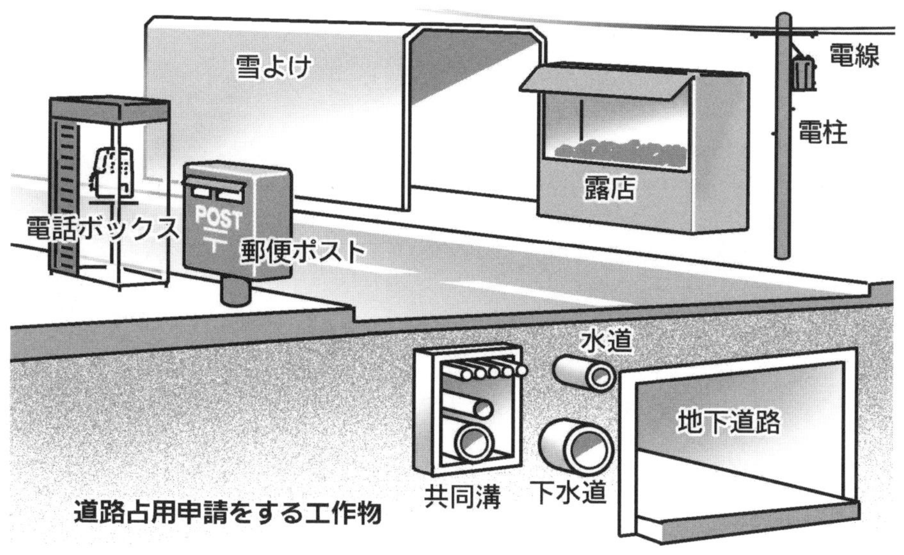

■水道，電気，ガス等のための道路の占用の特例

水道法，下水道法，鉄道事業法，電気事業法などに基づく，ガス管，上下水道管，電柱，公衆電話所（電話ボックス）等の工事を行うときは，工事の実施日の１ヵ月前までに，あらかじめ工事の計画書を道路管理者に提出すること。

基準に適合する場合には，道路管理者は道路の占用を許可しなければならない。

■水道管，下水道管，ガス管の埋設

① 道路の敷地外に，当該場所に代わる適当な場所がなく，公益上やむを得ないこと。

② 走路に水道管，下水道管又はガス管を埋設する場合は，歩道の地下に埋設する。ただし，本管については，公益上やむを得ない場合は道路の地下とする。

③ 水道管又はガス管の本管は，その頂部と路面との距離は，1.2ｍ以上とし，やむを得ない場合は0.6ｍ以上とする。

④ 下水道管の場合は，3ｍ以上，やむを得ない場合は1ｍ以上とする。

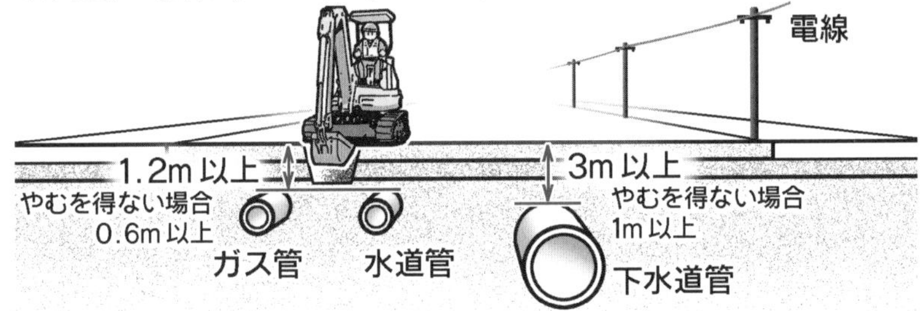

■占用するための工事実施の方法

① 占用物件の保持に支障を及ぼさないよう必要な処置を講ずる。

② 道路の掘削は，みぞ掘（布掘）又は，つぼ掘とし，えぐり掘はしない。

③ 路面の排水を妨げない措置を講ずる。

④ 道路の一方側は常に通行できる状態にする。

⑤ 工事現場に柵又は覆いを設け，夜間は赤色灯又は黄色灯を設置し危険を防止する。

⑥ ガス管などの埋設物が予想される場合は，よくその管理者と協議して措置を講ずること，また火気を使用しない。

問題 1

道路法に関する次の記述のうち，**誤っているもの**はどれか。

⑴　道路上の規制標識は，規制の内容に応じて道路管理者又は都道府県公安委員会が設置する。
⑵　道路管理者は，道路台帳を作成しこれを保管しなければならない。
⑶　道路案内標識などの道路情報管理施設は，道路附属物に該当しない。
⑷　道路の構造に関する技術的基準は，道路構造令で定められている。

R元年後期 No.36

解　説

⑴　道路上の規制標識は，規制の内容に応じて道路管理者又は都道府県公安委員会が設置する。(道路法第 45 条)　　よって，**正しい。**

⑵　道路管理者は，その管理する道路の台帳（「道路台帳」）を調製し，これを保管しなければならない。(道路法第 28 条第 1 項)　　よって，**正しい。**

⑶　道路の附属物とは，道路の構造の保全，安全かつ円滑な道路の交通の確保その他道路の管理上必要な施設又は工作物で，道路情報管理施設（道路上の道路情報提供装置，車両監視装置，気象観測装置，緊急連絡施設その他これらに類するものをいう。）を含む。(道路法第 2 条第 2 項第 4 号)

よって，誤っている。

⑷　道路の構造に関する技術的基準は，道路構造令で定められている。(道路法第 30 条)　　よって，**正しい。**

道路情報提供装置

解　答　(3)

問題 2

車両の最高限度に関する次の記述のうち，車両制限令上，**誤っているもの**はどれか。

ただし，道路管理者が道路の構造の保全及び交通の危険の防止上支障がないと認めて指定した道路を通行する車両を除く。

(1) 車両の輪荷重は，5 t である。
(2) 車両の高さは，3.8 m である。
(3) 車両の最小回転半径は，車両の最外側のわだちについて 10 m である。
(4) 車両の幅は，2.5 m である。

R3 年前期 No.36

解説

車両の幅，重量，高さ，長さ及び最小回転半径の最高限度。（道路法第 47 条第 1 項，車両制限令第 3 条）

①幅　**2.5 m** 以下
②重量　次に掲げる値
　イ　総重量　高速自動車国道又は道路管理者が道路の構造の保全及び交通の危険の防止上支障がないと認めて指定した道路を通行する車両にあっては 25 t 以下で車両の長さ及び軸距に応じて当該車両の通行により道路に生ずる応力を勘案して国土交通省令で定める値，その他の道路を通行する車両にあっては 20 t 以下
　ロ　軸重　10 t 以下
　ハ　隣り合う車軸に係る軸重の合計　隣り合う車軸に係る軸距が 1.8 m 未満である場合にあっては 18 t（隣り合う車軸に係る軸距が 1.3 m 以上であり，かつ，当該隣り合う車軸に係る軸重がいずれも 9.5 t 以下である場合にあっては，19 t 以下），1.8 m 以上である場合にあっては 20 t 以下
③輪荷重　**5 t** 以下
④高さ　道路管理者が道路の構造の保全及び交通の危険の防止上支障がないと認めて指定した道路を通行する車両にあっては 4.1 m 以下，その他の道路を通行する車両にあっては **3.8 m** 以下
⑤長さ　12 m 以下
⑥最小回転半径　車両の最外側のわだちについて 12 m 以下

よって，(3)が誤っている。

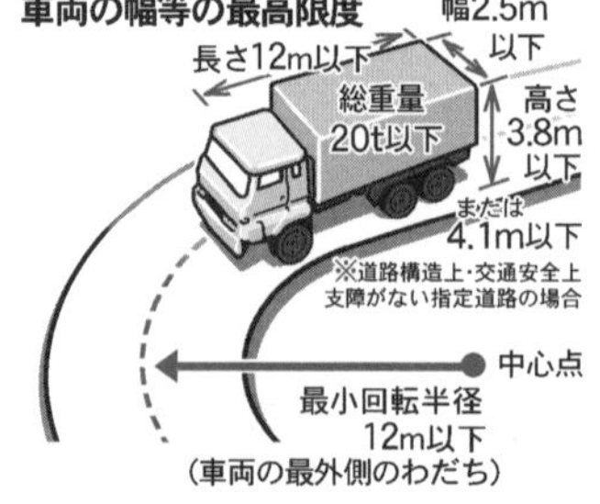

解答 (3)

道路に工作物又は施設を設け，継続して道路を使用する行為に関する次の記述のうち道路法令上，占用の許可を**必要としないもの**はどれか。

(1) 工事用板囲，足場，詰所その他工事用施設を設置する場合。
(2) 津波からの一時的な避難場所としての機能を有する堅固な施設を設置する場合。
(3) 看板，標識，旗ざお，パーキング・メータ，幕及びアーチを設置する場合。
(4) 車両の運転者の視線を誘導するための施設を設置する場合。

R2 年後期 No.36

解説

(1) 工事用板囲，足場，詰所その他の工事用施設は，占用許可を必要とする。
(道路法第 32 条第 1 項第 7 号，同法施行令第 7 条第 4 号)

(2) 津波からの一時的な避難場所としての機能を有する堅固な施設は，占用許可を必要とする。(道路法第 32 条第 1 項第 7 号，同法施行令第 7 条第 3 号)

(3) 看板，標識，旗ざお，パーキング・メーター，幕及びアーチは，占用許可を必要とする。(道路法第 32 条第 1 項，同法施行令第 7 条第 1 号)

(4) 車両の運転者の視線を誘導するための施設を設置する場合は，占用許可を必要としない。(道路法第 32 条第 1 項，同法施行令第 7 条)

Lesson 3　法規

5 河川関係法

point チェックポイント

1. 「河川の使用及び河川に関する規制」について理解する。過去 10 回で 8 回出題されている。
2. 「河川法の用語の定義」を理解する。過去 10 回で 6 回出題されている。
3. 「河川の管理」について理解する。過去 10 回で 6 回出題されている。
4. 「河川保全区域」について理解する。過去 10 回で 3 回出題されている。

■水の占用許可：「河川の流水を占用しようとする者は，国土交通省令で定めるところにより，**河川管理者**の許可を受けなければならない。」(河川法第 23 条)

・流水の占用とは，**河川の流水を排他的独占的に継続して使用することをいう。**

・**現場練りコンクリートで少量の水を使用する場合等は含まれない。**

■土地の占用許可：「河川区域内の土地を占用しようとする者は，国土交通省令で定めるところにより，河川管理者の許可を受けなければならない。」(河川法第 24 条)

・**工事用道路とするための土地の占用をする場合や，低水路に仮設栈橋を設ける場合にも適用される。**

■土石等の採取の許可：「河川区域内において，土石等を採取しようとする者は，国土交通省令により，河川管理者の許可を受けなければならない。」(河川法第 25 条)

・**土石以外に，政令で定める竹木，あし，かや，笹，埋れ木，じゅんさいなどがある。**

・**河川区域内で河川管理者以外の者が行う工事の際，掘削によって発生した土砂等を他の工事に使用する場合も適用される。**

■工作物の新築等の許可：「河川区域内の土地において工作物を新築し，改築し，又は除却しようとする者は，河川管理者の許可を受けなければならない。河川の河口付近の海面において河川の流水を貯留し，又は停滞させるための工作物を新築し，改築し，又は除却しようとする者も，同様とする。」(河川法第 26 条第 1 項)

・**河川管理者の許可を得て工作物を新築するための土地の掘削の許可は，工作物の新築と一体として許可条件とするため，改めて許可を取る必要はない。**

■土地の掘削等の許可：「河川区域内の土地において土地の掘削，盛土若しくは切土その他土地の形状を変更する行為又は竹木を栽植若しくは伐採しようとする者は，河川管理者の許可を受けなければならない。」(河川法第 27 条第 1 項) ただし，耕うん及び管理者が指定した軽易な行為は除く。

・**竹木の伐採は許可の対象であるが，特別に指定した区域外の竹木の伐採は軽易な行為とある。取水施設又は排水施設の機能を維持するために行う取水口又は排水口の付近に積もった土砂の排除なども軽易な行為である。**

河川法上，河川区域内において，**河川管理者の許可を必要としないもの**は，次のうちどれか。

(1) 道路橋の橋梁架設工事に伴う河川区域内の工事資材置き場の設置
(2) 河川区域内における下水処理場の排水口付近に積もった土砂の排除
(3) 河川区域内の土地における竹林の伐採
(4) 河川区域内上空の送電線の架設

R3 年後期 No.37

解　説

(1) 河川区域内の土地を占用しようとする者は，国土交通省令で定めるところにより，**河川管理者の許可を受けなければならない。**（河川法第 24 条）

(2) 取水施設又は排水施設の機能を維持するために行う取水口又は排水口の付近に積もった土砂等の排除は軽易な行為として，河川管理者の許可を必要としない。（河川法施行令第 15 条の 4 第 1 項第 2 号）

(3) 河川区域内の土地において土地の掘削，盛土若しくは切土その他土地の形状を変更する行為又は竹木の栽植若しくは伐採をしようとする者は，国土交通省令で定めるところにより，**河川管理者の許可を受けなければならない。**
（河川法第 27 条第 1 項）

(4) 河川区域内の土地を占用しようとする者は，国土交通省令で定めるところにより，**河川管理者の許可を受けなければならない。**（河川法第 24 条）河川区域内において，河川法は，地上，地下及び空中に及ぶ。

問題 2

河川法に関する次の記述のうち，**正しいもの**はどれか。

⑴　一級河川の管理は，原則として，国土交通大臣が行う。
⑵　河川法の目的は，洪水防御と水利用の 2 つであり，河川環境の整備と保全は目的に含まれない。
⑶　準用河川の管理は，原則として，都道府県知事が行う。
⑷　洪水防御を目的とするダムは，河川管理施設には該当しない。

R3 年前期 No.37

解　説

⑴　一級河川の管理は，国土交通大臣が行なう。（河川法第 9 条）　よって，正しい。

⑵　この法律は，河川について，洪水，津波，高潮等による災害の発生が防止され，河川が適正に利用され，流水の正常な機能が維持され，及び**河川環境の整備と保全がされる**ようにこれを総合的に管理することにより，国土の保全と発に寄与し，もって公共の安全を保持し，かつ，公共の福祉を増進することを目的とする。（河川法第 1 条）　よって，**誤っている。**

⑶　一級河川及び二級河川以外の河川で市町村長が指定したもの（以下「準用河川」という。）については，この法律中二級河川に関する規定を準用する。この場合において，これらの規定中「都道府県知事」とあるのは「市町村長」と，「都道府県」とあるのは「市町村」と，「国土交通大臣」とあるのは「都道府県知事」と読み替えるものとする。（河川法第 100 条）原則として，**市町村長**が行う。
よって，**誤っている。**

⑷　**「河川管理施設」とは，ダム**，堰，水門，堤防，護岸，床止め，樹林帯その他河川の流水によって生ずる公利を増進し，又は公害を除却し，若しくは軽減する効用を有する施設をいう。（河川法第 3 条第 2 項）　よって，**誤っている。**

問題 3

河川法に関する次の記述のうち，**正しいもの**はどれか。

⑴ 河川法上の河川には，ダム，堰（せき），水門，堤防，護岸，床止め等の河川管理施設は含まれない。

⑵ 河川保全区域とは，河川管理施設を保全するために河川管理者が指定した一定の区域である。

⑶ 二級河川の管理は，原則として，当該河川の存する市町村長が行う。

⑷ 河川区域には，堤防に挟まれた区域と堤内地側の河川保全区域が含まれる。

R2 年後期 No.37

解 説

⑴ **河川管理施設とは，ダム，堰，水門，堤防，護岸，床止め**，樹林帯その他河川の流水によって生ずる公利を増進し，又は公害を除却し，若しくは軽減する効用を有する施設をいう。(河川法第 3 条第 2 項)　よって，**誤っている。**

⑵ 河川管理者は，河岸又は河川管理施設を保全するため必要があると認めるときは，河川区域に隣接する一定の区域を河川保全区域として指定することができる。(河川法第 54 条第 1 項)　よって，正しい。

⑶ この法律において「二級河川」とは，都道府県知事が指定したものをいい，原則として，当該河川の存する**都道府県知事**が行う。(河川法第 5 条第 1 項)
よって，**誤っている。**

⑷ 「河川区域」とは，次の各号に掲げる区域をいう。

1. 河川の流水が継続して存する土地及び地形，草木の生茂の状況その他その状況が河川の流水が継続して存する土地に類する状況を呈している土地（河岸の土地を含み，洪水その他異常な天然現象により一時的に当該状況を呈している土地を除く。）の区域
2. 河川管理施設の敷地である土地の区域
3. **堤外の土地の区域のうち，**第 1 号に掲げる区域と一体として管理を行う必要があるものとして**河川管理者が指定した区域**

(河川法第 6 条第 1 項)　よって，**誤っている。**

解 答 (2)

Lesson 3 法規

6 建築基準法

1. 「建築基準法の用語の定義」を理解する。過去 10 回で 8 回出題されている。
2. 「仮設建築物に対する建築基準法の適用除外と適用規定」を理解する。過去 10 回で 2 回出題されている。

point チェックポイント

■仮設建築物に対する建築基準法（第 85 条第 2 項）の主な適用外（緩和）と適用規定

条文	内容
(1) 建築基準法の規定のうち適用されない主な規定	
第 6 条	建築物の建築等に関する申請及び確認
第 7 条	建築物に関する完了検査
第 15 条	建築物を建築又は除却の工事をする場合の届出
第 19 条	建築物の敷地の衛生及び安全に関する規定
第 43 条	建築物の敷地は，道路に 2 m 以上接すること
第 52 条	建築物の延べ面積の敷地面積に対する割合（容積率）
第 53 条	建築物の建築面積の敷地面積に対する割合（建蔽率）
第 55 条	第 1 種低層住居専用地域等における建築物の高さの限度
第 61 条	防火地域及び準防火地域内の建築物
第 62 条	防火地域又は準防火地域内の建築物の屋根の構造（50 m^2 以内）
	「第 3 章（第 41 条の 2～第 68 条の 9） 都市計画区域，準都市計画区域内の建築物の敷地，構造，建築設備に関する規定」
(2) 建築基準法のうち適用される主な規定	
第 5 条の 6	建築物の設計及び工事監理
第 20 条	建築物は，自重，積載荷重，積雪，風圧，地震，衝撃等に対して安全な構造とする
第 28 条	居室の採光及び換気のための窓の設置
第 29 条	地階における住宅等の居室の壁及び床の防湿の措置
第 32 条	建築物の電気設備の安全及び防火
(3) 防火地域内及び準防火地域内に 50 m^2 を超える建築物を設置する場合	
建築基準法第 62 条の規定が適用され，建築物の屋根の構造は次のいずれかとする	
① 不燃材料で造るか，又はふく。	
② 屋根を準耐火構造（屋外に面する部分を準不燃材料で造ったものに限る。）	
③ 屋根を耐火構造（屋外面に断熱材及び防水材を張ったもの。）	

問題 1

建築基準法の用語の定義に関する次の記述のうち，**誤っているもの**はどれか。

⑴ 建築物は，土地に定着する工作物のうち，屋根及び柱若(も)しくは壁を有するもの，これに附属する門若しくは塀などをいう。

⑵ 居室は，居住のみを目的として継続的に使用する室(へや)をいう。

⑶ 建築設備は，建築物に設ける電気，ガス，給水，排水，換気，汚物処理などの設備をいう。

⑷ 特定行政庁は，原則として，建築主事を置く市町村の区域については当該市町村の長をいい，その他の市町村の区域については都道府県知事をいう。

R3 年前期 No.38

解 説

⑴ 建築物は，土地に定着する工作物のうち，屋根及び柱若しくは壁を有するもの，これに附属する門若しくは塀，観覧のための工作物又は地下若しくは高架の工作物内に設ける事務所，店舗，興行場，倉庫その他これらに類する施設をいい，建築設備を含むものとする。（建築基準法第 2 条第 1 項第 1 号）

よって，**正しい。**

⑵ 居室は，居住，執務，作業，集会，娯楽その他これらに類する目的のために継続的に使用する室をいう。（建築基準法第 2 条第 1 項第 4 号）

よって，誤っている。

⑶ 建築設備は，建築物に設ける電気，ガス，給水，排水，換気，暖房，冷房，消火，排煙若しくは汚物処理の設備又は煙突，昇降機若しくは避雷針をいう。（建築基準法第 2 条第 1 項第 3 号）

よって，**正しい。**

⑷ 特定行政庁は，建築主事を置く市町村の区域については当該市町村の長をいい，その他の市町村の区域については都道府県知事をいう。（建築基準法第 2 条第 1 項第 35 号）

よって，**正しい。**

問題 2

現場に設ける延べ面積が 50 m^2 を超える仮設建築物に関する次の記述のうち，建築基準法上，**正しいもの**はどれか。

(1) 防火地域又は準防火地域内に設ける仮設建築物の屋根の構造は，政令で定める技術的基準が適用されない。
(2) 仮設建築物を建築しようとする場合は，建築主事の確認の申請は適用されない。
(3) 仮設建築物の延べ面積の敷地面積に対する割合（容積率）の規定が適用される。
(4) 仮設建築物を設ける敷地は，公道に 2 m 以上接しなければならないという規定が適用される。

H26年No.38

解説

(1) 防火地域又は準防火地域内に 50 m^2 を超える建築物を設置する場合は，建築物の**屋根の構造は政令で定める技術的基準が適用される。**（建築基準法第 62 条，同法施行令第 136 条の 2 の 2）　よって，**誤っている。**

(2) 建築物を建築しようとする場合は，確認の申請書を提出して建築主事の確認を受けなければならない（建築基準法第 6 条第 1 項）が，仮設建築物に関しては適用されない。（同法第 85 条第 2 項）　よって，正しい。

(3) 延べ床面積の敷地面積に対する割合**（容積率）の規定**（建築基準法第 52 条）**は，仮設建築物に関しては適用されない。**（同法第 85 条第 2 項）　よって，**誤っている。**

(4) 建築物の敷地は，道路に 2 m 以上接しなければならないと規定されている（建築基準法第 43 条第 1 項）が，**敷地等と道路の関係は，仮設建築物に関しては適用されない。**（同法第 85 条第 2 項）　よって，**誤っている。**

問題 3

建築基準法に定められている建築物の敷地と道路に関する下記の文章の［　］の（イ），（ロ）にあてはまる次の数値の組合せのうち，**正しいもの**はどれか。

都市計画区域内の道路は，原則として幅員［（イ）］m 以上のものをいい，建築物の敷地は，原則として道路に［（ロ）］m 以上接しなければならない。

	（イ）		（ロ）
⑴	3	…………	2
⑵	3	…………	3
⑶	4	…………	2
⑷	4	…………	3

R2 年後期 No.38

解 説

都市計画区域内の道路は，原則として，幅員 4 m（特定行政庁がその地方の気候若しくは風土の特殊性又は土地の状況により必要と認めて都道府県都市計画審議会の議を経て指定する区域内においては，6 m）以上のもの（地下におけるものを除く。）をいう。（建築基準法第 42 条）建築物の敷地は，道路に 2 m 以上接しなければならない。（同法第 43 条）

よって，⑶ の組合せが正しい。

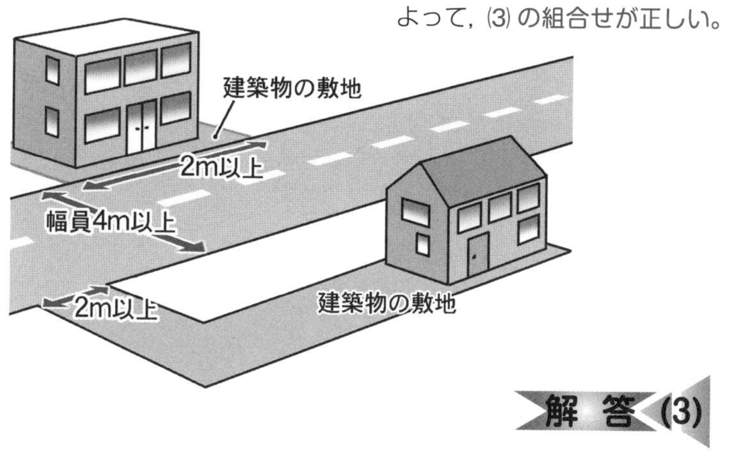

解 答 ⑶

Lesson 3 6 建築基準法

7 火薬類取締法

point チェックポイント

1. 「火薬類の消費，取扱い，火薬類取扱所，火工所，発破，不発」等の規定を理解する。過去 10 回で 8 回出題されている。
2. 「火薬類の貯蔵，運搬，制限，廃棄」等について理解する。過去 10 回で 7 回出題されている。
3. 「保安」等について理解する。過去 10 回で 1 回出題されている。

■火薬類の定義

(1) 火　薬

① 黒色火薬その他硝酸塩を主とする火薬

② 無煙火薬その他硝酸エステルを主とする火薬

③ その他①又は②に掲げる火薬と同等に推進的爆発の用途に供せられる火薬であって，経済産業省令で定めるもの。

(2) 爆　薬

① 雷こう，アジ化鉛その他の起爆薬

② 硝安爆薬，塩素酸カリ爆薬，カーリットその他硝酸塩，塩素酸塩又は過塩素酸塩を主とする爆薬

③ ニトログリセリン，ニトログリコール及び爆発の用途に供せられるその他の硝酸エステル

④ ダイナマイトその他の硝酸エステルを主とする爆薬

⑤ 爆発の用途に供せられるトリニトロベンゼン，トリニトロトルエン，ピクリン酸，トリニトロクロルベンゼン，テトリル，トリニトロアニソール，ヘキサニトロジフェニルアミン，トリメチレントリニトロアミン，ニトロ基を 3 以上含むその他のニトロ化合物及びこれらを主とする爆薬

⑥ 液体酸素爆薬その他の液体爆薬

⑦ その他①～⑥までに掲げる爆薬と同等に破壊的爆発の用途に供せられる爆薬であって，経済産業省令で定めるもの

(3) 火工品

① 工業雷管，電気雷管，銃用雷管及び信号雷管

② 実砲及び空砲

③ 信管及び火管

④ 導爆線，導火線及び電気導火線

⑤ 信号焔管及び信号火せん

⑥ 煙火その他前号に掲げる火薬又は爆薬を使用した火工品（経済産業省令で定めるものを除く。）

火薬類取締法上，火薬類の取扱いに関する次の記述のうち，**正しいもの**はどれか。

⑴ 火薬庫を設置しようとするものは，所轄の警察署に届け出なければならない。
⑵ 爆発し，発火し，又は燃焼しやすい物は，火薬庫の境界内に堆積させなければならない。
⑶ 火薬庫内には，火薬類以外のものを貯蔵してはならない。
⑷ 火薬庫内では，温度の変化を少なくするため夏期は換気をしてはならない。

R3 年前期 No.39

解説

⑴ 火薬庫を設置し，移転し又はその構造若しくは設備を変更しようとする者は，経済産業省令で定めるところにより，**都道府県知事の許可**を受けなければならない。（火薬類取締法第 12 条第 1 項）
よって，**誤っている。**

⑵ 火薬庫の境界内には，爆発し，発火し，又は燃焼しやすい物を**たい積しないこと。**（火薬類取締法施行規則第 21 条第 1 項第 2 号）
よって，**誤っている。**

⑶ 火薬庫内には，火薬類以外の物を貯蔵しないこと。（火薬類取締法施行規則第 21 条第 1 項第 3 号）
よって，正しい。

⑷ 火薬庫内では，**換気に注意**し，できるだけ温度の変化を少なくし，特に無煙火薬又はダイナマイトを貯蔵する場合には，最高最低寒暖計を備え，夏期又は冬期における温度の影響を少なくするような措置を講ずること。（火薬類取締法施行規則第 21 条第 1 項第 7 号）
よって，**誤っている。**

解 答 (3)

問題 2

火薬類取締法上，火薬類の取扱いに関する次の記述のうち，**誤っているもの**はどれか。

(1) 火薬類を収納する容器は，木その他電気不良導体で作った丈夫な構造のものとし，内面には鉄類を表さないこと。
(2) 火薬類を存置し，又は運搬するときは，火薬，爆薬，導火線と火工品とを同一の容器に収納すること。
(3) 固化したダイナマイト等は，もみほぐすこと。
(4) 18 歳未満の者は，火薬類の取扱いをしてはならない。

H30 年後期 No.39

解　説

(1) 火薬類を収納する容器は，木その他電気不良導体で作った丈夫な構造のものとし，内面には鉄類を表さないこと。(火薬類取締法施行規則第 51 条第 1 号)

よって，**正しい。**

(2) 火薬類を存置し，又は運搬するときは，火薬，爆薬，導爆線又は制御発破用コードと火工品とは，それぞれ異なった容器に収納すること。(火薬類取締法施行規則第 51 条第 2 号)

よって，誤っている。

(3) 固化したダイナマイト等は，もみほぐすこと。(火薬類取締法施行規則第 51 条第 7 号)

よって，**正しい。**

(4) 18 歳未満の者は，火薬類の取扱いをしてはならない。(火薬類取締法第 23 条第 1 項)

よって，**正しい。**

問題 3

火薬類取締法上，火薬類の取扱いに関する次の記述のうち，**誤っているもの**はどれか。

(1) 消費場所においては，薬包に雷管を取り付ける等の作業を行うために，火工所を設けなければならない。
(2) 火工所に火薬類を存置する場合には，見張り人を必要に応じて配置しなければならない。
(3) 火工所以外の場所においては，薬包に雷管を取り付ける作業を行ってはならない。
(4) 火工所には，原則として薬包に雷管を取り付けるために必要な火薬類以外の火薬類を持ち込んではならない。

R3 年後期 No.39

解説

(1) 消費場所においては，薬包に工業雷管，電気雷管若しくは導火管付き雷管を取り付け，又はこれらを取り付けた薬包を取り扱う作業をするために，火工所を設けなければならない。(火薬類取締法施行規則第 52 条の 2 第 1 項)

よって，**正しい。**

(2) 火工所に火薬類を存置する場合には，見張人を常時配置すること。(火薬類取締法施行規則第 52 条の 2 第 3 項第 3 号)

よって，誤っている。

(3) 火工所以外の場所においては，薬包に工業雷管，電気雷管又は導火管付き雷管を取り付ける作業を行わないこと。(火薬類取締法施行規則第 52 条の 2 第 3 項第 6 号)

よって，**正しい。**

(4) 火工所には，薬包に工業雷管，電気雷管又は導火管付き雷管を取り付けるために必要な火薬類以外の火薬類を持ち込まないこと。(火薬類取締法施行規則第 52 条の 2 第 3 項第 7 号)

よって，**正しい。**

法　規

8 騒音規制法

1. 「特定建設作業に関する規定」について理解する。過去10回で10回出題されている。
2. 「定義と地域の指定」について理解する。過去10回で1回出題されている。
3. 「報告及び検査」について理解する。過去10回で1回出題されている。

point チェックポイント

■特定施設

特定施設とは，工場又は事業場における施設のうち，著しい騒音を発生する施設で，騒音規制法施行令第1条に規定するものをいう。

① 金属加工機械（製管機械，ブラスト）

② 空気圧縮機及び送風機（原動機の定格出力が7.5 kW以上のものに限る。）

③ 建設用資材製造機械

- コンクリートプラントで混練容量が0.45 m^3 以上のもの
- アスファルトプラントで混練容量が200 kg以上のもの
- 木材加工機械（丸のこ盤，帯のこ盤，かんな盤）

■規制基準

(1) 指定地域と区分別規制時間

指定地域	作業禁止時間帯	1日当たりの作業時間	連続日数	日曜日，その他休日作業	1日で終了する作業
①第1号区域	午後 7時～翌午前 7時	10時間	6日以内	作業禁止	除　く
②第2号区域	午後 10時～翌午前 6時	14時間	6日以内	作業禁止	除　く

(2) 特定建設作業が，1日だけで終わる場合と，災害その他緊急を要する場合，人の生命又は身体に対する危険を防止するために行う必要がある特定作業の時間帯は制約されない。ただし，当該敷地の敷地境界線上で**規制騒音85 dB（デシベル）**を超えてはならない。

■特定建設作業の届出

指定地域内において，特定建設作業を実施しようとする元請負人は，当該建設工事の開始の日の**7日前**までに，環境省令で定めるところにより，次の事項を**市町村長**に届け出なければならない。

① 所定の様式に建設する施設又は工作物の種類
② 特定建設作業の場所・実施期間
③ 騒音の防止方法
④ 特定建設作業の種類と使用機械の名称・型式
⑤ 作業の開始及び終了時刻
⑥ **添付書類**：特定建設作業の工程が明示された建設工事の工程表と作業場所附近の見取り図

なお，災害その他非常事態の発生により，特定建設作業を緊急に行う必要が生じた場合には，届出ができる状態になった時点で，できるだけ速やかに届出なければならない。

問題 1

騒音規制法上，指定地域内における特定建設作業を伴う建設工事を施工しようとする者が行う，特定建設作業の実施に関する届出先として，**正しいもの**は次のうちどれか。

(1) 環境大臣
(2) 都道府県知事
(3) 市町村長
(4) 労働基準監督署長

R元年後期 No.40

解 説

指定地域内において特定建設作業を伴う建設工事を施工しようとする者は，当該特定建設作業の開始の日の７日前までに，市町村長に届け出なければならない。
(騒音規制法第 14 条第 1 項)

よって，(3)が正しい。

解 答 (3)

Lesson 3 8 騒音規制法

問題 2

騒音規制法上，指定地域内において特定建設作業を施工しようとする者が，届け出なければならない事項として，**該当しないもの**は次のうちどれか。

⑴ 特定建設作業の場所
⑵ 特定建設作業の実施期間
⑶ 特定建設作業の概算工事費
⑷ 騒音の防止の方法

R元年前期 No.40

解 説

指定地域内において特定建設作業を伴う建設工事を施工しようとする者は，当該特定建設作業の開始の日の 7 日前までに，次の事項を市町村長に届け出なければならない。(騒音規制法第 14 条第 1 項)

1. 氏名又は名称及び住所並びに法人にあっては，その代表者の氏名
2. 建設工事の目的に係る施設又は工作物の種類
3. 特定建設作業の場所及び実施の期間
4. 騒音の防止の方法
5. その他環境省令で定める事項

よって，⑶特定建設作業の概算工事費は，該当しない。

騒音規制法上，指定地域内における特定建設作業の規制基準に関する次の記述のうち，**正しいもの**はどれか。

(1) 特定建設作業の敷地の境界線において騒音の大きさは，85 デシベルを超えてはならない。
(2) 1 号区域では夜間・深夜作業の禁止時間帯は，午後 7 時から翌日の午前 9 時である。
(3) 1 号区域では 1 日の作業時間は，3 時間を超えてはならない。
(4) 連続作業の制限は，同一場所においては 7 日である。

R3 年前期 No.40

解説

特定建設作業（騒音規制法第 2 条関係）

建設工事として行なわれる作業のうち，著しい騒音を発生する作業であって騒音規制法施行令の別表第 2 に掲げる作業。（ただし，その作業が 1 日で終わるもの（作業開始日と終了日が同一の場合）は除く。）

規制基準（法第 15 条関係）

「特定建設作業に伴って発生する騒音の規制に関する基準（昭和 46 年 11 月 27 日厚生省・建設省告示第 1 号）」に下記のとおり定められている。（「騒音・振動関係県告示集〔平成 9 年 3 月 28 日告示第 344 号の 6〕」参照）基準値（敷地境界線における基準）	1 号区域 2 号区域	85 デシベルを超えないこと
作業時間※	1 号区域 2 号区域	午後 7 時から翌日の**午前 7 時**までは禁止 午後 10 時から翌日の午前 6 時までは禁止
一日の作業時間※	1 号区域 2 号区域	**10 時間**を超えないこと 14 時間を超えないこと
作業期間※	1 号区域 2 号区域	連続して **6 日間**を超えないこと
日曜日その他の休日※	1 号区域 2 号区域	禁止

・第 1 種区域，第 2 種区域，第 3 種区域に加えて，第 4 種区域のうち学校，病院等の施設の周囲おおむね 80 m の区域

2 号地域・・・第 4 種区域のうち，1 号区域を除く区域

※災害等により特定建設作業を緊急に行う必要がある場合などは除く。

よって，(1)が正しい。

Lesson 3

9 振動規制法

1. 「特定建設作業に関する規定」について理解する。過去10回で6回出題されている。
2. 「規制基準で，振動の測定」について理解する。過去10回で4回出題されている。
3. 「振動規制法の用語の定義と地域の指定」について理解する。過去10回で3回出題されている。

point チェックポイント

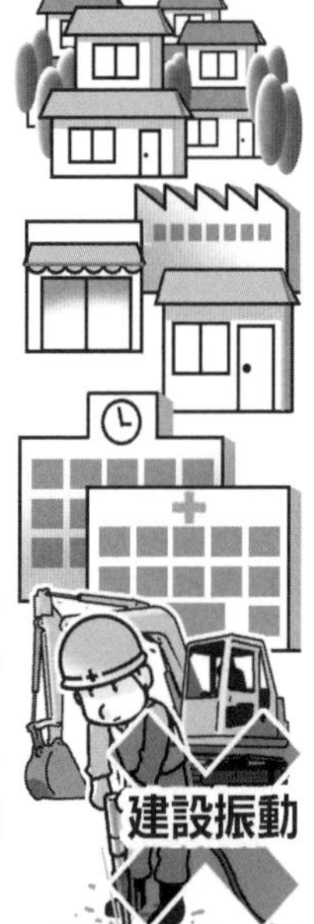

■地域の指定（振動規制法第３条）

都道府県知事は，住民の生活環境を保全するため，次の条件に当てはまる地域を建設振動の規制地域として指定しなければならない。

① 住居が集合している地域
② 病院又は学校の周辺の地域
③ その他，振動の防止を必要とする地域

指定地域における区分（振動規制法施行規則付表）

(1) 第1号区域

① 良好な住居の環境を保全するため，特に静穏の保持を必要とする区域
② 住居の用に供されているため，静穏の保持を必要とする区域
③ 住居の用に併せて商業，工業等の用に供されている区域であって，相当数の住居が集合しているため，振動の発生を防止する必要がある区域
④ 学校，保育所，病院及び診療所（ただし，患者の収容設備を有するもの。），図書館並びに特別養護老人ホームの敷地に周囲おおむね80 mの区域内

(2) 第2号区域　指定区域のうちで上記以外の区域

■規制基準（特定建設作業に伴って発生する騒音の規制に関する基準）

(1) 指定地域と区分別規制時間

指定地域	作業禁止時間帯	1日当たりの作業時間	連続日数	日曜日，その他休日作業	1日で終了する作業
①第1号区域	午後　7時～翌午前 7時	10時間	6日以内	作業禁止	除　く
②第2号区域	午後 10時～翌午前 6時	14時間	6日以内	作業禁止	除　く

(2) 特定建設作業が，1日だけで終わる場合と，災害その他非常の事態の発生により緊急に行う必要がある場合，人の生命又は身体に対する危険を防止するために行う必要がある特定作業の時間帯は制約されない。ただし，当該敷地の境界線において規制振動75 dB（デシベル）を超えてはならない。

振動規制法上，指定地域内において行う特定建設作業に**該当するもの**は，次のうちどれか。

(1) もんけん式くい打機を使用する作業
(2) 圧入式くい打くい抜機を使用する作業
(3) 油圧式くい抜機を使用する作業
(4) ディーゼルハンマのくい打機を使用する作業

R3 年後期 No.41

解　説

指定地域内において特定建設作業の対象となる作業（振動規制法第 2 条第 3 項，同法施行令第 2 条別表第 2）を規定している。

1. くい打機（**もんけん及び圧入式くい打機を除く。**），くい抜機（**油圧式くい抜機を除く。**）又はくい打くい抜機（圧入式くい打くい抜機を除く。）を使用する作業
2. 鋼球を使用して建築物その他の工作物を破壊する作業
3. 舗装版破砕機を使用する作業（作業地点が連続的に移動する作業にあっては，1 日における当該作業に係る 2 地点間の最大距離が 50 m を超えない作業に限る。）
4. ブレーカー（手持式のものを除く。）を使用する作業（作業地点が連続的に移動する作業にあっては，1 日における当該作業に係る 2 地点間の最大距離が 50 m を超えない作業に限る。）と規定している。

よって，(4)が特定建設作業に該当する。

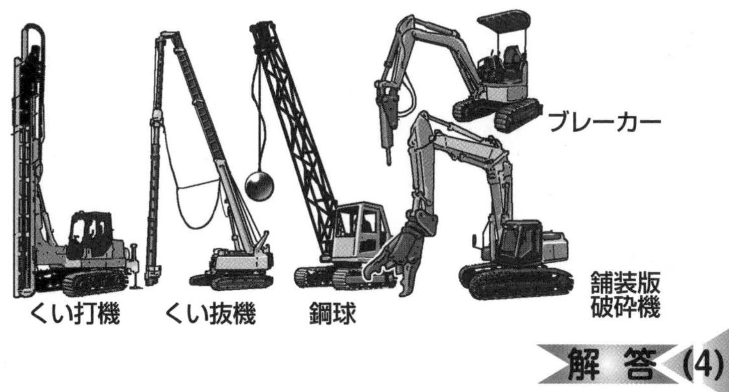

解 答 (4)

問題 2

振動規制法上，特定建設作業の規制基準に関する測定位置と振動の大きさに関する次の記述のうち，**正しいもの**はどれか。

⑴　特定建設作業の場所の中心部で 75 dB を超えないこと。
⑵　特定建設作業の場所の敷地の境界線で 75 dB を超えないこと。
⑶　特定建設作業の場所の中心部で 85 dB を超えないこと。
⑷　特定建設作業の場所の敷地の境界線で 85 dB を超えないこと。

R2 年後期 No.41

解　説

特定建設作業の規制に関する基準において，特定建設作業の振動が，特定建設作業の場所の敷地の境界線において，75 dB を超える大きさのものでないこと。（振動規制法第 15 条第 1 項，同法施行規則第 11 条，別表第 1 の 1 号）

よって，⑵が正しい。

Lesson 3 法規

10 港則法

「航路での行為の制限及び港内，港外での航行，入港及び停泊，港長の許可」に関して理解する。毎回出題されている。

point チェックポイント

■定　義（港則法第 3 条）

①「汽艇等」…汽艇（総トン数 20 t 未満の汽船をいう。），はしけ及び端舟その他ろかいのみをもって運転し，又は主としてろかいをもって運転する船舶をいう。

②「特定港」…喫水の深い船舶が出入できる港又は外国船舶が常時出入する港であって，政令で定めるものをいう。

■入出港の届出

船舶は，特定港に入港したとき又は特定港を出港しようとするときは，その旨を港長に届け出る。ただし，次に該当する日本船舶は届出る必要はない。（港則法第 4 条，同法施行規則第 2 条）

①　総トン数 20 t 未満の汽船及び端舟その他ろかいのみをもって運転する船舶

②　平水区域を航行区域とする船舶

③　あらかじめ港長の許可を受けた船舶

■水路の保全

①　港内又は港の境界外 1 万 m 以内の水面においては，みだりに，バラスト（鉄くず，砂等），廃油，ごみその他廃物を捨ててはならない。（港則法第 24 条）

②　港内又は港の境界付近において発生した海難により他の船舶交通を阻害する状態が生じたときは，当該海難に係る船舶の船長は，遅滞なく標識の設定その他危険予防のため必要な措置をし，その旨を港長に報告しなければならない。（港則法第 25 条）

■灯火，信号，汽笛の制限

①　何人も，港内又は港の境界附近における船舶交通の妨となるおそれのある強力な灯火をみだりに使用してはならない。（港則法第 36 条）

　ただし，海難を避けるため，あるいは人命救助などのやむを得ない場合は認められる。

②　特定港内において使用すべき私設信号（陸上と船舶間の連絡に用いる信号）を定めようとする者は，港長の許可を受けなければならない。（港則法第 29 条）

③　船舶は，港内においては，みだりに汽笛又はサイレンを吹き鳴らしてはならない。（港則法第 28 条）

問題 1

港則法上，船舶の航路，及び航法に関する次の記述のうち，**誤っているもの**はどれか。

⑴ 船舶は，航路内においては，他の船舶と行き会うときは左側を航行しなければならない。
⑵ 船舶は，航路内においては，原則として投びょうし，又はえい航している船舶を放してはならない。
⑶ 船舶は，港内においては停泊船舶を右げんに見て航行するときは，できるだけ停泊船舶に近寄って航行しなければならない。
⑷ 船舶は，航路内においては，他の船舶を追い越してはならない。

R3 年前期 No.42

解 説

⑴ 船舶は，航路内において，他の船舶と行き会うときは，**右側**を航行しなければならない。（港則法第 14 条第 3 項）
よって，誤っている。

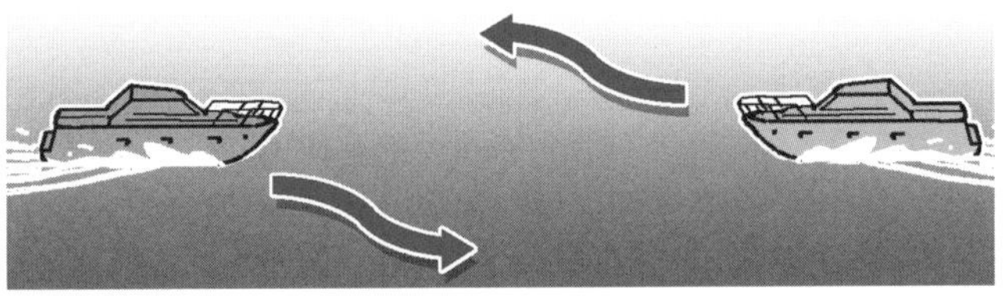

⑵ 船舶は，航路内においては，投びょうし，又はえい航している船舶を放してはならない。（港則法第 13 条）
よって，**正しい。**

⑶ 船舶は，港内においては，防波堤，ふとうその他の工作物の突端又は停泊船舶を右げんに見て航行するときは，できるだけこれに近寄り，左げんに見て航行するときは，できるだけこれに遠ざかって航行しなければならない。（港則法第 17 条）
よって，**正しい。**

⑷ 船舶は，航路内においては，他の船舶を追い越してはならない。（港則法第 14 条第 4 項）
よって，**正しい。**

問題 2

特定港で行う場合に**港長の許可を受ける必要があるもの**は，港則法上，次のうちどれか。

(1) 特定港に入港したとき
(2) 特定港内又は特定港の境界附近で工事又は作業をしようとする者
(3) 特定港内において，雑種船以外の船舶を修繕し，又はけい船しようとする者
(4) 特定港を出港しようとするとき

H29 年第 1 回 No.42

解説

(1) 船舶は，特定港に入港したときは，国土交通省令の定めるところにより，港長に**届け出**なければならないと規定している。(港則法第 4 条)

(2) 特定港内又は特定港の境界附近で工事又は作業をしようとする者は，港長の許可を受けなければならないと規定している。(港則法第 31 条第 1 項)

(3) 特定港内においては，雑種船以外の船舶を修繕し，又は係船しようとする者は，その旨を港長に**届け出**なければならないと規定している。(港則法第 8 条第 1 項)

※平成 28 年 11 月 1 日に改正港則法が施行され，第 8 条については「特定港内においては，汽艇等以外の船舶を修繕し，又は係船しようとする者は，その旨を港長に届け出なければならない。」と変更された。

この法律において「汽艇等」とは，汽艇（総トン数 20 t 未満の汽船をいう），はしけ及び端舟その他ろかいのみをもって運転，又は主としてろかいをもって運転する船舶をいう。(同法第 3 条)

(4) 船舶は，特定港を出港しようとするときは，国土交通省令の定めるところにより，港長に**届け出**なければならないと規定している。(港則法第 4 条)

よって，(2)が港長の許可を受ける必要がある。

Lesson 4

1 測量

1. 「トータルステーションをはじめとする，最新機器の測量内容」を理解しておく。過去 10 回で 1 回出題されている。
2. 「水準測量一般及び誤差の消去並びに標高の計算」を理解しておく。過去 10 回で 8 回出題されている。
3. 「トラバース測量の計算」を理解しておく。過去 10 回で 2 回出題されている。

point
チェックポイント

■トランシット測量一般

・**点検, 調整**：使用前はもちろん，使用中にも時々点検する必要がある。
・**格　　納**：すべてのネジをゆるめてから，無理をせずに入れる。
・**移　　動**：締付ネジをかるく締め，器械を垂直にして運ぶようにする。
・**視度調整**：視度環により，まず十字線を明視し，次に合焦環により目標を明視する。

■トランシットの器械的誤差の消去

・**正位・反位の観測値の平均により消去される誤差**：水平軸誤差，視準軸誤差，外心軸誤差（偏心誤差），指標誤差
・**正位・反位の観測値の平均により消去されない誤差**：鉛直軸誤差
・**消去はできないが軽減はできる誤差**：目盛誤差

■水準測量一般

・**視準距離**：前視と後視の標尺距離はできるかぎり等しくし，最大で 1 級水準－50 m，2 級水準－60 m，3・4 級水準－70 m，簡易水準－80 m とする。
・**標尺の読みとり位置**：標尺の下端はかげろう，上端はゆれの影響により誤差が生じやすい。なるべく中間部分を読みとるようにレベルを据え付ける。
・**気象条件の影響防止**：気象条件が同じときの誤差を防止するためには，往と復の観測を午前，午後に行い平均をとる。

■レベルの器械的誤差の消去

・**標尺間の視準間距離を等しくすることにより消去される誤差**：視準軸誤差，球差，気差。
・**観測を偶数回することにより消去される誤差**：零点目盛誤差。

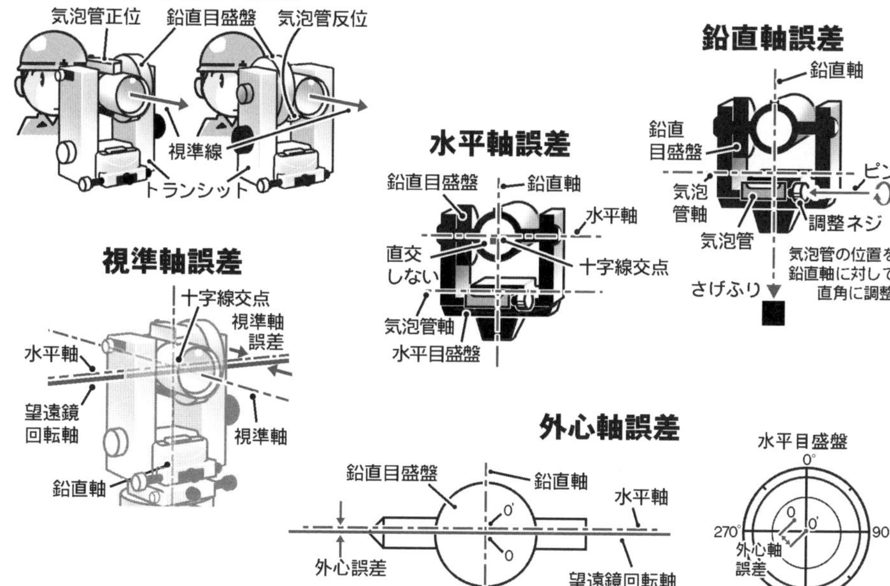

■近年の測量機器

・**トータルステーション**：光波測距儀の測距機能とセオドライトの測角機能の両方を一体化したもの。

・**セオドライト**：水平角と鉛直角を正確に測定する回転望遠鏡付き測角器械で，トランシットを含めた総称である。

・**光波測距儀**：測距儀から測点に設置した反射プリズムに向けて発振した光波を反射プリズムで反射し，その光波を測距儀が感知し，発振した回数から距離を得る。1〜2 km までが測定可能である。

・**ＧＰＳ測量機**：GPS（Global Positioning System：汎地球測位システム）を利用する新しい測量方法で，人工衛星の電波を受信し緯度，経度を測定することにより，相対的な位置関係を知ることができる。

・**電子レベル**：観測者が標尺の目盛りを読定する代わりに，標尺のバーコードを自動的に読み取り，パターンを解読して，設定値が表示される。同時に標尺までの距離も表示される。

・**自動レベル**：レベル本体内部に，備え付けられた自動補正機構によりレベル本体が傾いても補正範囲内であれば，視準の十字線が自動的に水平になる。

問題 1

下図のように測点Bにトータルステーションを据付け，直線ABの延長線上に点Cを設置する場合，その方法に関する次の文章の（イ）～（ハ）に当てはまる語句の組合せで，**適当なもの**は次のうちどれか。

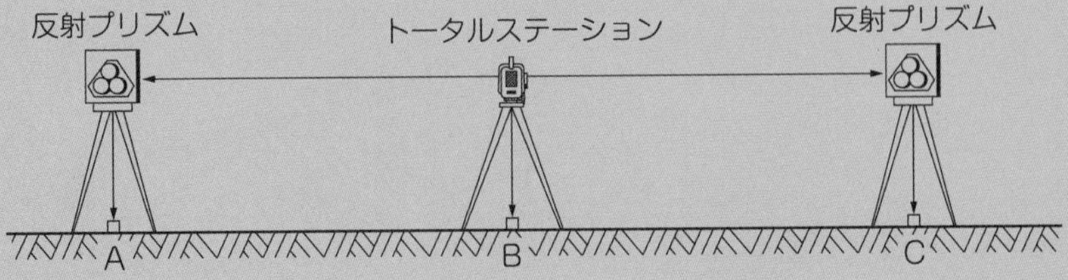

反射プリズム　トータルステーション　反射プリズム

A　B　C

（側面図）

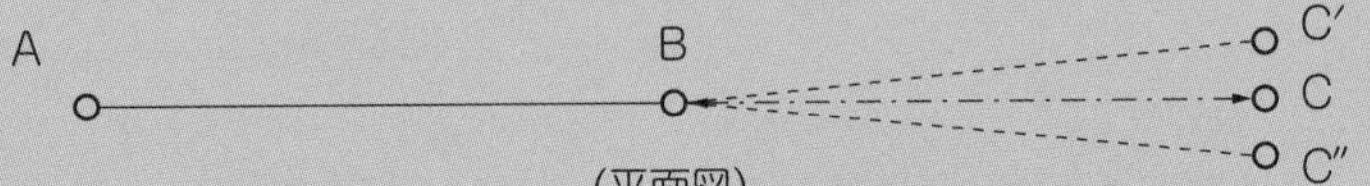

A　B　C′　C　C″

（平面図）

1)　図のようにトータルステーションを測点 B に据付け，望遠鏡 （イ） で点 Aを視準して望遠鏡を （ロ） し，点 C′ をしるす。

2)　望遠鏡 （ハ） で点 A を視準して望遠鏡を （ロ） し，点 C″ をしるす。

3)　C′ C″ の中点に測点 C を設置する。

	（イ）	（ロ）	（ハ）
(1)	正位	反転	反位
(2)	反位	反転	正位
(3)	正位	回転	反位
(4)	反位	回転	正位

H28 年 No.43

解　説

トータルステーションの器械誤差を修正するために，視準は「正位」と「反位」について行い平均する。

1)　図のようにトータルステーションを測点Bに据付け，望遠鏡 (イ) 正位 で点 A を視準して望遠鏡を (ロ) 反転 し，点 C′ をしるす。

2)　望遠鏡 (ハ) 反位 で点 A を視準して望遠鏡を (ロ) 反転 し，点 C″ をしるす。

3)　C′ C″ の中点に測点 C を設置する。

よって，(1)の組合せが適当である。

問題 2

測量に関する次の説明文に**該当するもの**は，次のうちどれか。

この観測方法は，主として地上で水平角，高度角，距離を電子的に観測する自動システムで器械と鏡の位置の相対的三次元測量である。その相対位置の測定は，水準面あるいは重力の方向に準拠して行われる。

この測量方法の利点は，1 回の視準で測距，測角が同時に測定できることにある。

(1) 汎地球測位システム（GPS）
(2) 光波測距儀
(3) 電子式セオドライト
(4) トータルステーション

H25 年 No.43

解説

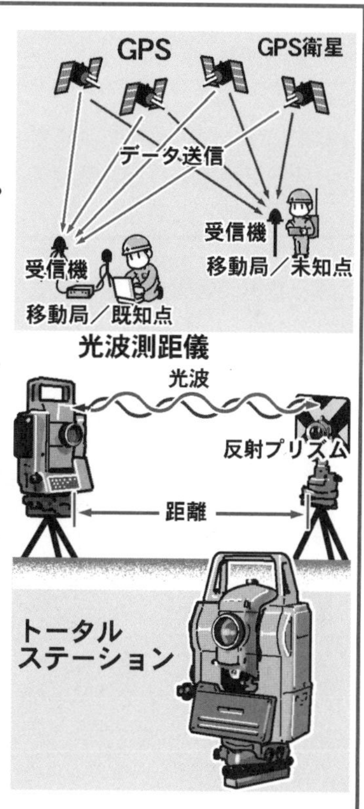

(1) **汎地球測位システム（GPS）**：人工衛星の電波を受信し緯度，経度を測定することにより，相対的な位置関係を知ることができる新しい測量方法である。　よって，**該当しない。**

(2) **光波測距儀**：測距儀から測点に設置した反射プリズムに向けて発振した光波を反射プリズムで反射し，その光波を測距儀が感知し，発振した回数から距離を得る。　よって，**該当しない。**

(3) **電子式セオドライト**：測角測量機器に電子処理回路・光電検知・マイクロコンピューター技術を用いて，目盛り読み取りの仕組みを電子化した測量機器である。　よって，**該当しない。**

(4) **トータルステーション**：光波測距儀の測距機能とセオドライトの測角機能の両方を一体化し，電子的に観測する自動システムで器械と鏡の位置の相対的 3 次元測量である。

よって，該当する。

問題 3

公共測量における水準測量に関する次の記述のうち，**適当でないもの**はどれか。

(1) 簡易水準測量を除き，往復観測とする。
(2) 標尺は，2 本 1 組とし，往路と復路との観測において標尺を交換する。
(3) レベルと後視または前視標尺との距離は等しくする。
(4) 固定点間の測点数は奇数とする。

H27 年 No.43

解 説

(1) 水準測量においては，往復の観測を行い平均をとる。　よって，**適当である。**

(2) 標尺自体のクセ等による誤差を解消するために，往路と復路において標尺を交換する。　よって，**適当である。**

(3) レベルによる水準測量では，各種の誤差を除き視準距離をできる限り等しくするために 2 点間のほぼ中点にレベルを設置し，後視と前視の標尺距離はできる限り等しくする。　よって，**適当である。**

(4) 零点目盛誤差を解消するためには，測点数は偶数とする。
よって，適当でない。

写真提供：photolibrary

解 答 (4)

問題 4

測点 No. 5 の地盤高を求めるため，測点 No. 1 を出発点として水準測量を行い下表の結果を得た。**測点 No. 5 の地盤高**は，次のうちどれか。

測点 No.	距離 (m)	後視 (m)	前視 (m)	高低差（m）		備　　考
				＋	−	
1		0.8				測点 No.1…地盤高　8.0 m
	20					
2		1.6	2.2			
	30					
3		1.5	1.8			
	20					
4		1.2	1.0			
	30					
5			1.3			測点 No.5…地盤高 ［　　］ m

⑴　6.4 m
⑵　6.8 m
⑶　7.2 m
⑷　7.6 m

R2 年後期 No.43

解　説

下表の計算にまとめ，標高差は後視の合計と前視の合計の差により求める。

測点 No.	後視 (m)	前視 (m)	高低差		地盤高 (m)	備　　考
			昇（+）	降（−）		
1	0.8				8.0	高低差＝（後視）−（前視）
2	1.6	2.2		1.4	6.6	
3	1.5	1.8		0.2	6.4	
4	1.2	1.0	0.5		6.9	
5		1.3		0.1	6.8	
合　計			0.5	1.7		

No.5（地盤高）＝8.0＋(0.5−1.7)＝6.8

よって，⑵が正しい。

Lesson 4　共通工学

2 契　約

1. 「公共工事標準請負契約約款」（以下「約款」という）については，毎回出題されている。
2. 「公共工事入札・契約適正化」については，近年出題実績はないが重要基本事項として理解しておく。

point チェックポイント

■公共工事の入札及び契約の適正化の促進に関する法律の主な規定

- （法3条）**基本事項**：透明性の確保／公正な競争／不正行為の排除／適正施工の確保
- （法4条～7条）**情報の公表**：発注見通しに関する事項／指名競争入札及び契約の過程に関する事項／契約の内容に関する事項
- （法10条・11条）**違法行為の事実の通知**：入札談合等（公取委）／建設業法違反（国土交通大臣等）
- （法14条）**一括下請負の禁止**：公共工事については法第22条第3項の規定（発注者の承諾を得た場合）は，適用しない。
- （法15条・16条）**施工体制台帳の提出**：写しの提出の義務／記載合致の点検措置
- （法17条～20条）**適正化指針**：指針の定め及び必要措置の要請
- （法21条）**情報の収集，整理及び提供等**

■公共工事標準請負契約約款の主な規定

- （第4条）　契約の保証
- （第6条）　一括委任又は一括下請負の禁止
- （第8条）　特許権等の使用
- （第9条）　監督員
- （第10条）現場代理人及び主任技術者等
- （第11条）履行報告
- （第13条）工事材料の品質及び検査等
- （第17条）設計図書不適合の場合の改造義務及び破壊検査等
- （第18条）条件変更等
- （第19条）設計図書の変更
- （第28条）一般的損害
- （第29条）第三者に及ぼした損害
- （第30条）不可抗力による損害
- （第32条）検査及び引渡し
- （第45条）契約不適合責任

■公共工事標準請負契約約款の主な設計図書

・仕様書　・設計図　・現場説明書　・質問回答書

問題 1

公共工事標準請負契約約款に関する次の記述うち，**誤っているもの**はどれか。

⑴ 受注者は，設計図書と工事現場の不一致の事実が発見された場合は，監督員に書面により通知して，発注者による確認を求めなければならない。
⑵ 発注者は，必要があるときは，設計図書の変更内容を受注者に通知して，設計図書を変更することができる。
⑶ 受注者は，工事現場内に搬入した工事材料を監督員の承諾を受けないで工事現場外に搬出することができる。
⑷ 発注者は，天災等の受注者の責任でない理由により工事を施工できない場合は，受注者に工事の一時中止を命じなければならない。

H30 年後期 No.44

解説

⑴ 受注者は，設計図書と工事現場の不一致の事実が発見された場合は，監督員に書面により通知して，発注者による確認を求めなければならない。（公共工事標準請負契約約款第 18 条第 1 項 4）

よって，**正しい。**

⑵ 発注者は，必要があると認めるときは，設計図書の変更内容を受注者に通知して，設計図書を変更することができる。（公共工事標準請負契約約款第 19 条）

よって，**正しい。**

⑶ 受注者は，工事現場内に搬入した工事材料を監督員の承諾を受けないで工事現場外に搬出してはならない。（公共工事標準請負契約約款第 13 条第 4 項）

よって，誤っている。

⑷ 発注者は，天災等の受注者の責任でない理由により工事を施工できない場合は，受注者に工事の一時中止を命じなければならない。（公共工事標準請負契約約款第 20 条第 1 項）

よって，**正しい。**

問題 2

公共工事標準請負契約約款に関する次の記述うち，**誤っているもの**はどれか。

(1) 設計図書において監督員の検査を受けて使用すべきものと指定された工事材料の検査に直接要する費用は，受注者が負担しなければならない。

(2) 受注者は工事の施工に当たり，設計図書の表示が明確でないことを発見したときは，ただちにその旨を監督員に通知し，その確認を請求しなければならない。

(3) 発注者は，設計図書において定められた工事の施工上必要な用地を受注者が工事の施工上必要とする日までに確保しなければならない。

(4) 工事材料の品質については，設計図書にその品質が明示されていない場合は，上等の品質を有するものでなければならない。

R元年後期 No.44

解 説

(1) 設計図書において監督員の検査を受けて使用すべきものと指定された工事材料の検査に直接要する費用は，受注者が負担しなければならない。(公共工事標準請負契約約款第 13 条第 2 項)

よって，**正しい。**

(2) 受注者は，工事の施工に当たり，設計図書の表示が明確でないことを発見したときは，ただちにその旨を監督員に通知し，その確認を請求しなければならない。(公共工事標準請負契約約款第 18 条第 1 項第 3 号)

よって，**正しい。**

(3) 発注者は，設計図書において定められた工事の施工上必要な用地を受注者が工事の施工上必要とする日までに確保しなければならない。(公共工事標準請負契約約款第 16 条第 1 項)

よって，**正しい。**

(4) 工事材料の品質については，設計図書にその品質が明示されていない場合は，中等の品質を有するものでなければならない。(公共工事標準請負契約約款第 13 条第 1 項)

よって，誤っている。

問題 3

公共工事標準請負契約約款に関する次の記述のうち，**誤っているもの**はどれか。

(1) 発注者は，必要があると認められるときは，設計図書の変更内容を受注者に通知して設計図書を変更することができる。

(2) 発注者は，特別の理由により工期を短縮する必要があるときは，工期の短縮変更を受注者に請求することができる。

(3) 現場代理人と主任技術者及び専門技術者は，これを兼ねても工事の施工上（せこうじょう）支障はないので，これらを兼任できる。

(4) 請負代金額の変更については，原則として発注者と受注者の協議は行わず，発注者が決定し受注者に通知できる。

R2 年後期 No.44

解説

(1) 発注者は，必要があると認めるときは，設計図書の変更内容を受注者に通知して，設計図書を変更することができる。（公共工事標準請負契約約款第 19 条）

よって，**正しい。**

(2) 発注者は，特別の理由により工期を短縮する必要があるときは，工期の短縮変更を受注者に請求することができる。（公共工事標準請負契約約款第 23 条第 1 項）

よって，**正しい。**

(3) 現場代理人と主任技術者及び専門技術者は，これを兼ねることができる。（公共工事標準請負契約約款第 10 条第 5 項）

よって，**正しい。**

(4) 請負代金額の変更については，原則として発注者と受注者が協議して行う。ただし，協議が整わない場合は発注者が決定し受注者に通知できる。（公共工事標準請負契約約款第 25 条 (B) 第 3 項）

よって，誤っている。

Lesson 4

3 設　計

1. 「土木工事全般の設計図」の見方は，配筋図を中心に毎回出題されている。
2. 「設計図の材料の寸法表示及び溶接記号」については，出題は減ってきているが，基本事項として理解しておく。

point チェックポイント

■材料の断面形状及び寸法の表示方法

種　類	断面形状	表示方法	種　類	断面形状	表示方法
鉄　筋 (普通丸鋼)		普通 $\phi A\text{–}L$	鉄　筋 (異形棒鋼)		$DA\text{–}L$
等辺山形鋼		∟ $A\times B\times t\text{–}L$	不等辺山形鋼		∟ $A\times B\times t\text{–}L$
平　鋼		▭ $B\times A\text{–}L$ (PL)	鋼　板		$PL\quad B\times A\times L$
溝形鋼		[$H\times B\times t_1\times t_2\text{–}L$	H形鋼		H $H\times B\times t_1\times t_2\text{–}L$
鋼　管		$\phi A\times t\text{–}L$	角　鋼		□ $B\times H\times t\text{–}L$

■設計図の形状表示記号

❶材料の記号

❷地形面の記号

❸盛土・切土の記号

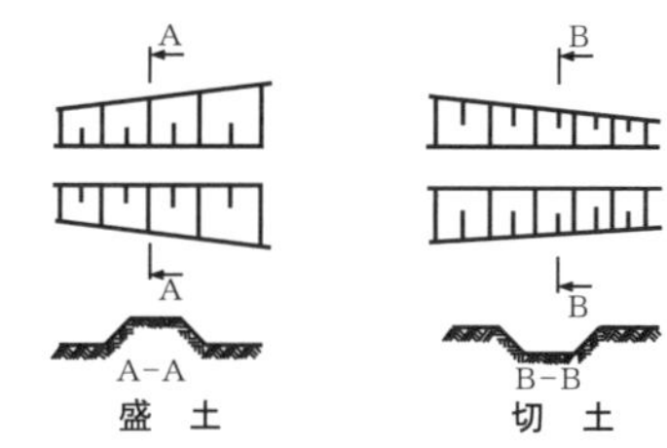

❹溶接記号

■単位区分

現在，計量法の改正に伴い土木工学として正式に使う単位は，CGS単位（旧単位系）からSI単位（国際単位系）へと移行している。

単位区分	旧単位系	国際単位系（SI）	換算率
質　量	g，t，kg	N（ニュートン）	1 kgf＝9. 80665 N
単位当たり質量	kgf/cm²	N/m²（ニュートン毎平方メートル）	1 kgf/cm²＝98. 0665 kN/m²
圧　力	kgf/cm²	Pa（パスカル）	1 kgf/cm²＝98. 0665 kPa
熱　量	cal（カロリー）	J（ジュール）	1 cal＝4. 18605 J
速　度	m/s	m/s	

問題 1　下図は道路橋の断面図を示したものであるが，（イ）～（ニ）の構造名称に関する次の組合せのうち，**適当なもの**はどれか。

	（イ）	（ロ）	（ハ）	（ニ）
(1)	高欄 ……	地覆 ……	床版 ……	横桁
(2)	横桁 ……	床版 ……	高欄 ……	地覆
(3)	高欄 ……	床版 ……	地覆 ……	横桁
(4)	地覆 ……	横桁 ……	高欄 ……	床版

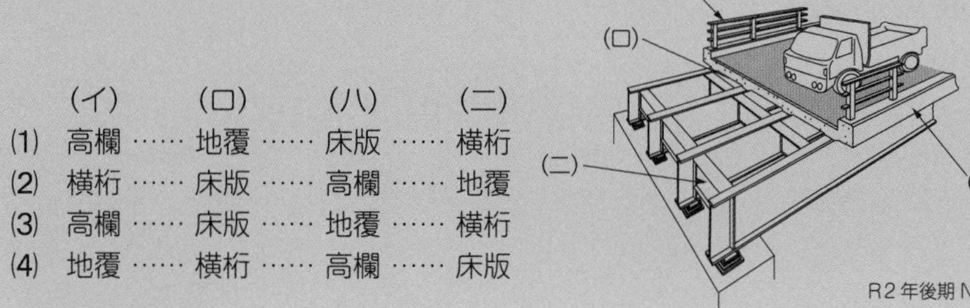

R2年後期 No.45

解説

断面図において擁壁各部の名称と寸法記号の表記は，下記のとおりである。

（イ）高欄 **（ロ）**床版 **（ハ）**地覆 **（ニ）**横桁

よって，(3)が適当である。

解答 (3)

問題 2

下図は逆Ｔ型擁壁の断面図であるが，逆Ｔ型擁壁各部の名称と寸法記号の表記として2つとも**適当なもの**は，次のうちどれか。

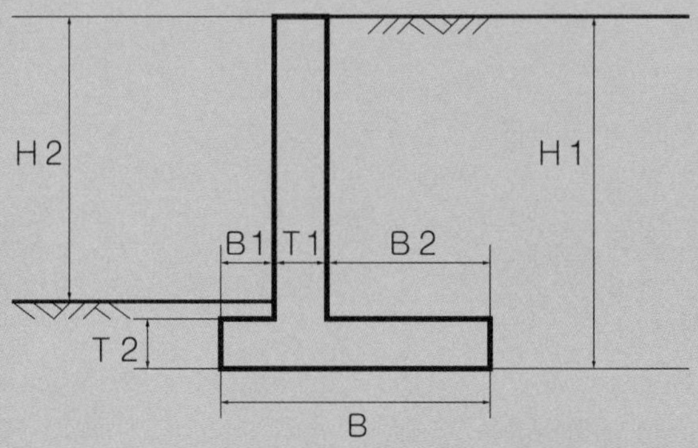

⑴　擁壁の高さ Ｈ２，つま先版幅 Ｂ1
⑵　擁壁の高さ Ｈ１，たて壁厚 Ｔ1
⑶　擁壁の高さ Ｈ２，底版幅 Ｂ
⑷　擁壁の高さ Ｈ１，かかと版幅 Ｂ

R3年前期 No.45

解　説

断面図において擁壁各部の名称と寸法記号の表記は下記のとおりである。

Ｈ１：擁壁の高さ　　Ｈ２：たて壁地表面高さ
Ｂ：底版幅　　Ｂ１：つま先版幅　　Ｂ２：かかと版幅
Ｔ１：たて壁厚　　Ｔ２：底版厚

よって，⑵が適当である。

下図の道路横断面図に関する次の記述のうち，**適当でないもの**はどれか。

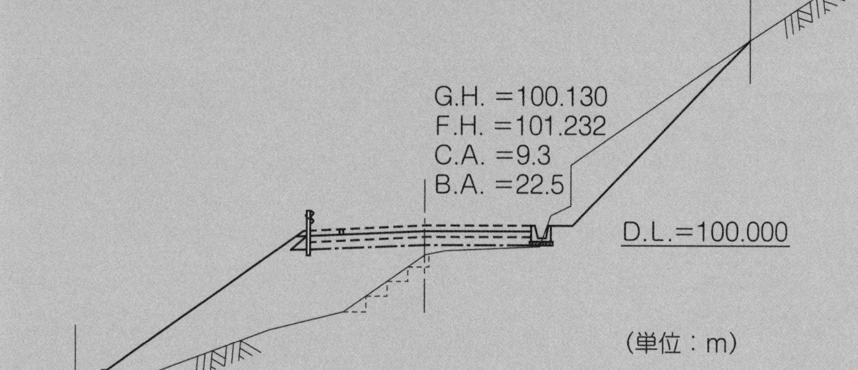

⑴ 切土面積は 9.3 m² である。
⑵ 盛土面積は 22.5 m² である。
⑶ 盛土高は 100.130 m である。
⑷ 計画高は 101.232 m である。

H28 年 No.45

解説

⑴ 道路横断図において，切土面積は C.A. で表される。 よって，**適当である。**
⑵ 道路横断図において，盛土面積は B.A. で表される。 よって，**適当である。**
⑶ 道路横断図において，盛土高は［(F.H.)－(G.H.)］で表される。
100.130 m は G.H. であり地盤高となる。 よって，適当でない。
⑷ 道路横断図において，計画高は F.H. で表される。 よって，**適当である。**

Lesson 5

1 建設機械の規格

1. 「建設機械の規格」については，近年出題は少ないが基本事項として整理しておく。
2. 「建設機械全般」について，Lesson 5−2 と併せて整理しておく。

point
チェックポイント

■建設機械の規格の表示

建設機械は，その機械の種類によって性能の表示方法は下表のように表される。

建設機械の規格の表示方法

機械名称	性能表示方法	機械名称	性能表示方法
パワーショベル	機械式：平積みバケット容量(m^3)	ブルドーザ	全装備運転質量(t)
バックホウ	油圧式：山積みバケット容量(m^3)	クレーン	吊下荷重(t)
クラムシェル	バケット容量(m^3)	モーターグレーダ	ブレード長(m)
ドラグライン	バケット容量(m^3)	ロードローラ	質量(バラスト無 t 〜有 t)
トラクタショベル	山積みバケット容量(m^3)	タイヤ・振動ローラ	質量(t)
ダンプトラック	車両総質量(t)	タンピングローラ	質量(t)

■ディーゼルエンジンとガソリンエンジンの比較

ディーゼルエンジンとガソリンエンジンの性能比較

原動機 / 項目	ディーゼルエンジン	ガソリンエンジン
使用燃料	軽油	ガソリン
着火方式	圧縮による自己着火	電気火花着火
圧縮比	高い（14〜24）	低い（5〜10）
出力当たりの質量	大きい	小さい
出力当たりの価格	高い	安い
出力当たりの運転経費	安い	高い
故障・火災の危険度	少ない	多い

問題 1

建設機械の用途に関する次の記述のうち，**適当でないもの**はどれか。

(1) バックホゥは，かたい地盤の掘削ができ，掘削位置も正確に把握できるので，基礎の掘削や溝掘りなどに広く使用される。
(2) タンデムローラは，破砕作業を行う必要がある場合に最適であり砕石や砂利道などの一次転圧や仕上げ転圧に使用される。
(3) ドラグラインは，機械の位置より低い場所の掘削に適し，水路の掘削，砂利の採取などに使用される。
(4) 不整地運搬車は，車輪式（ホイール式）と履帯式（クローラ式）があり，トラックなどが入れない軟弱地や整地されていない場所に使用される。 R2 年後期 No.46

解説

(1) バックホウは強い掘削力でかたい地盤の掘削ができ，掘削位置も正確に把握でき，地盤より低い基礎の掘削や溝掘りなどに使用される。よって，**適当である。**

(2) タンデムローラは，一般の土質の締固めに適した締固め機械で，破砕作業には適さない。破砕作業に適するのは，タンピングローラである。
よって，適当でない。

(3) ドラグラインは，バケットを落下させ，ロープで引寄せる作業を行い，機械の位置より低い場所や，水路の掘削，砂利の採取などに使用される。
よって，**適当である。**

(4) 不整地運搬車は，不整地走行用の専ら荷を運搬する構造の自動車であり，車両の平均接地圧が低いため軟弱地や傾斜地でも作業が可能である。 よって，**適当である。**

問題 2

建設機械に関する次の記述のうち，**適当でないもの**はどれか。

(1) バックホゥは，かたい地盤の掘削ができ，機械の位置よりも低い場所の掘削に適する。
(2) ドラグラインは，軟らかい地盤の掘削など，機械の位置よりも低い場所の掘削に適する。
(3) ローディングショベルは，掘削力が強く，機械の位置よりも低い場所の掘削に適する。
(4) クラムシェルは，シールド工事の立坑掘削など，狭い場所での深い掘削に適する。

H30 年前期 No.46

解説

(1) バックホウは機械の位置より低い所の掘削に適し，硬い地盤，構造物の基礎の掘削や溝掘りなどに用いられる。 よって，**適当である。**

(2) ドラグラインは広く浅い掘削や機械より低い所の掘削に適し，軟らかい地盤の水路掘削に用いられる。 よって，**適当である。**

(3) ローディングショベルはバケットを前方に押しながら上下に動かし掘削するもので，機械の位置より高い場所の掘削に適し，山の切り崩しに使用されることが多い。 よって，適当でない。

(4) クラムシェルは狭い場所での深い掘削に適し，立坑掘削，基礎掘削に適する。 よって，**適当である。**

問題 3

建設機械の作業能力・作業効率に関する下記の文章中の［　　］の（イ）～（ニ）に当てはまる語句の組合せとして，**適当なもの**は次のうちどれか。

・建設機械の作業能力は，単独，又は組み合わされた機械の［（イ）］の平均作業量で表す。また，建設機械の［（ロ）］を十分行っておくと向上する。

・建設機械の作業効率は，気象条件，工事の規模，［（ハ）］等の各種条件により変化する。

・ブルドーザの作業効率は，砂の方が岩塊・玉石より［（ニ）］。

	（イ）	（ロ）	（ハ）	（ニ）
(1)	時間当たり	整備	運転員の技量	大きい
(2)	施工面積（せこうめんせき）	整備	作業員の人数	小さい
(3)	時間当たり	暖機運転	作業員の人数	小さい
(4)	施工面積	暖機運転	運転員の技量	大きい

R3 年前期 No.55

解説

「建設機械の作業能力の算定」に関する問題。(本書276ページ 参照)

・建設機械の作業能力は，単独，又は組み合わされた機械の［**(イ)** 時間当たり］の平均作業量で表す。また，建設機械の［**(ロ)** 整備］を十分行っておくと向上する。

・建設機械の作業効率は，気象条件，工事の規模，［**(ハ)** 運転員の技量］等の各種条件により変化する。

・ブルドーザの作業効率は，砂の方が岩塊・玉石より［**(ニ)** 大きい］。

よって，(1)の組合せが適当である。

解 答 (1)

2 建設機械の特徴と適応作業

1. 建設機械の用途，使用方法は毎年出題されているので工事の種類別，作業別に整理しておく。
2. 「掘削機械，ブルドーザ，締固め機械の種類と適応作業」について整理しておく。
3. 「建設機械の作業量の計算」は，近年出題はないが，基本事項として学習しておく。

point チェックポイント

■建設機械の種類

建設機械の作業別種類

工事の種類	作業	代表的な建設機械
土工工事	掘削	パワーショベル，バックホウ，クラムシェル，ドラグライン
	積込み	クローラ式トラクタショベル，ホイール式トラクタショベル
	運搬	ブルドーザ（ストレートドーザ，アングルドーザ，チルドドーザ，Uドーザ，レーキドーザ，リッパドーザ，スクレープドーザ，バケットドーザ），ダンプトラック，クレーン
	敷均し	モーターグレーダ
	締固め	ロードローラ，タイヤローラ，振動ローラ，タンパ，ランマ
基礎工事	既製杭打設	ディーゼルハンマ，ドロップハンマ，振動ドライバ
	場所打ち杭打設	アースオーガ，オールケーシング，リバースドリル
舗装工事	アスファルト舗装	アスファルトフィニッシャ，アスファルトプラント
	コンクリート舗装	コンクリートフィニッシャ，コンクリートスプレッダ
各種工事	コンクリート	コンクリートプラント，コンクリートミキサ，コンクリートポンプ
	空気圧縮，送風，ポンプ	エアコンプレッサ，ファン，ポンプ，発電機

■掘削機械の種類と特徴

① **バックホウ**：バケットを手前に引く動作。地盤より低い掘削。強い掘削力。
② **ショベル**：バケットを前方に押す動作。地盤より高いところの掘削。
③ **クラムシェル**：バケットを垂直下方に降ろす。深い基礎掘削。
④ **ドラグライン**：バケットを落下，ロープで引寄せる。広い浅い掘削。

■積込み機械の種類と特徴

① **クローラ（履帯）式トラクタショベル**：
履帯式トラクタにバケット装着。履帯接地長が長く軟弱地盤の走行に適する。掘削力は劣る。

② **ホイール（車輪）式トラクタショベル**：
車輪式トラクタにバケット装着。走行性がよく機動性に富む。

③ **積込み方式**
・**V形積込み**：トラクタショベルが動き，ダンプトラックは停車。
・**I形積込み**：トラクタショベルが後退，ダンプトラックも移動。

■ブルドーザの種類と特徴

① **ストレートドーザ**：固定式土工板。重掘削作業に適する。
② **アングルドーザ**：土工板の角度が25°前後に可変。重掘削に不適。
③ **チルトドーザ**：土工板の左右の高さが可変。溝掘り，堅い土に適する。
④ **Uドーザ**：土工板がU形。押し土の効率が良い。
⑤ **レーキドーザ**：土工板の代わりにレーキ取付。抜根，岩石掘起こし用。
⑥ **リッパドーザ**：リッパ（爪）をトラック後方に取付。軟岩掘削用。
⑦ **スクレープドーザ**：ブルドーザにスクレーパ装置を組み込み，前後進の作業，狭い場所の作業に適する。

■締固め機械の種類と特徴

① **ロードローラ**：静的圧力による締固め。マカダム型・タンデム型の2種。
② **タイヤローラ**：空気圧の調節により各種土質に対応可能。
③ **振動ローラ**：振動による締固め。礫，砂質土に適する。
④ **タンピングローラ**：突起（フート）による締固め。堅い粘土に適する。
⑤ **振動コンパクタ**：起振機を平板上に取付ける。狭い場所に適する。

■建設機械の作業能力の算定

① **運転時間当たり作業量の一般式**

$Q = q \cdot n \cdot f \cdot E$　又は　$Q = \dfrac{60 \cdot q \cdot f \cdot E}{Cm}$

ここで，Q：1時間当たり作業量（m^3/h）
q：1作業サイクル当たりの標準作業量
n：時間当たりの作業サイクル数
Cm：サイクルタイム（min）
f：土量換算係数（土量変化率L及びCから決まる）
E：作業効率（現場条件により決まる）

② **トラクタショベルの作業能力**

$$Q = \frac{3600 \cdot q_o \cdot K \cdot f \cdot E}{Cm}$$

ここで，Q：1時間当たり作業量（m^3/h）
Cm：サイクルタイム（sec）
q_o：バケット容量（m^3）

③ **ダンプトラックの作業能力**

$$Q = \frac{60 \cdot C \cdot f \cdot E}{Cm}$$

ここで，Q：1時間当たり作業量（m^3/h）
Cm：サイクルタイム（min）
C：積載土量（m^3）

建設機械に関する次の記述のうち，**適当でないもの**はどれか。

⑴ 振動ローラは，鉄輪を振動させながら砂や砂利などの転圧を行う機械で，ハンドガイド型が最も多く使用されている。

⑵ スクレーパは，土砂の掘削・積込み，運搬，敷均しを一連の作業として行うことができる。

⑶ ブルドーザは，土砂の掘削・押土及び短距離の運搬に適しているほか，除雪にも用いられる。

⑷ スクレープドーザは，ブルドーザとスクレーパの両方の機能を備え，狭い場所や軟弱地盤での施工に使用される。

R元年後期 No.46

解　説

各建設機械の特徴について下表に示す。

番号	建設機械	特　徴	適　否
⑴	振動ローラ	振動による締固めを行う機械で，ハンドガイド型は狭いエリアの締固めに利用されるが，11 t 級の一般の振動ローラの利用が多い。	適当でない
⑵	スクレーパ	土砂の掘削，積込み，運搬，まき出し作業を一連の作業として行うことができる。	**適当である**
⑶	ブルドーザ	作業装置として土工板を取り付けた機械で，土砂の掘削・運搬（押土）や除雪などに用いられる。	**適当である**
⑷	スクレープドーザ	ブルドーザにスクレーパ装置を組み込む，前後進の作業，狭い場所や軟弱地盤での作業に用いられる。	**適当である**

解　答　⑴

問題 2

建設機械の走行に必要なコーン指数に関する下記の文章中の［　　］の（イ）～（ニ）に当てはまる語句の組合せとして，**適当なもの**は次のうちどれか。

・建設機械の走行に必要なコーン指数は，［（イ）］より［（ロ）］の方が小さく，［（イ）］より［（ハ）］の方が大きい。
・走行頻度の多い現場では，より［（ニ）］コーン指数を確保する必要がある。

	（イ）	（ロ）	（ハ）	（ニ）
(1)	ダンプトラック	自走式スクレーパ	超湿地ブルドーザ	大きな
(2)	普通ブルドーザ（21 t 級）	自走式スクレーパ	ダンプトラック	小さな
(3)	普通ブルドーザ（21 t 級）	湿地ブルドーザ	ダンプトラック	大きな
(4)	ダンプトラック	湿地ブルドーザ	超湿地ブルドーザ	小さな

R3 年後期 No.55

解　説

「建設機械の作業能力の算定」に関する問題である。（本書 276 ページ参照）

・建設機械の走行に必要なコーン指数は，［**（イ）** 普通ブルドーザ（21 t 級）］より［**（ロ）** 湿地ブルドーザ］の方が小さく，［**（イ）** 普通ブルドーザ（21 t 級）］より［**（ハ）** ダンプトラック］の方が大きい。
・走行頻度の多い現場では，より［**（ニ）** 大きな］コーン指数を確保する必要がある。

よって，(3)の組合せが適当である。

建設機械の走行に必要なコーン指数

建設機械の種類	コーン指数 q_c (kN/m²)	建設機械の接地圧 (kN/m²)
超湿地ブルドーザ	200 以上	15～23
湿地ブルドーザ	300 以上	22～43
普通ブルドーザ（15 t 級）	500 以上	50～60
普通ブルドーザ（21 t 級）	700 以上	60～100
スクレープドーザ	600 以上（超湿地型は 400 以上）	41～56 (27)
被けん引式スクレーパ（小型）	700 以上	130～140
自走式スクレーパ（小型）	1,000 以上	400～450
ダンプトラック	1,200 以上	350～550

問題 3

建設工事における建設機械の「機械名」と「性能表示」に関する次の組合せのうち，**適当なもの**はどれか。

　　［機械名］　　　　　　［性能表示］

(1)　ロードローラ………… 質量（t）

(2)　バックホゥ…………… バケット質量（kg）

(3)　ダンプトラック……… 車両重量（t）

(4)　クレーン……………… ブーム長（m）

H29 年第 1 回 No.46

解　説

建設機械における性能表示は下記のとおりである。

番号	建設機械	性能表示	適　否
(1)	ロードローラ	質量（t）	適当である
(2)	バックホウ	**バケット容量（m^3）**	**適当でない**
(3)	ダンプトラック	**車両総重量（t）**	**適当でない**
(4)	クレーン	**吊下げ荷重（t）**	**適当でない**

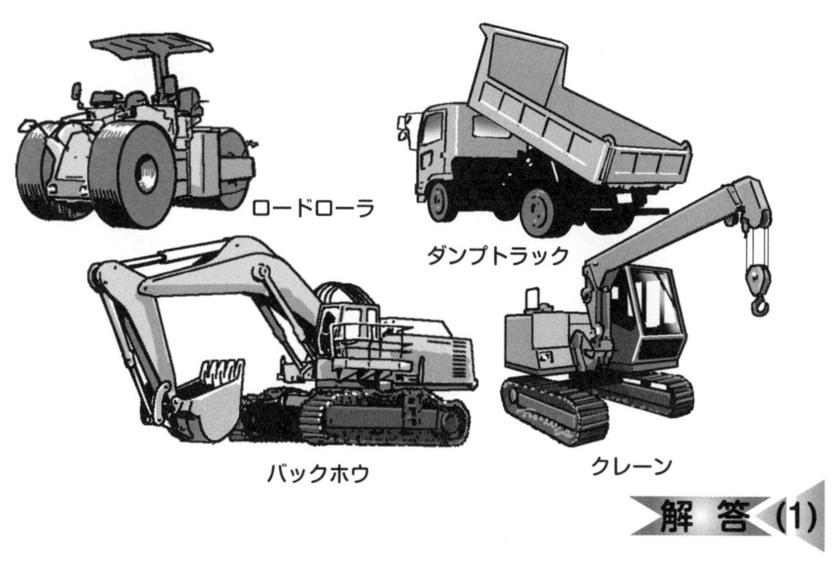

解　答　(1)

Lesson 5　2　建設機械の特徴と適応作業

問題 4

建設機械に関する次の記述のうち，**適当でないもの**はどれか。

(1) バックホゥは，硬い土質の掘削にも適し，機械の地盤より低い所の垂直掘りなどに使用される。
(2) ドラグラインは，河川や軟弱地の改修工事に適しており，バックホゥに比べ掘削力に優れている。
(3) モータースクレーパは，土砂の掘削，積込み，運搬，まき出し作業に使用される。
(4) ラフテレーンクレーンは，走行とクレーン操作を同じ運転席で行い，狭い場所での機動性にも優れている。

H28 年 No.46

解説

設問番号における，各土工機械の特徴について下表に示す。

番号	建設機械	特　徴	適　否
(1)	バックホウ	硬い土質の掘削にも適し，機械の地盤より低い所の垂直掘りなどに使用される。	**適当である**
(2)	ドラグライン	掘削場所にバケットを落下させロープで引寄せるもので，河川や軟弱地の改修工事に適しているが，バックホウに比べ掘削の効率が悪い。	適当でない
(3)	モータースクレーパ	土砂の掘削，積込み，運搬，まき出し作業に使用される。	**適当である**
(4)	ラフテレーンクレーン	走行とクレーン操作を同じ運転席で行い，狭い場所での機動性にも優れている。	**適当である**

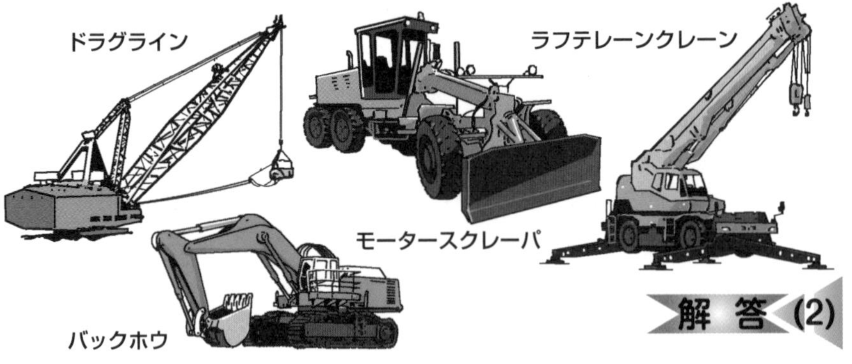

解 答 (2)

平坦な砂質地盤でブルドーザを用いて，掘削押土する場合の時間当たり作業量 Q として，**適当なもの**は次のうちどれか。

ブルドーザの時間当たり作業量 Q（m^3/h）

$$Q=\frac{q\times f\times E\times 60}{Cm}$$

ただし，ブルドーザの作業量の算定の条件は，次の値とする。

q：1 回当たりの掘削押土量（m^3）3 m^3

E：作業効率　0.7

Cm：サイクルタイム　2 分

f：土量換算係数＝$\frac{1}{L}$（土量の変化率ほぐし土量 L＝1.25）

(1)　40.4 m^3/h

(2)　50.4 m^3/h

(3)　60.4 m^3/h

(4)　70.4 m^3/h

H30 年前期 No.49

解説

ブルドーザの時間当たり作業能力は，下式で表される。

$$Q=\frac{q\times f\times E\times 60}{Cm}$$

ここで，Q：1 時間当たり作業量（m^3/h）

q：積載土量（m^3）＝3.0 m^3

E：作業効率＝0.7

Cm：サイクルタイム＝2 分

L：土量変化率＝1.25

f：土量換算係数＝$\frac{1}{L}$（ほぐし土量 L＝1.25）

$$Q=\frac{q\times f\times E\times 60}{Cm}=\frac{3.0\times 1}{1.25}\times 0.7\times\frac{60}{2}=50.4\ m^3/h$$

解答 (2)

Lesson 5 2 建設機械の特徴と適応作業

1 施工計画

1. 毎年幅広い異なった項目の中から出題されることが多い。
2. 「契約条件及び現場条件の事前調査検討事項」について，過去 10 回で 3 回出題されている。
3. 「仮設備計画及び土留め工の種類，特徴」について，過去 10 回で 8 回出題されている。
4. 「建設機械計画」について，機械の選定及び作業量の計算が，過去 10 回で 5 回出題されている。
5. 「施工管理の一般的手順」について整理しておく。
6. 「施工体制台帳，施工体系図及び計画立案」について整理しておく。過去 10 回で 7 回出題されている。
7. 「工程・原価・品質の関係」については，基本的な考えを理解しておく。

point チェックポイント

■契約条件の事前調査検討事項

①請負契約書の内容

（工事内容／請負代金の額及び支払方法／工期／工事の変更，中止による損害の取扱／かし担保に関する取扱／工事量増減に対する取扱／不可抗力による損害の取扱／物価変動に基づく変更の取扱／検査の時期及び方法並びに引き渡しの時期）

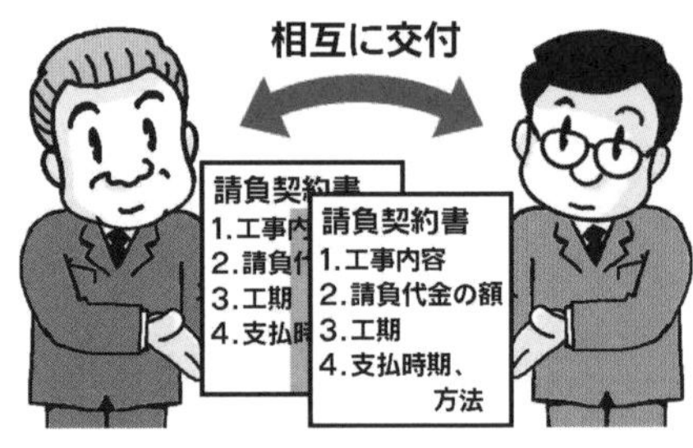

②設計図書の内容

（設計内容，数量の確認／図面と現場の適合の確認／現場説明事項の内容／仕様書，仮設における規格の確認）

■現場条件の事前調査検討事項

①地　　　形（工事用地／測量杭／土取，土捨場／道水路状況／周辺民家）
②地　　　質（土質／地層，支持層／地下水）
③気象・水文（降雨／積雪／風／気温／日照／波浪／洪水）
④電 力 ・ 水（工事用電源／工事用取水）
⑤輸　　　送（道路状況／鉄道／港）
⑥環境・公害（騒音／振動／交通／廃棄物／地下水）
⑦用地・利権（境界／地上権／水利権／漁業権）
⑧労　　　力（労務供給／労務環境／賃金）
⑨資　　　材（価格，支払い条件／納期）
⑩施設・建物（事務所／宿舎／病院／機械修理工場／警察，消防）
⑪支　障　物（地上障害物／地下埋設物／文化財）

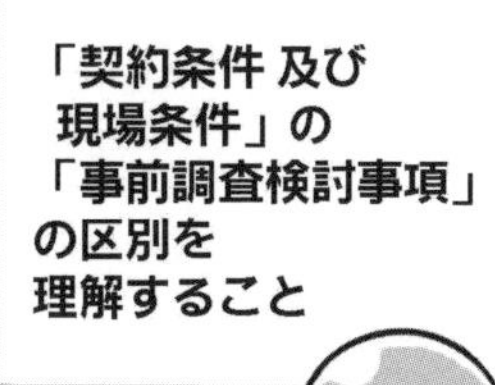

■仮設備計画の留意点

①仮設の種類

・**指定仮設**：契約により工種，数量，方法が規定されている。（契約変更の対象となる。）

・**任意仮設**：施工者の技術力により工事内容，現地条件に適した計画を立案する。（契約変更の対象とならない。但し，図面などにより示された施工条件に大幅な変更があった場合には設計変更の対象となり得る。）

②仮設の設計　仮構造物であっても，使用目的，期間に応じ構造設計を行い，労働安全衛生法はじめ各種基準に合致した計画とする。

③仮設備の内容

・**直接仮設**：（工事用道路，軌道，ケーブルクレーン／給排水設備／給換気設備／電気設備／安全設備／プラント設備／土留め，締切設備／設備の維持，撤去，後片づけ）

・**共通仮設**：（現場事務所／宿舎／倉庫／駐車場／機械室）

■土留め工の種類

①構造形式による種類：（自立式／アンカー式／切梁式）

土留め工の種類（構造形式）

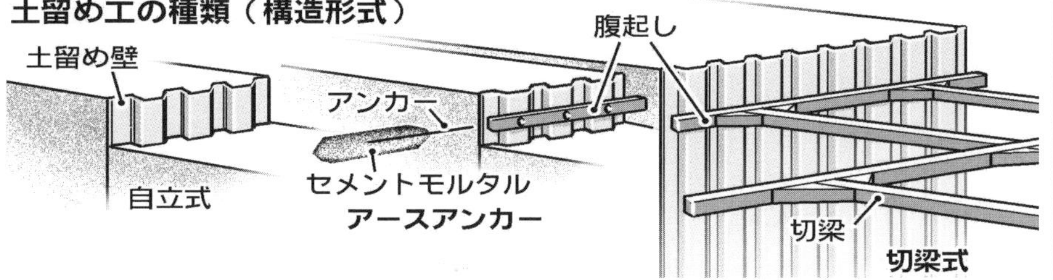

②使用材料による種類：（木矢板／親杭横矢板／鋼矢板（U形・Z形・H形）／コンクリート地中連続壁）

■建設機械の選択・組合わせ

種　類	選　択	施工能力
主機械	掘削，積込機械	最小とする
従機械	運搬，敷均し，締固め機械	主機械より大きい

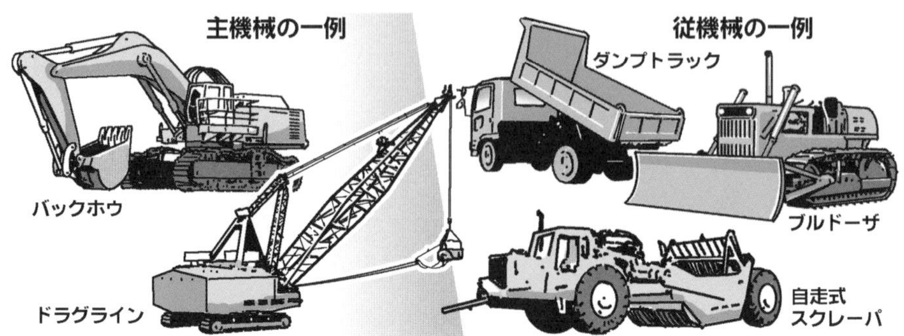

■施工体制台帳，施工体系図の作成

「建設業法第 24 条の 8」による，特定建設業者の義務として次のように規定されている。

①施工体制台帳の作成

・4,500 万円以上の下請契約を締結し，施工する場合に作成する。(令和 5 年 1 月 1 日改正施行)

・下請人の名称，工事内容，工期等を明示し，工事現場に備える。

・発注者から請求があったときは，閲覧に供さなければならない。

②施工体系図の作成

・各下請人の施工の分担関係を表示し，現場の見やすい場所に掲示する。

■原価管理の基本事項

①実行予算の設定

見積もり時点の施工計画を再検討し，決定した最適な施工計画に基づき設定する。

②原価発生の統制

予定原価と実際原価を比較し，原価の圧縮を図る。

・原価比率が高いものを優先する。

・低減が容易なものから行う。

・損失費用項目を抽出し，重点的に改善する。

③実際原価と実行予算の比較

工事進行に伴い，実行予算をチェックし，差異を見出し，分析，検討を行う。

④施工計画の再検討，修正措置

差異が生じる要素を調査，分析を行い，実行予算を確保するための原価圧縮の措置を講ずる。

⑤修正措置の結果の評価

結果を評価し，良い場合には持続発展させ，良くない場合には再度見直しを図る。

問題 1

施工計画作成のための事前調査に関する次の記述のうち，**適当でないもの**はどれか。

(1) 近隣環境の把握のため，現場周辺の状況，近隣施設などの調査を行う。
(2) 工事内容の把握のため，設計図書及び仕様書の内容などの調査を行う。
(3) 現場の自然条件の把握のため，地質調査，地下埋設物などの調査を行う。
(4) 労務・資機材の把握のため，労務の供給，資機材などの調達先などの調査を行う。

R元年前期 No.47

解 説

(1) 近隣環境の把握のため，現場周辺の状況，近隣施設などの調査を行うことは，現場条件の事前調査検討事項である。　よって，**適当である。**

(2) 工事内容の把握のため，設計図書及び仕様書の内容などの調査を行うことは，契約条件の事前調査検討事項である。　よって，**適当である。**

(3) 現場の自然条件の把握のためには，地形，気象等の調査を行う。地質調査，地下埋設物などの調査は，自然条件ではない。　よって，適当でない。

(4) 労務・資機材の把握のため，労務の供給，資機材などの調達先などの調査を行うことは，現場条件の事前調査検討事項である。　よって，**適当である。**

解 答 (3)

問題 2

施工計画作成の留意事項に関する次の記述のうち，**適当でないもの**はどれか。

⑴　施工計画は，企業内の組織を活用して，全社的な技術水準で検討する。

⑵　施工計画は，過去の同種工事を参考にして，新しい工法や新技術は考慮せずに検討する。

⑶　施工計画は，経済性，安全性，品質の確保を考慮して検討する。

⑷　施工計画は，一つのみでなく，複数の案を立て，代替案を考えて比較検討する。

R2 年後期 No.48

解　説

⑴　施工計画は，企業内の組織を活用して，関係機関を含めた全社的な高度な技術水準で検討する。　よって，**適当である。**

⑵　施工計画は，過去の経験を活かしつつ新技術，新工法，改良に対する努力を行い検討する。　よって，適当でない。

⑶　施工計画は，構造物を工期内に経済的かつ安全，環境，品質に配慮しつつ，施工する条件，方法を策定する。　よって，**適当である。**

⑷　施工計画は，1 つの計画だけでなく，複数の代案を作成し，経済性を含め長短を比較検討し最適な計画を採用する。　よって，**適当である。**

問題 3　工事の仮設に関する次の記述のうち，**適当でないもの**はどれか。

⑴　仮設には，直接仮設と間接仮設があり，現場事務所や労務宿舎などの快適な職場環境をつくるための設備は，直接仮設である。
⑵　仮設は，使用目的や期間に応じて構造計算を行い，労働安全衛生規則の基準に合致するかそれ以上の計画としなければならない。
⑶　仮設は，目的とする構造物を建設するために必要な施設であり，原則として工事完成時に取り除かれるものである。
⑷　仮設には，指定仮設と任意仮設があり，指定仮設は変更契約の対象となるが，任意仮設は一般に変更契約の対象にはならない。

R元年前期 No.48

解　説

⑴　仮設には，直接仮設と間接仮設があり，現場事務所や労務宿舎などの快適な職場環境をつくるための設備は，工事全体に共通するもので，間接仮設である。
よって，適当でない。

⑵　仮設は，重要度，使用目的や使用期間に応じて構造計算を行い，労働安全衛生規則の基準に合致するかそれ以上の計画としなければならない。
よって，**適当である。**

⑶　仮設は，目的とする構造物を建設するために臨時的に必要な施設であり，原則として工事完成時には撤去されるものである。　よって，**適当である。**

⑷　仮設には，指定仮設と任意仮設があり，指定仮設は契約により工種，数量，方法が規定され変更契約の対象となるが，任意仮設は請負者に一任するもので，変更契約の対象にはならない。　よって，**適当である。**

問題 4

施工計画の作成に関する下記の文章中の［　　］の（イ）～（ニ）に当てはまる語句の組合せとして，**適当なもの**は次のうちどれか。

・事前調査は，契約条件・設計図書の検討，［（イ）］が主な内容であり，また調達計画は，労務計画，機械計画，［（ロ）］が主な内容である。
・管理計画は，品質管理計画，環境保全計画，［（ハ）］が主な内容であり，また施工技術計画は，作業計画，［（ニ）］が主な内容である。

	（イ）	（ロ）	（ハ）	（ニ）
(1)	工程計画	安全衛生計画	資材計画	仮設備計画
(2)	現地調査	安全衛生計画	資材計画	工程計画
(3)	工程計画	資材計画	安全衛生計画	仮設備計画
(4)	現地調査	資材計画	安全衛生計画	工程計画

R3 年後期 No.54

解説

施工計画作成における「現場条件の事前調査検討事項」に関する問題である。

(本書 283 ページ参照)

・事前調査は，契約条件・設計図書の検討，［**(イ)** 現地調査］が主な内容であり，また調達計画は，労務計画，機械計画，［**(ロ)** 資材計画］が主な内容である。
・管理計画は，品質管理計画，環境保全計画，［**(ハ)** 安全衛生計画］が主な内容であり，また施工技術計画は，作業計画，［**(ニ)** 工程計画］が主な内容である。

よって，(4)の組合せが適当である。

問題 5

建設機械の作業に関する次の記述のうち，**適当でないもの**はどれか。

⑴ トラフィカビリティーとは，建設機械の走行性をいい，一般にN値で判断される。
⑵ 建設機械の作業効率は，現場の地形，土質，工事規模などの現場条件により変化する。
⑶ リッパビリティーとは，ブルドーザに装着されたリッパによって作業できる程度をいう。
⑷ 建設機械の作業能力は，単独の機械又は組み合された機械の時間当たりの平均作業量で表される。

R元年後期 No.49

解 説

⑴ トラフィカビリティーとは，建設機械の土の上での走行性をいい，締固めた土をコーンペネトロメータにより測定した値，コーン指数 q_C で判断される。
よって，適当でない。

⑵ 建設機械の作業効率は，作業能率の算定に必要な係数で，現場の地形，土質，工事規模などの現場条件により変化する。 よって，**適当である。**

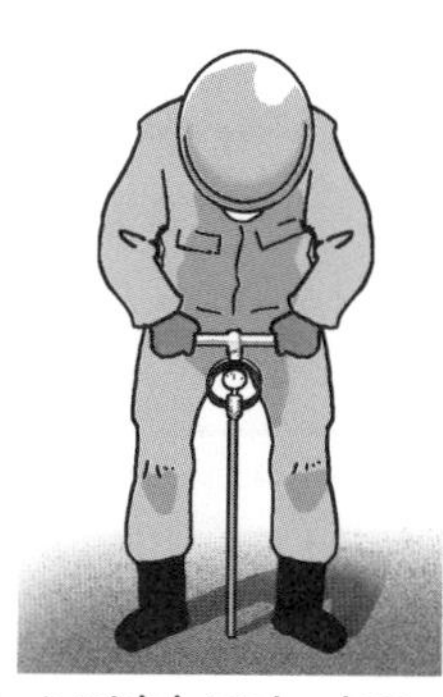

コーンペネトロメータの一例

⑶ 軟岩や硬土の掘削はリッパ装置付きブルドーザによって行われる。リッパビリティーとは，ブルドーザに装着されたリッパによって作業できる程度をいう。
よって，**適当である。**

⑷ 建設機械の作業能力は，各機械のサイクルタイム，作業効率等により，単独の機械又は組み合された機械の時間当たりの平均作業量で表される。
よって，**適当である。**

解 答 ⑴

問題 6

施工体制台帳の作成に関する次の記述のうち，**適当でないもの**はどれか。

(1) 公共工事を受注した元請負人が下請契約を締結したときは，その金額にかかわらず施工の分担がわかるよう施工体制台帳を作成しなければならない。

(2) 施工体制台帳には，下請負人の商号又は名称，工事の内容及び工期，技術者の氏名などについて記載する必要がある。

(3) 受注者は，発注者から工事現場の施工体制が施工体制台帳の記載に合致しているかどうかの点検を求められたときは，これを受けることを拒んではならない。

(4) 施工体制台帳の作成を義務づけられた元請負人は，その写しを下請負人に提出しなければならない。

H30年前期 No.48

解 説

(1) 公共工事を受注した元請負人が下請契約を締結したときは，その金額にかかわらず施工の分担がわかるよう施工体制台帳を作成しなければならない。（公共工事の入札及び契約の適正化の促進に関する法律第 15 条）

よって，**適当である。**

(2) 施工体制台帳には，下請負人の商号又は名称，工事の内容及び工期，技術者の氏名などについて記載する必要がある。（建設業法第 24 条の 8 第 1 項）

よって，**適当である。**

(3) 受注者は，発注者から工事現場の施工体制が施工体制台帳の記載に合致しているかどうかの点検を求められたときは，これを受けることを拒んではならない。（公共工事の入札及び契約の適正化の促進に関する法律第 15 条第 3 項）

よって，**適当である。**

(4) 施工体制台帳の作成を義務づけられた元請負人は，再下請け通知書を作成し，下請負人自身も施工体制台帳を作成しなければならない。（建設業法第 24 条の 8 第 2 項）

よって，適当でない。

2 工程管理

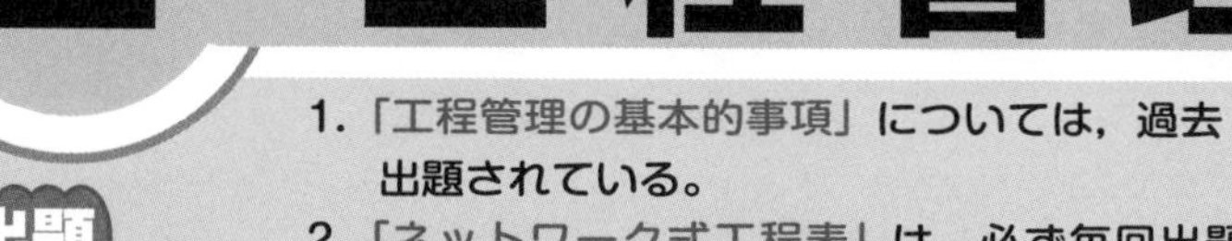

出題傾向 point チェックポイント

1.「工程管理の基本的事項」については，過去 10 回で 5 回出題されている。
2.「ネットワーク式工程表」は，必ず毎回出題されている。特に日数計算は理解しておく。
3.「各種工程表の特徴」について過去 10 回で 3 回出題されている。
4.「工程管理曲線（バナナ曲線）」について，出題は少ないが基本事項として理解しておく。過去 10 回で 2 回出題されている。

■工程管理の基本的事項

①工程管理の目的
・工期，品質，経済性の 3 条件を満たす合理的な工程計画作成。
・安全，品質，原価管理を含めた総合的な管理手段。
・進度，日程管理だけが目的ではない。

②工程管理手順（PDCAサイクル）

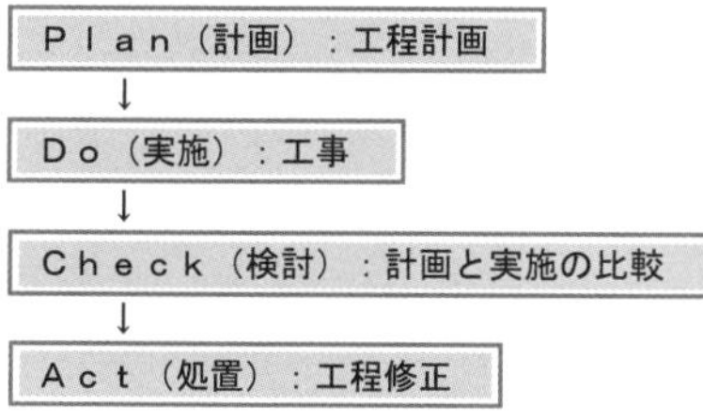

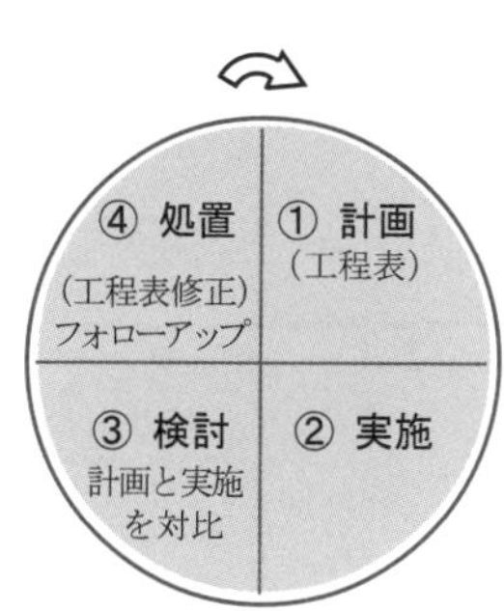

■工程計画の作成手順

①工程の施工手順 → ②適切な施工期間 → ③工種別工程の相互調整 → ④忙しさの程度の均等化 → ⑤工期内完了に向けての工程表作成

■作業可能日数の算定

①稼働率，作業時間率の向上のための留意点
・低下要因の排除（悪天候，災害，地質悪化等の不可抗力的要因／作業段取り，材料の待ち時間／作業員の病気，事故による休業／機械の故障）
・能率向上の方策（機械の適正管理／施工環境の改良／作業員の教育）

②作業可能日数の算定
・算定に考慮する項目（天気，天候／地形，地質／休日，法律規制等）
・作業可能日数≧所要日数＝（全工事量）／（1日平均工事量）

■工程と原価の関係

①工程と原価の関係

・施工を早くして施工出来高が上がると原価は安くなる。

・さらに施工を早めて突貫作業を行うと，逆に原価は高くなる。

②採算速度と損益分岐

・損益分岐点において工事は最低採算速度の状態である。

・施工速度を最低採算速度以上に上げれば利益，下げれば損失となる。

Y
（たかい↑）原価
突貫作業
最低原価
採算速度
0
工程（→はやい）
X

工程と原価の関係

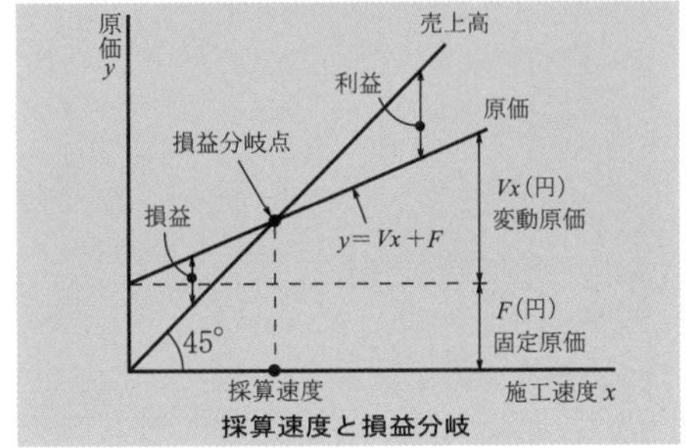

採算速度と損益分岐

■工程表の種類

①ガントチャート工程表（横線式）

縦軸に工種（工事名， 作業名）， 横軸に作業の達成度を（%）で表示する。各作業の必要日数は分からず，工期に影響する作業は不明である。

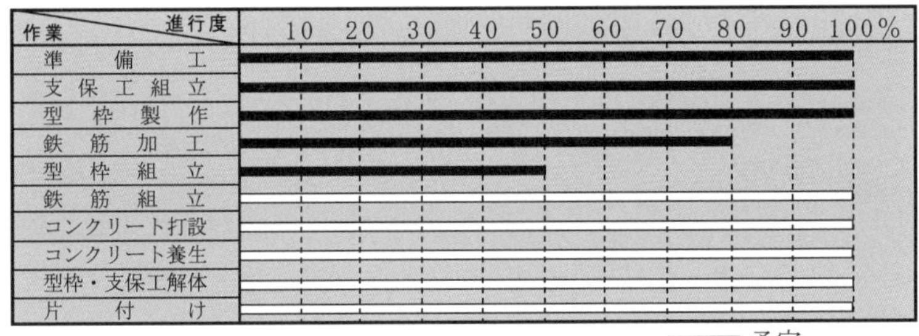

ガントチャート工程表（コンクリート構造物）

②バーチャート工程表（横線式）

ガントチャートの横軸の達成度を工期に設定して表示する。漠然とした作業間の関連は把握できるが，工期に影響する作業は不明である。

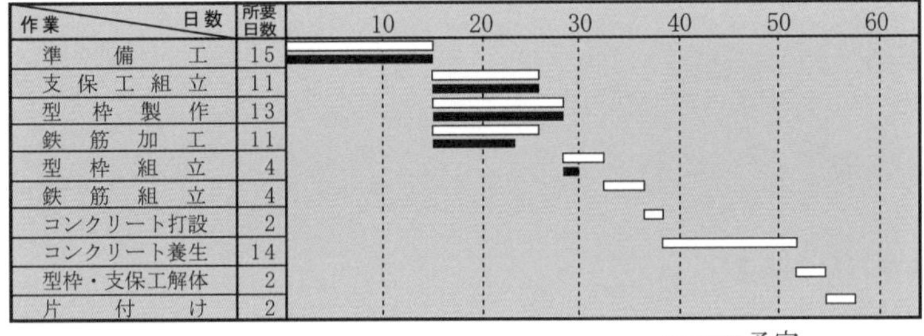

バーチャート工程表（コンクリート構造物）

③斜線式工程表

縦軸に工期をとり，横軸に延長をとり，各作業毎に一本の斜線で，作業期間，作業方向，作業速度を示す。トンネル，道路，地下鉄工事のような線的な工事に適しており，作業進度が一目で分かるが作業間の関連は不明である。

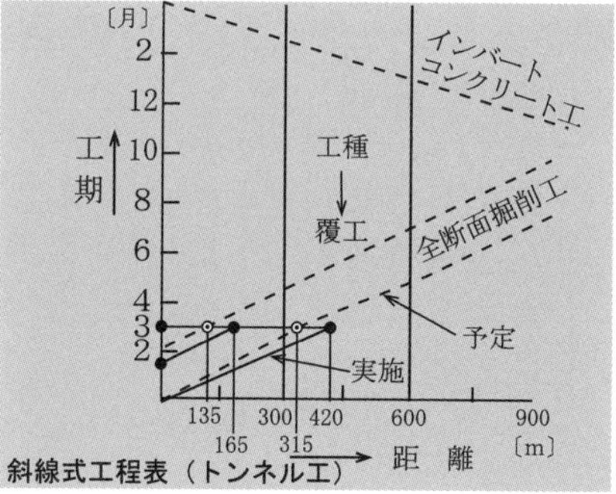

斜線式工程表（トンネル工）

④ネットワーク式工程表

各作業の開始点（イベント○）と終点（イベント○）を矢線→で結び，矢線の上に作業名，下に作業日数を書き入れたものをアクティビティといい，全作業のアクティビティを連続的にネットワークとして表示したものである。作業進度と作業間の関連も明確となる。

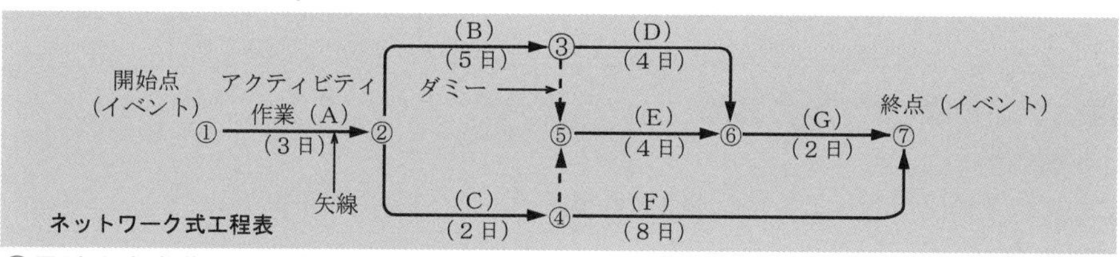

ネットワーク式工程表

⑤累計出来高曲線工程表（S字カーブ）

縦軸に工事全体の累計出来高(%)，横軸に工期(%)をとり，出来高を曲線に示す。毎日の出来高と，工期の関係の曲線は山形，予定工程曲線はS字形となるのが理想である。

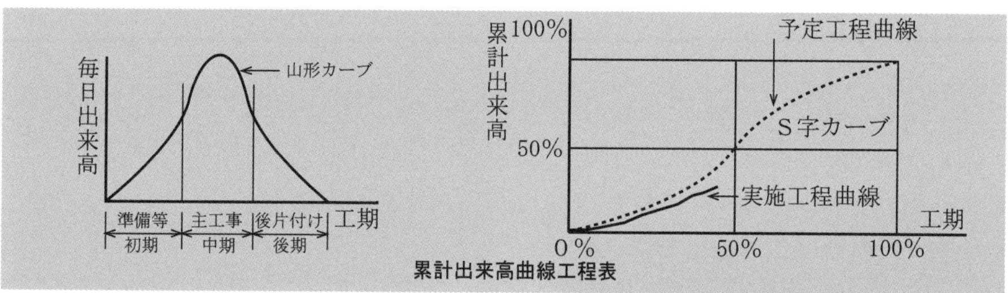

累計出来高曲線工程表

⑥工程管理曲線工程表（バナナ曲線）

バーチャート工程表との組合せで工程曲線を作成し，許容範囲として上方許容限界線と下方許容限界線を示したものである。実施工程曲線が上限を超えると，工程にムリ，ムダが発生しており，下限を超えると，突貫工事を含め工程を見直す必要がある。

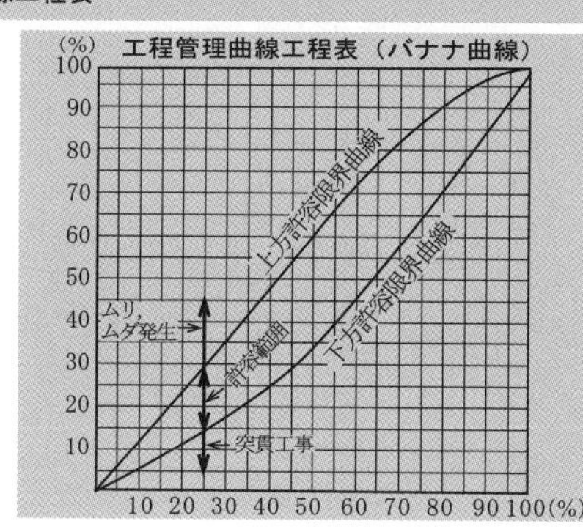

■ネットワーク式工程表の内容

①用語の説明

- **総所要時間**：最終の作業（アクティビティ）が最も早く終了する時間
- **最早開始時刻**：作業を最も早く開始できる時刻
- **最遅開始時刻**：作業を遅くとも始めなければならない最後の時刻
- **最早終了時刻**：作業を最も早く終了可能な時刻
- **最遅終了時刻**：作業を遅くとも終了しなければならない時刻
- **トータルフロート**：最早開始時刻と最遅開始時刻の最大の余裕時間
- **フリーフロート**：遅れても他の作業に全く影響を与えない余裕時間
- **クルティカルパス**：トータルフロートがゼロとなる線を結んだ経路

②ネットワーク利用による管理

- **山積み**：所要人員，機械，資材の量を工程毎に積上げを行う。
- **山崩し**：余裕時間の範囲内で，平均化を図る。
- **フォローアップ**：工程が遅れたときに，経済的な日程短縮を図る。

■バナナ曲線の計画と管理

①計画作成

バーチャート工程表との組合せで作成する。大規模工事の場合は，ネットワーク式も利用する。

②読み方

- **A点**：工程を元に戻し，日程短縮のため，突貫工事を行う。
- **B点**：工程の見直しを図り，突貫工事の準備をしておく。
- **C点**：急激な出来高を緩くし，平均化を図る。
- **D点**：工程にムリ・ムダ発生，早急に見直し適正な施工速度に修正する。

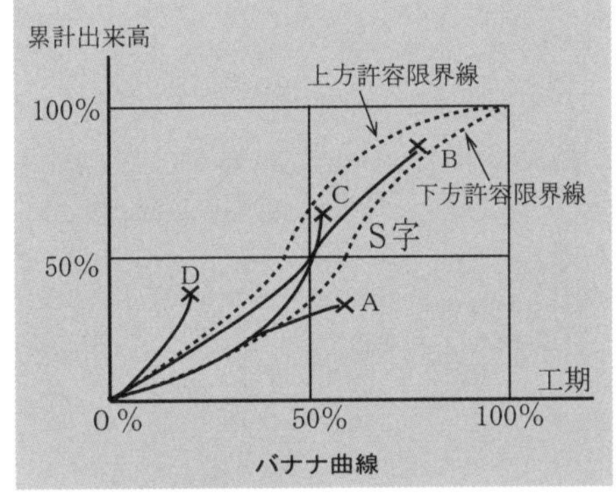

バナナ曲線

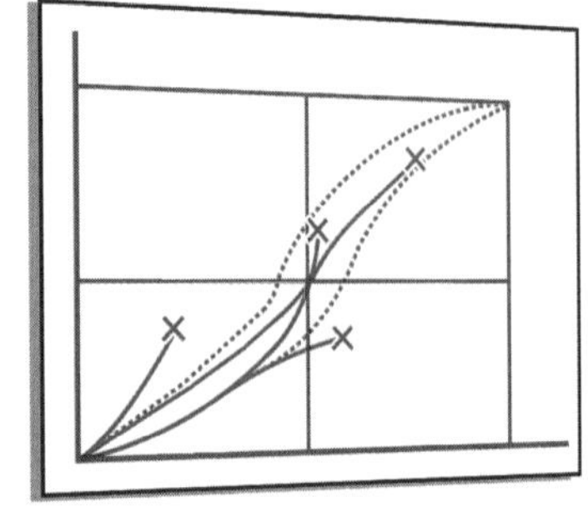

問題 1

工程管理に関する次の記述のうち，**適当でないもの**はどれか。

⑴ 工程表は，工事の施工順序と所要の日数などを図表化したものである。
⑵ 工程計画と実施工程の間に差が生じた場合は，あらゆる方面から検討し，また原因がわかったときは，速やかにその原因を除去する。
⑶ 工程管理にあたっては，実施工程が工程計画より，やや上まわるように管理する。
⑷ 工程表は，施工途中において常に工事の進捗状況が把握できれば，予定と実績の比較ができなくてもよい。

R元年後期 No.50

解 説

⑴ 工程表は，工事の施工順序と所要の日数，割合などをグラフにより図表化したものである。　よって，**適当である。**

⑵ 工程計画と実施工程の間に差が生じた場合は，あらゆる方面から検討し，また原因がわかったときは，速やかにその原因を除去し，工程を見直す必要がある。　よって，**適当である。**

⑶ 工程管理にあたっては，ある程度の余裕を持たせることが必要であり，実施工程が工程計画より，やや上まわるように管理する。　よって，**適当である。**

⑷ 工程表は，施工途中において常に工事の進捗状況を把握する必要がある。予定と実績の比較を常に行うことにより，工程のみならず品質，経済性の管理が可能となる。　よって，適当でない。

解 答 (4)

問題 2

工程管理に関する次の記述のうち，**適当でないもの**はどれか。

(1) 工程表は，工事の施工順序と所要の日数を図表化したものである。
(2) 計画工程と実施工程の間に生じた差を修正する場合は，労務・機械・資材及び作業日数など，あらゆる方面から検討する。
(3) 工程管理では，実施工程が計画工程よりも下回るように管理する。
(4) 作業能率を高めるためには，実施工程の進行状況を常に全作業員に周知する。

H29 年第 1 回 No.50

解　説

(1) 工程表は，工事の施工順序と所要の日数，割合などをグラフにより図表化したものである。　よって，**適当である。**

(2) 計画工程と実施工程の間に生じた差を修正する場合は，労務計画･機械計画･資材計画とともに作業日数の確認などについて検討する。よって，**適当である。**

(3) 工程管理では，実施工程が計画工程よりも上回るよう余裕をもたせて管理する。　よって，適当でない。

(4) 作業能率を高めるためには，実施工程の進行状況を常に全作業員に周知し，情報を共有することにより徹底する。　よって，**適当である。**

問題 3

工程管理の基本事項に関する下記の文章中の［　　　］の（イ）～（ニ）に当てはまる語句の組合せとして，**適当なもの**は次のうちどれか。

・工程管理にあたっては，［（イ）］が，［（ロ）］よりも，やや上回る程度に管理をすることが最も望ましい。
・工程管理においては，常に工程の［（ハ）］を全作業員に周知徹底させて，全作業員に［（ニ）］を高めるように努力させることが大切である。

	（イ）	（ロ）	（ハ）	（ニ）
⑴	実施工程 ………	工程計画 ………	進行状況 ………	作業能率
⑵	実施工程 ………	工程計画 ………	作業能率 ………	進行状況
⑶	工程計画 ………	実施工程 ………	進行状況 ………	作業能率
⑷	作業能率 ………	進行状況 ………	実施工程 ………	工程計画

R3 年後期 No.56

解　説

工程管理における「基本的事項」に関する問題である。（本書 291 ページ参照）

・工程管理にあたっては，［**（イ）** 実施工程］が，［**（ロ）** 工程計画］よりも，やや上回る程度に管理をすることが最も望ましい。
・工程管理においては，常に工程の［**（ハ）** 進行状況］を全作業員に周知徹底させて，全作業員に［**（ニ）** 作業能率］を高めるように努力させることが大切である。

よって，⑴の組合せが適当である。

解 答 ⑴

Lesson 6 2 工程管理

問題 4

工程表の種類と特徴に関する下記の文章中の [　　　] の（イ）～（ニ）に当てはまる語句の組合せとして，**適当なもの**は次のうちどれか。

・[（イ）] は，縦軸に作業名を示し，横軸にその作業に必要な日数を棒線で表した図表である。

・[（ロ）] は，縦軸に作業名を示し，横軸に各作業の出来高比率を棒線で表した図表である。

・[（ハ）] 工程表は，各作業の工程を斜線で表した図表であり，[（ニ）] は，作業全体の出来高比率の累計をグラフ化した図表である。

	（イ）	（ロ）	（ハ）	（ニ）
(1)	ガントチャート …	出来高累計曲線 ……	バーチャート …	グラフ式
(2)	ガントチャート …	出来高累計曲線 ……	グラフ式 ………	バーチャート
(3)	バーチャート ……	ガントチャート ……	グラフ式 ………	出来高累計曲線
(4)	バーチャート ……	ガントチャート ……	バーチャート …	出来高累計曲線

R3 年前期 No.56

解説

工程管理における「工程表の種類と特徴」に関する問題である。（本書 292 ページ 参照）

・**（イ）** バーチャート は，縦軸に作業名を示し，横軸にその作業に必要な日数を棒線で表した図表である。

・**（ロ）** ガントチャート は，縦軸に作業名を示し，横軸に各作業の出来高比率を棒線で表した図表である。

・**（ハ）** グラフ式 工程表は，各作業の工程を斜線で表した図表であり，**（ニ）** 出来高累計曲線 は，作業全体の出来高比率の累計をグラフ化した図表である。

よって，(3)の組合せが適当である。

問題 5

工程管理曲線（バナナ曲線）に関する次の記述のうち，**適当でないもの**はどれか。

⑴ 上方許容限界と下方許容限界を設け，工程を管理する。
⑵ 下方許容限界を下回ったときは，工程が遅れている。
⑶ 出来高累計曲線は，一般にＳ字型となる。
⑷ 縦軸に時間経過比率をとり，横軸に出来高比率をとる。

H30 年後期 No.50

解説

各工程表の内容と特徴を整理すると下記のとおりとなる。

⑴ 工程管理曲線（バナナ曲線）は，上方許容限界線と下方許容限界線を設け，工程を管理する。 よって，**適当である。**

⑵ 下方許容限界線を下回ったときは，工程が遅れており，突貫工事を含め工程を見直す。 よって，**適当である。**

⑶ 出来高累計曲線は，毎日の出来高と，工期の関係の曲線は山形，予定工程曲線はＳ字形となるのが理想である。 よって，**適当である。**

⑷ 工程管理曲線は，縦軸に工事全体の累計出来高比率，横軸に時間経過比率をとり曲線に示す。 よって，適当でない。

解 答 (4)

問題 6

下記の説明文に**該当する工程表**は，次のうちどれか。

「縦軸に部分工事をとり，横軸にその工事に必要な日数を棒線で記入した図表で，作成が簡単で各工事の工期がわかりやすいので，総合工程表として一般に使用される。」

⑴　曲線式工程表（グラフ式工程表）
⑵　曲線式工程表（出来高累計曲線）
⑶　横線式工程表（ガントチャート）
⑷　横線式工程表（バーチャート）

H28 年 No.50

解　説

番号	工程表	特　　徴	適　否
⑴	曲線式工程表（グラフ式工程表）	**工期を横軸に，施工量の集計又は完成率（出来高）を縦軸にとり，工事の進行をグラフ化して表す。** 作業が順序よく進む工種に適しているが，作業間の関連は不明である。	**該当しない**
⑵	曲線式工程表（出来高累計曲線）	**縦軸に工事全体の累計出来高（%），横軸に工期（%）をとり，出来高を曲線に示す。**	**該当しない**
⑶	横線式工程表（ガントチャート）	**縦軸に工種（工事名，作業名），横軸に作業の達成度を%で表示する。** 各作業の必要日数はわからず，工期に影響する作業は不明である。	**該当しない**
⑷	横線式工程表（バーチャート）	縦軸に部分工事をとり，横軸にその工事に必要な日数を棒線で記入した図表で，作成が簡単で各工事の工期がわかりやすいので，総合工程表として一般に使用される。	該当する

問題 7

下図のネットワーク式工程表に示す工事の**クリティカルパスとなる日数**は，次のうちどれか。

ただし，図中のイベント間の A～G は作業内容，数字は作業日数を表す。

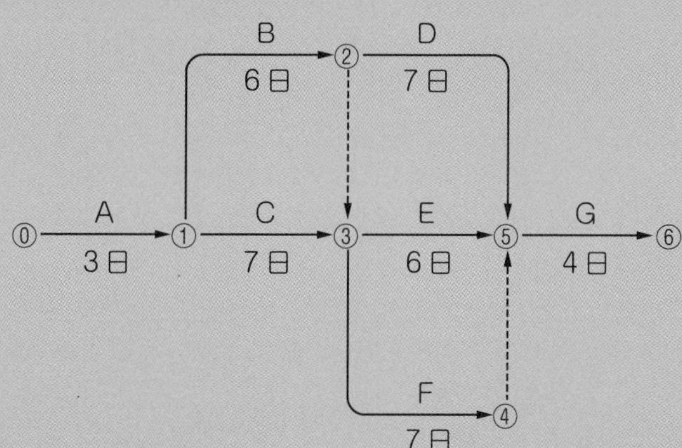

(1) 20日
(2) 21日
(3) 22日
(4) 23日

R2 年後期 No.51

解 説

クリティカルパスは，作業開始から終了までの経路の中で，所要日数が最も長い経路について計算する。

- ⓪→①→②→⑤→⑥　3+6+7+4=20日
- ⓪→①→②-->③→⑤→⑥　3+6+6+4=19日
- ⓪→①→②-->③→④-->⑤→⑥　3+6+7+4=20日
- ⓪→①→③→⑤→⑥　3+7+6+4=20日
- ⓪→①→③→④-->⑤→⑥　3+7+7+4=21日

よって，クリティカルパスとなる日数は (2)である。

問題 8

工程管理曲線（バナナ曲線）に関する次の記述のうち，**適当でないもの**はどれか。

⑴ 縦軸に出来高比率をとり，横軸に時間経過比率をとる。
⑵ 上方許容限界と下方許容限界を設け工程管理する。
⑶ 出来高累形曲線は，一般的に S 字型となる。
⑷ 上方許容限界を超えたときは，工程が遅れている。

H27 年 No.50

解説

⑴ 工程管理曲線（バナナ曲線）においては，縦軸に累計出来高（%），横軸に工期（%）をとり，実施の出来高を曲線に表す。　よって，**適当である。**

⑵ 工程管理曲線（バナナ曲線）においては，許容範囲として，上方許容限界線と下方許容限界線を示し管理する。　よって，**適当である。**

⑶ 出来高の予定工程曲線は，S字型となるのが理想的である。
よって，**適当である。**

⑷ 実施工程曲線が上方許容限界線を越えると，工程が進み過ぎて，ムリ，ムダが発生しており，工程を見直す必要がある。　よって，適当でない。

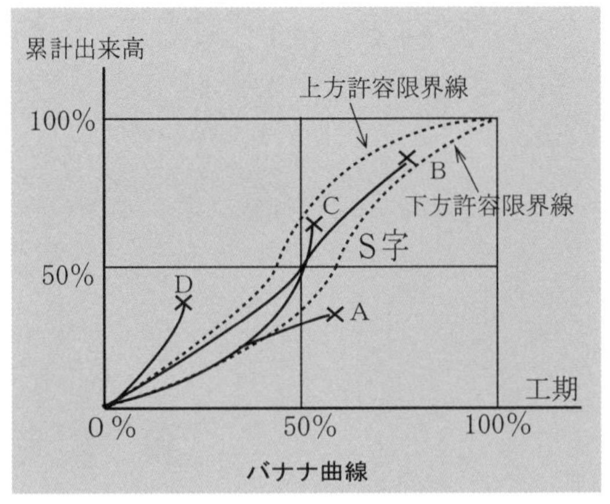

バナナ曲線

問題 9

下図のネットワーク式工程表に示す工事の**クリティカルパスとなる日数**は，次のうちどれか。

ただし，図中のイベント間の A～G は作業内容，数字は作業日数を表す。

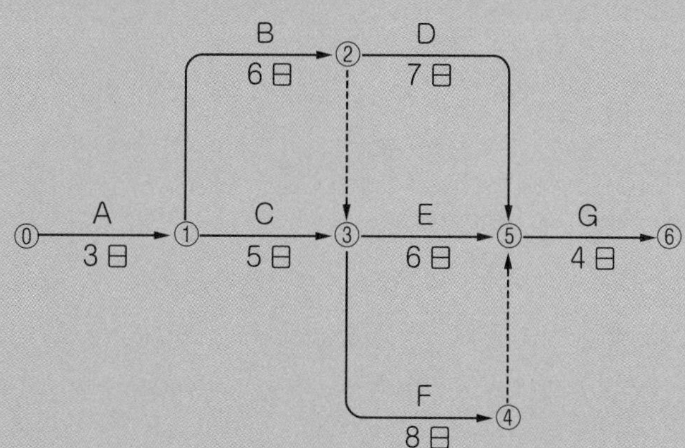

(1) 19日
(2) 20日
(3) 21日
(4) 22日

H29年第1回 No.51

解説

クリティカルパスは，作業開始から終了までの経路の中で，所要日数が最も長い経路について計算する。

・⓪→①→②→⑤→⑥　3+6+7+4=20日
・⓪→①→②⇢③→⑤→⑥　3+6+6+4=19日
・⓪→①→②⇢③→④⇢⑤→⑥　3+6+8+4=21日
・⓪→①→③→⑤→⑥　3+5+6+4=18日
・⓪→①→③→④⇢⑤→⑥　3+5+8+4=20日

よって，**クリティカルパスとなる日数は**(3)の 21 日である。

解答 (3)

問題 10

下記のネットワーク式工程表に示す工事に必要な日数として，**適当なもの**は次のうちどれか。ただし，図中のイベント間のA～Hは作業内容，日数は作業日数を示す。

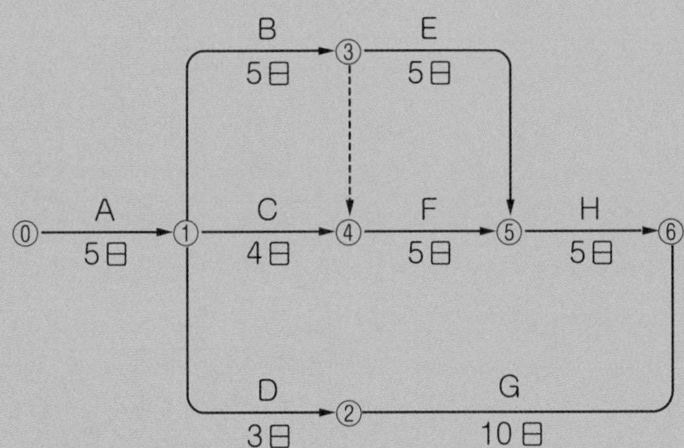

(1) 19日
(2) 20日
(3) 21日
(4) 22日

H28年 No.51

解説

作業開始から終了までの経路の中で，所要日数が最も長い経路について計算する。

・⓪→①→③→⑤→⑥　　5+5+5+5=20日
・⓪→①→③→④→⑤→⑥　　5+5+5+5=20日
・⓪→①→④→⑤→⑥　　5+4+5+5=19日
・⓪→①→②→⑥　　5+3+10=18日

よって，(2)の20日となる。

問題 11

下図のネットワーク式工程表に示す工事の**クリティカルパスとなる日数**は，次のうちどれか。

ただし，図中のイベント間の A～G は作業内容，数字は作業日数を表す。

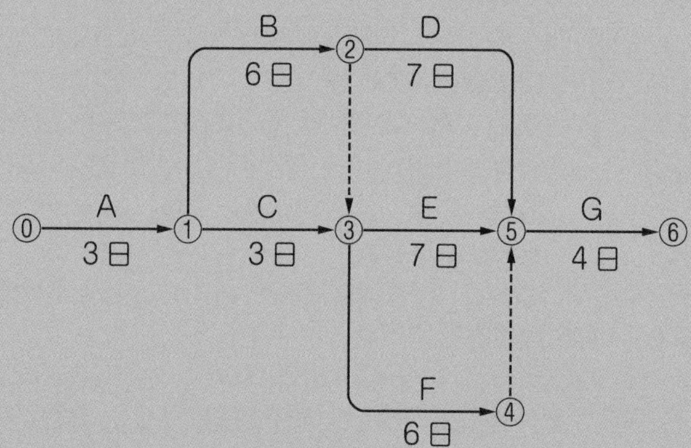

(1) 17 日
(2) 19 日
(3) 20 日
(4) 21 日

H30 年後期 No.51

解説

クリティカルパスは，作業開始から終了までの経路の中で，所要日数が最も長い経路について計算する。

・⓪→①→②→⑤→⑥　3+6+7+4=20 日
・⓪→①→②⇢③→⑤→⑥　3+6+7+4=20 日
・⓪→①→②⇢③→④⇢⑤→⑥　3+6+6+4=19 日
・⓪→①→③→⑤→⑥　3+3+7+4=17 日
・⓪→①→③→④⇢⑤→⑥　3+3+6+4=16 日

よって，(3)の 20 日となる。

3 安全管理

1. 「労働災害，安全衛生管理体制」について，過去 10 回で 3 回出題されている。
2. 「仮設工事（足場，土止め支保工，型枠支保工）における安全対策」は，過去 10 回で 10 回出題されており，最重要項目である。（「手すり及び中桟」労働安全衛生規則第 563 条及び第 575 条に注意。）
3. 「一般土木工事（掘削，くい打機，クレーン）における安全対策」は，過去 10 回で 11 回出題されている。
4. 「車両系建設機械の安全対策」は，過去 10 回で 3 回出題されている。
5. 「建設工事の公衆災害防止対策（交通保安施設）」は，出題が減少しているが，基本項目として整理しておく。
6. 近年の傾向として，「熱中症対策，保護具や解体作業の安全対策」についても留意しておく。過去 10 回で 13 回出題されている。

※労働安全衛生規則において，「安全帯」は「墜落による危険のおそれに応じた性能を有する墜落制止用器具（以下「要求性能墜落制止用器具」という。）」に改められました。2019 年 2 月 1 日施行

■安全管理体制

（労働安全衛生規則）

①選任管理者の区分（建設業）

選任管理者の区分	労働者数	
総括安全衛生管理者	100 人以上	複数企業は 50 人，（トンネル，圧気，橋梁工事は 30 人）
安全管理者	常時 50 人以上	300 人以上は 1 人を専任とする
衛生管理者	常時 50 人以上	1,000 人以上は 1 人を専任とする
産業医	常時 50 人以上	

②作業主任者を選任すべき主な作業（労働安全衛生法施行令第 6 条）

作業内容	作業主任者	資格
高圧室内作業	高圧室内作業主任者	免許を受けた者
アセチレン，ガス溶接作業	ガス溶接作業主任者	免許を受けた者
コンクリート破砕器作業	コンクリート破砕器作業主任者	技能講習を修了した者
2 m 以上の地山掘削及び土止め支保工作業	地山の掘削及び土止め支保工作業主任者	技能講習を修了した者
型枠支保工作業	型枠支保工の組立等作業主任者	技能講習を修了した者
吊り足場，張出し，5 m以上足場組立作業	足場の組立等作業主任者	技能講習を修了した者
鋼橋（高さ 5 m以上，スパン 30 m以上）架設	鋼橋架設等作業主任者	技能講習を修了した者
コンクリート造の工作物（高さ 5 m以上）の解体	コンクリート造の工作物の解体等作業主任者	技能講習を修了した者
コンクリート橋（高さ 5 m以上，スパン 30 m以上）架設	コンクリート橋架設等作業主任者	技能講習を修了した者

③計画の届出（労働安全衛生法第 88 条，同規則第 90 条）

開始 14 日前までに，労働基準監督署長に計画の届出が必要な仕事

・高さ 31 mを超える建築物，工作物の建設，改造，解体，破壊
・最大支間 50 m 以上の橋梁，30 m以上 50 m 未満の橋梁の上部構造の建設
・ずい道等の建設等（内部に労働者が立ち入らないものを除く。）
・掘削の高さ又は深さが 10 m 以上である地山の掘削（岩石の採取を除く。）
・坑内掘りによる土石の採取のための掘削
・圧気工法による作業

■足場工における安全対策（労働安全衛生規則第 559 条以降）

①足場の種類と壁つなぎの間隔（同規則第 569 条第 1 項第 6 号イ，同第 570 条第 5 号）

種　類	水平方向	垂直方向
丸太足場	7.5 m 以下	5.5 m 以下
単管足場	5.5 m 以下	5.0 m 以下
わく組足場（高さ 5 m 未満除く）	8.0 m 以下	9.0 m 以下

②鋼管足場（パイプサポート）の名称と規制（同規則第 570 条，第 571 条）

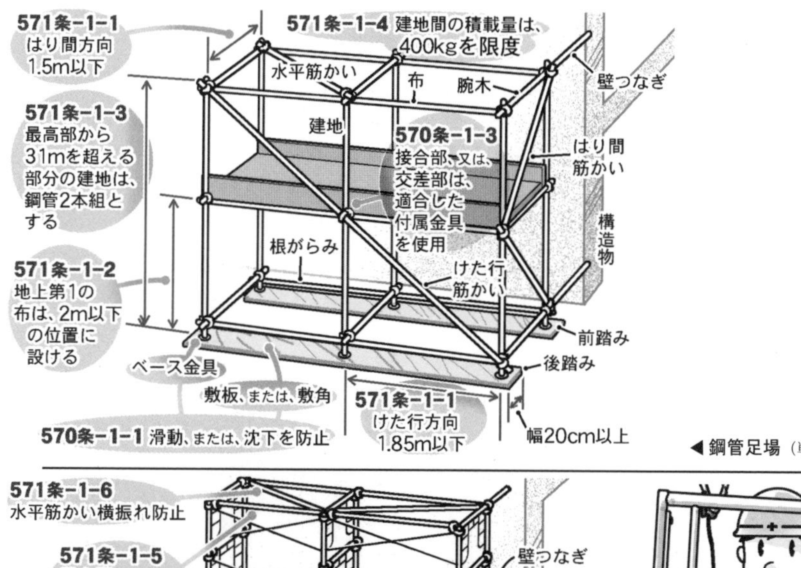

◀鋼管足場（単管足場）

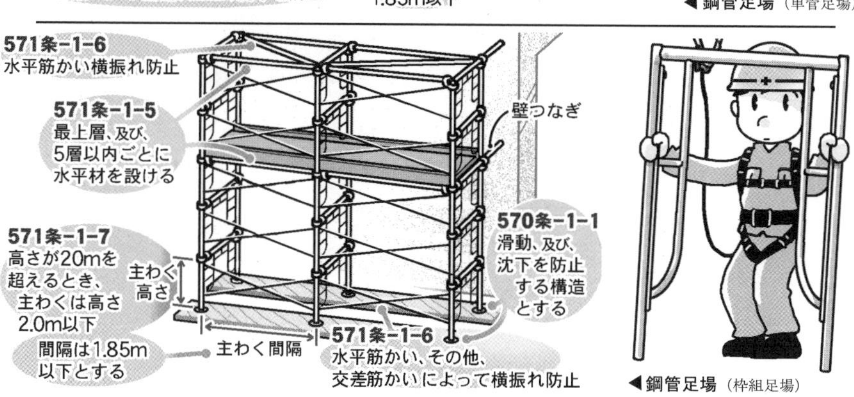

◀鋼管足場（枠組足場）

③つり足場の名称と規制

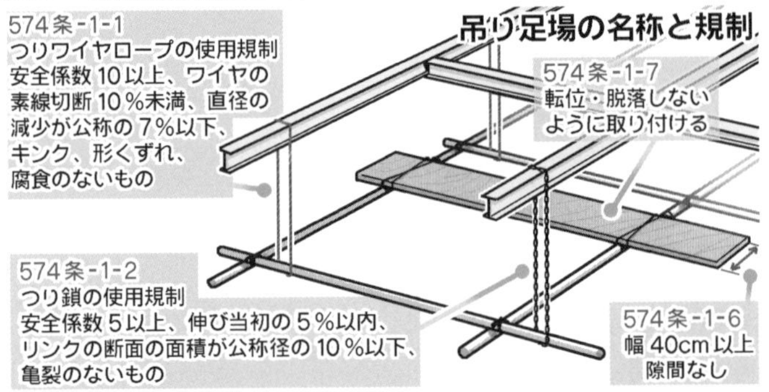

④作業床の名称と規制

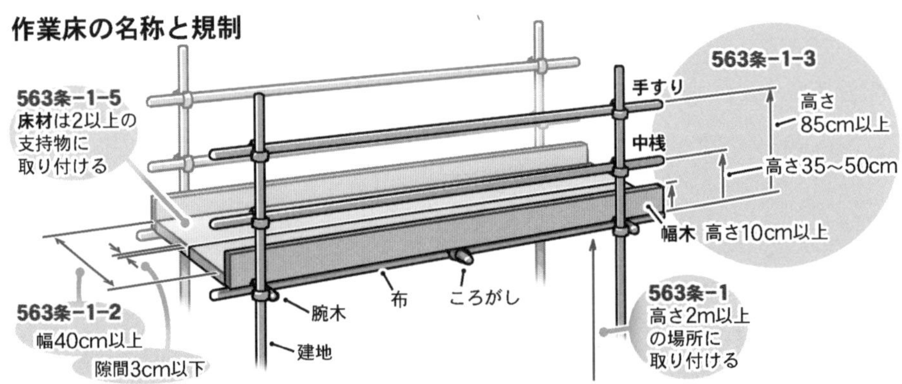

⑤作業構台の名称と規制

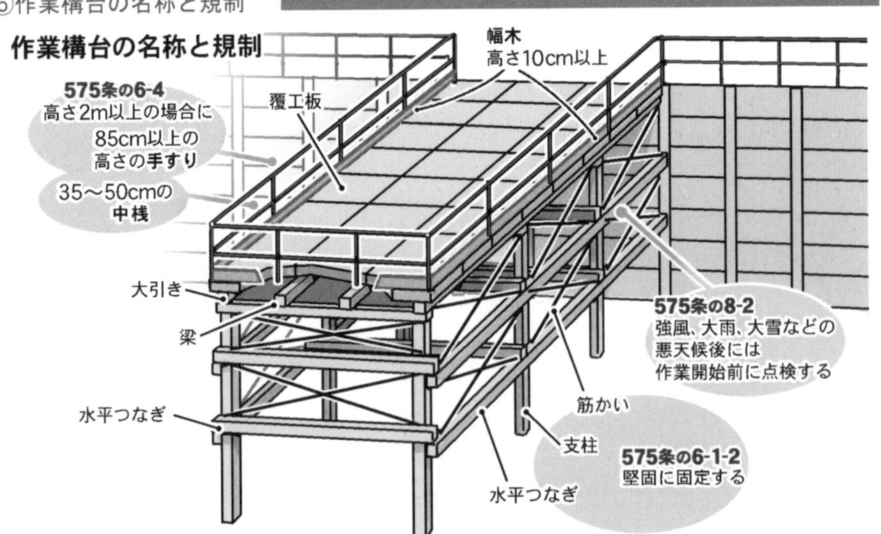

⑥足場等からの墜落防止措置（鋼管足場，作業床，作業構台共通）

<table>
<tr><td rowspan="2">わく組足場</td><td>内容</td><td>・交さ筋かい
・高さ 15 cm 以上40 cm 以下の桟
・若しくは高さ 15 cm 以上の幅木
・又はこれらと同等以上の機能を有する設備
・手すりわく
（労働安全衛生規則第 563 条第 1 項第 3 号イ）</td></tr>
<tr><td>設置例</td><td>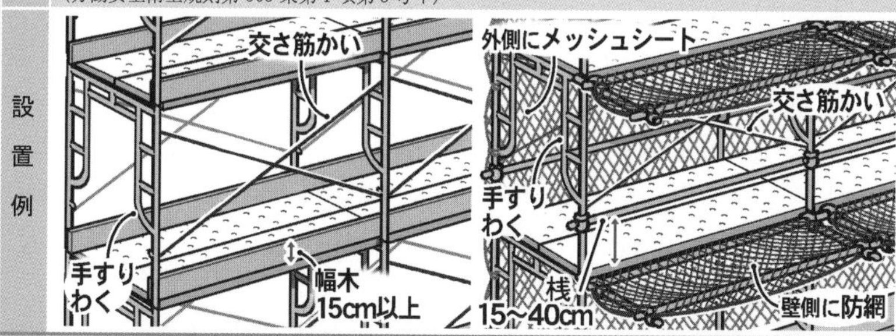
</td></tr>
<tr><td rowspan="2">単管足場
（わく組足場以外の足場）
作業構台</td><td>内容</td><td>・高さ 85 cm 以上の手すり
・高さ 35 cm 以上，50 cm 以下の中桟
・又はこれらと同等以上の機能を有する設備（手すり等）及び中桟
・作業のため物体が落下することにより，労働者に危険を及ぼすおそれのあるときは，高さ 10 cm 以上の幅木，メッシュシート若しくは防網又はこれらと同等以上の機能を有する設備（幅木等）を設けること
（労働安全衛生規則第 563 条第 1 項第 3 号ロ，同条第 6 号）</td></tr>
<tr><td>設置例</td><td>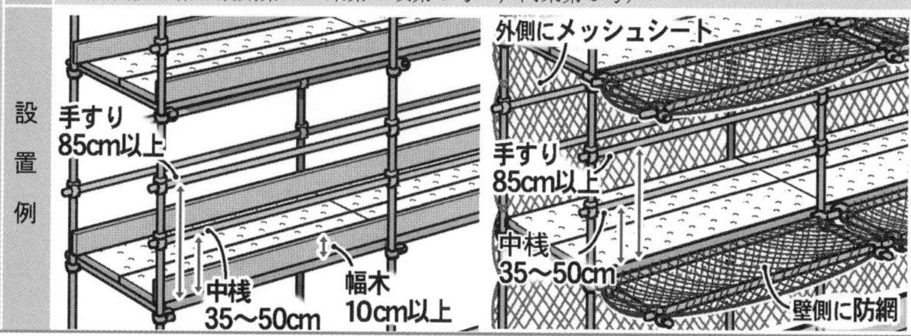
</td></tr>
</table>

足場からの墜落防止措置を強化（平成 27 年 7 月 1 日施行）

足場からの墜落・転落による労働災害が多く発生していることから，足場に関する墜落防止措置などを定める労働安全衛生規則の一部が改正されました。

・足場での高さ 2 m 以上の作業場所に設ける作業床の要件として，床材と建地との隙間を 12 cm 未満。（「足場からの墜落・転落災害防止総合対策推進要綱」より抜粋）

安全帯を「要求性能墜落制止用器具」に変更（2019 年（平成 31 年）2 月 1 日施行）

労働安全衛生規則において，「安全帯」は「墜落による危険のおそれに応じた性能を有する墜落制止用器具(以下「要求性能墜落制止用器具」という。)」に改められました。

■土止め支保工における安全対策

労働安全衛生規則第368条以降／建設工事公衆災害防止対策要綱（土木編）第48以降

①土止め支保工の名称と規制

※労働安全衛生法関連は「土止め」，国土交通省等の技術指針関連は「土留め」と記述されている。

- **土留め支保工設置箇所**：岩盤又は堅い粘土からなる地山（垂直掘り2m以上），その他の地山（垂直掘り2m（市街地1.5m）以上）
- **根入れ深さ**：杭（1.5m以上），鋼矢板（3.0m以上）
- **親杭横矢板工法**：土留め杭（H-300以上），横矢板最小厚（3cm以上）
- **鋼矢板**：Ⅲ型以上
- **腹起し**：部材(H-300以上)，継手間隔(6.0m以上)，垂直間隔(3.0m程度)
- **切りばり**：部材(H-300以上)，継手間隔(5.0m以上)，垂直間隔(3.0m程度)

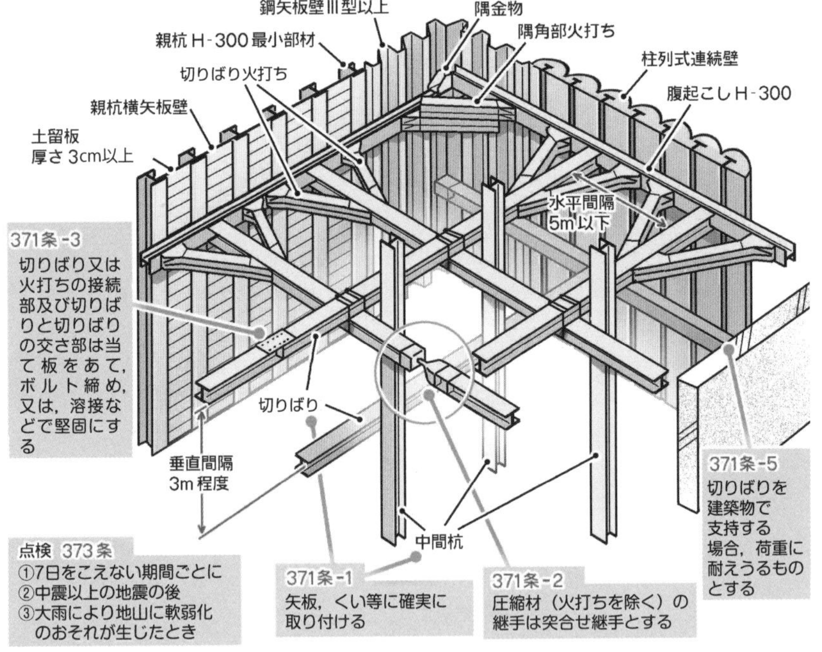

②点　　検（労働安全衛生規則第373条）

- 7日をこえない期間ごと
- 中震以上の地震の後
- 大雨等により地山が急激に軟弱化するおそれのある事態が生じた後

③構造設計

- 永久構造物と同様の設計を行う。
- ボイリング，ヒービングに対して安全なものとする。

■掘削工事における安全対策（労働安全衛生規則第 355 条以降）

①作業箇所等の調査

・形状，地質，地層の状態

・き裂，含水，湧水及び凍結の有無及び状態

・埋設物等の有無及び状態

・高温のガス及び蒸気の有無及び状態

②掘削面の勾配と高さ（労働安全衛生規則第 356 条第 1 項，第 357 条）

地山の区分	掘削面の高さ	掘削面のこう配	備　　考
岩盤又は堅い粘土からなる地山	5 m未満 5 m以上	90° 以下 75° 以下	掘削面の高さ 2 m以上 掘削面 2 m以上の水平段
その他の地山	2 m未満 2～5 m未満 5 m以上	90° 以下 75° 以下 60° 以下	
砂からなる地山	こう配35° 以下又は高さ 5 m 未満		
発破等により崩壊しやすい状態の地山	こう配45° 以下又は高さ 2 m 未満		

■型枠支保工における安全対策（労働安全衛生規則第237条以降）

①型枠支保工の名称と規制

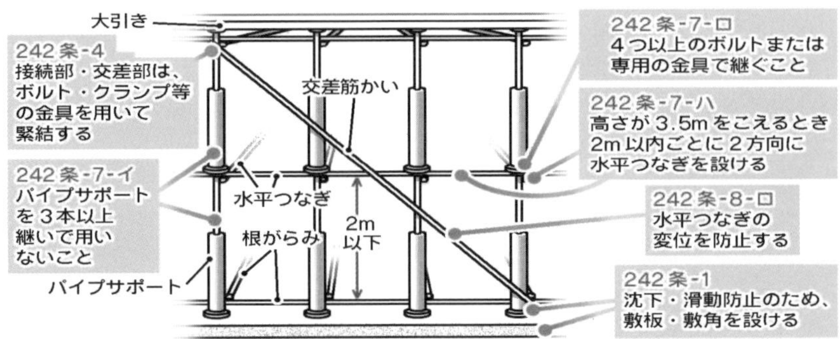

②コンクリート打設作業

- 作業開始前に型枠支保工の点検を行い，異常を認めたときは，補修する。
- 作業中に異常を認めた際における，作業中止のための措置を講じておく。

■橋梁工事における安全対策

①鋼橋架設作業における安全対策（労働安全衛生規則第517条の6以降）

- 作業区域内には，関係労働者以外の労働者の立入りを禁止する。
- 悪天候により危険が予想されるときは，作業を中止する。
- 材料，器具，工具等を上げ，又は下ろすときは，つり綱，つり袋等を使用させる。
- 部材，設備の落下，倒壊の危険があるときは，控えの設置，部材又は架設用設備の座屈又は変形の防止のための補強材の取付け等の措置を講ずる。

②部材組立，ジャッキ操作における安全対策（土木工事安全施工技術指針）

- 部材の組立は，桁を吊り上げた状態で，ブロックの取付状態及びワイヤロープの力の方向が正常であるか否か等を確認して作業を進める。
- 仮締めボルト，ドリフトピンは，空孔のボルトが締め終わるまで抜かない。
- ジャッキを使用するときは，けた両端を同時におろさない。
- 多橋脚上で橋げたの降下作業を行うときは，一橋脚ごとにジャッキ操作を行い，他の橋脚は，受架台で支持した状態にしておく。

■クレーン作業における安全対策（クレーン等安全規則）

①総則（第2条）

・**適用の除外**：クレーン，移動式クレーン，デリックで，つり上げ荷重が 0.5 t 未満のものは適用しない。

②移動式クレーン（第61条以降）

・**作業方法等の決定**：転倒等による危険防止のために以下の事項を定める。

①移動式クレーンによる作業の方法

②移動式クレーンの転倒を防止するための方法

③移動式クレーンの作業に係る労働者の配置及び指揮の系統

・特別の教育：つり上げ荷重が1 t 未満の運転は特別講習を行う。

・就業制限：移動式クレーンの運転士免許が必要となる。（つり上げ荷重が1～5 t 未満は技能講習修了者で可）

・過負荷の制限：定格荷重以上の使用は禁止する。

・使用の禁止：軟弱地盤等転倒のおそれのある場所での作業は禁止する。

・アウトリガー：アウトリガー又はクローラは最大限に張り出す。

・運転の合図：一定の合図を定め，指名した者に合図を行わせる。

・搭乗の制限：労働者の運搬，つり上げての作業は禁止する。（ただし，やむを得ない場合は，専用のとう乗設備を設けて乗せることができる。）

・立入禁止：上部旋回体と接触する箇所，荷の下に労働者の立入りを禁止。

・強風時の作業の禁止：強風のために危険が予想されるときは作業を禁止。

・離脱の禁止：荷をつったままでの，運転位置からの離脱を禁止する。

・作業開始前の点検：その日の作業を開始する前に，巻過防止装置，過負荷警報装置その他の警報装置，ブレーキ，クラッチ及びコントローラの機能について点検する。

■車両系建設機械の安全対策（労働安全衛生規則第 152 条以降）

①構　　造

・前照燈の設置

・堅固なヘッドガードの設置（岩石の落下等の危険な場所での作業）

②作業における安全対策

・車両系建設機械（最高速度時速10 km以下を除く）での作業のときは，現場状況に応じた適正な制限速度を定める。

・運転者は，誘導者による，決められた一定の合図に従う。

・運転位置から離れる場合は，バケット等の作業装置を地上に降ろすとともに，原動機を止め，走行ブレーキをかける。

・作業中は，乗車席以外に労働者を乗せてはならない。

③車両系建設機械の移送

・積卸しは，平たんで堅固な場所で行う。

・道板は，十分な長さ，幅及び強度を有するものを使用し，適当な勾配で確実に取り付ける。

・盛土，仮設台を使用するときは，十分な幅，強度，勾配を確保する。

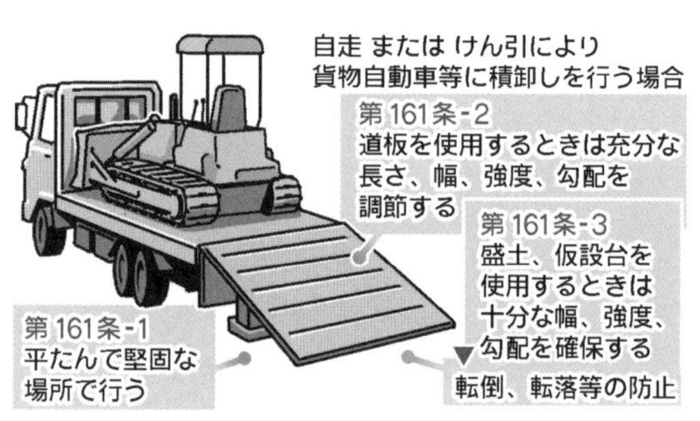

車両系建設機械の移送

■熱中症対策

①作業環境の管理

・直射日光を避けるような現場環境にする。

・閉鎖空間では冷たい外気の導入や除湿設備を設置する。

・冷房を備えた休憩場所を確保し，冷水やおしぼり等を準備する。

②作業管理

・休憩時間をこまめにとり，特に午後 2 時から 4 時前後は長めの休憩時間を設ける。

・水分や塩分の補給を確実に行う。

・透湿性，通気性の良い服装及び帽子やヘルメットを着用する。

・作業管理者による巡視及び作業従事者同士で声を掛け合い，相互の健康状態に留意する。

・労働者に対して，熱中症予防方法の労働衛生教育を行う。

・労働者に対して，作業開始前に健康状態の確認を行う。

車両系建設機械の作業に関する次の記述のうち，労働安全衛生法上，事業者が行うべき事項として**正しいもの**はどれか。

(1) 運転者が運転位置を離れるときは，バケット等の作業装置を地上から上げた状態とし，建設機械の逸走を防止しなければならない。
(2) 転倒や転落により運転者に危険が生ずるおそれのある場所では，転倒時保護構造を有するか，又は，シートベルトを備えた機種以外を使用しないように努めなければならない。
(3) 運転について誘導者を置くときは，一定の合図を定めて合図させ，運転者はその合図に従わなければならない。
(4) アタッチメントの装着や取り外しを行う場合には，作業指揮者を定め，その者に安全支柱，安全ブロック等を使用して作業を行わせなければならない。

R2年後期 No.54

解説

車両系建設機械の作業に関する安全管理については，「労働安全衛生規則第152条」以降に定められている。

(1) 運転者が運転位置を離れるときは，バケット等の作業装置を**地上に下ろした状態**とし，建設機械の逸走を防止しなければならない。(労働安全衛生規則第160条)　よって，**誤っている。**

(2) 転倒や転落により運転者に危険が生ずるおそれのある場所では，**転倒時保護構造を有し，かつ，シートベルトを備えた機種以外を使用しないように努めなければならない。**(労働安全衛生規則第157条の2)　よって，**誤っている。**

(3) 運転について誘導者を置くときは，一定の合図を定め，運転者はその合図に従わなければならない。(労働安全衛生規則第159条)　よって，正しい。

(4) アタッチメントの装着又は取り外しの作業を行うときは，**当該作業に従事する労働者に架台を使用させなければならない。**
(労働安全衛生規則第166条の2)　よって，**誤っている。**

問題 2

高さ 2 m 以上の足場（つり足場を除く）に関する次の記述のうち，労働安全衛生法上，**誤っているもの**はどれか。

⑴ 作業床の手すりの高さは，85 cm 以上とする。

⑵ 足場の床材が転位し脱落しないように取り付ける支持物の数は，2 つ以上とする。

⑶ 作業床より物体の落下のおそれがあるときに設ける幅木の高さは，10 cm 以上とする。

⑷ 足場の作業床は，幅 20 cm 以上とする。

R元年後期 No.53

解 説

つり足場を除く高さ2m以上の足場に関しては，**労働安全衛生規則に下記のように定められている。**

⑴ 足場の作業床に設置する手すりの高さは，85cm 以上のものを設ける。
（労働安全衛生規則第 552 条第 1 項第 4 号イ） よって，**正しい。**

⑵ 足場の床材が転位し脱落しないよう支持物に取り付ける数は，2 つ以上とする。（労働安全衛生規則第 563 条第 1 項第 5 号） よって，**正しい。**

⑶ 足場の作業床より物体の落下を防ぐ幅木の高さは，10 cm 以上のものを設ける。（労働安全衛生規則第 563 条第 1 項第 6 号） よって，**正しい。**

⑷ 足場の作業床の幅は，40 cm 以上とし，床材間の隙間は 3 cm 以下とする。
（労働安全衛生規則第 563 条第 1 項第 2 号イ） よって，誤っている。

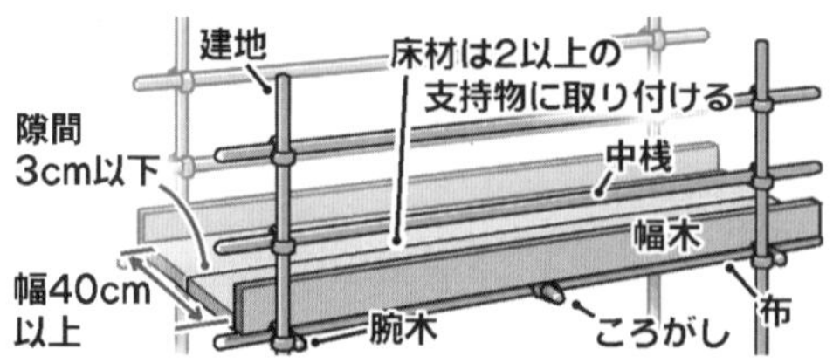

問題 3

墜落による危険を防止する安全ネットに関する次の記述のうち，**適当でないもの**はどれか。

(1) 安全ネットは，紫外線，油，有害ガスなどのない乾燥した場所に保管する。
(2) 安全ネットは，人体又はこれと同等以上の重さを有する落下物による衝撃を受けたものを使用しない。
(3) 安全ネットは，網目の大きさに規定はない。
(4) 安全ネットの材料は，合成繊維とする。

R元年前期 No.52

解説

安全ネットに関しては，**「墜落による危険を防止するためのネットの構造等の安全基準に関する技術上の指針」**に定められている。

(1) 安全ネットは，紫外線，油，有害ガスなどのない乾燥した場所に保管する。
(同指針 4−5 保管 4−5−2) よって，**適当である。**

(2) 安全ネットは，人体又はこれと同等以上の重さを有する落下物による衝撃を受けたものを使用しない。(同指針 4−6 使用制限(2)) よって，**適当である。**

(3) 安全ネットについて，網目は，その辺の長さは 10 cm 以下とする。
(同指針 2−3 網目) よって，適当でない。

(4) 安全ネットの材料は，合成繊維とする。(同指針 2−2 材料)
よって，**適当である。**

解 答 (3)

問題 4

高さ 2 m 以上の足場（つり足場を除く）に関する次の記述のうち，労働安全衛生法上，**誤っているもの**はどれか。

⑴　足場の作業床に設置する手すりの高さは，85 cm 以上のものを設ける。
⑵　足場の作業床より物体の落下をふせぐ幅木の高さは，5 cm 以上のものを設ける。
⑶　足場の作業床の幅は，40 cm 以上のものを設ける。
⑷　足場の床材が転位し脱落しないよう支持物に取り付ける数は，2 つ以上とする。

H30 年後期 No.53

解　説

高さ 2 m 以上の足場（つり足場を除く）に関しては**労働安全衛生規則第 563 条以降に定められている。**

⑴　足場の作業床に設置する手すりの高さは，85 cm 以上のものを設ける。
（労働安全衛生規則第 552 条第 1 項第 4 号イ，第 563 条第 1 項第 3 号イ⑵）　よって，**正しい。**

⑵　足場の作業床より物体の落下を防ぐ幅木の高さは，10 cm 以上のものを設ける。（労働安全衛生規則第 563 条第 1 項第 6 号）　よって，誤っている。

⑶　足場の作業床の幅は，40 cm 以上のものを設ける。（労働安全衛生規則第 563 条第 1 項第 2 号イ）　よって，**正しい。**

⑷　足場の床材が転位し脱落しないよう支持物に取り付ける数は，2 つ以上とする。（労働安全衛生規則第 563 条第 1 項第 5 号）　よって，**正しい。**

問題 5　足場（つり足場を除く）に関する次の記述のうち，労働安全衛生規則上，**誤っているもの**はどれか。

⑴　高さ 2 m 以上の足場には，幅 40 cm 以上の作業床を設ける。
⑵　高さ 2 m 以上の足場には，床材と建地との隙間を 12 cm 未満とする。
⑶　高さ 2 m 以上の足場には，床材は転倒し脱落しないよう 1 つ以上の支持物に取り付ける。
⑷　高さ 2 m 以上の足場には，床材間の隙間を 3 cm 以下とする。

H28 年 No.53

解　説

労働安全衛生規則第 563 条第 1 項に下記のように定められている。

⑴　高さ 2 m 以上の足場には，幅 40 cm 以上の作業床を設ける。よって，**正しい。**

⑵　高さ 2 m 以上の足場には，床材と建地との隙間を 12 cm 未満とする。　よって，**正しい。**

床材と建地との隙間12cm未満

⑶　高さ 2 m 以上の足場には，床材は転倒し脱落しないよう 2 つ以上の支持物に取り付ける。
よって，誤っている。

⑷　高さ 2 m 以上の足場には，床材間の隙間を 3 cm 以下とする。よって，**正しい。**

作業床の名称と規制

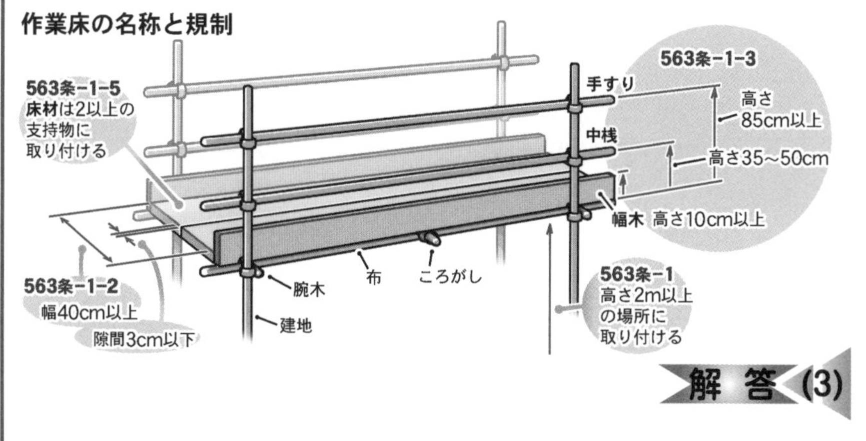

解　答　(3)

問題 6

地山の掘削作業の安全確保に関する次の記述のうち，労働安全衛生法上，**誤っているもの**はどれか。

(1) 地山の掘削及び土止め支保工作業主任者技能講習を修了した者のうちから，地山の掘削作業主任者を選任する。

(2) 掘削により露出したガス導管のつり防護や受け防護の作業については，当該作業を指揮する者を指名して，その者の指揮のもとに当該作業を行なう。

(3) 発破等により崩壊しやすい状態になっている地山の掘削の作業を行なうときは，掘削面のこう配を 45 度以下とし，又は掘削面の高さを 2 m 未満とする。

(4) 手掘りにより砂からなる地山の掘削の作業を行なうときは，掘削面のこう配を 60 度以下とし，又は掘削面の高さを 5 m 未満とする。

H30 年後期 No.54

解説

地山の掘削作業における安全確保について，労働安全衛生規則第 355 条以降に下記のように定められている。

(1) 地山の掘削及び土止め支保工作業主任者技能講習を修了した者のうちから，地山の掘削作業主任者を選任しなければならない。（労働安全衛生規則第 359 条）

よって，**正しい。**

(2) 掘削により露出したガス導管のつり防護や受け防護の作業については，当該作業を指揮する者を指名して，その者の直接の指揮のもとに当該作業を行なわせなければならない。（労働安全衛生規則第 362 条第 3 項）

よって，**正しい。**

(3) 発破等により崩壊しやすい状態になっている地山にあっては，掘削面のこう配を 45 度以下とし，又は掘削面の高さを 2 m 未満とすること。（労働安全衛生規則第 357 条第 1 項第 2 号）

よって，**正しい。**

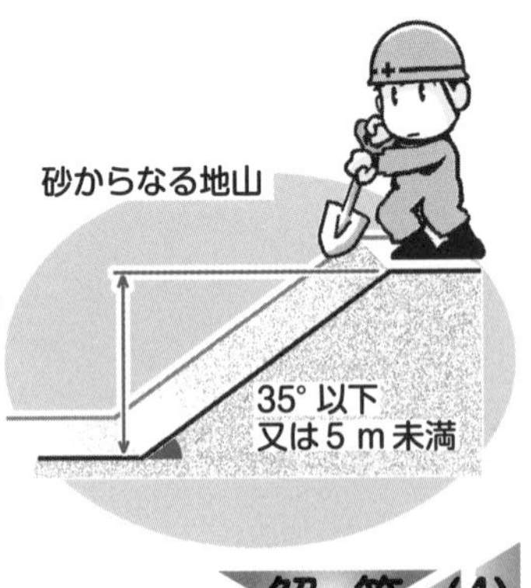

(4) 手掘りにより砂からなる地山の掘削の作業を行なうときは，掘削面のこう配を 35 度以下とし，又は掘削面の高さを 5 m 未満とすること。（労働安全衛生規則第 357 条第 1 項第 1 号）

よって，誤っている。

解答 (4)

問題 7

足場の安全管理に関する下記の文章中の □ の(イ)～(二) に当てはまる語句の組合せとして，労働安全衛生法上，**適当なもの**は次のうちどれか。

・足場の作業床より物体の落下を防ぐ，（イ） を設置する。
・足場の作業床の （ロ） には，（ハ） を設置する。
・足場の作業床の （二） は，3 cm 以下とする。

	（イ）	（ロ）	（ハ）	（二）
⑴	幅木	手すり	筋かい	すき間
⑵	幅木	手すり	中さん	すき間
⑶	中さん	筋かい	幅木	段差
⑷	中さん	筋かい	手すり	段差

R3 年後期 No.58

解説

安全管理における「足場の管理」に関する問題である。(「労働安全衛生規則第 563 条以降」及び本書 307～309 ページ参照)

・足場の作業床より物体の落下を防ぐ，**(イ) 幅木** を設置する。
・足場の作業床の **(ロ) 手すり** には，**(ハ) 中さん** を設置する。
・足場の作業床の **(二) すき間** は，3 cm 以下とする。

よって，⑵の組合せが正しい。

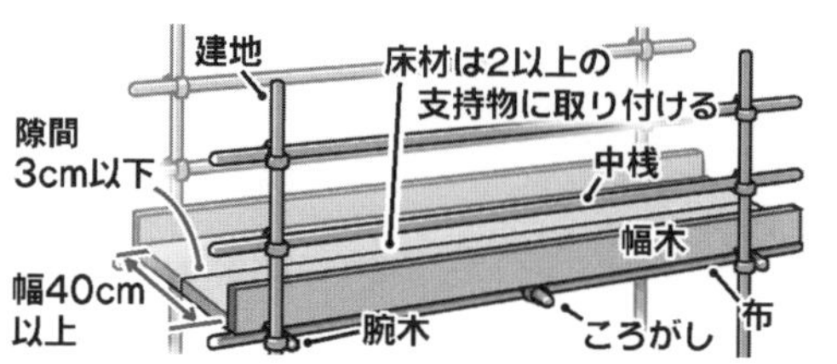

Lesson 6 3 安全管理

問題 8

型わく支保工に関する次の記述のうち，労働安全衛生法上，**誤っているもの**はどれか。

(1) コンクリートの打設を行うときは，作業の前日までに型わく支保工について点検しなければならない。
(2) 型わく支保工に使用する材料は，著しい損傷，変形又は腐食があるものを使用してはならない。
(3) 型わく支保工を組み立てるときは，組立図を作成し，かつ，当該組立図により組み立てなければならない。
(4) 型わく支保工の支柱の継手は，突合せ継手又は差込み継手としなければならない。

H30 年後期 No.52

解説

型枠支保工に関する安全管理については，**労働安全衛生規則第 237 条以降に定められている。**

(1) コンクリートの打設を行うときは，その日の作業を開始する前に，型わく支保工について点検しなければならない。（労働安全衛生規則第 244 条第 1 号）

よって，誤っている。

(2) 型わく支保工に使用する材料は，著しい損傷，変形又は腐食があるものを使用してはならない。（労働安全衛生規則第 237 条）　よって，**正しい。**

(3) 型わく支保工を組み立てるときは，組立図を作成し，かつ，当該組立図により組み立てなければならない。（労働安全衛生規則第 240 条第 1 項）

よって，**正しい。**

(4) 型わく支保工の支柱の継手は，突合せ継手又は差込み継手としなければならない。（労働安全衛生規則第 242 条第 3 号）　よって，**正しい。**

問題 9

地山の掘削作業の安全確保に関する次の記述のうち，労働安全衛生法上，事業者が行うべき事項として**誤っているもの**はどれか。

⑴ 地山の崩壊又は土石の落下による労働者の危険を防止するため，点検者を指名し，作業箇所等について，その日の作業を開始する前に点検させる。
⑵ 明り掘削の作業を行う場所は，当該作業を安全に行うため必要な照度を保持しなければならない。
⑶ 明り掘削の作業では，あらかじめ運搬機械等の運行の経路や土石の積卸し場所への出入りの方法を定めて，関係労働者に周知させなければならない。
⑷ 掘削面の高さが規定の高さ以上の場合は，ずい道等の掘削等作業主任者に地山の作業方法を決定させ，作業を直接指揮させる。

R2 年後期 No.53

解 説

地山の掘削作業の安全確保に関しては，「労働安全衛生規則第 355 条」以降に定められている。

⑴ 地山の崩壊又は土石の落下による労働者の危険を防止するため，点検者を指名し，作業箇所等について，その日の作業を開始する前に点検させること。(労働安全衛生規則第 358 条)
よって，**正しい。**

⑵ 明り掘削の作業を行なう場所は，当該作業を安全に行なうため必要な照度を保持しなければならない。(労働安全衛生規則第 367 条)
よって，**正しい。**

⑶ 明り掘削の作業を行うときは，あらかじめ運搬機の運行の経路や土石の積卸し場所への出入の方法を定めて，関係労働者に周知させなければならない。(労働安全衛生規則第 364 条)
よって，**正しい。**

⑷ 掘削面が規定の高さ（2 m）以上の場合は，地山の掘削作業主任者に地山の作業方法を決定させ，作業を直接指揮させること。(労働安全衛生規則第 359 条，第 360 条)
よって，誤っている。

問題 10

地山の掘削作業の安全確保に関する次の記述のうち，労働安全衛生法上，**誤っているもの**はどれか。

(1) 地山の掘削作業主任者は，掘削作業の方法を決定し，作業を直接指揮しなければならない。
(2) 掘削の作業に伴う運搬機械等が労働者の作業箇所に後進して接近するときは，点検者を配置し，その者にこれらの機械を誘導させなければならない。
(3) 地山の崩壊又は土石の落下により労働者に危険を及ぼすおそれのあるときは，土止め支保工を設け，労働者の立入りを禁止する等の措置を講じなければならない。
(4) 明り掘削作業を埋設物等に近接して行い，これらの損壊等により労働者に危険を及ぼすおそれのあるときは，危険防止のための措置を講じた後でなければ，作業を行なってはならない。

H30 年前期 No.54

解説

地山の掘削作業における災害防止について，労働安全衛生規則第 355 条以降に定められている。

(1) 地山の掘削作業主任者は，掘削作業の方法を決定し，作業を直接指揮すること。(労働安全衛生規則第 360 条第 1 号)　よって，**正しい。**

(2) 掘削の作業に伴う運搬機械等が労働者の作業箇所に後進して接近するときは，誘導者を配置し，その者にこれらの機械を誘導させなければならない。(労働安全衛生規則第 365 条)　よって，誤っている。

(3) 地山の崩壊又は土石の落下により労働者に危険を及ぼすおそれのあるときは，土止め支保工を設け，防護網を張り，労働者の立入りを禁止する等の措置を講じなければならない。(労働安全衛生規則第 361 条)　よって，**正しい。**

(4) 明り掘削作業を埋設物等に近接して行い，これらの損壊等により労働者に危険を及ぼすおそれのあるときは，危険防止のための措置を講じた後でなければ，作業を行ってはならない。(労働安全衛生規則第 362 条第 1 項)　よって，**正しい。**

解 答 (2)

問題 11

型枠支保工に関する次の記述のうち，労働安全衛生法上，**誤っているもの**はどれか。

⑴　型枠支保工を組み立てるときは，組立図を作成し，かつ，この組立図により組み立てなければならない。

⑵　型枠支保工は，型枠の形状，コンクリートの打設の方法等に応じた堅固な構造のものでなければならない。

⑶　型枠支保工の組立て等の作業で，悪天候により作業の実施について危険が予想されるときは，監視員を配置しなければならない。

⑷　型枠支保工の組立て等作業主任者は，作業の方法を決定し，作業を直接指揮しなければならない。

R2 年後期 No.52

解説

型枠支保工の安全対策に関しては，「労働安全衛生規則第 237 条」以降に定められている。

⑴　型わく支保工を組み立てるときは，組立図を作成し，かつ，この組立図により組み立てなければならない。

(同規則第 240 条第 1 項)

よって，**正しい。**

⑵　型わく支保工は，型わくの形状，コンクリートの打設の方法等に応じた堅固な構造のものでなければ使用してはならない。(同規則第 239 条)

よって，**正しい。**

⑶　型わく支保工の組立て等の作業で，悪天候のため作業の実施について危険が予想されるときは，労働者を従事させてはならない。(同規則第 245 条)

よって，誤っている。

⑷　型枠支保工の組立て等作業主任者は，作業の方法を決定し，作業を直接指揮しなければならない。(同規則第 247 条第 1 号)

よって，**正しい。**

解　答　(3)

問題 12

移動式クレーンを用いた作業において，事業者が行うべき事項に関する下記の文章中の［　　　］の（イ）～（ニ）に当てはまる語句の組合せとして，クレーン等安全規則上，**正しいもの**は次のうちどれか。

・移動式クレーンに，その［（イ）］をこえる荷重をかけて使用してはならず，また強風のため作業に危険が予想されるときには，当該作業を［（ロ）］しなければならない。
・移動式クレーンの運転者を荷をつったままで［（ハ）］から離れさせてはならない。
・移動式クレーンの作業においては，［（ニ）］を指名しなければならない。

	（イ）	（ロ）	（ハ）	（ニ）
(1)	定格荷重 …………	注意して実施 ………	運転位置 ……………	監視員
(2)	定格荷重 …………	中止 …………………	運転位置 ……………	合図者
(3)	最大荷重 …………	注意して実施 ………	旋回範囲 ……………	合図者
(4)	最大荷重 …………	中止 …………………	旋回範囲 ……………	監視員

R3 年前期 No.59

解説

安全管理における「移動式クレーン」に関する問題である。

・移動式クレーンに，その［**(イ)** 定格荷重］をこえる荷重をかけて使用してはならず，また強風のため作業に危険が予想されるときには，当該作業を［**(ロ)** 中止］しなければならない。（クレーン等安全規則第 23 条第 1 項，第 31 条の 2）
・移動式クレーンの運転者を荷をつったままで［**(ハ)** 運転位置］から離れさせてはならない。（クレーン等安全規則第 32 条第 1 項）
・移動式クレーンの作業においては，［**(ニ)** 合図者］を指名しなければならない。（クレーン等安全規則第 25 条第 1 項）

よって，(2)の組合せが正しい。

問題 13

移動式クレーンを用いた作業において，事業者が行うべき事項に関する次の記述のうち，クレーン等安全規則上，**誤っているもの**はどれか。

⑴ 運転者や玉掛け者が，つり荷の重心を常時知ることができるよう，表示しなければならない。
⑵ 強風のため，作業の実施について危険が予想されるときは，作業を中止しなければならない。
⑶ アウトリガー又は拡幅式のクローラは，原則として最大限に張り出さなければならない。
⑷ 運転者を，荷をつったままの状態で運転位置から離れさせてはならない。

R元年後期 No.54

解説

移動式クレーンに関する安全対策は，「クレーン等安全規則」により定められている。

⑴ 運転者や玉掛け者が，つり荷の定格荷重を常時知ることができるよう，表示しなければならない。（クレーン等安全規則第 70 条の 2）　よって，誤っている。

⑵ 強風のため，作業の実施について危険が予想されるときは，作業を中止しなければならない。（クレーン等安全規則第 74 条の 3）　よって，**正しい。**

⑶ アウトリガー又は拡幅式のクローラは，原則として最大限に張り出さなければならない。（クレーン等安全規則第 70 条の 5）　よって，**正しい。**

⑷ 運転者を，荷をつったままの状態で，運転位置から離れさせてはならない。（クレーン等安全規則第 75 条第 1 項）　よって，**正しい。**

問題 14

事業者が，高さ 5 m 以上のコンクリート構造物の解体作業に伴う災害を防止するために実施しなければならない事項に関する次の記述のうち，労働安全衛生法上，**誤っているもの**はどれか。

⑴ あらかじめ，作業方法や順序，使用機械の種類や能力，立入禁止区域の設定等の作業計画を立て，関係労働者に周知する。
⑵ コンクリート塊等の落下のおそれのある場所で解体用機械を使用するときは，堅固なヘッドガードを備えた機種を選ぶ。
⑶ 解体用機械の運転者が運転位置を離れる際は，ブレーカ等の作業装置を周辺作業に支障のない高さに上げておく。
⑷ 粉じんの発生が予想される解体作業では，関係労働者の保護眼鏡や呼吸用保護具等を備えなければならない。

H29 年第 1 回 No.55

解 説

コンクリート造の工作物の解体等の作業における危険防止に関して，労働安全衛生規則等において，下記のように定められている。

⑴ あらかじめ，作業方法や順序，使用機械等の種類や能力，立入禁止区域の設定等の作業計画を立て，関係労働者に周知する。（同規則第 517 条の 14）
よって，**正しい。**

⑵ コンクリート塊等の落下のおそれのある場所で車両系建設機械（解体用機械）を使用するときは，堅固なヘッドガードを備えなければならない。（同規則第 153 条）
よって，**正しい。**

⑶ 車両系建設機械（解体用機械）の運転者が運転位置を離れるときは，ブレーカ等の作業装置を地上に下ろすこと。（同規則第 160 条） よって，誤っている。

⑷ 粉じんの発生が予想される解体作業では，関係労働者に保護衣，保護眼鏡，呼吸用保護具等適切な保護具を備えなければならない。（同規則第 593 条，粉じん障害防止規則第 27 条） よって，**正しい。**

解 答 (3)

問題 15

建設工事における保護具の使用に関する次の記述のうち，**適当でないもの**はどれか。

(1) 保護帽は，大きな衝撃を受けた場合には，損傷の有無を確認して使用する。

(2) ※安全帯に使用するフックは，できるだけ高い位置に取り付ける。

(3) 保護帽は，規格検定合格ラベルの貼付けを確認し使用する。

(4) 胴ベルト型※安全帯は，できるだけ腰骨の近くで，ずれが生じないよう確実に装着する。

H29 年第 1 回 No.52

解 説

保護具の使用に関しては，各種安全基準により定められている。

(1) 保護帽は，一度でも大きな衝撃を受けた場合には，外観にかかわらず使用してはならない。 よって，適当でない。

(2) ※要求性能墜落制止用器具に使用するフックは，落下時の衝撃を少なくするために，D環よりできるだけ高い位置に取り付ける。 よって，**適当である。**

(3) 保護帽は，公的機関による規格検定合格ラベルの貼付けを確認し使用する。 よって，**適当である。**

(4) 胴ベルト型※要求性能墜落制止用器具は，腰骨の上で，落下時にずれが生じないよう確実に装着する。 よって，**適当である。**

※「安全帯」の名称が「要求性能墜落制止用器具」に改められ，2019 年 2 月 1 日から施行されました。

問題 16

車両系建設機械の安全確保に関する次の記述のうち，労働安全衛生規則上，事業者が行うべき事項として**正しいもの**はどれか。

(1) 運転者が運転位置から離れるときは，バケット等を地上に下ろし，原動機を止め，かつ，走行ブレーキをかけさせなければならない。
(2) 運転の際に誘導者を配置するときは，その誘導者に合図方法を定めさせ，運転者に従わせる。
(3) 傾斜地等で車両系建設機械の転倒等のおそれのある場所では，転倒時保護構造を有する機種，又は，シートベルトを備えた機種を使用する。
(4) 運転速度は，誘導者を適正に配置すれば，地形や地質に応じた制限速度を多少超えてもよい。

R元年前期 No.54

解説

車両系建設機械の安全管理については，労働安全衛生規則第 152 条以降に下記のように定められている。

(1) 運転者が運転位置から離れるときは，バケット等を地上に下ろし，原動機を止め，かつ，走行ブレーキをかけさせなければならない。(労働安全衛生規則第 160 条)
よって，正しい。

(2) 運転の際に誘導者を配置するときは，**事業者が一定の合図を定め，誘導者に合図を行わせ，運転者に従わせる。**(労働安全衛生規則第 159 条)　よって，**誤っている。**

(3) 傾斜地等で車両系建設機械の転倒等のおそれのある場所では，**誘導者を配置し誘導させる。**(労働安全衛生規則第 157 条第 2 項)　よって，**誤っている。**

(4) 運転速度は，**地形，地質に応じた制限速度を守り作業を行う。**(労働安全衛生規則第 156 条第 1 項)　よって，**誤っている。**

問題 17

特定元方事業者が，その労働者及び関係請負人の労働者の作業が同一の場所において行われることによって生じる労働災害を防止するために講ずべき措置に関する次の記述のうち，労働安全衛生法上，**正しいもの**はどれか。

(1) 作業間の連絡及び調整を行う。
(2) 労働者の安全又は衛生のための教育は，関係請負人の自主性に任せる。
(3) 一次下請け，二次下請けなどの関係請負人ごとに，協議組織を設置させる。
(4) 作業場所の巡視は，毎週の作業開始日に行う。

H30 年前期 No.52

解説

特定元方事業者が統括管理する業務としては，下記の項目がある。（労働安全衛生法第 30 条）

① 協議組織の設置及び運営
② **作業間の連絡及び調整**
③ 作業場所の巡視
④ 関係請負人が行う労働者の安全又は衛生教育の指導及び援助
⑤ 工程計画及び機械，設備等の配置計画
⑥ 労働災害の防止

(1) 作業間の連絡及び調整を行う。　よって，正しい。

(2) 安全衛生教育は**直接**行う。　よって，**誤っている。**

(3) 協議組織は，**1 事業場において設置**するものであり，関係請負人ごとではない。
よって，**誤っている。**

(4) 作業場所の巡視は**常時**行う。　よって，**誤っている。**

Lesson 6 3 安全管理

問題 18

複数の事業者が混在している事業場の安全衛生管理体制に関する下記の文章中の［　　］の（イ）～（ニ）に当てはまる語句の組合せとして，労働安全衛生法上，**正しいもの**は次のうちどれか。

・事業者のうち，一つの場所で行う事業で，その一部を請負人に請け負わせている者を［（イ）］という。
・［（イ）］のうち，建設業等の事業を行う者を［（ロ）］という。
・［（ロ）］は，労働災害を防止するため，［（ハ）］の運営や作業場所の巡視は［（ニ）］に行う。

	（イ）	（ロ）	（ハ）	（ニ）
(1)	元方事業者	特定元方事業者	技能講習	毎週作業開始日
(2)	特定元方事業者	元方事業者	協議組織	毎作業日
(3)	特定元方事業者	元方事業者	技能講習	毎週作業開始日
(4)	元方事業者	特定元方事業者	協議組織	毎作業日

R3 年前期 No.58

解説

安全管理における「安全管理体制」に関する問題である。

・事業者のうち，一つの場所で行う事業で，その一部を請負人に請け負わせている者を［**（イ）** 元方事業者］という。（労働安全衛生法第 15 条第 1 項）
・［**（イ）** 元方事業者］のうち，建設業等の事業を行う者を［**（ロ）** 特定元方事業者］という。（労働安全衛生法第 15 条第 1 項）
・［**（ロ）** 特定元方事業者］は，労働災害を防止するため，［**（ハ）** 協議組織］の運営や作業場所の巡視は［**（ニ）** 毎作業日］に行う。（労働安全衛生法第 30 条第 1 項）

よって，(4)の組合せが正しい。

4 品質管理

1. 「品質管理の基本的事項，手順」について，出題は少ないが重要項目として理解しておく。過去 10 回で 3 回出題されている。
2. 「品質特性選定」の留意点を理解しておく。過去 10 回で 3 回出題されている。
3. 「ヒストグラムの作り方，見方」については，しっかりと理解しておく。過去 10 回で 6 回出題されている。
4. 「コンクリート工の品質管理」については，重要問題として毎回出題されている。
5. 「道路舗装の品質管理」については，過去 10 回で 2 回出題されている。
6. 「土工，特に盛土における品質管理」については，重点項目である。毎回出題されている。
7. 品質管理図において，近年「$\bar{x}-R$ 管理図」の出題が見られる。過去 10 回で 6 回出題されている。

■品質管理の基本的事項

①品質管理の定義

・（**広義**）「目的とする機能を得るために，設計・仕様の規格を満足する構造物を最も経済的に作るための，工事の全ての段階における管理体系」

・（**狭義**）「品質要求を満たすために用いられる実施技法及び活動」

②品質管理の手順（ＰＤＣＡサイクル）

Ｐｌａｎ（計画）

手順 1	管理すべき品質特性を決め，その特性について品質標準を定める。
手順 2	品質標準を守るための作業標準（作業の方法）を決める。

Ｄｏ（実　施）

手順 3	作業標準に従って施工を実施し，データ採取を行う。
手順 4	作業標準（作業の方法）の周知徹底を図る。

Check（検　討）

手順 5	ヒストグラムにより，データが品質規格を満足しているかをチェックする。
手順 6	同一データにより，管理図を作成し，工程をチェックする。

Ａｃｔ（処　置）

手順 7	工程に異常が生じた場合に，原因を追及し，再発防止の処置をとる。
手順 8	期間経過に伴い，最新のデータにより，手順 5 以下を繰り返す。

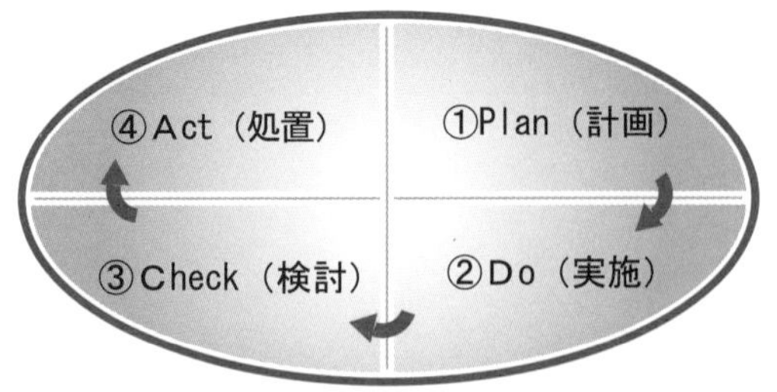

品質管理のＰＤＣＡサイクル

■品質特性の選定

①品質特性の選定条件

・工程の状況が総合的に表れ，すぐ結果の得られるもの。
・構造物の最終の品質に重要な影響を及ぼすもの。
・選定された品質特性（代用の特性も含む）と最終の品質とは関係が明らかなもの。
・できるだけ工程の初期に，容易に測定が行える特性であること。
・工程に対し容易に処置がとれること。

②品質標準の決定

・施工にあたって実現しようとする品質の目標。
・品質のばらつきの程度を考慮して余裕をもった品質を目標とする。
・事前の実験により，当初に概略の標準をつくり，施工の過程に応じて試行錯誤を行い，標準を改訂していく。

③作業標準（作業方法）の決定

・過去の実績，経験及び実験結果をふまえて決定する。
・最終工程までを見越した管理が行えるように決定する。
・工程に異常が発生した場合でも，安定した工程を確保できる作業の手順，手法を決める。
・標準は明文化し，今後のための技術の蓄積を図る。

■ヒストグラム

①ヒストグラムの概要

測定データのばらつき状態をグラフ化したもので，分布状況により規格値に対しての品質の良否を判断する。

②ヒストグラムの作成

・データを多く集める。（50～100 個以上）
・全データの中から最大値（x max），最小値（x min）を求める。
・全体の上限と下限の範囲（R＝ x max － x min ）を求める。
・データ分類のためのクラスの幅を決める。
・x max，x min を含むようにクラスの数を決め，全データを割り振り，度数分布表を作成する。度数分布は「正」ではなく「卌」で表す。
・横軸に品質特性，縦軸に度数をとり，ヒストグラムを作成する。

データ表

No.	x_1	x_2	x_3	x_4	x_5
1	26	24	24	25	28
2	29	23	26	27	24
3	25	24	25	24	28
4	28	23	23	29	25
5	28	29	27	21	20
6	31	27	26	24	28
7	27	23	26	19	30
8	27	25	23	23	27
9	26	24	23	30	21

各列の最大値・最小値

各列の最大，最小	列				
	x_1	x_2	x_3	x_4	x_5
x max	31	29	27	30	30
x min	25	23	23	19	20

x max＝31
x min＝19
R＝x max－x min＝31－19＝12

度数分布表

クラス	代表値	x_1	x_2	x_3	x_4	x_5	合計
18.5～20.5	19.5				/	/	2
20.5～22.5	21.5				/	/	2
22.5～24.5	23.5		卌 /	////	///	/	14
24.5～26.5	25.5	///	/	////	/	/	10
26.5～28.5	27.5	////	/	/	/	////	11
28.5～30.5	29.5	/	/		//	/	5
30.5～32.5	31.5	/					1

計 45

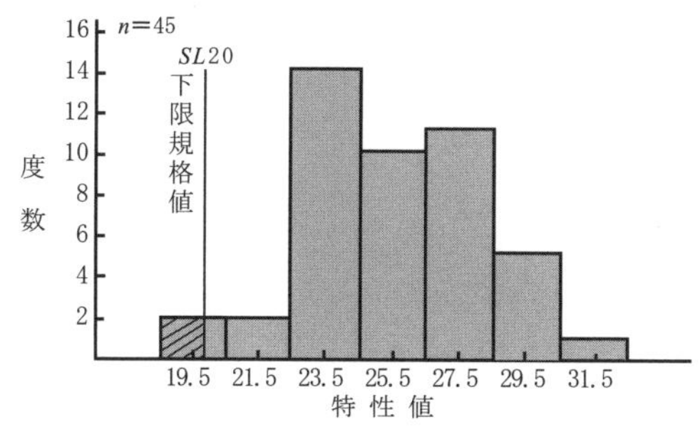

ヒストグラム

③ヒストグラムの見方

・安定した工程で正常に発生するばらつきをグラフにして，左右対称の山形のなめらかな曲線を正規分布曲線という。

・ゆとりの状態，平均値の位置，分布形状で品質規格の判断をする。

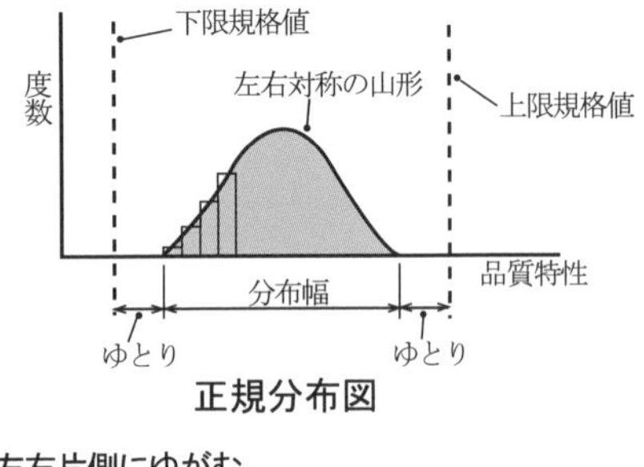

正規分布図

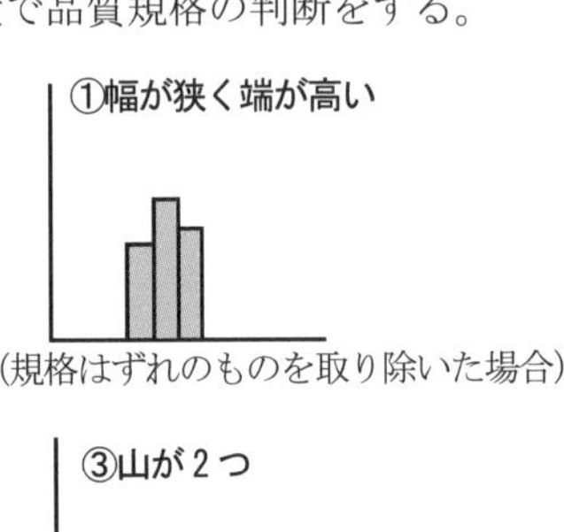

(規格はずれのものを取り除いた場合)

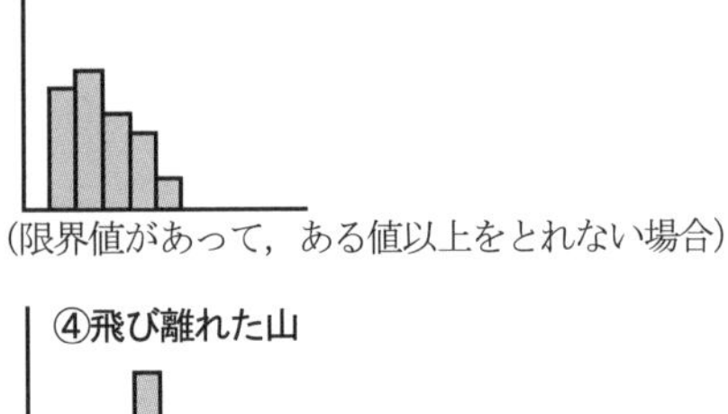

(限界値があって，ある値以上をとれない場合)

③山が２つ

(工程に異常が起こっていた場合)

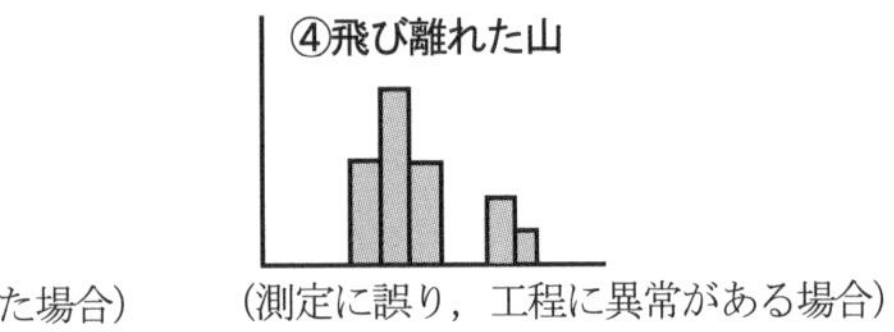

(測定に誤り，工程に異常がある場合)

④工程能力図

・品質の時間的変化の過程をグラフ化したもの。

・横軸にサンプル番号，縦軸に特性値をプロットし，上限規格値，下限規格値を示す線を引く。

・規格外れの率及び点の並べ方を調べる。

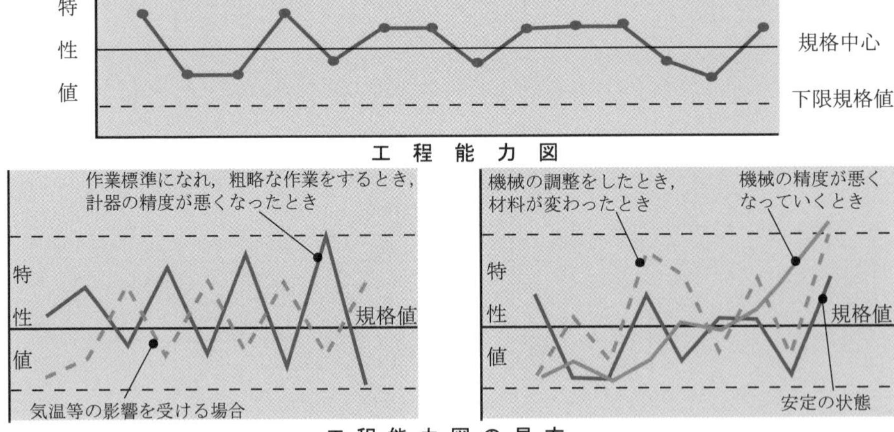

工 程 能 力 図 の 見 方

■コンクリート工の品質管理

①品質特性

区　分	品　質　特　性	試　験　方　法
骨　材	粒度	ふるい分け試験
	すりへり量	すりへり試験
	表面水量	表面水率試験
	密度・吸水率	密度・吸水率試験
コンクリート	スランプ	スランプ試験
	空気量	空気量試験
	単位容積質量	単位容積質量試験
	混合割合	洗い分析試験
	圧縮強度	圧縮強度試験
	曲げ強度	曲げ強度試験

②レディーミクストコンクリートの品質

・**強　　度**：1 回の試験結果は，呼び強度の強度値の 85%以上で，かつ 3 回の試験結果の平均値は，呼び強度の強度値以上とする。

・**スランプ**：下表のとおりとする。

（単位：cm）

スランプ	2.5	5 及び 6.5	8以上18以下	21
スランプの誤差	±1	±1.5	±2.5	±1.5

・**空気量**：下表のとおりとする。

（単位：%）

コンクリートの種類	空気量	空気量の許容差
普通コンクリート	4.5	±1.5
軽量コンクリート	5.0	
舗装コンクリート	4.5	

・**塩化物含有量**：塩化物イオン量として 0.30 kg/m³ 以下

（承認を受けた場合は 0.60 kg/m³ 以下とできる。）

■道路工の品質管理

①路盤工の品質特性

区　分	品　質　特　性	試　験　方　法
材　料	粒度	ふるい分け試験
	塑性指数（PI）	塑性試験
	含水比	含水比試験
	最大乾燥密度・最適含水比	突固めによる土の締固め試験
	CBR	CBR 試験
施　工	締固め度	土の密度試験
	支持力	平板載荷試験，CBR 試験

②アスファルト舗装の品質特性

区　分	品　質　特　性	試　験　方　法
材　料	針入度	針入度試験
	すり減り減量	すり減り試験
	軟石量	軟石量試験
	伸度	伸度試験
	粒度	ふるい分け試験
プラント	混合温度	温度測定
	アスファルト量・合成粒度	アスファルト抽出試験
施工現場	安定度	マーシャル安定度試験
	敷均し温度	温度測定
	厚さ	コア採取による測定
	混合割合	コア採取による試験
	密度（締固め度）	密度試験
	平坦性	平坦性試験

③アスファルト舗装の品質管理

・受注者は，各工種の品質管理を自主的に行い，項目，頻度，管理の限界は最も能率的にかつ経済的に行うように定める。
・工程の初期においては，試験の頻度を適当に増やし，その時点での作業員や施工機械などの組合せにおける作業工程を速やかに把握しておく。
・作業の進行に伴い，受注者が定めた管理限界を十分満足できることがわかれば，それ以降の試験の頻度は減らしてもよい。
・工程能力図にプロットされた点が管理限界外に出るような，異常な結果が出た場合には，試験頻度を増やす。

■土工の品質管理

①品質特性

区　分	品　質　特　性	試　験　方　法
材　料	粒度	粒度試験
	液性限界	液性限界試験
	塑性限界	塑性限界試験
	自然含水比	含水比試験
	最大乾燥密度・最適含水比	突固めによる土の締固め試験
施工現場	締固め度	土の密度試験
	施工含水比	含水比試験
	CBR	現場 CBR 試験
	支持力値	平板載荷試験
	貫入指数	貫入試験

②盛土の品質管理

・工法規定方式：盛土の締固めに使用する締固め機械，締固め回数などの工法を規定する方法。
・品質規定方式：工法は施工者に任せ，乾燥密度，含水比，土の強度等について要求される品質を明示する方法。

■国際規格ISO（国際標準化機構）

①ISO 9000 シリーズ（品質マネジメントシステム）の原則

品質保証／顧客満足／リーダーシップ／人々の参画／プロセスアプローチ／マネジメントのプロセスアプローチ／継続的改善／意志決定への事実に基づくアプローチ／供給者との互恵関係

②ISO 9001 における企業への要求事項

品質マネジメントシステム／経営者層の責任／経営資源の管理／製品の実現化／測定，分析及び改善

③ISO 14000 シリーズ（環境マネジメントシステム）の原則

環境保全・改善／システムの実施，維持，改善／環境方針との適合／適合の自己決定，自己宣言

問題 1

レディーミクストコンクリート（JIS A 5308）の品質管理に関する次の記述のうち，**適当でないもの**はどれか。

(1) 3 回の圧縮強度試験結果の平均値は，購入者の指定した呼び強度の強度値以上である。

(2) 品質管理の項目は，強度，スランプ又はスランプフロー，塩化物含有量の 3 つである。

(3) 1 回の圧縮強度試験結果は，購入者の指定した呼び強度の強度値の 85%以上である。

(4) 圧縮強度試験は，一般に材齢 28 日で行う。

R元年前期 No.59

解説

レディーミクストコンクリートの品質管理に関しては，「JIS A 5308」で定められている。

(2) 品質管理の項目は，強度，スランプ又はスランプフロー，空気量，塩化物含有量の 4 つである。

(1)(3)(4)は**適当な記述である。**

よって，適当でないものは(2)である。

問題 2

品質管理活動における（イ）～（ニ）の作業内容について，品質管理の PDCA（Plan, Do, Check, Action）の手順として，**適当なもの**は次のうちどれか。

（イ） 作業標準に基づき，作業を実施する。
（ロ） 異常原因を追究し，除去する処置をとる。
（ハ） 統計的手法により，解析・検討を行う。
（ニ） 品質特性の選定と，品質規格を決定する。

⑴ （イ） → （ニ） → （ハ） → （ロ）
⑵ （ハ） → （ニ） → （ロ） → （イ）
⑶ （ロ） → （ハ） → （イ） → （ニ）
⑷ （ニ） → （イ） → （ハ） → （ロ）

H30 年前期 No.56

解 説

品質管理の手順は，以下のとおりとなる。

Plan（計画）

手順 1	（ニ） 品質特性の選定と，品質規格を決定する。

Do（実施）

手順 2	（イ） 作業標準に基づき，作業を実施する。

↓

Check（検討）

手順 3	（ハ） 統計的手法により，解析・検討を行う。

↓

Act（処置）

手順 4	（ロ） 異常原因を追究し，除去する処置をとる。

よって，（ニ）→（イ）→（ハ）→（ロ）の順となり，⑷が適当である。

品質管理における「品質特性」と「試験方法」に関する次の組合せのうち，**適当でないもの**はどれか。

［品質特性］　［試験方法］

⑴　フレッシュコンクリートの空気量…………プルーフローリング試験
⑵　加熱アスファルト混合物の安定度…………マーシャル安定度試験
⑶　盛土の締固め度…………………………………砂置換法による土の密度試験
⑷　コンクリート用骨材の粒度……………………ふるい分け試験

H30 年後期 No.56

解　説

土木工事の品質管理における各工種の品質特性と試験方法の組合せは下表のとおりである。

番号	品質特性	試験方法	適　否
⑴	フレッシュコンクリートの空気量	空気量試験	適当でない
⑵	加熱アスファルト混合物の安定度	マーシャル安定度試験	**適当である**
⑶	盛土の締固め度	砂置換法による土の密度試験	**適当である**
⑷	コンクリート用骨材の粒度	ふるい分け試験	**適当である**

プルーフローリング試験は路床盛土のたわみ量の確認のために行う。

写真 / PIXTA

◀空気量試験ではコンクリートの種類によって規格値が定められている。

解　答　(1)

問題 4

品質管理に用いられるヒストグラムに関する次の記述のうち，**適当でないもの**はどれか。

(1) ヒストグラムから，測定値のばらつきの状態を知ることができる。
(2) ヒストグラムは，データの範囲ごとに分類したデータの数をグラフ化したものである。
(3) ヒストグラムは，折れ線グラフで表現される。
(4) ヒストグラムでは，横軸に測定値，縦軸に度数を示している。

R元年前期 No.57

解 説

(1) ヒストグラムから，測定値のばらつきの状態をグラフ化し，品質の良否を判断する。 よって，**適当である。**

(2) ヒストグラムは，データの範囲ごとに分類したデータの数を，度数分布表としてグラフ化したものである。 よって，**適当である。**

(3) ヒストグラムは，度数分布を棒グラフで表現される。 よって，適当でない。

(4) ヒストグラムでは，横軸に品質特性としての測定値，縦軸に度数を示している。 よって，**適当である。**

問題 5

測定データ（整数）を整理した下図のヒストグラムから読み取れる内容に関する次の記述のうち，**適当でないもの**はどれか。

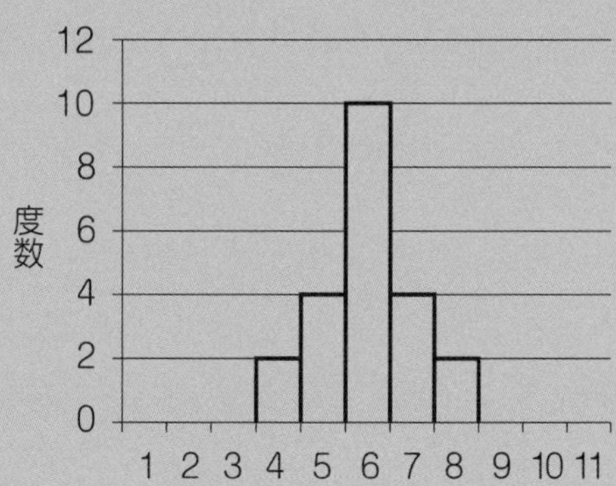

⑴　測定されたデータの最大値は，8 である。
⑵　測定されたデータの平均値は，6 である。
⑶　測定されたデータの範囲は，4 である。
⑷　測定されたデータの総数は，18 である。

R元年後期 No.57

解　説

示されたヒストグラムは，完全な対称形であり下記の点が読み取れる。

⑴　測定されたデータの最小値は 4，最大値は 8 である。　よって，**適当である。**

⑵　測定されたデータの平均値は，完全対称形であるので中央値の 6 である。
よって，**適当である。**

⑶　測定されたデータの範囲は，4～8 であるので 4 である。
よって，**適当である。**

⑷　測定されたデータの総数は，度数の合計（2+4+10+4+2=）22 である。
よって，適当でない。

問題 6

品質管理に用いるヒストグラムに関する次の記述のうち，**適当でないもの**はどれか。

(1) ヒストグラムの形状が度数分布の山が左右二つに分かれる場合は，工程に異常が起きていると考えられる。

(2) ヒストグラムは，データの存在する範囲をいくつかの区間に分け，それぞれの区間に入るデータの数を度数として高さで表す。

(3) ヒストグラムは，時系列データの変化時の分布状況を知るために用いられる。

(4) ヒストグラムは，ある品質でつくられた製品の特性が，集団としてどのような状態にあるかが判定できる。

H29 年 No.57

解説

(1) ヒストグラムの形状（度数分布の山）が左右 2 つに分かれる場合は，測定に誤りがあるか，工程に異常が起きていると考えられる。よって，**適当である。**

(2) ヒストグラムは，データの存在する範囲をいくつかのクラスの幅に分け，それぞれの区間に入るデータの数を度数分布表として高さで表す。
よって，**適当である。**

(3) ヒストグラムは，測定データのばらつき状態をグラフ化し，分布状況により品質の良否を判断するために用いられる。　よって，適当でない。

(4) ヒストグラムは，ある品質でつくられた製品の特性が，分布状況を調査することにより，集団としての状態を規格値に対して品質の良否を判定できる。
よって，**適当である。**

問題 7

A工区，B工区における測定値を整理した下図のヒストグラムについて記載している下記の文章中の［　　］の（イ）～（ニ）に当てはまる語句の組合せとして，**適当なもの**は次のうちどれか。

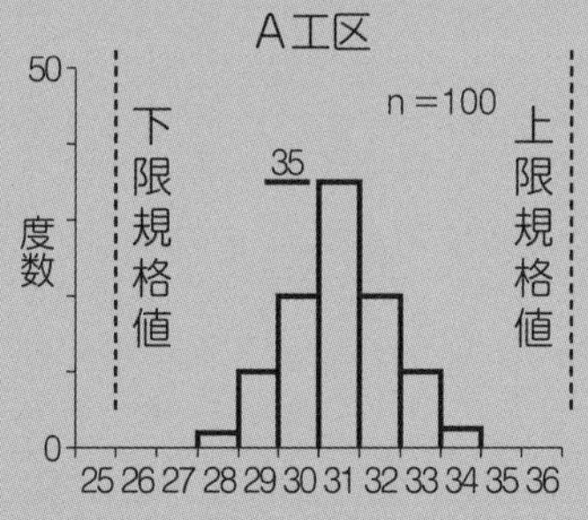

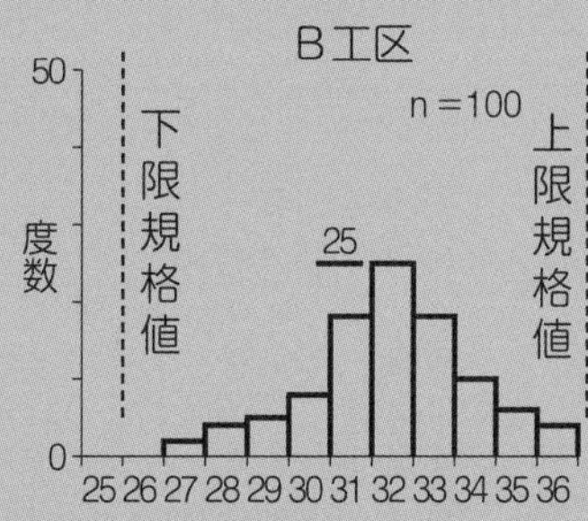

・ヒストグラムは測定値の［（イ）］の状態を知る統計的手法である。
・A 工区における測定値の総数は［（ロ）］で，B 工区における測定値の最大値は，［（ハ）］である。
・より良好な結果を示しているのは［（ニ）］の方である。

	（イ）	（ロ）	（ハ）	（ニ）
⑴	ばらつき	100	25	B工区
⑵	時系列変化	50	36	B工区
⑶	ばらつき	100	36	A工区
⑷	時系列変化	50	25	A工区

R3 年前期 No.60

解説

品質管理における「ヒストグラム」に関する問題である。（本書 335 ページ 参照）
・ヒストグラムは測定値の［**(イ)** ばらつき］の状態を知る統計的手法である。
・A 工区における測定値の総数は［**(ロ)** 100］で，B 工区における測定値の最大値は，［**(ハ)** 36］である。
・より良好な結果を示しているのは［**(ニ)** A工区］の方である。

よって，⑶の組合せが正しい。

問題 8

レディーミクストコンクリート（JIS A 5308，普通コンクリート，呼び強度24）購入し，各工区の圧縮強度の試験結果が下表のように得られたとき，受入れ検査結果の合否判定の組合せとして，**適当なもの**は次のうちどれか。

単位（N/mm^2）

試験回数＼工区	A 工区	B 工区	C 工区
1 回目	21	33	24
2 回目	26	20	23
3 回目	28	20	25
平均値	25	24.3	24

※毎回の圧縮強度値は 3 個の供試体の平均値

　　［A 工区］　［B 工区］　［C 工区］

(1) 不合格 ……… 合　格 ……… 合　格

(2) 不合格 ……… 合　格 ……… 不合格

(3) 合　格 ……… 不合格 ……… 不合格

(4) 合　格 ……… 不合格 ……… 合　格

R2 年後期 No.59

解説

レディーミクストコンクリートの品質管理に関しては，「JIS A 5308」で定められている。

・3 回の圧縮強度試験結果の平均値は，購入者の指定した呼び強度の強度値（24 N/mm^2）以上であること。（A 工区，B 工区，C 工区共に合格である。）

・1 回の圧縮強度試験結果は，購入者の指定した呼び強度の強度値の 85%（24×0.85＝20.4 N/mm^2）以上であること。（A 工区，C 工区が合格し，B 工区は不合格である。）

よって，(4)が適当である。

問題 9

呼び強度 21，スランプ 12 cm，空気量 4.5%と指定したレディーミクストコンクリート（JIS A 5308）の判定基準を**満足しないもの**は，次のうちどれか。

⑴ 3 回の圧縮強度試験結果の平均値は，23 N/mm² である。
⑵ 1 回の圧縮強度試験結果は，18 N/mm² である。
⑶ スランプ試験の結果は，14.0 cm である。
⑷ 空気量試験の結果は，7.0%である。　H29 年第 1 回 No.59

解説

レディーミクストコンクリートの品質管理に関しては，「JIS A 5308」で定められている。

⑴ 3 回の圧縮強度試験結果の平均値は，呼び強度の強度値 **21 以上**であればよい。23 N/mm² であれば満足する。

⑵ 1 回の圧縮強度試験結果は，呼び強度の強度値の 85%（21×0.85＝**17.85**）以上であればよい。18 N/mm² であれば満足する。

⑶ スランプ試験の誤差は，±2.5（12±2.5＝9.5～**14.5 cm**）であればよい。14.0 cm であれば満足する。

⑷ 空気量の許容差は ±1.5（4.5±1.5＝3.0～6.0%）であればよい。試験の結果は，7.0%であるので満足しない。

よって，満足しないものは，⑷である。

❶スランプ及びスランプフローの計測❷空気量の計測❸コンクリートの温度❹強度試験用サンプル／（湖の国の王子）

Lesson 6 4 品質管理

問題 10

アスファルト舗装の路床の強さを判定するために行う試験として，**適当なもの**は次のうちどれか。

(1) PI（塑性指数）試験
(2) CBR 試験
(3) マーシャル安定度試験
(4) すり減り減量試験

H29 年 No.56

解説

各試験の概要は下記のとおりである。

(1) PI（塑性指数）試験：**土の塑性状態にある含水量の大きさを調べる試験**

よって，**適当でない。**

(2) CBR 試験：アスファルト舗装の路床の強さを判定するために行う試験

よって，適当である。

(3) マーシャル安定度試験：**アスファルト混合物の配合設計を決定するための試験**

よって，**適当でない。**

(4) すり減り減量試験：**骨材のすり減りに対する抵抗力を調査する試験**

よって，**適当でない。**

CBR 試験

解答 (2)

道路のアスファルト舗装の品質管理における品質特性と試験方法との次の組合せのうち，**適当なもの**はどれか。

[　品質特性　]　　　　　　　　[　試験方法　]

(1)　粒度…………………………………… 伸度試験
(2)　針入度………………………………… ふるい分け試験
(3)　アスファルト混合物の安定度……… CBR 試験
(4)　アスファルト舗装の厚さ…………… コア採取による測定

H27 年 No.56

解　説

道路のアスファルト舗装の品質管理における品質特性と試験方法の組合せは下表のとおりである。

番号	品質特性	試験方法	適　否
(1)	粒度	**ふるい分け試験**	**適当でない**
(2)	針入度	**針入度試験**	**適当でない**
(3)	アスファルト混合物の安定度	**マーシャル安定度試験**	**適当でない**
(4)	アスファルト舗装の厚さ	コア採取による測定	適当である

コア採取

針入度試験機

解　答　(4)

問題 12

盛土の締固めの品質に関する次の記述のうち，**適当でないもの**はどれか。

(1) 最もよく締まる含水比は，最大乾燥密度が得られる含水比で施工含水比である。
(2) 締固めの品質規定方式は，盛土の締固め度などを規定する方法である。
(3) 締固めの工法規定方式は，使用する締固め機械の機種や締固め回数などを規定する方法である。
(4) 締固めの目的は，土の空気間げきを少なくし吸水による膨張を小さくし，土を安定した状態にすることである。

R元年後期 No.58

解説

(1) 最も効率よく締固め効果が得られる含水比は，最大乾燥密度が得られる含水比のときで最適含水比という。　よって，適当でない。

(2) 締固めの品質規定方式は，乾燥密度，含水比，盛土の締固め度などを規定する方法である。　よって，**適当である。**

(3) 締固めの工法規定方式は，使用する締固め機械の機種や締固め回数，盛土材料の敷均し厚さなどの工法を規定する方法である。　よって，**適当である。**

(4) 締固めの目的は，土の空気間げきを少なくし，吸水による膨張を小さくし，土を最適な含水比の安定した状態にすることである。　よって，**適当である。**

問題 13

盛土の品質管理に関する次の記述のうち，**適当でないもの**はどれか。

(1) 締固めの品質規定方式は，一般に盛土の締固め度などを規定する方法である。
(2) 締固めの工法規定方式は，一般に使用する締固め機械の機種や締固め回数，敷均し厚さなどを規定する方法である。
(3) 締固めの目的は，土の空気間隙を少なくし透水性を低下させるなどして土を安定した状態にすることである。
(4) 締固めの最適含水比は，最もよく締まる含水状態のことで，最小乾燥密度の得られる含水比である。

H28年 No.58

解説

(1) 締固めの品質規定方式は，一般に盛土の締固め度，乾燥密度，含水比などを規定する方法である。 よって，**適当である。**

(2) 締固めの工法規定方式は，一般に使用する締固め機械の機種や締固め回数，敷均し厚さなどの工法を規定する方法である。 よって，**適当である。**

(3) 締固めの目的は，土の空気間隙を少なくし透水性を低下させ，強度を増加させ土を安定した状態にすることである。 よって，**適当である。**

(4) 締固めの最適含水比は，最もよく締まる含水状態のことで，最大乾燥密度の得られる含水比であり，施工含水比は最大乾燥密度の 90%の範囲である。 よって，適当でない。

盛土の締固めにおける品質管理に関する下記の文章中の[　　　]の(イ)～(二)に当てはまる語句の組合せとして，**適当なもの**は次のうちどれか。

・盛土の締固めの品質管理の方式のうち工法規定方式は，使用する締固め機械の機種や締固め[(イ)]等を規定するもので，品質規定方式は，盛土の[(ロ)]等を規定する方法である。
・盛土の締固めの効果や性質は，土の種類や含水比，施工方法（せこうほうほう）によって[(ハ)]。
・盛土が最もよく締まる含水比は，最大乾燥密度が得られる含水比で[(二)]含水比である。

	(イ)	(ロ)	(ハ)	(二)
(1)	回数	材料	変化しない	最大
(2)	回数	締固め度	変化する	最適
(3)	厚さ	締固め度	変化しない	最適
(4)	厚さ	材料	変化する	最大

R3 年前期 No.61

解　説

品質管理における「盛土の品質管理」に関する問題である。(本書 338 ページ 参照)

・盛土の締固めの品質管理の方式のうち工法規定方式は，使用する締固め機械の機種や締固め[**(イ)** 回数]等を規定するもので，品質規定方式は，盛土の[**(ロ)** 締固め度]等を規定する方法である。
・盛土の締固めの効果や性質は，土の種類や含水比，施工方法によって[**(ハ)** 変化する]。
・盛土が最もよく締まる含水比は，最大乾燥密度が得られる含水比で[**(二)** 最適]含水比である。

よって，(2)の組合せが適当である。

Lesson 7 建設工事に伴う対策

1 環境保全対策

1. 「環境保全計画を中心とした対策」について，過去 10 回で 8 回出題されている。
2. 「騒音規制法及び振動規制法の概要と対策」について，過去 10 回で 2 回出題されている。

point チェックポイント

■騒音・振動防止対策の基本方針

①防止対策の基本

- 対策は発生源において実施することが基本である。
- 騒音・振動は発生源から離れるほど低減される。
- 影響の大きさは，発生源そのものの大きさ以外にも，発生時間帯，発生時間及び連続性等に左右される。

②騒音・振動の測定・調査

- 調査地域を代表する地点，すなわち，影響が最も大きいと思われる地点を選んで実施する。
- 騒音・振動は周辺状況，季節，天候等の影響により変動するので，測定は平均的な状況を示すときに行う。
- 施工前と施工中との比較を行うため，日常発生している，暗騒音，暗振動を事前に調査し把握する必要がある。

■騒音規制法及び振動規制法の概要

①騒音規制法

・指　定　地　域：静穏の保持を必要とする地域／住居が集合し，騒音発生を防止する必要がある地域／学校，病院，図書館，特養老人ホーム等の周囲80 mの区域内

・特定建設作業：くい打機・くい抜機／びょう打機／削岩機／空気圧縮機／コンクリートプラント，アスファルトプラント／バックホウ／トラクターショベル／ブルドーザをそれぞれ使用する作業

・届　　　　　出：指定地域内で特定建設作業を行う場合に，7 日前までに都道府県知事(市町村長へ委任)へ届け出る。(災害等緊急の場合はできるだけ速やかに)

・規　　制　　値：85 dB 以下／連続 6 日，日曜日，休日の作業

②振動規制法

・指　定　地　域：住居集合地域，病院，学校の周辺地域で知事が指定する。

・特定建設作業：くい打機・くい抜機／舗装版破砕機／ブレーカーをそれぞれ使用する作業／鋼球を使用して工作物を破壊する作業

・届　　　　　出：指定地域内で特定建設作業を行う場合に，7 日前までに都道府県知事(市町村長へ委任)へ届け出る。(災害等緊急の場合はできるだけ速やかに)

・規　　制　　値：75 dB 以下／連続 6 日，日曜日，休日の作業禁止

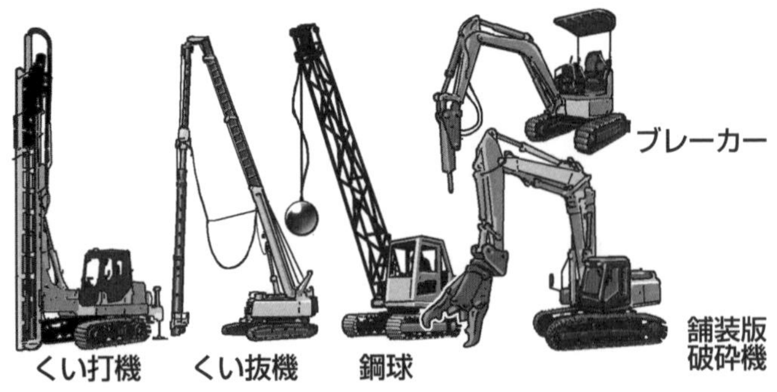

■施工における騒音・振動防止対策

①施工計画

・作業時間は周辺の生活状況を考慮し，できるだけ短時間で，昼間工事が望ましい。

・騒音・振動の発生量は施工方法や使用機械に左右されるので，できるだけ低騒音・低振動の施工方法，機械を選択する。

・騒音・振動の発生源は，居住地から遠ざけ，距離による低減を図る。

・工事による影響を確認するために，施工中や施工後においても周辺の状況を把握し，対策を行う。

現場における騒音・振動防止対策

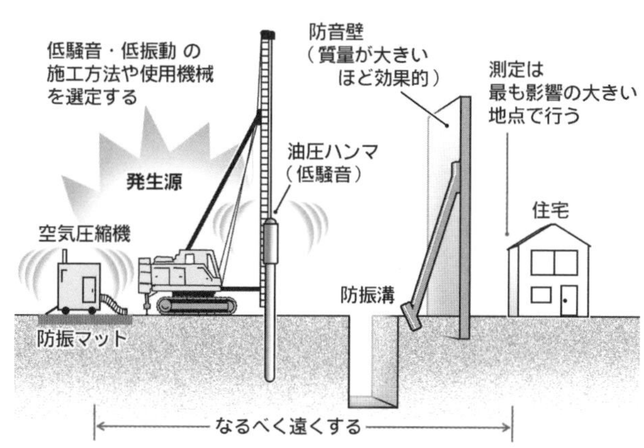

②低減対策

・高力ボルトの締付けは，油圧式・電動式レンチを用いると，インパクトレンチより騒音は低減できる。

・車両系建設機械は，大型，新式，回転数小のものがより低減できる。

・ポンプは回転式がより低減できる。

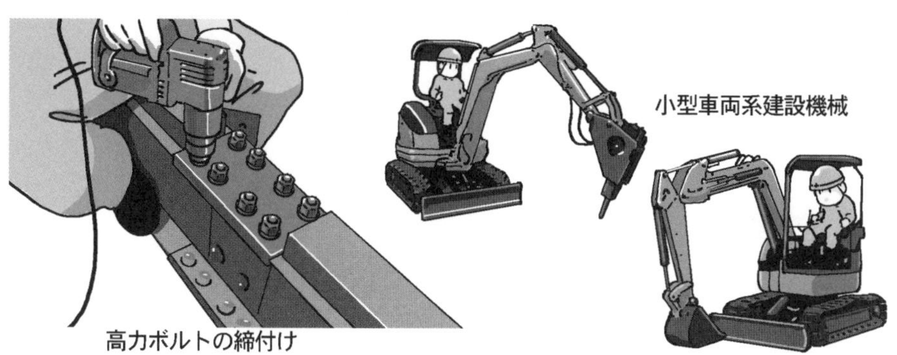

問題 1

建設工事における建設機械の騒音振動対策に関する次の記述のうち，**適当でないもの**はどれか。

(1) 車輪式（ホイール式）の建設機械は，移動時の騒音振動が大きいので，履帯式（クローラ式）の建設機械を用いる。
(2) 建設機械の騒音は，エンジンの回転速度に比例するので，無用なふかし運転は避ける。
(3) 作業待ち時は，建設機械などのエンジンをできる限り止めるなど騒音振動を発生させない。
(4) 建設機械は，整備不良による騒音振動が発生しないように点検，整備を十分に行う。

H29 年第 1 回 No.60

解　説

(1) 車輪式（ホイール式）の建設機械は，履帯式（クローラ式）の建設機械より，移動時の騒音振動が小さい。　　よって，適当でない。

(2) 建設機械の騒音は，エンジンの回転速度に比例するので，無用な空ふかし運転はしてはならない。　　よって，**適当である。**

(3) 作業待ち時は，建設機械などのエンジンをできる限り止めることにより，騒音振動を防止するとともに環境面，経済面からも有利となる。
よって，**適当である。**

(4) 建設機械は，整備不良の場合，騒音振動が発生したり，故障の原因となるので点検，整備を十分に行う。　　よって，**適当である。**

解　答　(1)

問題 2 建設工事の舗装作業における地域住民への生活環境の保全対策に関する次の記述のうち，**適当でないもの**はどれか。

⑴ 締固め作業でのアスファルトフィニッシャには，バイブレータ方式とタンパ方式があり，夜間工事など静かさが要求される場合などでは，タンパ方式を採用する。
⑵ 舗装の部分切取に用いられるカッタ作業では，振動ではなくブレードによる切削音が問題となるため，エンジンルーム，カッタ部を全面カバーで覆うなどの騒音対策を行う。
⑶ 舗装版とりこわし作業にあたっては，破砕時の騒音，振動の小さい油圧ジャッキ式舗装版破砕機，低騒音型のバックホゥの使用を原則とする。
⑷ 破砕物などの積込み作業では，不必要な騒音，振動を避けてていねいに行わなければならない。

H30 年前期 No.60

解　説

⑴ 締固め作業でのアスファルトフィニッシャには，バイブレータ方式とタンパ方式がある。夜間工事など静かさが要求される場合などでは，騒音・振動の小さいバイブレータ方式を採用する。　よって，適当でない。

⑵ 舗装の部分切取に用いられるカッタ作業では，ブレードによる高音を発する切削音が問題となる。エンジンルーム，カッタ部を全面カバーで覆い騒音に対応する。　よって，**適当である。**

⑶ 舗装版とりこわし作業にあたっては，破砕時において騒音，振動が発生する。騒音，振動の小さい油圧ジャッキ式舗装版破砕機，低騒音型のバックホウを使用する。　よって，**適当である。**

⑷ 破砕物などの積込み作業では，騒音，振動を極力避けて慎重に行うようにする。　よって，**適当である。**

解 答 (1)

問題 3

土工における建設機械の騒音・振動に関する次の記述のうち，**適当でないもの**はどれか。

⑴ 掘削土をバックホゥなどでトラックなどに積み込む場合，落下高を高くしてスムースに行う。

⑵ 掘削積込機から直接トラックなどに積み込む場合，不必要な騒音・振動の発生を避けなければならない。

⑶ ブルドーザを用いて掘削押土を行う場合，無理な負荷をかけないようにし，後進時の高速走行を避けなければならない。

⑷ 掘削，積込み作業にあたっては，低騒音型建設機械の使用を原則とする。

H30 年後期 No.60

解説

⑴ 掘削土をバックホウなどでトラックなどに積み込む場合，落下高を低くして衝撃を抑える。　よって，適当でない。

⑵ 掘削積込機から直接トラックなどに積み込む場合，急発進や空ぶかしを避け，不必要な騒音・振動の発生を避けなければならない。　よって，**適当である。**

⑶ ブルドーザを用いて掘削押土を行う場合，無理な負荷をかけないようにし，後進時の高速走行は出力が大きくなるため，できるだけ避けなければならない。　よって，**適当である。**

⑷ 土工作業における掘削，積込み作業にあたっては，騒音・振動の影響を避けるため低騒音型建設機械の使用を原則とする。　よって，**適当である。**

解答 ⑴

問題 4

建設工事における地域住民の生活環境の保全対策に関する次の記述のうち，**適当なもの**はどれか。

⑴ 振動規制法上の特定建設作業においては，規制基準を満足しないことにより周辺住民の生活環境に著しい影響を与えている場合には，都道府県知事より改善勧告，改善命令が出される。
⑵ 振動規制法上の特定建設作業においては，住民の生活環境を保全する必要があると認められる地域の指定は，市町村長が行う。
⑶ 施工にあたっては，あらかじめ付近の居住者に工事概要を周知し，協力を求めるとともに，付近の居住者の意向を十分に考慮する必要がある。
⑷ 騒音・振動の防止策として，騒音・振動の絶対値を下げること及び発生期間の延伸を検討する。

R元年後期 No.60

解　説

⑴ 振動規制法上の特定建設作業においては，規制基準を満足しないことにより周辺住民の生活環境に著しい影響を与えている場合には，**市町村長**より改善勧告，改善命令が出される。（振動規制法第 12 条第 1 項）　よって，**適当でない。**

⑵ 振動規制法上の特定建設作業においては，住民の生活環境を保全する必要があると認められる地域の指定は，**都道府県知事**が行う。（振動規制法第 3 条第 1 項）　よって，**適当でない。**

⑶ 施工にあたっては，あらかじめ付近の居住者に工事概要を周知し，協力を求めるとともに，付近の居住者の意向を十分に考慮する必要がある。（建設工事公衆災害防止対策要綱〔土木工事編〕第 10）　よって，適当である。

⑷ 騒音・振動の防止策として，**騒音・振動の大きさを下げるほか，発生期間を短縮するなどの検討，低騒音，低振動の施工方法や建設機械の選択等を行う。**（建設工事に伴う騒音振動対策技術指針）　よって，**適当でない。**

Lesson 7 建設工事に伴う対策

2 建設副産物・再生資源

出題傾向

1. 「建設副産物の再利用及び処分（建設リサイクル法）」については，過去 10 回で 9 回出題されている。
2. 「産業廃棄物管理票（マニフェスト）」については，過去 10 回で出題されていないが，基本的な事項は理解しておく。

point チェックポイント

■建設副産物の再利用及び処分

①建設指定副産物（資源の有効な利用の促進に関する法律）

建設工事に伴って副次的に発生する物品で，再生資源として利用可能なものとして，次の 4 種が指定されている。

建設指定副産物	再　生　資　源
建設発生土	構造物埋戻し・裏込め材料／道路盛土材料／宅地造成用材料／河川築堤材料／水面埋立用材料
コンクリート塊	再生骨材／道路路盤材料／構造物基礎材
アスファルト・コンクリート塊	再生骨材／道路路盤材料／構造物基礎材
建設発生木材	製紙用及びボードチップ（破砕後）

②特定建設資材（建設リサイクル法「建設工事に係る資材の再資源化に関する法律」）

「特定建設資材」とは，コンクリート，木材その他建設資材のうち，建設資材廃棄物になった場合におけるその再資源化が資源の有効な利用及び廃棄物の減量を図る上で特に必要であり，かつ，その再資源化が経済性の面において制約が著しくないと認められるものとして政令で定められるものをいう。（「建設工事に係る資材の再資源化に関する法律」第 2 条第 5 項）

一　コンクリート

二　コンクリート及び鉄から成る建設資材

三　木材

四　アスファルト・コンクリート

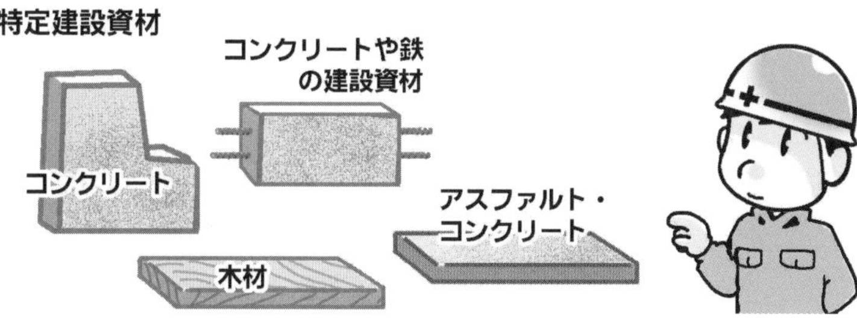

③廃棄物の種類（**廃棄物の処理及び清掃に関する法律**）

- **一般廃棄物**：産業廃棄物以外の廃棄物
- **産業廃棄物**：事業活動に伴って生じた廃棄物のうち法令で定められた20種類のもの
  （燃え殻，汚泥，廃油，廃酸，廃アルカリ，紙くず，木くず等）
- **特別管理一般廃棄物及び**
  特別管理産業廃棄物：爆発性，感染性，毒性，有害性があるもの

④処分場の形式と処分できる廃棄物

（「廃棄物の処理及び清掃に関する法律」第12条第1項，同法律施行令第6条）

処分場の形式	廃棄物の内容	処分できる廃棄物
安定型処分場	地下水を汚染するおそれのないもの	廃プラスチック類，ゴムくず，金属くず，ガラスくず及び陶磁器くず，がれき類
管理型処分場	地下水を汚染するおそれのあるもの	廃油（タールピッチ類に限る。），紙くず，木くず，繊維くず，汚泥，廃石膏ボード
遮断型処分場	有害な廃棄物	埋立処分基準に適合しない燃え殻，ばいじん，汚泥，鉱さい

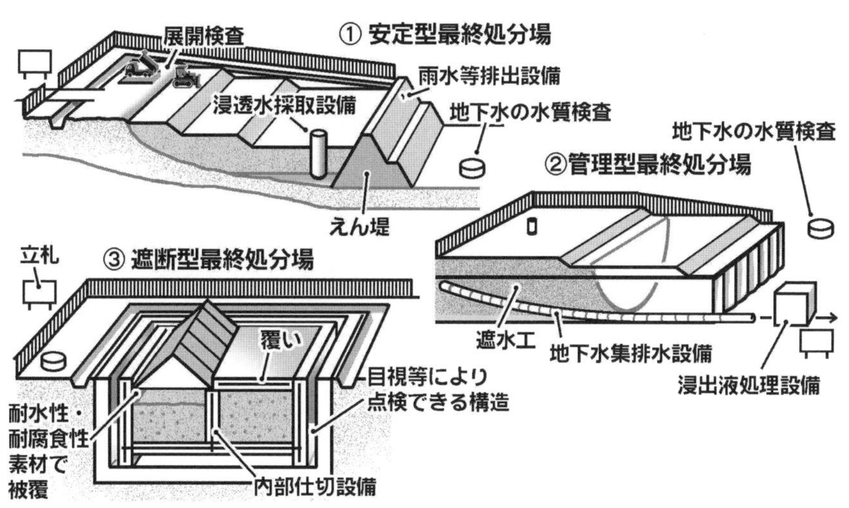

■産業廃棄物管理票（マニフェスト）

①マニフェスト制度

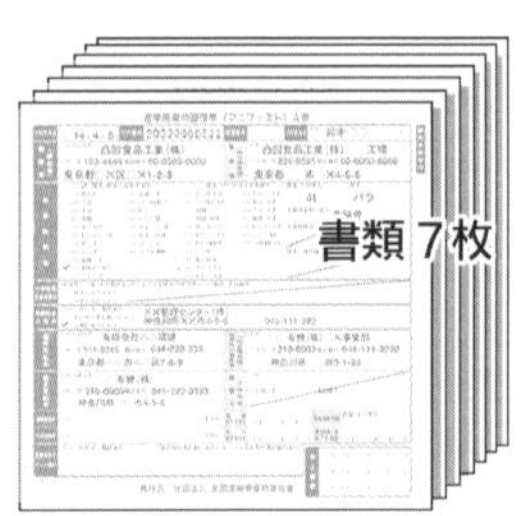

産業廃棄物管理票は，１冊が７枚綴りの複写で，A，B1，B2，C1，C2，D，Eの用紙が綴じ込まれている。

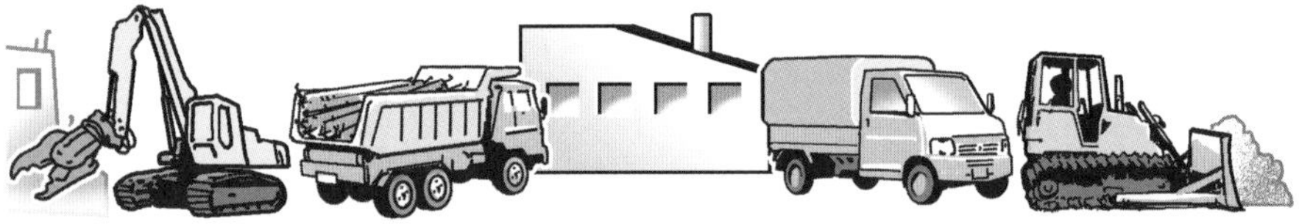

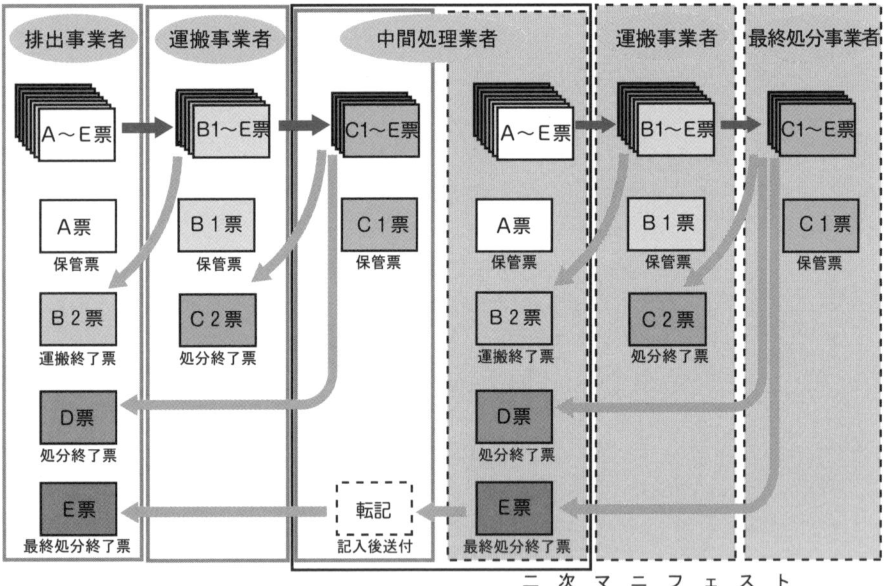

・排出事業者（元請人）が，廃棄物の種類ごとに収集運搬及び処理を行う受託者に交付する。
・マニフェストには，種類，数量，処理内容等の必要事項を記載する。
・収集運搬業者はA票を，処理業者はD票を事業者に返送する。
・排出事業者は，マニフェストに関する報告を都道府県知事に，年１回提出する。
・マニフェストの写しを送付された事業者，収集運搬業者，処理業者は，この写しを５年間保存。

排出事業者
A～E票
A票 保管票
B２票 運搬終了票
D票 処分終了票
E票 最終処分終了票

運搬事業者
B1～E票
B１票 保管票
C２票 処分終了票

中間処理業者
C1～E票
C１票 保管票
転記 記入後送付

A～E票
A票 保管票
B２票 運搬終了票
D票 処分終了票
E票 最終処分終了票

運搬事業者
B1～E票
B１票 保管票
C２票 処分終了票

最終処分事業者
C1～E票
C１票 保管票

二次マニフェスト

※産業廃棄物管理票は，それぞれ５年間保管すること。

②マニフェストが不要なケース

・国，都道府県または市町村に産業廃棄物の運搬及び処分を委託するとき。
・産業廃棄物業の許可がいらない(厚生労働大臣が指定した者に限る)ものに処分を委託するとき。
・直結するパイプラインを用いて処分するとき。

■建設リサイクル法（建設工事に係る資材の再資源化等に関する法律）

①基本用語

・**分別解体**：構造物の付属物→構造物本体→基礎の順に解体し，資材の種類ごとに分別する。

・**再資源化**：建設廃棄物が資材又は原材料として利用可能とすること及び燃焼用あるいは熱を得られる状態にすること。

②建設リサイクル法の基本方針

・建設工事から搬出された建設発生土等の再生資源を建設資材として利用する。

・建設工事から発生する建設指定副産物を他の工事で利用しやすくする。

③分別解体及び再資源化等の義務

・**対象建設工事の規模の基準**

建築物の解体	床面積 80 m^2 以上
建築物の新築	床面積 500 m^2 以上
建築物の修繕・模様替	工事費 1 億円以上
その他の工作物（土木工作物等）	工事費 500 万円以上

・**届　　出**：対象建設工事の発注者又は自主施工者は，工事着手の 7 日前までに，建築物等の構造，工事着手時期，分別解体等の計画について，都道府県知事に届け出る。

・**解体工事業**：建設業の許可が不要な小規模の解体工事業者も都道府県知事の登録を受け，5 年ごとに更新する。

■グリーン購入法（国等による環境物品等の調達の推進等に関する法律）

①目　的（第 1 条）

・国，独立行政法人等，地方公共団体及び地方独立行政法人による環境物品等の調達の推進。

・環境物品等に関する情報の提供。

・環境物品等への需要の転換を促進する。

・環境への負荷の少ない持続的発展が可能な社会の構築を図る。

②内　容

・事業者・国民の責務として，物品購入等に際し，できるかぎり，環境物品等を選択する。（第 5 条）

・国等の各機関の責務として，毎年度「調達方針」を作成・公表し，調達方針に基づき，調達を推進する。（第 7 条）

・調達実績の取りまとめ・公表をする。（第 8 条）

・製品メーカー等は，製造する物品等について，適切な環境情報を提供する。（第 12 条）

問題 1

「建設工事に係る資材の再資源化等に関する法律」（建設リサイクル法）に定められている特定建設資材に**該当しないもの**は，次のうちどれか。

⑴　建設発生土
⑵　コンクリート及び鉄から成る建設資材
⑶　アスファルト・コンクリート
⑷　木材

R2 年後期 No.61

解　説

「建設工事に係る資材の再資源化等に関する法律」（建設リサイクル法）に定められている特定建設資材は，下記の 4 品目である。（同法律施行令第 1 条）

コンクリート，木材，コンクリート及び鉄から成る建設資材，アスファルト・コンクリート

よって，⑴の建設発生土は該当しない。

問題 2

「建設工事に係る資材の再資源化等に関する法律」（建設リサイクル法）に定められている特定建設資材に**該当しないもの**は，次のうちどれか。

⑴　コンクリート及び鉄から成る建設資材
⑵　木材
⑶　アスファルト・コンクリート
⑷　土砂

R3 年後期 No.53

解　説

「建設工事に係る資材の再資源化等に関する法律」（建設リサイクル法）に定められている特定建設資材は，下記の 4 品目である。（同法律施行令第 1 条）

コンクリート，木材，コンクリート及び鉄から成る建設資材，アスファルト・コンクリート

よって，⑷の土砂は該当しない。

問題 3

建設工事から発生する廃棄物の種類に関する記述のうち，「廃棄物の処理及び清掃に関する法律」上，**誤っているもの**はどれか。

⑴ 工作物の除去に伴って生ずるコンクリートの破片は，産業廃棄物である。
⑵ 防水アスファルトやアスファルト乳剤の使用残さなどの廃油は，産業廃棄物である。
⑶ 工作物の新築に伴って生ずる段ボールなどの紙くずは，一般廃棄物である。
⑷ 灯油類などの廃油は，特別管理産業廃棄物である。

H28 年 No.61

解 説

廃棄物の種類は,「廃棄物の処理及び清掃に関する法律」により定められている。産業廃棄物は，事業活動に伴って生じた廃棄物のうち法令で定められた 20 種類である。

⑶ 工作物の新築に伴って生ずる段ボールなどの紙くずは，産業廃棄物である。
⑴，⑵，⑷**は正しい。**

よって，誤っているものは⑶である。

解 答 (3)

問題 4

建設現場で発生する産業廃棄物の処理に関する次の記述のうち，**適当でないもの**はどれか。

(1) 事業者は，産業廃棄物の処理を委託する場合，産業廃棄物の発生から最終処分が終了するまでの処理が適正に行われるために必要な措置を講じなければならない。

(2) 産業廃棄物の収集運搬にあたっては，産業廃棄物が飛散及び流出しないようにしなければならない。

(3) 産業廃棄物管理票（マニフェスト）の写しの保存期間は，関係法令上5年間である。

(4) 産業廃棄物の処理責任は，公共工事では原則として発注者が責任を負う。

H24年 No.61

解説

建設現場で発生する産業廃棄物の処理に関しては，「廃棄物の処理及び清掃に関する法律(廃棄物処理法)」において定められている。

(1) 事業者は，産業廃棄物の運搬又は処分を委託する場合には，発生から最終処分が終了するまでの処理が適正に行われるために必要な措置を講ずるように努める。(廃棄物の処理及び清掃に関する法律第 12 条第 5 項)　　よって，**適当である。**

(2) 運搬車，運搬容器及び運搬用パイプラインは，産業廃棄物が飛散し，及び流出し，並びに悪臭が漏れるおそれのないようにする。(廃棄物の処理及び清掃に関する法律施行令第 3 条)　　よって，**適当である。**

(3) 産業廃棄物管理票（マニフェスト）の写しの保存期間は 5 年間と規定されている。(廃棄物の処理及び清掃に関する法律第 12 条の 3 第 2 項，同規則第 8 条の 4 の 3)　　よって，**適当である。**

(4) 公共工事においては受注者が事業者として，産業廃棄物の処理責任を負う。　　よって，適当でない。

図解でよくわかるシリーズ ホームページ

豊富な**図解や写真，親しみある挿絵と解説**の**「図解でよくわかるシリーズ」**の**「ホームページ」**には，**「新刊本のお知らせ」，「本の内容を見る」，「正誤情報」，「各種書籍の購入」**等ができます。ぜひご覧ください。

https：//www.henshupro.com

本書の内容についてお気づきの点は

本書に**記載された記述**に限らせていただきます。**質問指導・受験指導**は行っておりません。

必ず「2 級土木施工管理技述検定　第 1 次検定　2023 年版○○ページ」**と明記の上，郵便又は FAX**（03-5800-5725）でお送りください。

お問い合わせは，**2024 年 1 月 31 日で締切**といたします。

締切以降のお問合せには，対応できませんのでご了承ください。

回答までには 2～3 週間程度かかる場合があります。

電話による直接の対応は一切行っておりません。あらかじめご了承ください。

2級土木施工管理技術検定 第1次検定

前期試験問題

※ 問題番号 No.1～No.11 までの 11 問題のうちから 9 問題を選択し解答してください。

【No. 1】 土の締固めに使用する機械に関する次の記述のうち，**適当でないもの**はどれか。

(1) タイヤローラは，細粒分を適度に含んだ山砂利の締固めに適している。
(2) 振動ローラは，路床の締固めに適している。
(3) タンピングローラは，低含水比の関東ロームの締固めに適している。
(4) ランマやタンパは，大規模な締固めに適している。

【No. 2】 土質試験における「試験名」とその「試験結果の利用」に関する次の組合せのうち，**適当でないもの**はどれか。

	［試験名］	［試験結果の利用］
(1)	標準貫入試験	地盤の透水性の判定
(2)	砂置換法による土の密度試験	土の締固め管理
(3)	ポータブルコーン貫入試験	建設機械の走行性の判定
(4)	ボーリング孔を利用した透水試験	地盤改良工法の設計

【No. 3】 道路土工の盛土材料として望ましい条件に関する次の記述のうち，**適当でないもの**はどれか。

(1) 盛土完成後の圧縮性が小さいこと。
(2) 水の吸着による体積増加が小さいこと。
(3) 盛土完成後のせん断強度が低いこと。
(4) 敷均(しきなら)しや締固めが容易であること。

【No. 4】 地盤改良に用いられる固結工法に関する次の記述のうち，**適当でないもの**はどれか。

(1) 深層混合処理工法は，大きな強度が短期間で得られ沈下防止に効果が大きい工法である。
(2) 薬液注入工法は，薬液の注入により地盤の透水性を高め，排水を促す工法である。
(3) 深層混合処理工法には，安定材と軟弱土を混合する機械攪拌方式(きかいかくはんほうしき)がある。
(4) 薬液注入工法では，周辺地盤等の沈下や隆起の監視が必要である。

【No. 5】 コンクリートの耐凍害性の向上を図る混和剤として**適当なもの**は，次のうちどれか。

⑴ 流動化剤
⑵ 収縮低減剤
⑶ AE 剤
⑷ 鉄筋コンクリート用防錆剤

【No. 6】 レディーミクストコンクリートの配合に関する次の記述のうち，**適当でないもの**はどれか。

⑴ 単位水量は，所要のワーカビリティーが得られる範囲内で，できるだけ少なくする。
⑵ 水セメント比は，強度や耐久性等を満足する値の中から最も小さい値を選定する。
⑶ スランプは，施工ができる範囲内で，できるだけ小さくなるようにする。
⑷ 空気量は，凍結融解作用を受けるような場合には，できるだけ少なくするのがよい。

【No. 7】 フレッシュコンクリートの性質に関する次の記述のうち，**適当でないもの**はどれか。

⑴ 材料分離抵抗性とは，フレッシュコンクリート中の材料が分離することに対する抵抗性である。
⑵ ブリーディングとは，練混ぜ水の一部が遊離してコンクリート表面に上昇する現象である。
⑶ ワーカビリティーとは，変形又は流動に対する抵抗性である。
⑷ レイタンスとは，コンクリート表面に水とともに浮かび上がって沈殿する物質である。

【No. 8】 コンクリートの現場内での運搬と打込みに関する次の記述のうち，**適当でないもの**はどれか。

⑴ コンクリートの現場内での運搬に使用するバケットは，材料分離を起こしにくい。
⑵ コンクリートポンプで圧送する前に送る先送りモルタルの水セメント比は，使用するコンクリートの水セメント比よりも大きくする。
⑶ 型枠内にたまった水は，コンクリートを打ち込む前に取り除く。
⑷ 2 層以上に分けて打ち込む場合は，上層と下層が一体となるように下層コンクリート中にも棒状バイブレータを挿入する。

【No. 9】 既製杭の中掘り杭工法に関する次の記述のうち，**適当でないもの**はどれか。

⑴ 地盤の掘削は，一般に既製杭の内部をアースオーガで掘削する。
⑵ 先端処理方法は，セメントミルク噴出攪拌方式とハンマで打ち込む最終打撃方式等がある。
⑶ 杭の支持力は，一般に打込み工法に比べて，大きな支持力が得られる。
⑷ 掘削中は，先端地盤の緩みを最小限に抑えるため，過大な先掘りを行わない。

【No. 10】 場所打ち杭の「工法名」と「孔壁保護の主な資機材」に関する次の組合せのうち，**適当なもの**はどれか。

［工法名］ ［孔壁保護の主な資機材］
⑴ 深礎工法 ………………………………… 安定液（ベントナイト）
⑵ オールケーシング工法 ………………… ケーシングチューブ
⑶ リバースサーキュレーション工法 …… 山留め材（ライナープレート）
⑷ アースドリル工法 ……………………… スタンドパイプ

【No. 11】 土留め工に関する次の組合せのうち，**適当でないもの**はどれか。

⑴ 自立式土留め工法は，切梁（きりばり）や腹起しを用いる工法である。
⑵ アンカー式土留め工法は，引張材を用いる工法である。
⑶ ヒービングとは，軟弱な粘土質地盤を掘削した時に，掘削底面が盛り上がる現象である。
⑷ ボイリングとは，砂質地盤で地下水位以下を掘削した時に，砂が吹き上がる現象である。

> ※ 問題番号 No. 12〜No. 31 までの 20 問題のうちから 6 問題を選択し解答してください。

【No. 12】 鋼材の溶接継手に関する次の記述のうち，**適当でないもの**はどれか。

⑴ 溶接を行う部分は，溶接に有害な黒皮，さび，塗料，油等があってはならない。
⑵ 溶接を行う場合には，溶接線近傍を十分に乾燥させる。
⑶ 応力を伝える溶接継手には，完全溶込み開先溶接を用いてはならない。
⑷ 開先溶接では，溶接欠陥が生じやすいのでエンドタブを取り付けて溶接する。

【No. 13】 鋼道路橋に用いる高力ボルトに関する次の記述のうち，**適当でないもの**はどれか。

⑴ 高力ボルトの軸力の導入は，ナットを回して行うことを原則とする。
⑵ 高力ボルトの締付けは，連結板の端部のボルトから順次中央のボルトに向かって行う。
⑶ 高力ボルトの長さは，部材を十分に締め付けられるものとしなければならない。
⑷ 高力ボルトの摩擦接合は，ボルトの締付けで生じる部材相互の摩擦力で応力を伝達する。

【No. 14】 コンクリートに関する次の用語のうち，劣化機構に**該当しないもの**はどれか。

⑴ 塩害
⑵ ブリーディング
⑶ アルカリシリカ反応
⑷ 凍害

【No. 15】 河川堤防に用いる土質材料に関する次の記述のうち，**適当でないもの**はどれか。

⑴ 堤体の安定に支障を及ぼすような圧縮変形や膨張性がない材料がよい。
⑵ 浸水，乾燥等の環境変化に対して，法（のり）すべりやクラック等が生じにくい材料がよい。
⑶ 締固めが十分行われるために単一な粒径の材料がよい。
⑷ 河川水の浸透に対して，できるだけ不透水性の材料がよい。

【No. 16】 河川護岸に関する次の記述のうち，**適当なもの**はどれか。

(1) 高水護岸は，高水時に表法面，天端，裏法面の堤防全体を保護するものである。
(2) 法覆工は，堤防の法面をコンクリートブロック等で被覆し保護するものである。
(3) 基礎工は，根固工を支える基礎であり，洗掘に対して保護するものである。
(4) 小口止工は，河川の流水方向の一定区間ごとに設けられ，護岸を保護するものである。

【No. 17】 砂防えん堤に関する次の記述のうち，**適当でないもの**はどれか。

(1) 水抜きは，一般に本えん堤施工中の流水の切替えや堆砂後の浸透水を抜いて水圧を軽減するために設けられる。
(2) 袖は，洪水を越流させないために設けられ，両岸に向かって上り勾配で設けられる。
(3) 水通しの断面は，一般に逆台形で，越流する流量に対して十分な大きさとする。
(4) 水叩きは，本えん堤からの落下水による洗掘の防止を目的に，本えん堤上流に設けられるコンクリート構造物である。

【No. 18】 地すべり防止工に関する次の記述のうち，**適当なもの**はどれか。

(1) 排土工は，地すべり頭部の不安定な土塊を排除し，土塊の滑動力を減少させる工法である。
(2) 横ボーリング工は，地下水の排除を目的とし，抑止工に区分される工法である。
(3) 排水トンネル工は，地すべり規模が小さい場合に用いられる工法である。
(4) 杭工は，杭の挿入による斜面の安定度の向上を目的とし，抑制工に区分される工法である。

【No. 19】 道路のアスファルト舗装における下層・上層路盤の施工に関する次の記述のうち，**適当でないもの**はどれか。

(1) 上層路盤に用いる粒度調整路盤材料は，最大含水比付近の状態で締め固める。
(2) 下層路盤に用いるセメント安定処理路盤材料は，一般に路上混合方式により製造する。
(3) 下層路盤材料は，一般に施工現場近くで経済的に入手でき品質規格を満足するものを用いる。
(4) 上層路盤の瀝青安定処理工法は，平坦性がよく，たわみ性や耐久性に富む特長がある。

【No. 20】 道路のアスファルト舗装の施工に関する次の記述のうち，**適当でないもの**はどれか。

(1) 加熱アスファルト混合物を舗設する前は，路盤又は基層表面のごみ，泥，浮き石等を取り除く。
(2) 現場に到着したアスファルト混合物は，ただちにアスファルトフィニッシャ又は人力により均一に敷き均す。
(3) 敷均し終了後は，継目転圧，初転圧，二次転圧及び仕上げ転圧の順に締め固める。
(4) 継目の施工は，継目又は構造物との接触面にプライムコートを施工後，舗設し密着させる。

【No. 21】 道路のアスファルト舗装の破損に関する次の記述のうち，**適当なもの**はどれか。

(1) 道路縦断方向の凹凸は，不定形に生じる比較的短いひび割れで主に表層に生じる。
(2) ヘアクラックは，長く生じるひび割れで路盤の支持力が不均一な場合や舗装の継目に生じる。
(3) わだち掘れは，道路横断方向の凹凸で車両の通過位置が同じところに生じる。
(4) 線状ひび割れは，道路の延長方向に比較的長い波長でどこにでも生じる。

【No. 22】 道路のコンクリート舗装における施工に関する次の記述のうち，**適当でないもの**はどれか。

(1) 極めて軟弱な路床は，置換工法や安定処理工法等で改良する。
(2) 路盤厚が 30 cm 以上のときは，上層路盤と下層路盤に分けて施工する。
(3) コンクリート版に鉄網を用いる場合は，表面から版の厚さの 1/3 程度のところに配置する。
(4) 最終仕上げは，舗装版表面の水光りが消えてから，滑り防止のため膜養生を行う。

【No. 23】 ダムの施工に関する次の記述のうち，**適当でないもの**はどれか。

(1) ダム工事は，一般に大規模で長期間にわたるため，工事に必要な設備，機械を十分に把握し，施工設備を適切に配置することが安全で合理的な工事を行ううえで必要である。
(2) 転流工は，ダム本体工事を確実に，また容易に施工するため，工事期間中河川の流れを迂回させるもので，仮排水トンネル方式が多く用いられる。
(3) ダムの基礎掘削工法の１つであるベンチカット工法は，長孔ボーリングで穴をあけて爆破し，順次上方から下方に切り下げ掘削する工法である。
(4) 重力式コンクリートダムの基礎岩盤の補強・改良を行うグラウチングは，コンソリデーショングラウチングとカーテングラウチングがある。

【No. 24】 トンネルの山岳工法における覆工コンクリートの施工の留意点に関する次の記述のうち，**適当でないもの**はどれか。

(1) 覆工コンクリートのつま型枠は，打込み時のコンクリートの圧力に耐えられる構造とする。
(2) 覆工コンクリートの打込みは，一般に地山の変位が収束する前に行う。
(3) 覆工コンクリートの型枠の取外しは，コンクリートが必要な強度に達した後に行う。
(4) 覆工コンクリートの養生は，打込み後，硬化に必要な温度及び湿度を保ち，適切な期間行う。

【No. 25】 海岸における異形コンクリートブロック（消波ブロック）による消波工に関する次の記述のうち，**適当なもの**はどれか。

(1) 乱積みは，層積みに比べて据付けが容易であり，据付け時は安定性がよい。
(2) 層積みは，規則正しく配列する積み方で外観が美しいが，安定性が劣っている。
(3) 乱積みは，高波を受けるたびに沈下し，徐々にブロックのかみ合わせがよくなり安定する。
(4) 層積みは，乱積みに比べて据付けに手間がかかるが，海岸線の曲線部等の施工性がよい。

【No. 26】 グラブ浚渫船による施工に関する次の記述のうち，**適当なもの**はどれか。

⑴ グラブ浚渫船は，ポンプ浚渫船に比べ，底面を平坦に仕上げるのが容易である。
⑵ グラブ浚渫船は，岸壁等の構造物前面の浚渫や狭い場所での浚渫には使用できない。
⑶ 非航式グラブ浚渫船の標準的な船団は，グラブ浚渫船と土運船のみで構成される。
⑷ 出来形確認測量は，音響測深機等により，グラブ浚渫船が工事現場にいる間に行う。

【No. 27】 鉄道工事における砕石路盤に関する次の記述のうち，**適当でないもの**はどれか。

⑴ 砕石路盤は軌道を安全に支持し，路床へ荷重を分散伝達し，有害な沈下や変形を生じない等の機能を有するものとする。
⑵ 砕石路盤では，締固めの施工がしやすく，外力に対して安定を保ち，かつ，有害な変形が生じないよう，圧縮性が大きい材料を用いるものとする。
⑶ 砕石路盤の施工は，材料の均質性や気象条件等を考慮して，所定の仕上り厚さ，締固めの程度が得られるように入念に行うものとする。
⑷ 砕石路盤の施工管理においては，路盤の層厚，平坦性，締固めの程度等が確保できるよう留意するものとする。

【No. 28】 鉄道の営業線近接工事における工事従事者の任務に関する下記の説明文に**該当する工事従事者の名称**は，次のうちどれか。

「工事又は作業終了時における列車又は車両の運転に対する支障の有無の工事管理者等への確認を行う。」

⑴ 線閉責任者
⑵ 停電作業者
⑶ 列車見張員
⑷ 踏切警備員

【No. 29】 シールド工法の施工に関する次の記述のうち，**適当でないもの**はどれか。

⑴ セグメントの外径は，シールドの掘削外径よりも小さくなる。
⑵ 覆工に用いるセグメントの種類は，コンクリート製や鋼製のものがある。
⑶ シールドのテール部には，シールドを推進させるジャッキを備えている。
⑷ シールド推進後に，セグメント外周に生じる空隙にはモルタル等を注入する。

【No. 30】 上水道の管布設工に関する次の記述のうち，**適当でないもの**はどれか。

⑴ 塩化ビニル管の保管場所は，なるべく風通しのよい直射日光の当たらない場所を選ぶ。
⑵ 管のつり下ろしで，土留め用切梁を一時取り外す場合は，必ず適切な補強を施す。
⑶ 鋼管の据付けは，管体保護のため基礎に砕石を敷き均して行う。
⑷ 埋戻しは片埋めにならないように注意し，現地盤と同程度以上の密度になるよう締め固める。

【No. 31】 下水道管渠のの剛性管の施工における「地盤区分（代表的な土質）」と「基礎工の種類」に関する次の組合せのうち，**適当でないもの**はどれか。

［地盤区分（代表的な土質）］ ［基礎工の種類］

(1) 硬質土（硬質粘土，礫混じり土及び礫混じり砂）…………… 砂基礎
(2) 普通土（砂，ローム及び砂質粘土）…………………………… 鳥居基礎
(3) 軟弱土（シルト及び有機質土）…………………………………… はしご胴木基礎
(4) 極軟弱土（非常に緩いシルト及び有機質土）………………… 鉄筋コンクリート基礎

※ **問題番号 No. 32〜No. 42 までの 11 問題のうちから 6 問題を選択し解答してください。**

【No. 32】 就業規則に関する次の記述のうち，労働基準法上，**誤っているもの**はどれか。

(1) 使用者は，常時使用する労働者の人数にかかわらず，就業規則を作成しなければならない。
(2) 就業規則は，法令又は当該事業場について適用される労働協約に反してはならない。
(3) 使用者は，就業規則の作成又は変更について，労働者の過半数で組織する労働組合がある場合にはその労働組合の意見を聴かなければならない。
(4) 就業規則には，賃金（臨時の賃金等を除く）の決定，計算及び支払の方法等に関する事項について，必ず記載しなければならない。

【No. 33】 年少者の就業に関する次の記述のうち，労働基準法上，**正しいもの**はどれか。

(1) 使用者は，児童が満 15 歳に達する日まで，児童を使用することはできない。
(2) 親権者は，労働契約が未成年者に不利であると認められる場合においても，労働契約を解除することはできない。
(3) 後見人は，未成年者の賃金を未成年者に代って請求し受け取らなければならない。
(4) 使用者は，満 18 才に満たない者に，運転中の機械や動力伝導装置の危険な部分の掃除，注油をさせてはならない。

【No. 34】 事業者が，技能講習を修了した作業主任者でなければ就業させてはならない作業に関する次の記述のうち労働安全衛生法上，**該当しないもの**はどれか。

(1) 高さが 3 m 以上のコンクリート造の工作物の解体又は破壊の作業
(2) 掘削面の高さが 2 m 以上となる地山の掘削の作業
(3) 土止め支保工の切りばり又は腹起こしの取付け又は取り外しの作業
(4) 型枠支保工の組立て又は解体の作業

【No. 35】 建設業法に定められている主任技術者及び監理技術者の職務に関する次の記述のうち，**誤っているもの**はどれか。

(1) 当該建設工事の施工計画の作成を行わなければならない。
(2) 当該建設工事の施工に従事する者の技術上の指導監督を行わなければならない。
(3) 当該建設工事の工程管理を行わなければならない。
(4) 当該建設工事の下請代金の見積書の作成を行わなければならない。

【No. 36】 道路に工作物又は施設を設け，継続して道路を使用する行為に関する次の記述のうち，道路法令上，占用の許可を**必要としないもの**はどれか。

⑴ 道路の維持又は修繕に用いる機械，器具又は材料の常置場を道路に接して設置する場合
⑵ 水管，下水道管，ガス管を設置する場合
⑶ 電柱，電線，広告塔を設置する場合
⑷ 高架の道路の路面下に事務所，店舗，倉庫，広場，公園，運動場を設置する場合

【No. 37】 河川法に関する河川管理者の許可について，次の記述のうち**誤っているもの**はどれか。

⑴ 河川区域内の土地において民有地に堆積した土砂などを採取する時は，許可が必要である。
⑵ 河川区域内の土地において農業用水の取水機能維持のため，取水口付近に堆積した土砂を排除する時は，許可は必要ない。
⑶ 河川区域内の土地において推進工法で地中に水道管を設置する時は，許可は必要ない。
⑷ 河川区域内の土地において道路橋工事のための現場事務所や工事資材置場等を設置する時は，許可が必要である。

【No. 38】 建築基準法の用語に関して，次の記述のうち**誤っているもの**はどれか。

⑴ 特殊建築物とは，学校，体育館，病院，劇場，集会場，百貨店などをいう。
⑵ 建築物の主要構造部とは，壁，柱，床，はり，屋根又は階段をいい，局部的な小階段，屋外階段は含まない。
⑶ 建築とは，建築物を新築し，増築し，改築し，又は移転することをいう。
⑷ 建築主とは，建築物に関する工事の請負契約の注文者であり，請負契約によらないで自らその工事をする者は含まない。

【No. 39】 火薬類の取扱いに関する次の記述のうち，火薬類取締法上，**誤っているもの**はどれか。

⑴ 火薬庫の境界内には，必要がある者のほかは立ち入らない。
⑵ 火薬庫の境界内には，爆発，発火，又は燃焼しやすい物をたい積しない。
⑶ 火工所に火薬類を保存する場合には，必要に応じて見張人を配置する。
⑷ 消費場所において火薬類を取り扱う場合，固化したダイナマイト等は，もみほぐす。

【No. 40】 騒音規制法上，建設機械の規格などにかかわらず特定建設作業の**対象とならない作業**は，次のうちどれか。
ただし，当該作業がその作業を開始した日に終わるものを除く。

⑴ ブルドーザを使用する作業
⑵ バックホゥを使用する作業
⑶ 空気圧縮機を使用する作業
⑷ 舗装版破砕機を使用する作業

【No. 41】 振動規制法上，特定建設作業の規制基準に関する「測定位置」と「振動の大きさ」との組合せとして，次のうち**正しいもの**はどれか。

	[測定位置]	[振動の大きさ]
(1)	特定建設作業の場所の敷地の境界線 ……………………	85 dB を超えないこと
(2)	特定建設作業の場所の敷地の中心部 ……………………	75 dB を超えないこと
(3)	特定建設作業の場所の敷地の中心部 ……………………	85 dB を超えないこと
(4)	特定建設作業の場所の敷地の境界線 ……………………	75 dB を超えないこと

【No. 42】 特定港における港長の許可又は届け出に関する次の記述のうち，港則法上，**正しいもの**はどれか。

(1) 特定港内又は特定港の境界付近で工事又は作業をしようとする者は，港長の許可を受けなければならない。
(2) 船舶は，特定港内において危険物を運搬しようとするときは，港長に届け出なければならない。
(3) 船舶は，特定港を入港したとき又は出港したときは，港長の許可を受けなければならない。
(4) 特定港内で，汽艇等を含めた船舶を修繕し，又は係船しようとする者は，港長の許可を受けなければならない。

※ 問題番号 No.43～No.53 までの 11 問題は，必須問題ですから全問題を解答してください。

【No. 43】 トラバース測量を行い下表の観測結果を得た。
測線 AB の方位角は 183° 50′ 40″ である。**測線 BC の方位角**は次のうちどれか。

測点	観測点		
A	116°	55′	40″
B	100°	5′	32″
C	112°	34′	39″
D	108°	44′	23″
E	101°	39′	46″

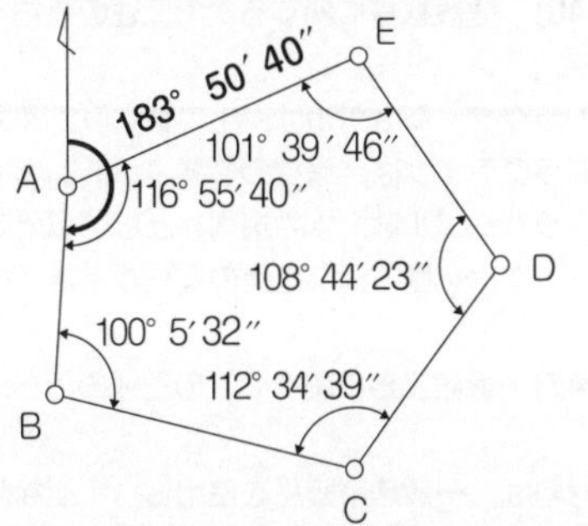

(1) 103° 52′ 10″
(2) 103° 54′ 11″
(3) 103° 56′ 12″
(4) 103° 58′ 13″

【No. 44】 公共工事標準請負契約約款に関する次の記述のうち，**誤っているもの**はどれか。

(1) 設計図書とは，図面，仕様書，現場説明書及び現場説明に対する質問回答書をいう。
(2) 工事材料の品質については，設計図書にその品質が明示されていない場合は，上等の品質を有するものでなければならない。
(3) 発注者は，工事完成検査において，必要があると認められるときは，その理由を受注者に通知して，工事目的物を最小限度破壊して検査することができる。
(4) 現場代理人と主任技術者及び専門技術者は，これを兼ねることができる。

【No. 45】 下図は標準的なブロック積擁壁の断面図であるが，ブロック積擁壁各部の名称と寸法記号の表記として２つとも**適当なもの**は，次のうちどれか。

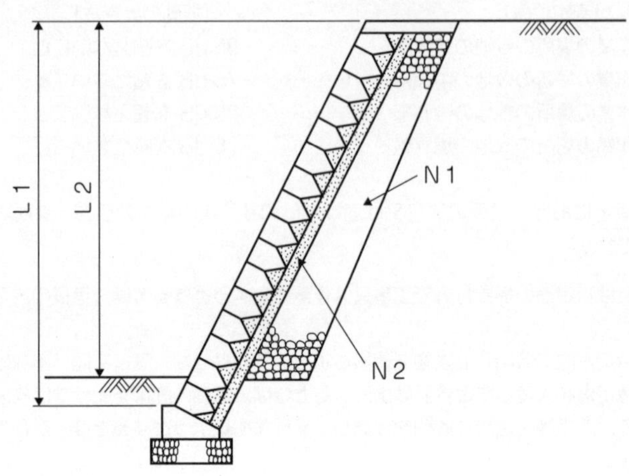

⑴ 擁壁の直高Ｌ１，裏込め材Ｎ２
⑵ 擁壁の直高Ｌ２，裏込めコンクリートＮ１
⑶ 擁壁の直高Ｌ１，裏込めコンクリートＮ２
⑷ 擁壁の直高Ｌ２，裏込め材Ｎ１

【No. 46】 建設機械に関する次の記述のうち，**適当でないもの**はどれか。

⑴ トラクターショベルは，土の積込み，運搬に使用される。
⑵ ドラグラインは，機械の位置より低い場所の掘削に適し，砂利の採取等に使用される。
⑶ クラムシェルは，水中掘削など広い場所での浅い掘削に使用される。
⑷ バックホゥは，固い地盤の掘削ができ，機械の位置よりも低い場所の掘削に使用される。

【No. 47】 仮設工事に関する次の記述のうち，**適当でないもの**はどれか。

⑴ 材料は，一般の市販品を使用し，可能な限り規格を統一し，他工事にも転用できるような計画にする。
⑵ 直接仮設工事と間接仮設工事のうち，安全施設や材料置場等の設備は，間接仮設工事である。
⑶ 仮設は，使用目的や期間に応じて構造計算を行い，労働安全衛生規則の基準に合致するかそれ以上の計画とする。
⑷ 指定仮設と任意仮設のうち，任意仮設では施工者(せこうしゃ)独自の技術と工夫や改善の余地が多いので，より合理的な計画を立てることが重要である。

【No. 48】 地山の掘削作業の安全確保に関する次の記述のうち，労働安全衛生法上，事業者が行うべき事項として**誤っているもの**はどれか。

(1) 地山の崩壊，埋設物等の損壊等により労働者に危険を及ぼすおそれのあるときは，あらかじめ，作業箇所及びその周辺の地山について調査を行う。
(2) 地山の崩壊又は土石の落下による労働者の危険を防止するため，点検者を指名し，作業箇所等について，前日までに点検させる。
(3) 掘削面の高さが規定の高さ以上の場合は，地山の掘削作業主任者に地山の作業方法を決定させ，作業を直接指揮させる。
(4) 明り掘削作業では，あらかじめ運搬機械等の運行経路や土石の積卸し場所への出入りの方法を定めて，関係労働者に周知させる。

【No. 49】 高さ 5 m 以上のコンクリート造の工作物の解体作業における危険を防止するため事業者が行うべき事項に関する次の記述のうち，労働安全衛生法上，**誤っているもの**はどれか。

(1) 強風，大雨，大雪等の悪天候のため，作業の実施について危険が予想されるときは，当該作業を慎重に行わなければならない。
(2) 外壁，柱等の引倒し等の作業を行うときは，引倒し等について一定の合図を定め，関係労働者に周知させなければならない。
(3) 器具，工具等を上げ，又は下ろすときは，つり綱，つり袋等を労働者に使用させなければならない。
(4) 作業を行う区域内には，関係労働者以外の労働者の立入りを禁止しなければならない。

【No. 50】 アスファルト舗装の品質特性と試験方法に関する次の記述のうち，**適当でないもの**はどれか。

(1) 路床の強さを判定するためには，CBR 試験を行う。
(2) 加熱アスファルト混合物の安定度を確認するためには，マーシャル安定度試験を行う。
(3) アスファルト舗装の厚さを確認するためには，コア採取による測定を行う。
(4) アスファルト舗装の平坦性(へいたんせい)を確認するためには，プルーフローリング試験を行う。

【No. 51】 レディーミクストコンクリート（JIS A 5308）の品質管理に関する次の記述のうち，**適当でないもの**はどれか。

(1) 1 回の圧縮強度試験結果は，購入者の指定した呼び強度の強度値の 75%以上である。
(2) 3 回の圧縮強度試験結果の平均値は，購入者の指定した呼び強度の強度値以上である。
(3) 品質管理の項目は，強度，スランプ又はスランプフロー，塩化物含有量，空気量の 4 つである。
(4) 圧縮強度試験は，一般に材齢 28 日で行う。

【No. 52】 建設工事における環境保全対策に関する次の記述のうち，**適当なもの**はどれか。

(1) 建設工事の騒音では，土砂，残土等を多量に運搬する場合，運搬経路は問題とならない。
(2) 騒音振動の防止対策として，騒音振動の絶対値を下げるとともに，発生期間の延伸を検討する。
(3) 広い土地の掘削や整地での粉塵(ふんじん)対策(たいさく)では，散水やシートで覆うことは効果が低い。
(4) 土運搬による土砂の飛散を防止するには，過積載の防止，荷台のシート掛けを行う。

【No. 53】 「建設工事に係る資材の再資源化等に関する法律」（建設リサイクル法）に定められている特定建設資材に**該当するもの**は，次のうちどれか。

(1) 土砂
(2) 廃プラスチック
(3) 木材
(4) 建設汚泥(けんせつおでい)

> ※ **問題番号 No. 54～No. 61 までの 8 問題は，施工管理法(せこうかんりほう)（基礎的な能力）の必須問題ですから全問題を解答してください。**

【No. 54】 仮設備工事の直接仮設工事と間接仮設工事に関する下記の文章中の［　　］の（イ）～（ニ）に当てはまる語句の組合せとして，**適当なもの**は次のうちどれか。

・［（イ）］は直接仮設工事である。
・労務宿舎は［（ロ）］である。
・［（ハ）］は間接仮設工事である。
・安全施設は［（ニ）］である。

	（イ）	（ロ）	（ハ）	（ニ）
(1)	支保工足場	間接仮設工事	現場事務所	直接仮設工事
(2)	監督員詰所	直接仮設工事	現場事務所	間接仮設工事
(3)	支保工足場	直接仮設工事	工事用道路	直接仮設工事
(4)	監督員詰所	間接仮設工事	工事用道路	間接仮設工事

【No. 55】 平坦(へいたん)な砂質地盤でブルドーザを用いて掘削押土する場合，時間当たり作業量 Q (m³/h) を算出する計算式として下記の［　　］の（イ）〜（ニ）に当てはまる語句の組合せとして，**適当なもの**は次のうちどれか。

・ブルドーザの時間当たり作業量 Q (m³/h)

$$Q = \frac{\boxed{(イ)} \times \boxed{(ロ)} \times E}{\boxed{(ハ)}} \times 60 = \boxed{(ニ)}\ m^3/h$$

q：1 回当たりの掘削押土量（3 m³）

f：土量換算係数＝ 1/L（土量の変化率　ほぐし土量 L =1.25）

E：作業効率（0.7）

C_m：サイクルタイム（2 分）

	(イ)	(ロ)	(ハ)	(ニ)
(1)	2	0.8	3	22.4
(2)	2	1.25	3	35.0
(3)	3	0.8	2	50.4
(4)	3	1.25	2	78.8

【No. 56】 工程管理に関する下記の文章中の［　　］の（イ）〜（ニ）に当てはまる語句の組合せとして，**適当なもの**は次のうちどれか。

・工程表は，工事の施工順序(せこうじゅんじょ)と［（イ）］をわかりやすく図表化したものである。

・工程計画と実施工程の間に差が生じた場合は，その［（ロ）］して改善する。

・工程管理では，［（ハ）］を高めるため，常に工程の進行状況を全作業員に周知徹底する。

・工程管理では，実施工程が工程計画よりも［（ニ）］程度に管理する。

	(イ)	(ロ)	(ハ)	(ニ)
(1)	所要日数	原因を追及	経済効果	やや下回る
(2)	所要日数	原因を追及	作業能率	やや上回る
(3)	実行予算	材料を変更	経済効果	やや下回る
(4)	実行予算	材料を変更	作業能率	やや上回る

【No. 57】 下図のネットワーク式工程表について記載している下記の文章中の[ ]の（イ）～(二) に当てはまる語句の組合せとして，**適当なもの**は次のうちどれか。
ただし，図中のイベント間の A～G は作業内容，数字は作業日数を表す。

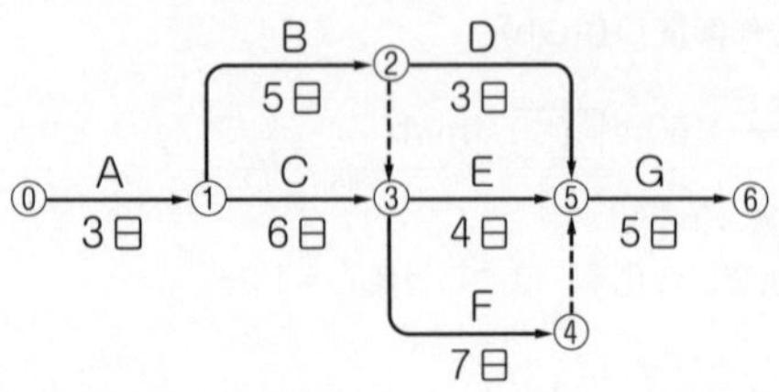

・[（イ）]及び[（ロ）]は，クリティカルパス上の作業である。
・作業Dが[（ハ）]遅延しても，全体の工期に影響はない。
・この工程全体の工期は，[（ニ）]である。

	(イ)	(ロ)	(ハ)	(ニ)
(1)	作業C	作業F	5 日	21 日間
(2)	作業B	作業D	5 日	16 日間
(3)	作業B	作業D	6 日	16 日間
(4)	作業C	作業F	6 日	21 日間

【No. 58】 高さ 2 m 以上の足場（つり足場を除く）の安全に関する下記の文章中の[ ]の（イ）～(二) に当てはまる数値の組合せとして，労働安全衛生法上，**正しいもの**は次のうちどれか。

・足場の作業床の手すりの高さは，[（イ）] cm 以上とする。
・足場の作業床の幅は，[（ロ）] cm 以上とする。
・足場の床材間の隙間は，[（ハ）] cm 以下とする。
・足場の作業床より物体の落下を防ぐ幅木の高さは，[（ニ）] cm 以上とする。

	(イ)	(ロ)	(ハ)	(ニ)
(1)	75	30	5	10
(2)	75	40	5	5
(3)	85	30	3	5
(4)	85	40	3	10

【No. 59】 移動式クレーンを用いた作業に関する下記の文章中の［　　］の（イ）～（ニ）に当てはまる語句の組合せとして，クレーン等安全規則上，**正しいもの**は次のうちどれか。

・クレーンの定格荷重とは，フック等のつり具の重量を［（イ）］最大つり上げ荷重である。
・事業者は，クレーンの運転者及び［（ロ）］者が定格荷重を常時知ることができるよう，表示等の措置を講じなければならない。
・事業者は，原則として［（ハ）］を行う者を指名しなければならない。
・クレーンの運転者は，荷をつったままで，運転位置を［（ニ）］。

	（イ）	（ロ）	（ハ）	（ニ）
(1)	含まない………	玉掛け…………	合図……………	離れてはならない
(2)	含む……………	合図……………	監視……………	離れて荷姿や人払いを確認するのがよい
(3)	含まない………	玉掛け…………	合図……………	離れて荷姿や人払いを確認するのがよい
(4)	含む……………	合図……………	監視……………	離れてはならない

【No. 60】 品質管理に用いられるヒストグラムに関する下記の文章中の［　　］の（イ）～（ニ）に当てはまる語句の組合せとして，**適当なもの**は次のうちどれか。

・ヒストグラムは，測定値の［（イ）］を知るのに最も簡単で効率的な統計手法である。
・ヒストグラムは，データがどのような分布をしているかを見やすく表した［（ロ）］である。
・ヒストグラムでは，横軸に測定値，縦軸に［（ハ）］を示している。
・平均値が規格値の中央に見られ，左右対称なヒストグラムは［（ニ）］いる。

	（イ）	（ロ）	（ハ）	（ニ）
(1)	ばらつき…………	折れ線グラフ…………	平均値…………	作業に異常が起こって
(2)	異常値……………	柱状図…………………	平均値…………	良好な品質管理が行われて
(3)	ばらつき…………	柱状図…………………	度数……………	良好な品質管理が行われて
(4)	異常値……………	折れ線グラフ…………	度数……………	作業に異常が起こって

【No. 61】 盛土の締固めにおける品質管理に関する下記の文章中の［　　］の（イ）～（ニ）に当てはまる語句の組合せとして，**適当なもの**は次のうちどれか。

・盛土の締固めの品質管理の方式のうち［（イ）］規定方式は，使用する締固め機械の機種や締固め回数等を規定するもので，［（ロ）］規定方式は，盛土の締固め度等を規定する方法である。
・盛土の締固めの効果や性質は，土の種類や含水比，施工(せこうほうほう)方法によって［（ハ）］。
・盛土が最もよく締まる含水比は，［（ニ）］乾燥密度が得られる含水比で最適含水比である。

	（イ）	（ロ）	（ハ）	（ニ）
(1)	工法…………	品質…………	変化しない…………	最適
(2)	工法…………	品質…………	変化する…………	最大
(3)	品質…………	工法…………	変化しない…………	最大
(4)	品質…………	工法…………	変化する……………	最適

4年度 前期試験問題

令和 **4** 年度

2級土木施工管理技術検定第1次検定 前期試験解説と解答

【No. 1】

⑴ タイヤローラは，空気入りタイヤの特性を利用して締固めを行うものである。一般には砕石等の締固めにはタイヤの空気圧等を変化させることで接地圧を高くして使用し，粘性土等の場合には接地圧を低くして使用している。このように，比較的種々の土質に適用できることから最も多く使用されている。そのなかで，盛土・路体には細粒分を適度に含んだ山砂利の締固めに適しており，路床には粒度分布の良いものが適している。 よって，適当である。

⑵ 振動ローラは，一般に粘性に乏しい砂利や砂質土の締固めに効果があるとされており，路床の締固めに適している。また，ローラの重量や振動等を適切選び，路体の締固めには岩塊などで締め固める際に容易に細粒化しない岩にも有効である。 よって，適当である。

⑶ タンピングローラは，ローラの表面に突起をつけたもので，土塊や岩塊等の破砕や締固めに効果がある。低含水比の関東ローム等の締固めに適している。高含水比の粘性土では突起による土のこね返しによってかえって土を軟弱化させるので，注意が必要である。 よって，適当である。

⑷ ランマやタンパは，**大型機械で締固めできない場所や小規模の締固め**に使用される。
よって，**適当でない。**

解答 (4)

【No. 2】

⑴ 標準貫入試験は，原位置における**土の硬軟，締まり具合の判定**を目的としている。標準貫入試験で得られる結果, N 値は，地盤支持力の判定に使用される他，内部摩擦角の推定，液状化の判定等にも利用される。地盤の透水性の判定は現場透水試験等である。 よって，**適当でない。**

⑵ 砂置換法による土の密度試験は，試験孔から掘り取った土の質量と，掘った試験孔に充填した砂の質量から求めた体積を利用して原位置の土の密度を求める試験である。土の締まり具合，土の締固めの良否の判定など, 土の締固め管理に使用される。 よって, 適当である。

⑶ ポータブルコーン貫入試験は，軟弱地盤においてコーン貫入抵抗を求める試験で，地盤の強度から建設機械の走行性（トラフィカビリティ）の判定に利用する。 よって，適当である。

⑷ ボーリング孔を利用した透水試験は，地下水位の変化により透水係数を求めるもので，地盤改良工法の設計等に利用される。 よって，適当である。

解答 (1)

【No. 3】

盛土材料には，施工が容易で盛土の安定を保ち，かつ有害な変形が生じないような材料（下記①～④）を用いなければならない。

①敷均し・締固めが容易
②締固め後のせん断強度が高く，圧縮性が小さく雨水等の浸食に強い
③吸水による膨張性（水を吸着して体積が増大する性質）が低い
④粒度配合の良い礫質土や砂質土

⑴ 盛土完成後の圧縮性が小さいことは，②に該当する。 よって，適当である。

⑵ 水の吸着による体積増加が小さいことは，③に該当する。 よって，適当である。

⑶ 盛土完成後の**せん断強度は高い**ことが望ましいことは，②に該当する。 よって，**適当でない。**

⑷ 敷均しや締固めが容易であることは，①に該当する。 よって，適当である。

解答 (3)

【No. 4】

⑴ 深層混合処理工法は，大きな強度が短期間で得られ沈下防止に効果が大きい工法である。この工法の改良目的は，すべり抵抗の増加，変形の抑止，沈下低減，液状化防止などである。 よって，適当である。

⑵ 薬液注入工法は，砂地盤の間隙に注入剤を注入して，**地盤の強度を増加，遮水又は液状化の防止を図る「固結工法」**である。 よって，**適当でない。**

⑶ 深層混合処理工法には，安定材と軟弱土を混合する「機械攪拌方式」とロッド先端に取り付けられた特殊なノズルから高圧で噴射される固化材などで地盤を切削し，切削した軟弱土と固化材を攪拌する「高圧噴出攪拌工法」がある。 よって，適当である。

⑷ 薬液注入工法は，設備等が小規模で短時間に設置でき狭い空間からでも施工が可能で，騒音・振動に対する問題がほとんどないが，改良効果の確認が難しく，地下水の汚染防止のために水質監視や，周辺地盤等の沈下や隆起の監視が必要である。 よって，適当である。

解答 (2)

【No. 5】

⑴ 流動化剤は，あらかじめ練り混ぜられたコンクリートに添加し，これを攪拌することによって，その**流動性を増大させる**ことを主たる目的とする化学混和剤。 よって，適当でない。

⑵ 収縮低減剤は，コンクリートに添加することでコンクリートの**乾燥収縮ひずみを低減**できる。ただし，凝固遅延，強度低下，凍結融解抵抗性の低下などコンクリートの性状に影響を及ぼす場合があるので十分な配慮が必要である。 よって，適当でない。

⑶ AE 剤は，ワーカビリティを改善させコンクリートの耐凍害性を向上させる混和剤である。 よって，**適当である。**

⑷ 鉄筋コンクリート用防錆剤は，海砂中の塩分に起因する**鉄筋の腐食を抑制**する目的で添加される混和剤である。 よって，適当である。

解答 (3)

【No. 6】

⑴ 単位水量は，所要のワーカビリティーが得られる範囲内で，できるだけ少なくする。単位水量が大きくなると材料分離抵抗性が低下するとともに，乾燥収縮が増加する等，コンクリートの品質低下につながる。そのため，作業ができる範囲内でできるだけ単位水量を小さくする必要がある。
よって，適当である。

⑵ 水セメント比は，65%以下で強度や耐久性等を満足する値の中から最も小さい値を選定する。
よって，適当である。

⑶ スランプは，運搬，打ち込み，締固め等の作業ができる範囲内で，できるだけ小さくなるようにする。
よって，適当である。

⑷ 空気量は，凍結融解作用を受けるような場合には，所要の強度を満足することを確認したうえで**6%程度**とするのがよい。 よって，**適当でない。**

解答 (4)

【No. 7】

⑴ 材料分離抵抗性とは，フレッシュコンクリート中の材料が分離することに対する抵抗性である。材料分離抵抗が増すことで，ワーカビリティーはよくなる。 よって，適当である。

⑵ ブリーディングとは，フレッシュコンクリートの固体材料の沈降又は分離によって，練混ぜ水の一部が遊離して上昇する現象である。 よって，適当である。

⑶ ワーカビリティーとは，材料分離を生じることなく，運搬，打込み，締固め，仕上げまでの一連の**作業のしやすさを表す性質**である。 よって，**適当でない。**

⑷ レイタンスとは，フレッシュコンクリート内に含まれるセメントの微粒子や骨材の微粒子が，コンクリート表面に水とともに浮かび上がって沈殿する物質である。 よって，適当である。

解答 (3)

【No. 8】

⑴ コンクリートの現場内での運搬に使用するバケットは，材料分離を起こしにくい。その構造はコンクリートの排出が容易で，閉じたときにモルタルやコンクリートが漏出しない構造でなければならない。
よって，適当である。

⑵ コンクリートポンプで圧送する前に送る先送りモルタルの水セメント比は，使用するコンクリートの水セメント比よりも**小さく**する。 よって，**適当でない。**

⑶ 型枠内にたまった水は，コンクリートを打ち込む前に取り除く。これは，コンクリートの品質や一体性を損ねる可能性があるからである。 よって，適当である。

⑷ 2 層以上に分けて打ち込む場合は，上層と下層が一体となるように下層コンクリート中にも棒状バイブレータを 10 cm 程度挿入する。 よって，適当である。

解答 (2)

【No. 9】

⑴ 地盤の掘削は，スパイラルオーガ，オーガシャフト，ハンマグラブなどがあるが，一般に既製杭の内部をスパイラルオーガ（アースオーガ）で掘削する。 よって，適当である。

⑵ 先端処理方法は，セメントミルク噴出攪拌方式，コンクリート打設方式とハンマで打ち込む最終打撃方式等がある。 よって，適当である。

⑶ 中掘り杭は沈設工法のため，周面摩擦力が打込み杭より小さく，杭の支持力は，一般に打込み工法に比べて，**支持力が小さい。** よって，**適当でない。**

⑷ 掘削中は，杭の自沈，先端地盤の緩みを最小限に抑えるため，過大な先掘りを行わない。 よって，適当である。

解答 (3)

【No. 10】

⑴ 深礎工法の孔壁保護は，**山留め材（ライナープレート）**を用いて保護する。 よって，適当でない。

⑵ オールケーシング工法の孔壁保護は，掘削孔全長にわたりケーシングチューブを用いて掘削孔の崩壊を防止し，掘削径を保護する。 よって，**適当である。**

⑶ リバースサーキュレーション工法の孔壁保護は，スタンドパイプを建て込み，**水を利用**し，静水圧と自然泥水により孔壁面を安定させる。孔内水位は地下水より 2 m 以上高く保持し，孔内に水圧をかけて崩壊を防ぐ。 よって，適当でない。

⑷ アースドリル工法は，**表層ケーシング**を建込み，孔内に注入した安定液の水圧で孔壁を保護しながら，ドリリングバケットで掘削する。 よって，適当でない。

解答 (2)

【No. 11】

⑴ 自立式土留め工法は，**切梁や腹起しを用いない工法**である。それらを用いる工法は，切梁式土留め工法である。 よって，**適当でない。**

⑵ アンカー式土留め工法は，引張材を用い掘削地盤中に定着させた土留めアンカーと掘削側の地盤抵抗によって土留め壁を支える。切梁による土留めが困難な場合や，掘削断面の空間を確保する必要がある場合に用いる工法である。 よって，適当である。

⑶ ヒービングとは，軟弱な粘土質地盤を掘削したときに，掘削底面が盛り上がり，土留め壁のはらみ，周辺地盤の沈下が生じる現象である。 よって，適当である。

⑷ ボイリングとは，砂質地盤で地下水位以下を掘削したときに，水位差により上向きの浸透流が生じ，砂が噴き上がる現象である。 よって，適当である。

解答 (1)

【No. 12】

⑴ 溶接を行う部分は，溶接に有害な黒皮，さび，塗料，油等はブローホールや割れの発生原因となるため，あってはならない。 よって，適当である。

⑵ 溶接を行う場合には，溶接線に水分が付着した状態は明らかに溶接に悪影響を与えるので，溶接線近傍を十分に乾燥させる。 よって，適当である。

⑶ 応力を伝える溶接継手には，**完全溶込み開先溶接，部分溶込み開先溶接又は連続すみ肉溶接を用いなければならない。** よって，**適当でない。**

⑷ 開先溶接では，溶接欠陥が生じやすいのでエンドタブを取り付けて溶接する。エンドタブは，溶接端部で所定の溶接品質が確保できる寸法形状の材片を使用する。 よって，適当である。

解答 (3)

【No. 13】

⑴ 高力ボルトの軸力の導入は，ナットを回して行うことを原則とする。ボルトを回して締め付ける場合は，トルク計数値についてキャリブレーションを行う必要がある。　よって，適当である。

⑵ 高力ボルトの締付けは，連結板の**中央部から順次端部のボルトに向かって**行う。よって，**適当でない。**

⑶ 高力ボルトの長さは，鋼板などの厚みを足した締付け長さに一定の長さを足して，部材を十分に締め付けられるものとしなければならない。　よって，適当である。

⑷ 高力ボルトには支圧接合，引張り接合，摩擦接合がある。摩擦接合は，ボルトの締付けで生じる部材相互の摩擦力で応力を伝達する。この摩擦接合による継手には，重ね継手と突合せ継手がある。
よって，適当である。

解答 (2)

【No. 14】

⑴ 塩害は，コンクリート中に浸入した塩化物イオンが鉄筋の腐食を引き起こす現象の劣化機構である。これにより，ひび割れや剥離，鋼材の断面減少を引き起こす。　よって，該当する。

⑵ ブリーディングは，コンクリート打込み時にフレッシュコンクリートの固体材料の沈降又は分離によって，**練混ぜ水の一部が遊離して上昇する現象**である。劣化機構ではない。　よって，**該当しない。**

⑶ アルカリシリカ反応は，コンクリート中のセメントや混和剤に含まれるアルカリ分と反応性骨材が水と反応して膨張しコンクリートにひび割れを発生させる現象の劣化機構である。　よって，該当する。

⑷ 凍害は，コンクリート中に含まれる水分が凍結し，氷の生成による膨張圧などでコンクリートが破壊される現象の劣化機構である。コンクリート中の水分が凍結と融解を繰り返すことで，コンクリート表面からスケーリング，微細なひび割れ，ポップアウトが発生する。　よって，該当する。

解答 (2)

【No. 15】

⑴ 河川堤防に用いる土質材料の優劣は，完成後の堤体の安定や施工の難易等に与える影響が大きい。築堤用土の条件には，堤体の安定に支障を及ぼすような圧縮変形や，膨張性がない材料であることが含まれる。　よって，適当である。

⑵ 築堤用土の条件には，浸水，乾燥等の環境変化に対して，法すべりやクラックなどが生じにくく安定であることが含まれる。草木の根などの有害な有機物や，水に融解する成分を含まない材料が望ましい。　よって，適当である。

⑶ 築堤用土は，締固めが十分行われ高い密度を与えるために，**色々な粒径が含まれている粒度分布のよい**土質材料が望ましく，せん断強度が大きく安定性の高いものがよい。　よって，**適当でない。**

⑷ 耐荷性に重点がおかれる道路盛土に対して河川堤防では耐水性が最も重要であり，河川水の浸透に対して，できるだけ不透水性であることが望ましい。　よって，適当である。

解答 (3)

【No. 16】

⑴ 高水護岸は，複断面河川の高水敷以上の堤防において，高水時に堤防の**表法面を保護するもの**である。
よって，適当でない。

⑵ 法覆工は，堤防及び河岸の法面をコンクリートブロック等で被覆し保護するもので，流水・流木の作用，土圧等に対して安全な構造とする。　よって，**適当である。**

⑶　基礎工は，**護岸の法覆工**を支える基礎であるとともに，洗掘に対する法覆工の保護や裏込め土砂の流出を防ぐものである。　よって，適当でない。

⑷　小口止工は，**法覆工の上下流端に施工して護岸を保護する**ものであり，耐久性に優れ施工性のよい鋼矢板構造とすることが多い。法覆工の流水方向の一定区間ごとに設け，護岸の変位や破損が他に波及しないように絶縁し，保護するものは横帯工である。　よって，適当でない。

解答　(2)

【No. 17】

⑴　水抜きは，主に施工中の流水の切替えや堆砂後の浸透水を抜いて水圧を軽減するために，必要に応じて設ける。さらに，後年に行われるえん堤の補修時の施工を容易にする効果もある。
よって，適当である。

⑵　本えん堤の袖は，洪水を越流させないために設けられ，水通し側から両岸に向かって上り勾配とする。勾配は渓床勾配程度，あるいは上流の計画堆砂勾配と同程度かそれ以上とする。よって，適当である。

⑶　本えん堤の水通しの形状は，一般に台形（逆台形）断面とし，本えん堤を越流する流量に対して十分な大きさとする。水通し幅は，渓床幅の許す限り広くして越流水深をなるべく小さくする。また，水通し高さは，対象流量を流しうる水位に余裕高以上の高さを加えて求める。　よって，適当である。

⑷　水叩きは，本えん堤からの落下砂礫等の衝撃を緩和し，落下水による洗掘の防止を目的に，**前庭部**に設けられるコンクリート構造物である。　よって，**適当でない。**

解答　(4)

【No. 18】

⑴　排土工は，原則として地すべり頭部の不安定土塊を排除し，地すべり土塊の滑動力を減少させる工法で，抑制工に区分される。　よって，**適当である。**

⑵　横ボーリング工は，地下水の排除を目的にした工法で，浅層地下水排除工，深層地下水排除工などに用いられ，**抑制工**に区分される工法である。　よって，適当でない。

⑶　排水トンネル工は，トンネルからの集水ボーリングや集水井との連結などによって，地すべり地域内の水を効果的に排水するもので，**地すべり規模が大きい**場合，運動速度が大きい場合などに用いられる工法である。
よって，適当でない。

⑷　杭工は，鋼管等の杭を地すべり斜面等に挿入して，滑動力に対して杭の剛性によるせん断抵抗力や曲げ抵抗力などで直接対抗させるもので，斜面の安定の向上を目的とし，**抑止工**に区分される工法である。
よって，適当でない。

解答　(1)

【No. 19】

⑴　上層路盤に用いる粒度調整路盤材料は，粒状路盤の施工に順じ，乾燥しすぎている場合は，適宜散水し，**最適含水比付近**の状態で締め固める。　よって，**適当でない。**

⑵　下層路盤に用いるセメント安定処理路盤材料は，地域産材料，現地発生土又はこれらに補足材を加えたものを骨材とし，これにセメントを添加して処理するもので，中央混合方式による場合もあるが，一般に路上混合方式により製造する。　よって，適当である。

(3) 下層路盤材料は，一般に施工現場近くで経済的に入手できるものを選択し，品質規格を満足するものを用いる。入手した材料が下層路盤材料の品質規格に入らない場合は，補足材やセメント又は石灰などを添加し，規格を満足するようにして活用を図るとよい。　よって，適当である。

(4) 瀝青安定処理工法は，骨材に瀝青材料を添加して処理する工法で，平坦性がよく，たわみ性や耐久性に富む特長がある。瀝青材料は，アスファルトプラントにおいて舗装用石油アスファルトを用いて加熱混合によるのが一般的で，これを加熱アスファルト安定処理と呼ぶ。　よって，適当である。

解答 (1)

【No. 20】

(1) 加熱アスファルト混合物の敷均しに先立ち，必要な機械器具の点検整備，舗設前の路盤又は基層の点検，清掃を行う。加熱アスファルト混合物を舗設する前は，路盤又は基層表面のごみ，泥，浮き石等を取り除く。　よって，適当である。

(2) 現場に到着した加熱アスファルト混合物は，通常アスファルトフィニッシャにより，ただちに均一な厚さに敷き均す。アスファルトフィニッシャが使用できない箇所では，人力によって行う。　よって，適当である。

(3) 加熱アスファルト混合物の締固め作業は，所定の密度が得られるように締め固め，作業は，継目転圧，初転圧，二次転圧及び仕上げ転圧の順序で行う。継目転圧は，マカダムローラの後輪を利用するのがよいとされている。　よって，適当である。

(4) 継目の施工は，継目又は構造物との接触面をよく清掃したのち，接触面に**タックコート**を施工後，舗設し密着させる。　よって，**適当でない。**

解答 (4)

【No. 21】

(1) 道路縦断方向の凹凸は，アスファルト混合物の品質不良，路床・路盤の支持力の不均一などが原因で，**道路の延長方向に比較的長い波長でどこにでも生じる。**　よって，適当でない。

(2) ヘアクラックは，縦・横・斜め不定形に，**比較的短い微細な線状ひび割れ**で，主に**表層に生じる**破損で舗装面全体に及ぶことがあり，**混合物の品質不良，転圧温度不適などが原因である。**　よって，適当でない。

(3) わだち掘れは，道路の横断方向の凹凸で，アスファルト混合物の塑性変形，沈下，混合物層の摩耗によるものなどがあり，車両の通過位置が同じところに生じる。　よって，**適当である。**

(4) 線状ひび割れは，**縦，横に長く生じるひび割れで，混合物の劣化・老化，基層・路盤のひび割れ，路床・路盤の支持力の不均一などがある場合や舗装の継目に生じる。**　よって，適当でない。

解答 (3)

【No. 22】

(1) 極めて軟弱な路床は，置換工法や安定処理工法等で改良する。コンクリート舗装の設計では，路床の設計支持力係数，設計 CBR などが基盤条件として扱われ，交通条件，環境条件などとともに設計条件になっている。　よって，適当である。

(2) 路盤は十分な支持力を持ち，かつ耐久性に富む材料を必要な厚さによく締め固めて作る必要がある。路盤の厚さは，一般に 15 cm 以上とし，30 cm 以上の厚さになる場合は，上層路盤と下層路盤に分けて計画する。　よって，適当である。

(3) コンクリート舗装版の中の鉄網は，その継手はすべて重ね継手方法が用いられ焼きなまし鉄線で結束する。コンクリート版に鉄網を用いる場合は，表面から版の厚さの 1/3 程度のところに配置する。
よって，適当である。

(4) コンクリート舗装版の表面仕上げは，荒仕上げ・平坦仕上げ・粗面仕上げの順で行う。コンクリートの最終仕上げとして，コンクリート舗装版表面の水光りが消えてから，**ほうきやブラシ等で粗面に仕上げる。**
よって，**適当でない。**

解答 (4)

【No. 23】

(1) ダム工事は，一般に大規模で長期間にわたるため，工事に必要な骨材製造設備，コンクリート運搬・打設設備などの施工設備，機械を十分に把握し，適切に計画して配置することが安全で合理的な工事を行ううえで必要である。
よって，適当である。

(2) 転流工は，ダム本体工事を確実に，また容易に施工するため，ダム本体工事期間中河川の流れを一時迂回させる河流処理工である。転流工には，半川締切り方式，仮排水開水路方式及び基礎岩盤内にバイパストンネルを設ける仮排水トンネル方式があり，比較的川幅が狭く，流量が少ない日本の河川では仮排水トンネル方式が多く用いられている。
よって，適当である。

(3) 火薬を用いる爆破掘削工法には，ベンチカット工法，長孔発破工法，坑道発破工法，放射状発破工法などがある。ベンチカット工法は，**平坦なベンチをまず造成し，大型削岩機で下方向に穿孔し，発破とズリ出しを繰り返して階段状に**順次上方から下方に切り下げ掘削する工法である。
よって，**適当でない。**

(4) 重力式コンクリートダムの基礎岩盤の補強・改良を行うグラウチングは，主に断層・破砕帯等の弱部の補強を目的とするコンソリデーショングラウチングと，主に基礎地盤の遮水性を改良することを目的とするカーテングラウチングを施工する。
よって，適当である。

解答 (3)

【No. 24】

(1) 覆工コンクリートのつま型枠は，打込み時のコンクリートの圧力に耐えられる強度と剛性を有する構造とし，コンクリートの品質低下の原因となるモルタル漏れなどがないように取り付ける。
よって，適当である。

(2) 覆工コンクリートの施工時期は，支保工の挙動や覆工の目的等を考慮して定める必要があり，一般に地山の内空変位が**収束したことを確認した後**に施工する。ただし，膨張性地山の場合には早期に覆工を施行する場合もある。
よって，**適当でない。**

(3) 覆工コンクリートの型枠の取外しは，打ち込んだコンクリートが必要な強度に達した後に行い，少なくとも打ち込んだコンクリートが，自重等に耐えられる強度の達した後とする。よって，適当である。

(4) 打ち込んだ覆工コンクリートに十分な強度，必要な耐久性，水密性の品質を確保するためには，打込み後一定期間中，コンクリートを硬化に必要な温度及び湿度に保ち，振動や変形等の有害な作用の影響を受けないようにする必要があり，適切な期間にわたり養生しなければならない。
よって，適当である。

解答 (2)

【No. 25】

(1) 乱積みは，捨石の均し面に少々凹凸があっても支障がなく，層積みと比べて据付けが容易であるが，**空隙率が大きく据付け時のブロックの安定性が劣る。** よって，適当でない。

(2) 層積みは，ブロックの向きを規則正しく配列する積み方で，整然とし外観が美しく，乱積みに比べて**空隙が少なく安定性が優れている。** よって，適当でない。

(3) 異形コンクリートブロックの据付け方法には層積みと乱積みがあり，水深による施工性や据付け時の空隙率など，一長一短がある。乱積みは，異形コンクリートブロックをランダムに積み上げるもので，据付け直後は一般に空隙が設計値よりやや大きくなるが，荒天時の高波を受けるたびに沈下し，徐々にブロックのかみ合わせがよくなり落ち着いてくる。 よって，**適当である。**

(4) 異形コンクリートブロックを層積みで施工する場合は，捨石の均し精度を要するなど，乱積みに比べて据付けに手間がかかり，海岸線の曲線部や隅角部などでは**据付けが難しく施工性が悪い。** よって，適当でない。

解答 (3)

【No. 26】

(1) グラブ浚渫船は，ポンプ浚渫船に比べ，**底面を平坦に仕上げるのが難しい。** よって，適当でない。

(2) グラブ浚渫船は，中小規模の浚渫工事に適しており，適用範囲が極めて広い。岸壁など構造物前面の浚渫や**狭い場所での浚渫にも使用できる。** よって，適当でない。

(3) 非航式グラブ浚渫船の標準的な船団は，**グラブ浚渫船，引船，土運船及び揚錨船の組合せ**で構成される。 よって，適当でない。

(4) 浚渫後の出来形確認測量には，原則として音響測深機を使用し，工事現場にグラブ浚渫船がいる間に行う。 よって，**適当である。**

解答 (4)

【No. 27】

(1) 砕石路盤は支持力が大きく噴泥が生じにくい材料を用い，軌道を安全に支持し，路床へ荷重を分散伝達させ，有害な沈下や変形を生じない等の機能を有するものとする。 よって，適当である。

(2) 砕石路盤では，締固めの施工がしやすく，外力に対して安定を保ち，かつ，有害な変形が生じないよう，**圧縮性が小さい材料**を用いるものとする。 よって，**適当でない。**

(3) 砕石路盤の施工は，使用する材料であるクラッシャランや砕石の均質性や気象条件等を考慮して，所定の仕上り厚さ，締固めの程度が得られるように入念に行うものとする。 よって，適当である。

(4) 砕石路盤の施工管理においては，路盤の層厚，平坦性，締固めの程度等が確保できるよう留意するものとする。材料の敷均しは 1 層の仕上り厚さが 15 cm，締固めはローラで軽く転圧した後ロードローラ等で十分締固める。 よって，適当である。

解答 (2)

【No. 28】

営業線近接工事における工事従事者の任務，配置及び資格等は，「営業線工事保安関係標準仕様書（在来線）」4−3 にも規定されている。

(1) 線閉責任者：列車又は車両の運転に支障を及ぼすか又はそのおそれのある工事及び作業・保守用車の使用を行う際の責任者で，設問の「工事又は作業終了時における列車又は車両の運転に対する支障の有無の工事管理者等への確認を行う」ものである。 よって，**該当する。**

⑵　停電責任者：営業線工事期間のき電停止作業を行う。　よって，該当しない。

⑶　列車見張員：鉄道軌道内又は鉄道軌道隣接地を工事等する際に，鉄道車両の接近を見張り，工事関係者の安全を確保する。　よって，該当しない。

⑷　踏切警備員：夜間の鉄道工事で遮断機が動かない場合や一時的に踏切を停止する場合に，遮断機の代わりとなり歩行者や車両に列車の接近を知らせる。　よって，該当しない。

解答　⑴

【No. 29】

⑴　セグメントの外径は，掘削するシールド内に設けられるため，掘削外径よりも小さくなる。
よって，適当である。

⑵　覆工に用いるセグメントの種類は，コンクリート製や鋼製のものがある。鋼製セグメントはコンクリート製セグメントに比べると変形しやすく，推進力などへの配慮が必要である。
よって，適当である。

⑶　シールドのテール部は，止水目的の装置であるテールシートを配置し，エレクターを備えセグメントによる覆工作業を行う区間である。シールドを推進させるジャッキを備えているのは，**ガーター部**である。　よって，**適当でない。**

⑷　シールド推進後に，セグメント外周に生じる空隙にはモルタルやセメントベントナイトを注入する。
よって，適当である。

解答　⑶

【No. 30】

⑴　塩化ビニル管の保管場所は，なるべく風通しのよい直射日光の当たらない場所を選ぶ。また，高熱により変形するおそれがあるので，特に火気等に注意し温度変化の少ない場所に保管する。
よって，適当である。

⑵　管のつり下ろし時に，土留用切梁を一時的に取り外す必要がある場合は，必ず適切な補強を施し安全を確認のうえ施工する。　よって，適当である。

⑶　鋼管の据付けは，管体保護のため基礎に**良質の砂**を敷き均して行う。　よって，**適当でない。**

⑷　管周辺の埋戻しは，片埋めにならないように注意しながら，現地盤と同程度以上の密度になるように締固めを行う。　よって，適当である。

解答　⑶

【No. 31】

⑴　硬質粘土，礫混じり土及び礫混じり砂の硬質土の地盤では，砂基礎，砕石基礎及びコンクリート基礎が分類されている。　よって，適当である。

⑵　砂，ローム及び砂質粘土の普通土の地盤では，**砂基礎，砕石基礎及びコンクリート基礎**が分類されている。　よって，**適当でない。**

⑶　シルト及び有機質土の軟弱土の地盤では，砂基礎，砕石基礎，はしご胴木基礎，コンクリート基礎が分類されている。　よって，適当である。

⑷　非常に緩いシルト及び有機質土の極軟弱土の地盤では，はしご胴木基礎，鳥居基礎，鉄筋コンクリート基礎が分類されている。　よって，適当である。

解答　⑵

【No. 32】

(1) **常時 10 人以上の労働者を使用**する使用者は，就業規則を作成し，行政官庁に届け出なければならない。（労働基準法第 89 条）　よって，**誤っている。**

(2) 就業規則は，法令又は当該事業場について適用される労働協約に反してはならない。（労働基準法第 92 条第 1 項）　よって，正しい。

(3) 使用者は，就業規則の作成又は変更について，当該事業場に，労働者の過半数で組織する労働組合がある場合においてはその労働組合，労働者の過半数で組織する労働組合がない場合においては労働者の過半数を代表する者の意見を聴かなければならない。（労働基準法第 90 条第 1 項）　よって，正しい。

(4) 就業規則には，賃金の決定，計算及び支払の方法，賃金の締切り及び支払の時期並びに昇給に関する事項について，必ず記載しなければならない。（労働基準法第 89 条第 2 号）　よって，正しい。

解答 (1)

【No. 33】

(1) 使用者は，児童が**満 15 歳に達した日以後の最初の 3 月 31 日が終了するまで**，これを使用してはならない。（労働基準法第 56 条第 1 項）　よって，誤っている。

(2) 親権者若しくは後見人又は行政官庁は，労働契約が未成年者に不利であると認める場合においては，将来に向ってこれを**解除することができる。**（労働基準法第 58 条第 2 項）　よって，誤っている。

(3) 未成年者は，独立して賃金を請求することができ，親権者又は後見人は，**未成年者の賃金を代って受け取ってはならない。**（労働基準法第 59 条）請求し受け取ってはならない。　よって，誤っている。

(4) 使用者は，満 18 才に満たない者に，運転中の機械若しくは動力伝導装置の危険な部分の掃除，注油，検査若しくは修繕をさせ，運転中の機械若しくは動力伝導装置にベルト若しくはロープの取付け若しくは取りはずしをさせ，動力によるクレーンの運転をさせ，その他厚生労働省令で定める危険な業務に就かせ，又は厚生労働省令で定める重量物を取り扱う業務に就かせてはならない。（労働基準法第 62 条）

よって，**正しい。**

解答 (4)

【No. 34】

作業主任者の選任を必要とする作業（労働安全衛生法第 14 条，同法施行令第 6 条）（本書 224 ページ「作業主任者一覧表」参照）

よって，(1)は技能講習を修了した作業主任者を就業させなくてもよい作業で，**該当しない。**

解答 (1)

【No. 35】

主任技術者及び監理技術者は，工事現場における建設工事を適正に実施するため，当該建設工事の施工計画の作成，工程管理，品質管理その他の技術上の管理及び当該建設工事の施工に従事する者の技術上の指導監督の職務を誠実に行わなければならない。（建設業法第 26 条の 4 第 1 項）当該建設工事の**下請け代金の見積書の作成は職務に含まれていない。**　よって，(4)**が誤っている。**

解答 (4)

【No. 36】

道路に次の各号のいずれかに掲げる工作物，物件又は施設を設け，継続して道路を使用しようとする場合においては，道路管理者の許可を受けなければならない。(道路法第 32 条第 1 項)

①電柱，電線，変圧塔，郵便差出箱，公衆電話所，広告塔その他これらに類する工作物
②水管，下水道管，ガス管その他これらに類する物件
③鉄道，軌道，自動運行補助施設その他これらに類する施設
④歩廊，雪よけその他これらに類する施設
⑤地下街，地下室，通路，浄化槽その他これらに類する施設
⑥露店，商品置場その他これらに類する施設
⑦前各号に掲げるもののほか，道路の構造又は交通に支障を及ぼすおそれのある工作物，物件又は施設で政令で定めるもの

よって，⑴**は占用の許可を必要としない。**

解答　(1)

【No. 37】

⑴　河川区域内の土地において土石（砂を含む。以下同じ。）を採取しようとする者は，河川管理者の許可を受けなければならない。(河川法第 25 条)　よって，正しい。

⑵　河川区域内の土地における工作物の新設，改築，除却にあたり河川管理者の許可(河川法第 26 条第 1 項)を受けて設置された取水施設又は排水施設の機能を維持するために行う取水口又は排水口の付近に積もった土砂等の排除するときは，許可を必要としない。(同法施行令第 15 条の 4 第 1 項第 2 号)

よって，正しい。

⑶　河川区域内の土地において**土地の掘削，盛土若しくは切土その他土地の形状を変更する行為をしようとする者は，河川管理者の許可を受けなければならない。**(河川法第 27 条第 1 項)　よって，**誤っている。**

⑷　河川区域内の土地において工作物を新築し，改築し，又は除却しようとする者は，河川管理者の許可を受けなければならない。(河川法第 26 条第 1 項)　現場事務所や，工事資材置き場等を設置するときも許可は必要である。　よって，正しい。

解答　(3)

【No. 38】

⑴　特殊建築物とは，学校（専修学校及び各種学校を含む。以下同様とする。），体育館，病院，劇場，観覧場，集会場，展示場，百貨店，市場，ダンスホール，遊技場，公衆浴場，旅館，共同住宅，寄宿舎，下宿，工場，倉庫，自動車車庫，危険物の貯蔵場，と畜場，火葬場，汚物処理場その他これらに類する用途に供する建築物をいう。(建築基準法第 2 条第 2 号)　よって，正しい。

⑵　建築物の主要構造部とは，壁，柱，床，はり，屋根又は階段をいい，建築物の構造上重要でない間仕切壁，間柱，付け柱，揚げ床，最下階の床，回り舞台の床，小ばり，ひさし，局部的な小階段，屋外階段その他これらに類する建築物の部分を除くものとする。(建築基準法第 2 条第 5 号)　よって，正しい。

⑶　建築とは，建築物を新築し，増築し，改築し，又は移転することをいう。(建築基準法第 2 条第 13 号)

よって，正しい。

⑷　建築主　建築物に関する工事の請負契約の**注文者又は請負契約によらないで自らその工事をする者**をいう。(建築基準法第 2 条第 16 号)　よって，**誤っている。**

解答　(4)

【No. 39】

⑴ 火薬庫の境界内には，必要がある者のほかは立ち入らないこと。（火薬類取締法施行規則第 21 条第 1 項第 1 号）
よって，正しい。

⑵ 火薬庫の境界内には，爆発し，発火し，又は燃焼しやすい物をたい積しないこと。（火薬類取締法施行規則第 21 条第 1 項第 2 号）
よって，正しい。

⑶ 火工所に火薬類を存置する場合には，見張人を**常時配置**すること。（火薬類取締法施行規則第 52 条の 2 第 3 項第 3 号）
よって，**誤っている。**

⑷ 消費場所において火薬類を取り扱う場合，固化したダイナマイト等は，もみほぐすこと。（火薬類取締法施行規則第 51 条第 7 号）
よって，正しい。

解答 (3)

【No. 40】

騒音を伴う特定建設作業は，騒音規制法第 2 条第 3 項，同法施行令第 2 条，別表第 2 に規定している。

1 くい打機（もんけんを除く。），くい抜機又はくい打くい抜機（圧入式くい打くい抜機を除く。）を使用する作業（くい打機をアースオーガーと併用する作業を除く。）
2 びょう打機を使用する作業
3 さく岩機を使用する作業（作業地点が連続的に移動する作業にあっては，1 日における当該作業に係る 2 地点間の最大距離が 50 m を超えない作業に限る。）
4 空気圧縮機（電動機以外の原動機を用いるものであって，その原動機の定格出力が 15 kW 以上のものに限る。）を使用する作業（さく岩機の動力として使用する作業を除く。）
5 コンクリートプラント（混練機の混練容量が 0.45 m^3 以上のものに限る。）又はアスファルトプラント（混練機の混練重量が 200 kg 以上のものに限る。）を設けて行う作業（モルタルを製造するためにコンクリートプラントを設けて行う作業を除く。）
6 バックホウ（一定の限度を超える大きさの騒音を発生しないものとして環境大臣が指定するものを除き，原動機の定格出力が 80 kW 以上のものに限る。）を使用する作業
7 トラクターショベル（一定の限度を超える大きさの騒音を発生しないものとして環境大臣が指定するものを除き，原動機の定格出力が 70 kW 以上のものに限る。）を使用する作業
8 ブルドーザー（一定の限度を超える大きさの騒音を発生しないものとして環境大臣が指定するものを除き，原動機の定格出力が 40 kW 以上のものに限る。）を使用する作業

よって，**⑷の舗装版破砕機を使用する作業は，特定建設作業の対象とならない作業である。**

解答 (4)

【No. 41】

振動規制法上，振動を伴う特定建設作業の規制基準に関する「測定位置」と「振動の大きさ」は，特定建設作業の振動が，特定建設作業の場所の**敷地の境界線において，75 dB を超える大きさのものでないこと**（同法施行規則第 11 条，別表 1）と規定している。
よって，**⑷が正しい。**

解答 (4)

【No. 42】

⑴ 特定港内又は特定港の境界附近で工事又は作業をしようとする者は，港長の許可を受けなければならない。（港則法第 31 条第 1 項）
よって，**正しい。**

⑵ 船舶は，特定港内又は特定港の境界付近において危険物を運搬しようとするときは，**港長の許可**を受けなければならない。（港則法第 22 条第 4 項）
よって，誤っている。

(3) 船舶は，特定港に入港したとき又は特定港を出港しようとするときは，国土交通省令の定めるところにより，港長に**届け出**なければならない。(港則法第 4 条)　　よって，誤っている。

(4) 特定港内においては，汽艇等以外の船舶を修繕し，又は係船しようとする者は，その旨を港長に**届け出**なければならない。(港則法第 7 条第 1 項)　　よって，誤っている。

解答 (1)

【No. 43】

側線 BC の方向角は，183° 50′ 40″−180°+100° 5′ 32″=**103° 56′ 12″**

よって，**(3)が適当である。**

解答 (3)

【No. 44】

(1) 設計図書とは，図面，仕様書，現場説明書及び現場説明に対する質問回答書をいう。(公共工事標準請負契約約款第 1 条第 1 項)　　よって，正しい。

(2) 工事材料の品質については，設計図書にその品質が明示されていない場合にあっては，**中等**の品質を有するものとする。(公共工事標準請負契約約款第 13 条第 1 項)　　よって，**誤っている。**

(3) 工事完成検査において，必要があると認められるときは，その理由を受注者に通知して，工事目的物を最小限度破壊して検査することができる。(公共工事標準請負契約約款第 32 条第 2 項)　　よって，正しい。

(4) 現場代理人，監理技術者等（監理技術者，監理技術者補佐又は主任技術者をいう。）及び専門技術者は，これを兼ねることができる。(公共工事標準請負契約約款第 10 条第 5 項)　　よって，正しい。

解答 (2)

【No. 45】

擁壁の直壁は基礎コンクリートの上端から天端までのＬ１，裏込めコンクリートはN2，裏込め材はN１である。　　よって，**(3)が適当である。**

解答 (3)

【No. 46】

(1) トラクターショベルは，履帯式（クローラー式）と車輪式（ホイール式）の２種類があり，土の積込み，運搬に使用される。　　よって，適当である。

(2) ドラグラインは，バケットを遠くへ投げることができ，水中掘削，浚渫作業が可能で，機械の位置より低い場所の掘削に適し，砂利の採取等に使用される。　　よって，適当である。

(3) クラムシェルは，水中掘削など**狭い場所での深い掘削**に使用される。　　よって，**適当でない。**

(4) バックホウは，アームの先にバケットを下向きにつけた機械のことで，硬い地盤の掘削ができ，機械の位置よりも低い場所の掘削に使用される。　　よって，適当である。

解答 (3)

【No. 47】

⑴ 材料は，一般の市販品を使用し，可能な限り規格を統一し，コストを抑え，他工事にも転用できるような計画にする。 よって，適当である。

⑵ 直接仮設工事と間接仮設工事のうち，安全施設や材料置場等の設備は，**直接仮設工事**である。間接仮設工事は現場作業に直接関係のない仮設設備で，現場事務所，仮囲い，材料置場などがある。
よって，**適当でない。**

⑶ 仮設は，現場作業員や現場及び現場周辺の安全を保つため，使用目的や期間に応じて構造計算を行い，労働安全衛生規則の基準に合致するかそれ以上の計画とする。 よって，適当である。

⑷ 指定仮設と任意仮設のうち，任意仮設では施工者独自の技術と工夫や改善の余地が多いので，より合理的な計画を立てることが重要である。指定仮設は，設計書どおりに施工するものである。
よって，適当である。

解答 (2)

【No. 48】

⑴ 地山の崩壊，埋設物等の損壊等により労働者に危険を及ぼすおそれのあるときは，あらかじめ，作業箇所及びその周辺の地山について調査し，作業を行わなければならない。(労働安全衛生規則第 355 条)
よって，正しい。

⑵ 地山の崩壊又は土石の落下による労働者の危険を防止するため，点検者を指名し，作業箇所及びその周辺の地山について，**その日の作業が開始する前**，大雨の後及び中震以上の地震の後，浮石及びき裂の有無及び状態並びに含水，湧水及び凍結の状態の変化を点検させること。(労働安全衛生規則第 358 条第 1 号)
よって，**誤っている。**

⑶ 掘削面の高さが 2 m 以上の場合は，地山の掘削作業主任者を選任する。(労働安全衛生規則第 359 条，同法施行令第 6 条第 9 号) また，地山の掘削作業主任者に地山の作業方法を決定させ，作業を直接指揮させなければならない。(同規則第 360 条第 1 項第 1 号) よって，正しい。

⑷ 明り掘削作業では，あらかじめ運搬機械等の運行の経路や土石の積卸し場所への出入の方法を定めて，関係労働者に周知させなければならない。(労働安全衛生規則第 364 条) よって，正しい。

解答 (2)

【No. 49】

高さ 5 m 以上のコンクリート造の工作物の解体又は破壊の作業 (労働安全衛生法施行令第 6 条第 15 号の 5) において，

⑴ 強風，大雨，大雪等の悪天候のため，作業の実施について危険が予想されるときは，**作業を中止すること。**(同規則第 517 条の 15 第 2 号) よって，**誤っている。**

⑵ 外壁，柱等の引倒し等の作業を行うときは，引倒し等について一定の合図を定め，関係労働者に周知させなければならない。(同規則第 517 条の 16) よって，正しい。

⑶ 器具，工具等を上げ，又は下ろすときは，つり綱，つり袋等を労働者に使用させること。(同規則第 517 条の 15 第 3 号) よって，正しい。

⑷ 作業を行う区域内には，関係労働者以外の労働者の立入りを禁止すること。(同規則第 517 条の 15 第 1 号)
よって，正しい。

解答 (1)

【No. 50】

⑴　路床や路盤の支持力，強さを判定するためには，CBR 試験を行う。　よって，適当である。

⑵　加熱アスファルト混合物の安定度（荷重により変形を起こしたりすることに対する抵抗性）を確認するためには，マーシャル安定度試験を行う。　よって，適当である。

⑶　アスファルト舗装の厚さ，断面を確認するためには，コア採取による測定を行う。よって，適当である。

⑷　アスファルト舗装の平坦性を確認するためには，**平坦性試験**を行う。プルーフローリング試験は路床・路盤の支持力やその均一性を管理するものである。　よって，**適当でない。**

解答　(4)

【No. 51】

⑴　1 回の試験結果は，購入者の指定した呼び強度の強度値の **85%以上**でなければならない。（JIS A 5308　5　品質　5.2 強度）　よって，**適当でない。**

⑵　3 回の試験結果の平均値は，購入者の指定した呼び強度の強度値以上でなければならない。指定された強度値は，呼び強度に小数点を付けて，小数点以下 1 桁目を 0 とする N/mm² で表した値である。ただし，呼び強度の曲げ 4.5 は，4.50 N/mm² である（JIS A 5308　5 品質　5.2 強度）よって，適当である。

⑶　品質管理の項目は，強度，スランプ又はスランプフロー，空気量，及び塩化物含有量とし，荷卸し地点において，各規定される条件を満足しなければならない。（JIS A 5308　5　品質　5.1 品質項目）　よって，適当である。

⑷　圧縮強度試験は，一般に材齢 28 日で行う。指定がある場合は購入者が指定した材齢とする。（JIS A 5308　5　品質　5.2 強度）　よって，適当である。

解答　(1)

【No. 52】

⑴　建設工事の騒音では，土砂，残土等を多量に運搬する場合，**運搬経路は問題となる。**（建設工事に伴う騒音振動対策技術指針第 7 章運搬工）⑷の解説（建設発生土の運搬）も参照のこと。　よって，適当でない。

⑵　騒音振動の防止対策として，騒音振動の絶対値を下げるとともに，**発生期間の短縮**を検討する。（建設工事に伴う騒音振動対策技術指針第 4 章対策の基本事項）　よって，適当でない。

⑶　粉塵発生のおそれがある場合には，**発生源を散水などにより湿潤な状態に保つ，発生源を覆う等，粉塵の発散を防止するための措置を講じなければならない。**（建設工事公衆災害防止対策要綱［建築工事等編］第 13）散水やシートで覆うことは**効果が高い。**　よって，適当でない。

⑷　運搬経路の適切な設定並びに車両及び積載量等の適切な管理により，騒音，振動，塵埃等の防止に努めるとともに，安全な運搬に必要な措置を講じること。（建設副産物適正処理推進要綱第 18 運搬）　よって，**適当である。**

解答　(4)

【No. 53】

「特定建設資材」とは，コンクリート，木材その他建設資材のうち，建設資材廃棄物となった場合に再資源化が特に必要であり，かつ，その再資源化が経済性の面においても認められるものとして政令で定めるものをいう。（建設工事に係る資材の再資源化等に関する法律第 2 条第 5 項）

特定建設資材は「1. コンクリート, 2. コンクリート及び鉄から成る建設資材, 3. 木材, 4. アスファルト・コンクリート」（同法律施行令第 1 条）　よって，**⑶の木材は該当する。**

解答　(3)

【No. 54】

仮設備工事の「直接仮設工事と間接仮設工事」に関する問題である。

・(イ)**支保工足場** は直接仮設工事である。
・労務宿舎は (ロ)**間接仮設工事** である。
・(ハ)**現場事務所** は間接仮設工事である。
・安全施設は (ニ)**直接仮設工事** である。

よって，(1)**の組合せが適当である。**

解答 (1)

【No. 55】

「建設機械の作業能力の算定」に関する問題である。

$$Q=\frac{(イ)\ 3\times(ロ)\ 0.8\times E}{(ハ)\ 2}\times 60=(ニ)\ 50.4\ \mathrm{m^3/h}$$

よって，(3)**の組合せが適当である。**

解答 (3)

【No. 56】

工程管理における「基本事項」に関する問題である。

・工程表は，工事の施工順序と (イ) **所要日数** をわかりやすく図表化したものである。
・工程計画と実施工程の間に差が生じた場合は，その (ロ) **原因を追及** して改善する。
・工程管理では，(ハ) **作業能率** を高めるため，常に工程の進行状況を全作業員に周知徹底する。
・工程管理では，実施工程が工程計画よりも (ニ) **やや上回る** 程度に管理する。

よって，(2)**の組合せが適当である。**

解答 (2)

【No. 57】

工程管理における「ネットワーク式工程表」に関する問題である。

※クリティカルパスは，作業開始から終了までの経路の中で，所要日数が最も長い経路について計算する。

・⓪→①→②→⑤→⑥ 3+5+3+5=16日（作業A，B，D，G）
・⓪→①→②…→③→⑤→⑥ 3+5+4+5=17日（作業A，B，E，G）
・⓪→①→②…→③→④…→⑤→⑥ 3+5+7+5=20日（作業A，B，F，G）
・⓪→①→③→⑤→⑥ 3+6+4+5=18日（作業A，C，E，G）
・⓪→①→③→④…→⑤→⑥ **3+6+7+5=21日（作業A，C，F，G）**

（クリティカルパス上の作業である。）

※遅延しても，全体の工期に影響がないのはBで1日，Dで5日である。

・(イ)**作業C** 及び (ロ)**作業F** は，クリティカルパス上の作業である。
・作業Dが (ハ)**5日** 遅延しても，全体の工期に影響はない。
・この工程全体の工期は，(ハ)**21日間** である。

よって，(1)**の組合せが適当である。**

解答 (1)

【No. 58】

安全管理における「高さ 2 m 以上の足場」に関する問題である。(労働安全衛生規則第 563 条)

・足場の作業床の手すりの高さは，(イ) **85** cm 以上とする。(同規則第 552 条)

・足場の作業床の幅は，(ロ) **40** cm 以上とする。

・足場の床材間の隙間は，(ハ) **3** cm 以下とする。

・足場の作業床より物体の落下を防ぐ幅木の高さは，(ニ) **10** cm 以上とする。

よって，(4)**の組合せが正しい。**

解答　(4)

【No. 59】

安全管理における「移動式クレーン」に関する問題である。

・クレーンの定格荷重とは，フック等のつり具の重量を (イ) **含まない** 最大つり上げ荷重である。(クレーン等安全規則第 1 条第 6 号)

・事業者は，クレーンの運転者及び (ロ) **玉掛け** 者が定格荷重を常時知ることができるよう，表示等の措置を講じなければならない。(クレーン等安全規則第 24 条の 2)

・事業者は，原則として (ハ) **合図** を行う者を指名しなければならない。(クレーン等安全規則第 25 条第 1 項)

・クレーンの運転者は，荷をつったままで，運転位置を (ニ) **離れてはならない** 。(クレーン等安全規則第 32 条第 2 項)

よって，(1)**の組合せが正しい。**

解答　(1)

【No. 60】

品質管理における「ヒストグラム」に関する問題である。

・ヒストグラムは，測定値の (イ) **ばらつき** を知るのに最も簡単で効率的な統計手法である。

・ヒストグラムは，データがどのような分布をしているかを見やすく表した (ロ) **柱状図** である。

・ヒストグラムでは，横軸に測定値，縦軸に (ハ) **度数** を示している。

・平均値が規格値の中央に見られ，左右対称なヒストグラムは (ニ) **良好な品質管理が行われて** いる。

よって，(3)**の組合せが正しい。**

解答　(3)

【No. 61】

品質管理における「盛土の締固め」に関する問題である。

・盛土の締固めの品質管理の方式のうち (イ) **工法** 規定方式は，使用する締固め機械の機種や締固め等を規定するもので，(ロ) **品質** 規定方式は，盛土の締固め度等を規定する方法である。

・盛土の締固めの効果や性質は，土の種類や含水比，施工方法によって (ハ) **変化する**。

・盛土が最もよく締まる含水比は，(ニ) **最大** 乾燥密度が得られる含水比で最適含水比である。

よって，(2)**の組合せが適当である。**

解答　(2)

令和4年度

2級土木施工管理技術検定 第1次検定

前期試験正答肢一覧

番号	1	2	3	4	5	6	7	8	9	10	11
解答	4	1	3	2	3	4	3	2	3	2	1
番号	12	13	14	15	16	17	18	19	20	21	22
解答	3	2	2	3	2	4	1	1	4	3	4
番号	23	24	25	26	27	28	29	30	31	32	33
解答	3	2	3	4	2	1	3	3	2	1	4
番号	34	35	36	37	38	39	40	41	42	43	44
解答	1	4	1	3	4	3	4	4	1	3	2
番号	45	46	47	48	49	50	51	52	53	54	55
解答	3	3	2	2	1	4	1	4	3	1	3
番号	56	57	58	59	60	61					
解答	2	1	4	1	3	2					

問題番号【No. 1】～【No.42】までの42問題は選択問題。
問題番号【No. 1】～【No.11】までの11問題のうちから9問題を選択，
問題番号【No.12】～【No.31】までの20問題のうちから6問題を選択，
問題番号【No.32】～【No.42】までの11問題のうちから6問題の選択となっています。
問題番号【No.43】～【No.53】までの11問題は，必須問題。全問題を解答。
問題番号【No.54～No.61】までの8問題は，施工管理法（基礎的な能力）の必須問題。全問題を解答。

2級土木施工管理技術検定 第1次検定
後期試験問題

※ 問題番号 No.1～No.11 までの 11 問題のうちから 9 問題を選択し解答してください。

【No. 1】 土工の作業に使用する建設機械に関する次の記述のうち，**適当なもの**はどれか。

(1) バックホゥは，主に機械の位置よりも高い場所の掘削に用いられる。
(2) トラクタショベルは，主に狭い場所での深い掘削に用いられる。
(3) ブルドーザは，掘削・押土及び短距離の運搬作業に用いられる。
(4) スクレーパは，敷均し・締固め作業に用いられる。

【No. 2】 土質試験における「試験名」とその「試験結果の利用」に関する次の組合せのうち，**適当でないもの**はどれか。

	[試験名]	[試験結果の利用]
(1)	砂置換法による土の密度試験	地盤改良工法の設計
(2)	ポータブルコーン貫入試験	建設機械の走行性の判定
(3)	土の一軸圧縮試験	原地盤の支持力の推定
(4)	コンシステンシー試験	盛土材料の適否の判断

【No. 3】 盛土の施工に関する次の記述のうち，**適当でないもの**はどれか。

(1) 盛土の基礎地盤は，あらかじめ盛土完成後に不同沈下等を生じるおそれがないか検討する。
(2) 敷均し厚さは，盛土材料，施工法及び要求される締固め度等の条件に左右される。
(3) 土の締固めでは，同じ土を同じ方法で締め固めても得られる土の密度は含水比により異なる。
(4) 盛土工における構造物縁部の締固めは，大型の締固め機械により入念に締め固める。

【No. 4】 軟弱地盤における次の改良工法のうち，載荷工法に**該当するもの**はどれか。

(1) プレローディング工法
(2) ディープウェル工法
(3) サンドコンパクションパイル工法
(4) 深層混合処理工法

【No.　5】 コンクリートに使用するセメントに関する次の記述のうち，**適当でないもの**はどれか。

⑴　セメントは，高い酸性を持っている。
⑵　セメントは，風化すると密度が小さくなる。
⑶　早強ポルトランドセメントは，プレストレストコンクリート工事に適している。
⑷　中庸熱ポルトランドセメントは，ダム工事等のマスコンクリートに適している。

【No.　6】 コンクリートを棒状バイブレータで締め固める場合の留意点に関する次の記述のうち，**適当でないもの**はどれか。

⑴　棒状バイブレータの挿入時間の目安は，一般には 5～15 秒程度である。
⑵　棒状バイブレータの挿入間隔は，一般に 50 cm 以下にする。
⑶　棒状バイブレータは，コンクリートに穴が残らないようにすばやく引き抜く。
⑷　棒状バイブレータは，コンクリートを横移動させる目的では用いない。

【No.　7】 フレッシュコンクリートに関する次の記述のうち，**適当でないもの**はどれか。

⑴　ブリーディングとは，練混ぜ水の一部が遊離してコンクリート表面に上昇する現象である。
⑵　ワーカビリティーとは，運搬から仕上げまでの一連の作業のしやすさのことである。
⑶　レイタンスとは，コンクリートの柔らかさの程度を示す指標である。
⑷　コンシステンシーとは，変形又は流動に対する抵抗性である。

【No.　8】 コンクリートの仕上げと養生に関する次の記述のうち，**適当でないもの**はどれか。

⑴　密実な表面を必要とする場合は，作業が可能な範囲でできるだけ遅い時期に金ごてで仕上げる。
⑵　仕上げ後，コンクリートが固まり始める前に発生したひび割れは，タンピング等で修復する。
⑶　養生では，コンクリートを湿潤状態に保つことが重要である。
⑷　混合セメントの湿潤養生期間は，早強ポルトランドセメントよりも短くする。

【No.　9】 既製杭工法（きせいくいこうほう）の杭打ち機の特徴に関する次の記述のうち，**適当でないもの**はどれか。

⑴　ドロップハンマは，杭の重量以下のハンマを落下させて打ち込む。
⑵　ディーゼルハンマは，打撃力が大きく，騒音・振動と油の飛散をともなう。
⑶　バイブロハンマは，振動と振動機・杭の重量によって，杭を地盤に押し込む。
⑷　油圧ハンマは，ラムの落下高さを任意に調整でき，杭打ち時の騒音を小さくできる。

【No. 10】 場所（ばしょ）打ち杭工法（くいこうほう）の特徴に関する次の記述のうち，**適当でないもの**はどれか。

⑴　施工（せこう）時における騒音と振動は，打撃工法に比べて大きい。
⑵　大口径の杭を施工することにより，大きな支持力が得られる。
⑶　杭材料の運搬等の取扱いが容易である。
⑷　掘削土により，基礎地盤の確認ができる。

【No. 11】 土留め工に関する次の記述のうち，**適当でないもの**はどれか。

(1) アンカー式土留め工法は，引張材を用いる工法である。
(2) 切梁式土留め工法には，中間杭や火打ち梁を用いるものがある。
(3) ボイリングとは，砂質地盤で地下水位以下を掘削した時に，砂が吹き上がる現象である。
(4) パイピングとは，砂質土の弱いところを通ってヒービングがパイプ状に生じる現象である。

※ 問題番号 No. 12～No. 31 までの 20 問題のうちから 6 問題を選択し解答してください。

【No. 12】 鋼材の特性，用途に関する次の記述のうち，**適当でないもの**はどれか。

(1) 低炭素鋼は，延性，展性に富み，橋梁等に広く用いられている。
(2) 鋼材の疲労が心配される場合には，耐候性鋼材等の防食性の高い鋼材を用いる。
(3) 鋼材は，応力度が弾性限度に達するまでは弾性を示すが，それを超えると塑性を示す。
(4) 継続的な荷重の作用による摩耗は，鋼材の耐久性を劣化させる原因になる。

【No. 13】 鋼道路橋の架設工法に関する次の記述のうち，市街地や平坦地で桁下空間が使用できる現場において一般に用いられる工法として**適当なもの**はどれか。

(1) ケーブルクレーンによる直吊り工法
(2) 全面支柱式支保工架設工法
(3) 手延べ桁による押出し工法
(4) クレーン車によるベント式架設工法

【No. 14】 コンクリートの劣化機構について説明した次の記述のうち，**適当でないもの**はどれか。

(1) 中性化は，コンクリートのアルカリ性が空気中の炭酸ガスの浸入等で失われていく現象である。
(2) 塩害は，硫酸や硫酸塩等の接触により，コンクリート硬化体が分解したり溶解する現象である。
(3) 疲労は，荷重が繰り返し作用することでコンクリート中にひび割れが発生し，やがて大きな損傷となる現象である。
(4) 凍害は，コンクリート中に含まれる水分が凍結し，氷の生成による膨張圧でコンクリートが破壊される現象である。

【No. 15】 河川に関する次の記述のうち，**適当なもの**はどれか。

(1) 河川において，下流から上流を見て右側を右岸，左側を左岸という。
(2) 河川には，浅くて流れの速い淵と，深くて流れの緩やかな瀬と呼ばれる部分がある。
(3) 河川の流水がある側を堤外地，堤防で守られている側を堤内地という。
(4) 河川堤防の天端の高さは，計画高水位（H. W. L.）と同じ高さにすることを基本とする。

【No. 16】 河川護岸に関する次の記述のうち，**適当でないもの**はどれか。

(1) 基礎工は，洗掘に対する保護や裏込め土砂の流出を防ぐために施工(せこう)する。
(2) 法覆工(のりおおいこう)は，堤防の法勾配が緩く流速が小さな場所では，間知ブロックで施工する。
(3) 根固工は，河床の洗掘を防ぎ，基礎工・法覆工を保護するものである。
(4) 低水護岸の天端保護工(てんばほごこう)は，流水によって護岸の裏側から破壊しないように保護するものである。

【No. 17】 砂防えん堤に関する次の記述のうち，**適当でないもの**はどれか。

(1) 前庭保護工は，堤体への土石流の直撃を防ぐために設けられる構造物である。
(2) 袖は，洪水を越流させないようにし，水通し側から両岸に向かって上り勾配とする。
(3) 側壁護岸は，越流部からの落下水が左右の法面(のりめん)を侵食することを防止するための構造物である。
(4) 水通しは，越流する流量に対して十分な大きさとし，一般にその断面は逆台形である。

【No. 18】 地すべり防止工に関する次の記述のうち，**適当なもの**はどれか。

(1) 抑制工は，杭(くい)等の構造物により，地すべり運動の一部又は全部を停止させる工法である。
(2) 地すべり 防止工では，一般的に抑止工，抑制工の順序で施工(せこう)を行う。
(3) 抑止工は，地形等の自然条件を変化させ，地すべり運動を停止又は緩和させる工法である。
(4) 集水井工(しゅうすいせいこう)の排水は，原則として，排水ボーリングによって自然排水を行う。

【No. 19】 道路のアスファルト舗装における路床の施工(せこう)に関する次の記述のうち，**適当でないもの**はどれか。

(1) 盛土路床では，1 層の敷均(しきなら)し厚(あつ)さは仕上り厚で 40 cm 以下を目安とする。
(2) 安定処理工法は，現状路床土とセメントや石灰等の安定材を混合する工法である。
(3) 切土路床では，表面から 30 cm 程度以内にある木根や転石等を取り除いて仕上げる。
(4) 置き換え工法は，軟弱な現状路床土の一部又は全部を良質土で置き換える工法である。

【No. 20】 道路のアスファルト舗装における締固めに関する次の記述のうち，**適当でないもの**はどれか。

(1) 転圧温度が高過ぎると，ヘアクラックや変形等を起こすことがある。
(2) 二次転圧は，一般にロードローラで行うが，振動ローラを用いることもある。
(3) 仕上げ転圧は，不陸整正やローラマークの消去のために行う。
(4) 締固め作業は，継目転圧，初転圧，二次転圧及び仕上げ転圧の順序で行う。

【No. 21】 道路のアスファルト舗装の補修工法に関する下記の説明文に**該当するものは**，次のうちどれか。
「局部的なくぼみ，ポットホール，段差等に舗装材料で応急的に充填(じゅうてん)する工法」

(1) オーバーレイ工法
(2) 打換え工法
(3) 切削工法
(4) パッチング工法

【No. 22】 道路の普通コンクリート舗装における施工に関する次の記述のうち，**適当なもの**はどれか。

⑴ コンクリート版が温度変化に対応するように，車線に直交する横目地を設ける。
⑵ コンクリートの打込みにあたって，フィニッシャーを用いて敷き均す。
⑶ 敷き広げたコンクリートは，フロートで一様かつ十分に締め固める。
⑷ 表面仕上げの終わった舗装版が所定の強度になるまで乾燥状態を保つ。

【No. 23】 ダムの施工に関する次の記述のうち，**適当でないもの**はどれか。

⑴ 転流工は，ダム本体工事を確実に，また容易に施工するため，工事期間中の河川の流れを迂回させるものである。
⑵ コンクリートダムのコンクリート打設に用いるRCD工法は，単位水量が少なく，超硬練りに配合されたコンクリートをタイヤローラで締め固める工法である。
⑶ グラウチングは，ダムの基礎岩盤の弱部の補強を目的とした最も一般的な基礎処理工法である。
⑷ ベンチカット工法は，ダム本体の基礎掘削に用いられ，せん孔機械で穴をあけて爆破し順次上方から下方に切り下げていく掘削工法である。

【No. 24】 トンネルの山岳工法における掘削に関する次の記述のうち，**適当でないもの**はどれか。

⑴ 吹付けコンクリートは，吹付けノズルを吹付け面に対して直角に向けて行う。
⑵ ロックボルトは，特別な場合を除き，トンネル横断方向に掘削面に対して斜めに設ける。
⑶ 発破掘削は，地質が硬岩質の場合等に用いられる。
⑷ 機械掘削は，全断面掘削方式と自由断面掘削方式に大別できる。

【No. 25】 下図は傾斜型海岸堤防の構造を示したものである。図の（イ）～（ハ）の構造名称に関する次の組合せのうち，**適当なもの**はどれか。

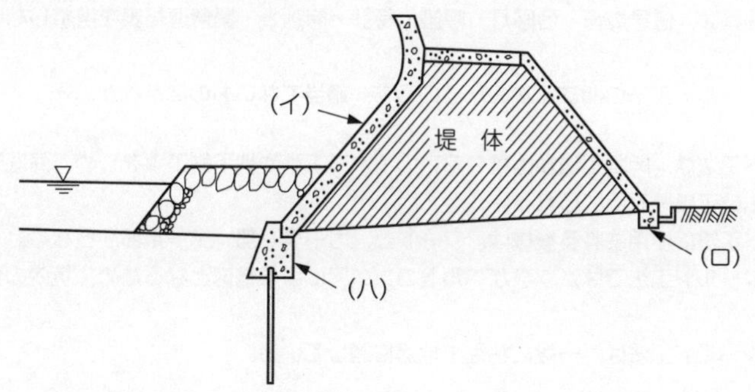

	（イ）		（ロ）		（ハ）
⑴	裏法被覆工	………	根留工	………	基礎工
⑵	表法被覆工	………	基礎工	………	根留工
⑶	表法被覆工	………	根留工	………	基礎工
⑷	裏法被覆工	………	基礎工	………	根留工

【No. 26】 ケーソン式混成堤の施工に関する次の記述のうち，**適当でないもの**はどれか。

(1) ケーソンは，えい航直後の据付けが困難な場合には，波浪のない安定した時期まで沈設して仮置きする。
(2) ケーソンは，海面がつねにおだやかで，大型起重機船が使用できるなら，進水したケーソンを据付け場所までえい航して据え付けることができる。
(3) ケーソンは，注水開始後，着底するまで中断することなく注水を連続して行い，速やかに据え付ける。
(4) ケーソンの中詰め後は，波により中詰め材が洗い流されないように，ケーソンのふたとなるコンクリートを打設する。

【No. 27】 「鉄道の用語」と「説明」に関する次の組合せのうち，**適当でないもの**はどれか。

	[鉄道の用語]	[説明]
(1)	線路閉鎖工事 ………	線路内で，列車や車両の進入を中断して行う工事のこと
(2)	軌間 …………………	レールの車輪走行面より下方の所定距離以内における左右レール頭部間の最短距離のこと
(3)	緩和曲線 ……………	鉄道車両の走行を円滑にするために直線と円曲線，又は二つの曲線の間に設けられる特殊な線形のこと
(4)	路盤 …………………	自然地盤や盛土で構築され，路床を支持する部分のこと

【No. 28】 鉄道の営業線近接工事に関する次の記述のうち，**適当でないもの**はどれか。

(1) 保安管理者は，工事指揮者と相談し，事故防止責任者を指導し，列車の安全運行を確保する。
(2) 重機械の運転者は，重機械安全運転の講習会修了証の写しを添えて，監督員等の承認を得る。
(3) 複線以上の路線での積みおろしの場合は，列車見張員を配置し，車両限界をおかさないように材料を置かなければならない。
(4) 列車見張員は，信号炎管・合図灯・呼笛・時計・時刻表・緊急連絡表を携帯しなければならない。

【No. 29】 シールド工法に関する次の記述のうち，**適当でないもの**はどれか。

(1) シールド工法は，開削工法が困難な都市の下水道工事や地下鉄工事をじめ，海底道路トンネルや地下河川の工事等で用いられる。
(2) シールド工法に使用される機械は，フード部，ガーダー部，テール部からなる。
(3) 泥水式シールド工法では，ずりがベルトコンベアによる輸送となるため，坑内の作業環境は悪くなる。
(4) 土圧式シールド工法は，一般に粘性土地盤に適している。

【No. 30】 上水道の管布設工に関する次の記述のうち，**適当でないもの**はどれか。

(1) 管の布設は，原則として低所から高所に向けて行う。
(2) ダクタイル鋳鉄管の据付けでは，管体の管径，年号の記号を上に向けて据え付ける。
(3) 一日の布設作業完了後は，管内に土砂，汚水等が流入しないよう木蓋等で管端部をふさぐ。
(4) 鋳鉄管の切断は，直管及び異形管ともに切断機で行うことを標準とする。

【No. 31】 下水道管渠(げすいどうかんきょ)の接合方式に関する次の記述のうち，**適当でないもの**はどれか。

(1) 水面接合は，管渠の中心を接合部で一致させる方式である。
(2) 管頂接合は，流水は円滑であるが，下流ほど深い掘削が必要となる。
(3) 管底接合は，接合部の上流側の水位が高くなり，圧力管となるおそれがある。
(4) 段差接合は，マンホールの間隔等を考慮しながら，階段状に接続する方式ある。

※ 問題番号 No.32～No.42 までの 11 問題のうちから 6 問題を選択し解答してください。

【No. 32】 労働時間，休憩，休日，年次有給休暇に関する次の記述のうち，労働基準法上，**誤っているもの**はれか。

(1) 使用者は，労働者に対して，労働時間が 8 時間を超える場合には少なくとも 1 時間の休憩時間を労働時間の途中に与えなければならない。
(2) 使用者は，労働者に対して，原則として毎週少なくとも 1 回の休日を与えなければならない。
(3) 使用者は，労働組合との協定により，労働時間を延長して労働させる場合でも，延長して労働させた時間は 1 箇月に 150 時間未満でなければならない。
(4) 使用者は，雇入れの日から 6 箇月間継続勤務し全労働日の 8 割以上出勤した労働者には，10 日の有給休暇を与えなければならない。

【No. 33】 災害補償に関する次の記述のうち，労働基準法上，**誤っているもの**はどれか。

(1) 労働者が業務上負傷し，又は疾病(しっぺい)にかかった場合において，使用者は，その費用で必要な療養を行い，又は必要な療養の費用を負担しなければならない。
(2) 労働者が重大な過失によって業務上負傷し，かつ使用者がその過失について行政官庁へ届出た場合には，使用者は障害補償を行わなくてもよい。
(3) 労働者が業務上負傷した場合，その補償を受ける権利は，労働者の退職によって変更されることはない。
(4) 業務上の負傷，疾病又は死亡の認定等に関して異議のある者は，行政官庁に対して，審査又は事件の仲裁を申し立てることができる。

【No. 34】 作業主任者の**選任を必要としない作業**は，労働安全衛生法上，次のうちどれか。

(1) 土止め支保工の切りばり又は腹起こしの取付け又は取り外しの作業
(2) 掘削面の高さが 2 m 以上となる地山の掘削の作業
(3) 道路のアスファルト舗装の転圧の作業
(4) 高さが 5 m 以上のコンクリート造の工作物の解体又は破壊の作業

【No. 35】 建設業法に関する次の記述のうち，**誤っているもの**はどれか。

(1) 建設業とは，元請，下請その他いかなる名義をもってするかを問わず，建設工事の完成を請け負う営業をいう。
(2) 建設業者は，当該工事現場の施工（せこう）の技術上の管理をつかさどる主任技術者を置かなければならない。
(3) 建設工事の施工に従事する者は，主任技術者がその職務として行う指導に従わなければならない。
(4) 公共性のある施設に関する重要な工事である場合，請負代金の額にかかわらず，工事現場ごとに専任の主任技術者を置かなければならない。

【No. 36】 車両の最高限度に関する次の記述のうち，車両制限令上，**誤っているもの**はどれか。
ただし，高速自動車国道を通行するセミトレーラ連結車又はフルトレーラ連結車，及び道路管理者が国際海上コンテナの運搬用のセミトレーラ連結車の通行に支障がないと認めて指定した道路を通行する車両を除くものとする。

(1) 車両の最小回転半径の最高限度は，車両の最外側のわだちについて 12 m である。
(2) 車両の長さの最高限度は，15 m である。
(3) 車両の軸重の最高限度は，10 t である。
(4) 車両の幅の最高限度は，2.5 m である。

【No. 37】 河川法に関する次の記述のうち，**誤っているもの**はどれか。

(1) 1 級及び 2 級河川以外の準用河川の管理は，市町村長が行う。
(2) 河川法上の河川に含まれない施設は，ダム，堰（せき），水門等である。
(3) 河川区域内の民有地での工事材料置場の設置は河川管理者の許可を必要とする。
(4) 河川管理施設保全のため指定した，河川区域は接する一定区域を河川保全区域という。

【No. 38】 建築基準法に関する次の記述うち，**誤っているもの**はどれか。

(1) 道路とは，原則として，幅員 4 m 以上のものをいう。
(2) 建築物の延べ面積の敷地面積に対する割合を容積率という。
(3) 建築物の敷地は，原則として道路に 1 m 以上接しなければならない。
(4) 建築物の建築面積の敷地面積に対する割合を建ぺい率という。

【No. 39】 火薬類の取扱いに関する次の記述のうち，火薬類取締法上，**誤っているもの**はどれか。

(1) 火工所以外の場所において，薬包に雷管を取り付ける作業を行わない。
(2) 消費場所において火薬類を取り扱う場合，固化したダイナマイト等はもみほぐしてはならない。
(3) 火工所に火薬類を存置する場合には，見張人を常時配置する。
(4) 火薬類の取扱いには，盗難予防に留意する。

【No. 40】 騒音規制法上，建設機械の規格等にかかわらず，特定建設作業の**対象とならない作業**は，次のうちどれか。
ただし，当該作業がその作業を開始した日に終わるものを除く。

(1) ロードローラを使用する作業
(2) さく岩機を使用する作業
(3) バックホゥを使用する作業
(4) ブルドーザを使用する作業

【No. 41】 振動規制法に定められている特定建設作業の**対象となる建設機械**は，次のうちどれか。
ただし，当該作業がその作業を開始した日に終わるものを除き，1 日おける当該作業に係る 2 地点間の最大移動距離が 50 m を超えない作業とする。

(1) ジャイアントブレーカ
(2) ブルドーザ
(3) 振動ローラ
(4) 路面切削機

【No. 42】 船舶の航路及び航法に関する次の記述のうち，港則法上，**誤っているもの**はどれか。

(1) 船舶は，航路内においては，他の船舶を追い越してはならない。
(2) 汽艇等以外の船舶は，特定港を通過するときには港長の定める航路を通らなけれならない。
(3) 船舶は，航路内おいては，原則としてえい航している船舶を放してはならい。
(4) 船舶は，航路内においては，並列して航行してはならい。

※ 問題番号 No. 43～No. 53 までの 11 問題は，必須問題ですから全問題を解答してください。

【No. 43】 トラバース測量において下表の観測結果を得た。閉合誤差 0.007 m ある。
閉合比は次のうちどれか。
ただし，閉合比は有効数字 4 桁目を切り捨て，3 桁に丸める。

側線	距離 l (m)	方位角			緯距 L (m)	経距 D (m)
AB	37.373	180°	50′	40″	−37.289	−2.506
BC	40.625	103°	56′	12″	−9.785	39.429
CD	39.078	36°	30′	51″	31.407	23.252
DE	38.803	325°	15′	14″	31.884	−22.115
EA	41.378	246°	54′	60″	−16.223	−38.065
計	197.257				−0.005	−0.005

閉合誤差＝0.007 m

(1) 1 ／ 26100
(2) 1 ／ 27200
(3) 1 ／ 28100
(4) 1 ／ 29200

【No. 44】 公共工事で発注者が示す設計図書に**該当しないもの**は，次のうちどれか。

(1) 現場説明書
(2) 現場説明書
(3) 設計図面
(4) 見積書

【No. 45】 下図は橋の一般的な構造を表したものであるが，（イ）～（ニ）の橋の長さを表す名称に関する組合せとして，**適当なもの**は次のうちどれか。

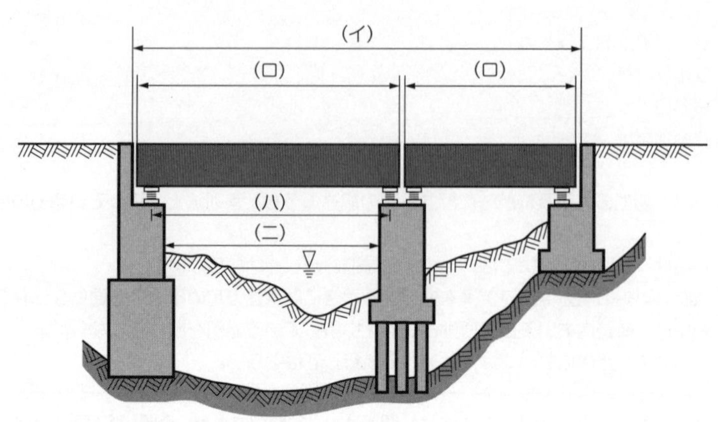

	（イ）		（ロ）		（ハ）		（ニ）
⑴	橋長	…………	桁長	………	径間長	………	支間長
⑵	桁長	…………	橋長	………	支間長	………	径間長
⑶	橋長	…………	桁長	………	支間長	………	径間長
⑷	支間長	………	桁長	………	橋長	…………	径間長

【No. 46】 建設機械に関する次の記述のうち，**適当でないもの**はどれか。

⑴ ランマは，振動や打撃を与えて，路肩や狭い場所等の締固めに使用される。
⑵ タイヤローラは，接地圧の調節や自重を加減することがき，路盤等の締固めに使用される。
⑶ ドラグラインは，機械の位置より高い場所の掘削に適し，水路の掘削等に使用される。
⑷ クラムシェル，水中掘削等，狭い場所での深い掘削に使用される。

【No. 47】 仮設工事に関する次の記述のうち，**適当でないもの**はどれか。

⑴ 直接仮設工事と間接仮設工事のうち，現場事務所や労務宿舎等の設備は，直接仮設工事である。
⑵ 仮設備は，使用目的や期間に応じて構造計算を行い，労働安全衛生規則の基準に合致するかそれ以上の計画とする。
⑶ 指定仮設と任意仮設のうち，任意仮設では施工者（せこうしゃ）独自の技術と工夫や改善の余地が多いので，より合理的な計画を立てることが重要である。
⑷ 材料は，一般の市販品を使用し，可能な限り規格を統一し，他工事にも転用できるような計画にする。

【No. 48】 地山の掘削作業の安全確保に関する次の記述のうち，労働安全衛生法上，事業者が行うべき事項として**誤っているもの**はどれか。

⑴ 掘削面の高さが規定の高さ以上の場合は，地山の掘削及び土止め支保工作業主任者技能講習を修了した者のうちから，地山の掘削作業主任者を選任する。
⑵ 地山の崩壊等により労働者に危険を及ぼすおそれのあるときは，あらかじめ，土止め支保工を設け，防護網を張り，労働者の立入りを禁止する等の措置を講じる。
⑶ 運搬機械等が労働者の作業箇所に後進して接近するときは，点検者を配置し，その者にこれらの機械を誘導させる。
⑷ 明り掘削の作業を行う場所は，当該作業を安全に行うため必要な照度を保持しなければならない。

【No. 49】 高さ 5 m 以上のコンクリート造の工作物の解体作業にともなう危険を防止するために事業者が行うべき事項に関する次の記述のうち，労働安全衛生法上，**誤っているもの**はどれか。

⑴ 外壁，柱等の引倒し等の作業を行うときは，引倒し等について一定の合図を定め，関係労働者に周知させなければならない。
⑵ 物体の飛来等により労働者に危険が生ずるおそれのある箇所で解体用機械を用いて作業を行うき，作業主任者以外の労働者を立ち入らせてはならない。
⑶ 強風，大雨，大雪等の悪天候のため，作業の実施について危険が予想されるときは，当該作業を中止しなければならない。
⑷ 作業計画には，作業の方法及び順序，使用する機械等の種類及び能力等が示されていなければならない。

【No. 50】 品質管理に関する次の記述のうち，**適当でないもの**はどれか。

⑴ ロットとは，様々な条件下で生産された品物の集まりである。
⑵ サンプルをある特性について測定した値をデータ値（測定値）という。
⑶ ばらつきの状態が安定の状態にあるとき，測定値の分布は正規分布になる。
⑷ 対象の母集団からその特性を調べるため一部取り出したものをサンプル（試料）という。

【No. 51】 呼び強度 24，スランプ 12 cm，空気量 5.0%と指定した JIS A 5308 レディーミクストコンクリートの試験結果について，各項目の判定基準を**満足しないもの**は次のうちどれか。

⑴ 1 回の圧縮強度試験の結果は，21.0 N/mm^2 であった。
⑵ 3 回の圧縮強度試験結果の平均値は，24.0 N/mm^2 であった。
⑶ スランプ試験の結果は，10.0 cm であった。
⑷ 空気量試験の結果は，3.0%であった。

【No. 52】 建設工事における，騒音・振動対策に関する次の記述のうち，**適当なもの**はどれか。

⑴ 舗装版の取壊し作業では，大型ブレーカの使用を原則とする。
⑵ 掘削土をバックホゥ等でダンプトラックに積み込む場合，落下高を高くして掘削土の放出をスムーズに行う。
⑶ 車輪式（ホイール式）の建設機械は，履帯式（クローラ式）の建設機械に比べて，一般に騒音振動レベルが小さい。
⑷ 作業待ち時は，建設機械等のエンジンをアイドリング状態にしておく。

【No. 53】 「建設工事に係る資材の再資源化等に関する法律」（建設リサイクル法）に定められている特定建設資材に**該当するもの**は，次のうちどれか。

⑴ 建設発生土
⑵ 建設汚泥（けんせつおでい）
⑶ 廃プラスチック
⑷ コンクリート及び鉄からなる建設資材

※ 問題番号 No. 54～No. 61 までの 8 問題は，施工管理法（せこうかんりほう）（基礎的な能力）の必須問題ですから全問題を解答してください。

【No. 54】 建設機械の走行に必要なコーン指数の値に関する下記の文章中の［　　］の（イ）～（ニ）に当てはまる語句の組合せとして，**適当なもの**は次のうちどれか。

・ダンプトラックより普通ブルドーザ（15 t 級）の方がコーン指数は［（イ）］。
・スクレープドーザより［（ロ）］の方がコーン指数は小さい。
・超湿地ブルドーザより自走式スクレーパ（小型）の方がコーン指数は［（ハ）］。
・普通ブルドーザ（21 t 級）より［（ニ）］の方がコーン指数は大きい。

	（イ）	（ロ）	（ハ）	（ニ）
⑴	大きい	自走式スクレーパ（小型）	小さい	ダンプトラック
⑵	小さい	超湿地ブルドーザ	大きい	ダンプトラック
⑶	大きい	超湿地ブルドーザ	小さい	湿地ブルドーザ
⑷	小さい	自走式スクレーパ（小型）	大きい	湿地ブルドーザ

【No. 55】 建設機械の作業内容に関する下記の文章中の □ の（イ）～（ニ）当てはまる語句の組合せとして，**適当なもの**は次のうちどれか。

・（イ）とは，建設機械の走行性をいい，一般にコーン指数で判断される。
・リッパビリティーとは，（ロ）に装着されたリッパによって作業できる程度をいう。
・建設機械の作業効率は，現場の地形，（ハ），工事規模等の各種条件によって変化する。
・建設機械の作業能力は，単独の機械又は組み合わされた機械の（ニ）の平均作業量で表される。

	（イ）	（ロ）	（ハ）	（ニ）
(1)	ワーカビリティー	大型ブルドーザ	作業員人数	日当たり
(2)	トラフィカビリティー	大型バックホゥ	土質	日当たり
(3)	ワーカビリティー	大型バックホゥ	作業員人数	時間当たり
(4)	トラフィカビリティー	大型ブルドーザ	土質	時間当たり

【No. 56】 工程表の種類と特徴に関する下記の文章中の □ の（イ）～（ニ）に当てはまる語句の組合せとして，**適当なもの**は次のうちどれか。

・（イ）は，各工事の必要日数を棒線で表した図表である。
・（ロ）は，工事全体の出来高比率の累計を曲線で表した図表である。
・（ハ）は，各工事の工程を斜線で表した図表である。
・（ニ）は，工事内容を系統だてて作業相互の関連，順序や日数を表した図表である。

	（イ）	（ロ）	（ハ）	（ニ）
(1)	バーチャート	グラフ式工程表	出来高累計曲線	ネットワーク式工程表
(2)	ネットワーク式工程表	出来高累計曲線	バーチャート	グラフ式工程表
(3)	ネットワーク式工程表	グラフ式工程表	バーチャート	出来高累計曲線
(4)	バーチャート	出来高累計曲線	グラフ式工程表	ネットワーク式工程表

【No. 57】 下図のネットワーク式工程表について記載している下記の文章中の[ ]の（イ）～（ニ）に当てはまる語句の組合せとして，**正しいもの**は次のうちどれか。
ただし，図中のイベント間の A～G は作業内容，数字は作業日数を表す。

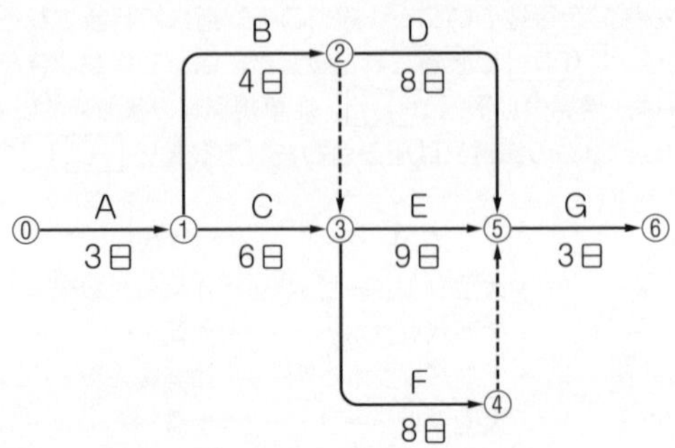

・[（イ）]及び[（ロ）]は，クリティカルパス上の作業である。
・作業Bが[（ハ）]遅延しても，全体の工期に影響はない。
・この工程全体の工期は，[（ニ）]である。

	（イ）	（ロ）	（ハ）	（ニ）
(1)	作業B …………	作業D …………	3日 …………	20日間
(2)	作業C …………	作業E …………	2日 …………	21日間
(3)	作業B …………	作業D …………	3日 …………	21日間
(4)	作業C …………	作業E …………	2日 …………	20日間

【No. 58】 作業床の端，開口部における，墜落・落下防止に関する下記の文章中の[ ]の（イ）～（ニ）に当てはまる語句の組合せとして，**適当なもの**は次のうちどれか。

・作業床の端，開口部には，必要な強度の囲い，[（イ）]，[（ロ）]を設置する。
・囲い等の設置が困難な場合は，安全確保のため[（ハ）]を設置し，[（ニ）]を使用させる等の措置を講ずる。

	（イ）	（ロ）	（ハ）	（ニ）
(1)	手すり …………	覆い ……………	安全ネット …………	要求性能墜落制止用器具
(2)	足場板 …………	筋かい …………	作業台 ………………	昇降施設
(3)	手すり …………	覆い ……………	安全ネット …………	昇降施設
(4)	足場板 …………	筋かい …………	作業台 ………………	要求性能墜落制止用器具

【No. 59】 車両系建設機械の災害防止に関する下記の文章中の［　　］の（イ）～（ニ）に当てはまる語句の組合せとして，労働安全衛生規則上，**正しいもの**は次のうちどれか。

・運転者は，運転位置を離れるときは，原動機を止め，［（イ）］走行ブレーキをかける。
・転倒や転落のおそれがある場所では，転倒時保護構造を有し，かつ，［（ロ）］を備えた機種の使用に努める。
・［（ハ）］以外の箇所に労働者を乗せてはならない。
・［（ニ）］にブレーキやクラッチの機能について点検する。

	（イ）	（ロ）	（ハ）	（ニ）
⑴	または	安全ブロック	助手席	作業の前日
⑵	または	シートベルト	乗車席	作業の前日
⑶	かつ	シートベルト	乗車席	その日の作業開始前
⑷	かつ	安全ブロック	助手席	その日の作業開始前

【No. 60】 品質管理に用いられる $\bar{x}$－R 管理図に関する下記の文章中の［　　］の（イ）～（ニ）に当てはまる語句の組合せとして，**適当なもの**は次のうちどれか。

・データには，連続量として測定される［（イ）］がある。
・$\bar{x}$ 管理図は，工程平均を各組ごとのデータの［（ロ）］によって管理する。
・R 管理図は，工程のばらつきを各組ごとのデータの［（ハ）］によって管理する。
・$\bar{x}$－R 管理図の管理線として，［（ニ）］及び上方・下方管理限界がある。

	（イ）	（ロ）	（ハ）	（ニ）
⑴	計数値	平均値	最大・最小の差	バナナカーブ
⑵	計量値	平均値	最大・最小の差	中心線
⑶	計数値	最大・最小の差	平均値	中心線
⑷	計量値	最大・最小の差	平均値	バナナカーブ

【No. 61】 盛土の締固めにおける品質管理に関する下記の文章中の［　　］の（イ）～（ニ）に当てはまる語句の組合せとして，**適当なもの**は次のうちどれか。

・盛土の締固めの品質管理の方式のうち［（イ）］規定方式は，盛土の締固め度等を規定するもので，［（ロ）］規定方式は，使用する締固め機械の機種や締固め回数等を規定する方法である。
・盛土の締固めの効果や性質は，土の種類や含水比，［（ハ）］方法によって変化する。
・盛土が最もよく締まる含水比は，最大乾燥密度が得られる含水比で［（ニ）］含水比である。

	（イ）	（ロ）	（ハ）	（ニ）
⑴	品質	工法	施工	最適
⑵	品質	工法	管理	最大
⑶	工法	品質	施工	最適
⑷	工法	品質	管理	最大

令和4年度 2級土木施工管理技術検定第1次検定 後期試験解説と解答

【No. 1】

⑴ バックホウは，主に機械の位置よりも**低い場所の掘削**に用いられる。高い場所で用いられるのは，クラムシェルなどである。 よって，適当でない。

⑵ トラクタショベルは，**掘削，積み込み**などに用いられる。 よって，適当でない。

⑶ ブルドーザは，掘削・運搬・押土及び短距離の運搬作業に用いられる。本来は締固め機械ではないが，通常機械で施工が困難な場合などで限定的に用いられる場合もある。 よって，**適当である。**

⑷ スクレーパは，**掘削，運搬に用いられる**。他の建設機械ではブルドーザ，スクレープドーザなどがある。敷均しはブルドーザ，締固めはタイヤローラ，タンピングローラ，振動ローラ，ロードローラ，振動コンパクタ，タンパなどが用いられる。 よって，適当でない。

解答 (3)

【No. 2】

⑴ 砂置換法による土の密度試験は，試験孔から掘り取った土の質量と掘った試験孔に充填した砂の質量から求めた体積を利用して，原位置の土の密度を求める試験である。土の締まり具合，土の締固めの良否の判定など，**土の締固め管理**に使用される。地盤改良工法の設計に利用されるのは，ボーリング孔を利用した透水試験等である。 よって，**適当でない。**

⑵ ポータブルコーン貫入試験は，軟弱地盤においてコーン貫入抵抗を求める試験で，地盤の強度から建設機械の走行性（トラフィカビリティー）の判定に利用する。 よって，適当である。

⑶ 土の一軸圧縮試験は，主に粘性土の強度を求める室内試験で原地盤の支持力の推定に利用する。 よって，適当である。

⑷ コンシステンシー試験とは，液性限界・塑性限界試験のことで盛土材料の適否の判断に用いられる。コンシステンシーとは，土の含水量の変化による状態の変化や変形に対する抵抗の大小であり，コンシステンシー特性は，土を工学的に分類し盛土材料としての判別に役立つ。 よって，適当である。

解答 (1)

【No. 3】

⑴ 盛土の安定性を確保し有害な沈下を抑制するために，盛土の基礎地盤の処理は非常に重要である。盛土の基礎地盤は，あらかじめ盛土完成後に不同沈下等を生じるおそれがないか検討する。 よって，適当である。

⑵ 敷均し厚さは，盛土材料，施工法及び要求される締固め度等の条件に左右される。試験施工によって決めることが望ましいが，一般的には 1 層の締固め後の仕上り厚さは路体で 30 cm 以下，路床で 20 cm 以下としている。 よって，適当である。

⑶ 土の締固めでは，同じ土を同じ方法で締め固めても得られる土の密度は含水比により異なる。この締固めの含水比と密度の関係は「締固め曲線」で表される。ある一定のエネルギーにおいて最も効率よく土を密にすることができる含水比を「最適含水比」，そのときの乾燥密度を「最大乾燥密度」という。 よって，適当である。

(4) 盛土工における構造物縁部の締固めは，良質な材料を用い，供用開始後に不同沈下や段差がないよう**小型の締固め機械**により入念に締め固める。 よって，**適当でない。**

解答 (4)

【No. 4】

(1) プレローディング工法は，構造物の施工に先立って盛土荷重などを載荷し，ある放置期間後載荷重を除去して沈下を促進させて地盤の強度を高める「載荷重工法」である。 よって，**該当する。**

(2) ディープウェル工法は，地下水を低下させることで地盤が受けていた浮力に相当する荷重を下層の軟弱層に載荷して，圧密沈下を促進し強度増加を図る圧密･排水工法で「**地下水低下工法**」に分類される。 よって，該当しない。

(3) サンドコンパクションパイル工法は，地盤に締め固めた砂ぐいを造る。緩い砂地盤に対しては液状化の防止，粘土質地盤には支持力を向上させる工法で，「**締固め工法**」である。よって，該当しない。

(4) 深層混合処理工法は，大きな強度が短期間で得られ沈下防止に効果が大きい「**固結工法**」である。この工法の改良目的は，すべり抵抗の増加，変形の抑止，沈下低減，液状化防止などである。 よって，該当しない。

解答 (1)

【No. 5】

(1) セメントは，高い**アルカリ性**を持っている。 よって，**適当でない。**

(2) セメントは，空気中の炭酸ガスと湿度の作用で軽微な水和反応を起こし風化する。セメントが風化すると強熱減量が増加し，密度が小さくなって凝結が遅くなったり，強さが低下したりする。 よって，適当である。

(3) 早強ポルトランドセメントは，初期強度を要するプレストレストコンクリート工事，寒中コンクリート工事，工期が短い工事に適している。ただし，高温環境下で用いると，凝結が早いため仕上げが困難になったり，コールドジョイントが発生しやすくなる。 よって，適当である。

(4) 中庸熱ポルトランドセメントは，強度発現が遅いのでダム工事等大量にセメントを使用する，マスコンクリートに適している。ただし，養生期間も長くなる。 よって，適当である。

解答 (1)

【No. 6】

(1) 打ち込んだコンクリートに一様な振動が与えられるように 1 箇所当たりの振動時間を定めておく。棒状バイブレータの挿入時間の目安は，一般には 5～15 秒程度である。 よって，適当である。

(2) 棒状バイブレータはなるべく垂直に一様な間隔で差し込む。その間隔は，振動が有効であると認められる範囲の直径以下とし，平均的な流動性を有するコンクリートに対しては挿入間隔を一般に 50 cm 以下にするとよい。 よって，適当である。

(3) 棒状バイブレータは，コンクリートに穴が残らないように**ゆっくり引き抜く。**よって，**適当でない。**

(4) 棒状バイブレータは，材料分離の原因となるためコンクリートを横移動させる目的では用いない。 よって，適当である。

解答 (3)

【No. 7】

(1) ブリーディングとは，フレッシュコンクリートの固体材料の沈降又は分離によって，練混ぜ水の一部が遊離してコンクリート表面に上昇する現象である。 よって，適当である。

(2) ワーカビリティーとは，材料分離を生じることなく，運搬，打ち込み，締固め，仕上げまでの一連の作業のしやすさのことである。 よって，適当である。

(3) レイタンスとは，フレッシュコンクリート内に含まれるセメントの微粒子や骨材の微粒子が，**コンクリート表面に水とともに浮かび上がって沈殿する物質である。**コンクリートの柔らかさの程度を示す指標はスランプである。 よって，**適当でない。**

(4) コンシステンシーとは，フレッシュコンクリート，フレッシュモルタル及びフレッシュペースト，の変形又は流動に対する抵抗性である。 よって，適当である。

解答 (3)

【No. 8】

(1) なめらかで密実な表面を必要とする場合は，作業が可能な範囲でできるだけ遅い時期に金ごてで強い力を加えてコンクリート上面を仕上げる。 よって，適当である。

(2) 仕上げ後，コンクリートが固まり始める前に発生したひび割れは，こてを用いたタンピング等で修復し再仕上げを行う。 よって，適当である。

(3) 養生では，コンクリートを湿潤状態と適当な温度に保ち，有害な作用の影響を受けないようにすることが重要である。 よって，適当である。

(4) 混合セメントの湿潤養生期間は，早強ポルトランドセメントよりも**長くする。**湿潤養生期間の標準は，下表（「コンクリート標準示方書［施工編］p.125」参照）のとおり

日平均気温	普通ポルトランドセメント	混合セメントB種	早強ポルトランドセメント
15℃以上	5日	**7日**	3日
10℃以上	7日	**9日**	4日
5℃以上	9日	**12日**	5日

よって，**適当でない。**

解答 (4)

【No. 9】

(1) ドロップハンマは，**杭の重量以上**，あるいは杭1mあたりの重量の10倍以上でハンマを落下させて打ち込む。 よって，**適当でない。**

(2) ディーゼルハンマは，打撃力が大きく構造が簡単で施工効率が良いので広く使用されてきたが，騒音・振動と油の飛散を伴うことから油圧ハンマより使用頻度は低い。 よって，適当である。

(3) バイブロハンマ工法は，振動杭打機により上下方向に強制振動を与え，振動機・杭の重量によって，鋼管杭などを地盤に押し込む。 よって，適当である。

(4) 油圧ハンマは，ラムの落下高さを任意に調整でき，杭打ち時の騒音を小さくできる。また，油煙の飛散もないため低公害ハンマとして使用頻度が高い。 よって，適当である。

解答 (1)

【No. 10】

⑴ 施工時における騒音と振動は，**打撃工法に比べて小さい。** よって，**適当でない。**

⑵ 大口径の杭を施工することにより，大きな支持力が得られる。標準的な口径は，オールケーシング工法・リバース工法・アースドリル工法で 0.8～3.0 m，深礎工法で 2.0～4.0 m である。
よって，適当である。

⑶ コンクリート，鉄筋かご等，杭材料の運搬等の取扱いが容易である。 よって，適当である。

⑷ 掘削土により，基礎地盤の確認ができる。オールケーシング工法はハンマグラブにより掘削した土，リバース工法はデリバリホースから排出される循環水に含まれた土砂，アースドリル工法はバケットにより掘削した試料，深礎工法は人力等で直接掘削した土である。 よって，適当である。

解答 (1)

【No. 11】

⑴ アンカー式土留め工法は，引張材を用い掘削地盤中に定着させた土留めアンカーと掘削側の地盤抵抗によって土留め壁を支える。切梁による土留めが困難な場合や掘削断面の空間を確保する必要がある場合に用いる工法である。
よって，適当である。

⑵ 切梁式土留め工法には，中間杭や火打ち梁を用いるものがある。また，他の工法では切梁や腹起しを用いない自立式土留め工法がある。
よって，適当である。

⑶ ボイリングとは，砂質地盤で地下水位以下を掘削したときに，水位差により上向きの浸透流が発し砂が噴き上がる現象である。
よって，適当である。

⑷ パイピングとは，地下水の浸透流が砂質土の弱いところを通って**パイプ状の水みちを形成する**現象である。ヒービングとは，粘性土地盤のような軟弱地盤において，土留め壁の背面の土が内側に回り込んで掘削地盤の底面が押し上げられる現象である。 よって，**適当でない。**

解答 (4)

【No. 12】

⑴ 低炭素鋼は，延性，展性に富み，橋梁等に広く用いられている。炭素含有量が少ないほど延性や展性に富み，引張り強さや高度は減少する。
よって，適当である。

⑵ **鋼材の腐食**が心配される場合には，耐候性鋼材等の防食性の高い鋼材を用いる。よって，**適当でない。**

⑶ 鋼材は，応力度が弾性限度に達するまでは弾性を示す。それを超えると材料の塑性変形が始まり永久にひずみが残るようになる。
よって，適当である。

⑷ 継続的な荷重の作用による摩耗，疲労は，鋼材の耐久性を劣化させる原因になる。
よって，適当である。

解答 (2)

【No. 13】

(1) ケーブルクレーンによる直吊り工法は，鉄塔で支えられたケーブルクレーンで橋桁をつり込んで架設する工法である。**海上や河川上で自走クレーンが進入できない場所**での施工に適している。
よって，適当でない。

(2) 全面支柱式支保工架設工法は，**桁下空間を確保する必要がある場合**，支保工高が高い場合，地盤が軟弱な場合などに用いられる。
よって，適当でない。

(3) 手延べ桁による押出し工法は，架設地点に隣接する場所であらかじめ橋桁の組み立てを行って，順次送り出して架設する。**桁下の空間が使用できない場合**に適している。
よって，適当でない。

(4) クレーン車によるベント式架設工法は，移動式クレーン（トラッククレーン又はラフタークレーン）で鋼製ベントと呼ばれる仮設備で架設桁を支持する構台を組み立てる。他の架設工法に比べて少ない仮設備で架設できることから，市街地や平坦地で桁下空間が使用できる現場において一般に用いられる。
よって，**適当である。**

解答 (4)

【No. 14】

(1) 中性化は，二酸化炭素がセメント水和物と炭酸化反応を起こし，アルカリ性のコンクリートの pH を低下させる現象の劣化機構である。コンクリートのアルカリ性が，空気中の炭酸ガスの浸入等で失われていく現象である。
よって，適当である。

(2) 塩害は，コンクリート中に浸入した**塩化物イオンが鉄筋の腐食を引き起こす現象**の劣化機構である。これにより，ひび割れや剥離，鋼材の断面減少を引き起こす現象である。設問は化学的浸食の記述である。
よって，**適当でない。**

(3) 疲労は，荷重が繰り返し作用することで，鋼材（鉄筋等）の強度低下やコンクリート中にひび割れが発生し，やがて大きな損傷となる現象である。
よって，適当である。

(4) 凍害は，コンクリート中に含まれる水分が凍結し，氷の生成による膨張圧などでコンクリートが破壊される現象の劣化機構である。コンクリート中の水分が凍結と融解を繰り返すことでコンクリート表面からスケーリング，微細なひび割れ，ポップアウトが発生する。
よって，適当である。

解答 (2)

【No. 15】

(1) 河川における右岸と左岸は，河川の**上流から下流を見て**右側を右岸，左側を左岸という。
よって，適当でない。

(2) 河川には，水深が浅く**流れの速い瀬と，深くて流れの緩やかな淵**と呼ばれる部分がある。
よって，適当でない。

(3) 河川において，両岸の堤防に挟まれて河川の流水がある側を堤外地，堤防で洪水・氾濫から守られている住居や農地などのある側を堤内地という。
よって，**適当である。**

(4) 河川堤防の断面で，両岸ともに一番高い平らな部分を天端という。天端の高さは，計画高水位（H. W. L.）に堤防の構造上必要とされる高さの余裕である，**余裕高を加えた高さ**にすることを基本とする。
よって，適当でない。

解答 (3)

【No. 16】

⑴　基礎工は，護岸の法覆工を支える基礎であるとともに，洗掘に対する法覆工の保護や裏込め土砂の流出を防ぐものである。　よって，適当である。

⑵　法覆工は，堤防及び河岸の法面をコンクリートブロック等で被覆し保護するものである。流水・流木の作用，土圧等に対して安全な構造とし，**堤防の法勾配が緩く流速が小さな場所では，張ブロックで施工し，**法勾配が急で流速が大きな場所では，間知ブロック等の積ブロックで施工する。
よって，**適当でない。**

⑶　根固工は，急流河川や流水方向にある水衝部などで，その地点の流勢を減じ，河床の洗掘を防ぎ，基礎工・法覆工を保護するものである。　よって，適当である。

⑷　低水護岸の天端保護工は，流水によって護岸の裏側から破壊しないように保護するもので，天端工と背後地の間から侵食が生じることが予測される場合に設置する。　よって，適当である。

解答　(2)

【No. 17】

⑴　前庭保護工は，本えん堤を越流した**土石流等の落下及び衝突による基礎地盤の洗掘を防ぐ**ことによるえん堤本体の破壊防止，及び下流の河床低下を防ぐために堤体の下流側に設置され，副ダム及び水褥池による減勢工，水叩き，側壁護岸，護床工などからなる。　よって，**適当でない。**

⑵　本えん堤の袖は，洪水を越流させないために設けられ，水通し側から両岸に向かって上り勾配とする。勾配は渓床勾配程度，あるいは上流の計画堆砂勾配と同程度かそれ以上とする。よって，適当である。

⑶　側壁護岸は，越流部からの落下水が本えん堤と副えん堤，又は垂直壁の間において，左右の法面を侵食することを防止するための構造物である。　よって，適当である。

⑷　本えん堤の水通しの形状は，一般に台形（逆台形）断面とし，本えん堤を越流する流量に対して十分な大きさとする。水通し幅は，渓床幅の許す限り広くして越流水深をなるべく小さくする。また，水通し高さは，対象流量を流しうる水位に余裕高以上の高さを加えて求める。　よって，適当である。

解答　(1)

【No. 18】

⑴　地すべり防止工は抑制工と抑止工に大別され，抑制工は，**地すべりの地形や地下水状態等の自然条件を変化させることにより，地すべり運動を停止又は緩和させる**工法である。　よって，適当でない。

⑵　地すべり運動が活発に継続している場合，地すべり防止工の施工は，**抑制工，抑止工の順に行い**，抑制工によって地すべり運動が緩和，又は停止してから抑止工を導入するのが一般的である。
よって，適当でない。

⑶　抑止工は，**杭等の構造物を設けることによって**，地すべり運動の一部又は全部を停止させる工法である。地すべり防止施設計画は，地すべりの発生機構，規模等に応じて，抑制工と抑止工を適切に組み合わせた計画とする。
よって，適当でない。

⑷　集水井工は，地下水が集水できる堅固な地盤に井筒を設置して，横ボーリング工の集水効果に主眼を置くとともに，地下水位以下の井筒の壁面に設けた集水孔などからも地下水を集水し，原則として排水ボーリングによる自然排水を行うものである。　よって，**適当である。**

解答　(4)

【No. 19】

⑴ 構築路床の築造方法には，盛土工法，安定処理工法及び置換え工法がある。盛土路床は原地盤の上に良質土を盛り上げて築造するもので，その1層の敷均し厚さは，**仕上り厚で 20 cm 以下**を目安とする。 よって，**適当でない。**

⑵ 安定処理工法は，現位置で現状路床土とセメントや石灰等の安定材を混合して締固めて仕上げ，構築する工法である。 よって，適当である。

⑶ 切土路床の仕上げでは，土中の木根，転石など，路床の均一性を損なうものを取り除く範囲を表面から 30 cm 程度以内とする。 よって，適当である。

⑷ 置き換え工法は，切土部分で軟弱な現状路床土の一部又は全部を良質土で置き換える工法である。良質土以外に，地域産材料を安定処理して用いることもある。 よって，適当である。

解答 (1)

【No. 20】

⑴ 締固めの施工において，転圧温度の高過ぎやローラの線圧過大の場合は，ヘアクラックや変形等を起こすことがある。 よって，適当である。

⑵ 二次転圧は，一般に 8～20 t の**タイヤローラを用いる**が，8～10 t の振動ローラを用いることもある。 よって，**適当でない。**

⑶ 仕上げ転圧は，不陸の整正やローラマーク消去のために行い，タイヤローラあるいは ロードローラを用いて 2 回（1 往復）程度行う。 よって，適当である。

⑷ アスファルト混合物は，敷均し終了後，所定の密度が得られるように締め固める。締固め作業は，継目転圧・初転圧・二次転圧・仕上げ転圧の順序で行う。 よって，適当である。

解答 (2)

【No. 21】

⑴ オーバーレイ工法は，既設舗装の上に厚さ 3 cm 以上の加熱アスファルト混合物層を舗設する工法である。 よって，該当しない。

⑵ 打換え工法は，既設舗装の路盤もしくは路盤の一部までを打ち換える工法で，状況によっては路床の入れ換え，路床又は路盤の安定処理を行う場合もある。 よって，該当しない。

⑶ 切削工法は，路面の凸部等を切削除去し，不陸や段差を解消する工法で，オーバーレイ工法や表面処理工法の事前処理として施工されることも多い。 よって，該当しない。

⑷ パッチング工法は，局部的なポットホール，段差等に，通常の加熱アスファルト混合物，アスファルト乳剤などを用いた常温混合物等の舗装材料で，応急的に充填，あるいは小面積に上積する工法である。 よって，**該当する。**

解答 (4)

【No. 22】

⑴ コンクリート版に温度変化に対応した目地を設ける場合，車線方向に設ける縦目地と車線に直交して設ける横目地がある。 よって，**適当である。**

⑵ 舗装用コンクリート打込みにあたって，一般的には**敷均し機械スプレッダ**によって，全体がなるべく均等な密度となるよう，均一に隅々まで敷き広げる。 よって，適当でない。

⑶ 敷き広げたコンクリートは，**コンクリートフィニッシャ**を用いて，十分に締め固める。 よって，適当でない。

⑷ 表面仕上げの終わった舗装版が所定の強度になるまで**湿潤状態**を保つ。 よって，適当でない。

解答 (1)

【No. 23】

⑴ 転流工は，ダム本体工事を確実に，また容易に施工するため，ダム本体工事期間中の河川の流れを一時迂回させる河流処理工であり，半川締切り方式，仮排水開水路方式及び基礎岩盤内にバイパストンネルを設ける仮排水トンネル方式がある。 よって，適当である。

⑵ コンクリートダムのコンクリート打設に用いる RCD 工法は，水和熱低減のために単位結合材量及び単位水量が少なく，超硬練りに配合されたコンクリートを汎用のブルドーザなどを用いて敷均し，**振動ローラで締め固める**工法である。 よって，**適当でない。**

⑶ グラウチングは，ダムの基礎岩盤として不適当な弱部の補強及び遮水性の改良を目的とした，最も一般的な基礎処理工法である。 よって，適当である。

⑷ 火薬を用いる爆破掘削工法には，ベンチカット工法，長孔発破工法，坑道発破工法，放射状発破工法などがある。ベンチカット工法は，ダム本体の基礎掘削の主流を占める工法で，まず平坦なベンチを造成し，大型削岩機などのせん孔機械で穴をあけて爆破とズリ出しを繰り返し，階段状に順次上方から下方に切り下げていく掘削工法である。 よって，適当である。

解答 (2)

【No. 24】

⑴ 吹付けコンクリートの作業においては，はね返りを少なくするために吹付けノズルと吹付け面の距離を適正となるようにし，ノズルを吹付け面に直角に保つようにする。吹付け面に対してノズルを斜めにした場合は，先に吹付けられた部分が吹き飛ばされ，はね返りや剥離が生じる。 よって，適当である。

⑵ ロックボルトは，所定の位置，方向，深さ，孔径となるように留意して穿孔し，原則として**トンネルの壁面に直角方向**に設ける。 よって，**適当でない。**

⑶ 主な掘削方式には，発破掘削，機械掘削，発破及び機械の併用等がある。発破掘削は，地質が硬岩から中硬岩の硬岩質の地山の場合等に用いられ，機械掘削は，主に中硬岩から軟岩及び未固結地山に適用される。 よって，適当である。

⑷ 機械掘削は，トンネルボーリングマシンによる全断面掘削方式と，ブーム掘削機やバックホウ，大型ブレーカ等による自由断面掘削方式に大別できる。 よって，適当である。

解答 (2)

【No. 25】

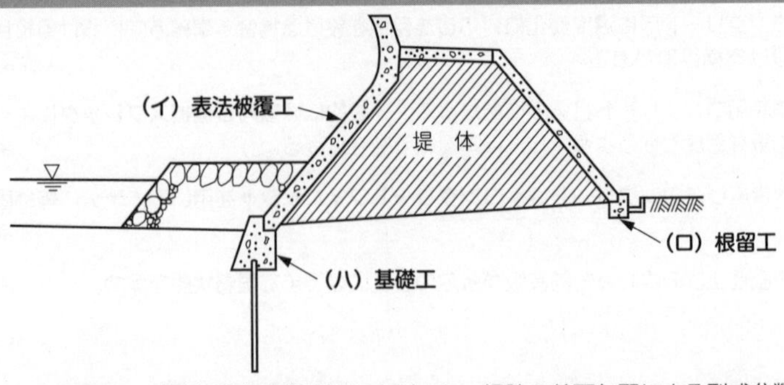

海岸保全施設としての堤防は，津波堤防と高潮堤防に大別され，堤防の前面勾配による型式分類では，傾斜型，直立型，及び混成型の 3 種類に分類される。勾配が 1 割（1:1）より急なものを直立型，1 割より緩いものを傾斜型，傾斜型のうち 3 割（1:3）より緩やかなものを緩傾斜型という。傾斜型海岸堤防の概念図を示すが，設問の各部の構造名称は，**(イ) 表法被覆工，(ロ) 根留工，(ハ) 基礎工**である。

よって，**(3)の組合せが適当である。**

解答 (3)

【No. 26】

(1) 仮置きが長期にわたる場合や，波浪や風などの影響でケーソンのえい航直後の据付けが困難と予想される場合には，波浪のない安定した時期まで仮置場に沈設し仮置きする。　よって，適当である。

(2) ケーソンの据付け作業は波浪や潮流の影響を受けることが多いため，曳航，据付，中詰，ふたコンクリートまでを一連作業として実施できるように，天候を配慮して工程計画を立てる必要がある。ケーソンは，海面がつねにおだやかで，大型起重機船が使用できるなら，進水したケーソンを据付け場所までえい航して据え付けることができる。　よって，適当である。

(3) ケーソンの据付けにおいては，注水を開始した後は，**ケーソンの底面が据付け面直前の位置に近づいたら注水を一時止め**，最終的なケーソンの引寄せを行い，潜水士によって正確な位置を決めたのち，再び注水して正しく据え付ける。　よって，**適当でない。**

(4) ケーソンの中詰め後は，波により中詰め材が洗い流されないように，ケーソンのふたとなるコンクリートを速やかに打設する。これには，プレキャストコンクリートのふたを据え付ける方法とコンクリートを現場打ちする方法がある。　よって，適当である。

解答 (3)

【No. 27】

[鉄道の用語]　[説　明]

⑴ 線路閉鎖工事………保守用車使用，保守作業，停電工事などを行う場合，線路の閉鎖を行い，線路内で，列車や車両の進入を中断して行う工事のこと　よって，適当である。

⑵ 軌　間………………レールの車輪走行面より下方の所定距離以内における左右レール頭部間の最短距離でレール幅のことをいう　よって，適当である。

⑶ 緩和曲線……………直線から徐々に曲線を描き，カーブをゆるやかに通行させ，鉄道車両の走行を円滑にするために直線と円曲線，又は 2 つの曲線の間に設けられる特殊な線形のこと　よって，適当である。

⑷ 路　盤………………自然地盤や盛土等で構築され，**路床の上に位置する**部分のこと

よって，**適当でない。**

解答　(4)

【No. 28】

⑴ 保安管理者は，工事指揮者と相談し，事故防止責任者を指導し，現場条件や作業条件に応じた安全対策や保安対策を講じて列車の安全運行を確保する。　よって，適当である。

⑵ 重機械の運転者は，重機械安全運転の講習会修了証の写しを必要書類とともに提出し，監督員等の承認を得る。　よって，適当である。

⑶ 複線以上の路線での積みおろしの場合は，列車見張員を配置し，**建築限界**をおかさないように材料を置かなければならない。　よって，**適当でない。**

⑷ 列車見張員は，鉄道軌道内又は鉄道軌道隣接地を工事等する際に，鉄道車両の接近を見張り，工事関係者の安全を確保する。信号炎管・合図灯・呼笛・時計・時刻表・緊急連絡表を携帯しなければならない。　よって，適当である。

解答　(3)

【No. 29】

⑴ シールド工法は，シールドマシンを使用するトンネル工事である。開削工法が困難な都市の下水道工事や地下鉄工事をはじめ，海底道路トンネルや地下河川の工事等で用いられる。　よって，適当である。

⑵ シールド工法に使用される機械は，シールド前面にあるフード部，中間部にあるガーダー部，後部にあってセグメントを組み立てる部分のテール部からなる。　よって，適当である。

⑶ 泥水式シールド工法では，砂礫，砂，シルト，粘土に適している工法で掘削された土砂は，泥水と一緒に排泥管を流体輸送されて地上に搬出される。設問は，**泥土圧シールド工法**の記述である。　よって，**適当でない。**

⑷ 土圧式シールド工法は，切羽の土圧と掘削した土砂が平衡を保ちながら掘進する工法で，一般に粘性土地盤に適している。　よって，適当である。

解答　(3)

【No. 30】

⑴ 管の布設にあたっては，中心線及び高低を確定し，正確に据付ける。縦断勾配のある場合，管の布設は，原則として低所から高所に向けて行い，また受口のある管は受口を高所に向けて配管する。
よって，適当である。

⑵ ダクタイル鋳鉄管の据付けでは，管体の表示記号を確認するとともに，受け口部分に鋳出してある表示記号の管径，年号の記号を上に向けて据付ける。 よって，適当である。

⑶ 一日の布設作業完了後は，管内に土砂，汚水などが流入しないように木蓋などで管端部をふさぎ，管内には綿布，工具類等を置き忘れないように注意する。 よって，適当である。

⑷ 管の切断は管軸に対して直角に行い，鋳鉄管の切断は切断機で行うことを標準とし，**異形管は切断しない。** よって，**適当でない。**

解答 (4)

【No. 31】

⑴ 管渠径が変化する場合又は2本の管渠が合流する場合の接合方法は，原則として水面接合又は管頂接合とし，水面接合は，水理学的に概ね**上下流管渠内の計画水位を一致させ接合する**方法である。管中心接合は，上下流管渠の中心を一致させて接合する方式である。 よって，**適当でない。**

⑵ 管頂接合は，管渠の内面の管頂部の高さを一致させ接合する方法であり，下流が下り勾配の地形に適し，流水は円滑となり水理学的には安全な方法であるが，下流になるほど深い掘削が必要となる。
よって，適当である。

⑶ 管底接合は，管渠の内面の管底部の高さを上下流で一致させて接合する方法であり，掘削深さを減じて工費が軽減できる。しかし，接合部の上流部の水位が高くなり動水勾配線が管頂より上昇し，圧力管となるおそれがある。 よって，適当である。

⑷ 地表勾配が急な場合，管渠径の変化の有無にかかわらず，原則として地表勾配に応じ，段差接合又は階段接合とする。段差接合は，急な地表勾配に応じて適当なマンホールの間隔を考慮しながら，階段状に接合する方式である。 よって，適当である。

解答 (1)

【No. 32】

⑴ 使用者は，労働時間が6時間を超える場合においては少くとも45分，8時間を超える場合においては少くとも1時間の休憩時間を労働時間の途中に与えなければならない。(労働基準法第34条第1項)
よって，正しい。

⑵ 使用者は，労働者に対して，毎週少くとも1回の休日を与えなければならない。
(労働基準法第35条第1項) よって，正しい。

⑶ 使用者は，労働組合との協定により労働時間を延長して労働させることができる時間は，**1箇月について45時間及び1年について360時間とする。**(労働基準法第36条第4項) よって，**誤っている。**

⑷ 使用者は，その雇入れの日から起算して6箇月間継続勤務し全労働日の8割以上出勤した労働者に対して，継続し，又は分割した10労働日の有給休暇を与えなければならない。
(労働基準法第39条第1項) よって，正しい。

解答 (3)

【No. 33】

(1) 労働者が業務上負傷し，又は疾病にかかった場合においては，使用者は，その費用で必要な療養を行い，又は必要な療養の費用を負担しなければならない。(労働基準法第 75 条第 1 項)

よって，正しい。

(2) 労働者が重大な過失によって業務上負傷し，又は疾病にかかり，且つ使用者がその過失について行政官庁の**認定を受けた場合**においては，休業補償又は障害補償を行わなくてもよい。(労働基準法第78条)と規定している。認定を受けた場合で，届け出た場合ではない。

よって，**誤っている。**

(3) 労働者が業務上負傷した場合，その補償を受ける権利は，労働者の退職によって変更されることはない。(労働基準法第 83 条第 1 項)

よって，正しい。

(4) 業務上の負傷，疾病又は死亡の認定，療養の方法，補償金額の決定その他補償の実施に関して異議のある者は，行政官庁に対して，審査又は事件の仲裁を申し立てることができる。(労働基準法第 85 条第 1 項)

よって，正しい。

解答 (2)

【No. 34】

作業主任者の選任を必要とする作業（労働安全衛生法第 14 条，同法施行令第 6 条）（本書 224 ページ「作業主任者一覧表」参照）

よって，(3)は作業主任者の**選任を必要としない作業**である。

解答 (3)

【No. 35】

(1) 建設業とは，元請，下請その他いかなる名義をもってするかを問わず，建設工事の完成を請け負う営業をいう。(建設業法第 2 条第 2 項)

よって，正しい。

(2) 建設業者は，その請け負った建設工事を施工するときは，当該工事現場における建設工事の施工の技術上の管理をつかさどるもの（以下「主任技術者」という。）を置かなければならない。(建設業法第 26 条第 1 項)

よって，正しい。

(3) 工事現場における建設工事の施工に従事する者は，主任技術者又は監理技術者がその職務として行う指導に従わなければならない。(建設業法第 26 条の 4 第 2 項)

よって，正しい。

(4) 公共性のある施設若しくは工作物又は多数の者が利用する施設若しくは工作物に関する重要な建設工事で**工事 1 件の請負代金が建築一式で 8,000 万円以上，その他の工事で 4,000 万円以上のもの**については，**主任技術者または監理技術者**は，工事現場ごとに，専任のものでなければならない。(建設業法第 26 条第 3 項，同法施行令第 27 条第 1 項)

よって，**誤っている。**

※請負代金の額は，建設業法施行令により改正されました。(令和 5 年 1 月 1 日施行)
建設業の許可(同法第 3 条第 1 項第 2 号，同法施行令第 2 条)，施工体制台帳の作成等(同法第 24 条の 8 第 1 項，同法施行令第 7 条の 4) についても請負代金の額を確認しておきましょう。

解答 (4)

【No. 36】

車両の幅等の最高限度が規定されている。(車両制限令第 3 条)

① 幅：2.5 m 以下

② 重量：総重量 20 t 以下（高速道路等 25 t 以下），
軸量 10 t 以下，輪荷重 5 t 以下

③ 高さ：3.8 m 以下，道路管理者が道路の構造の保全及び交通の危険防止上支障がないと認めて指定した道路を通行する車両にあっては 4.1 m 以下。

④ 長さ：**12 m 以下**

⑤ 最小回転半径：車両の最外側のわだちについて 12 m 以下。

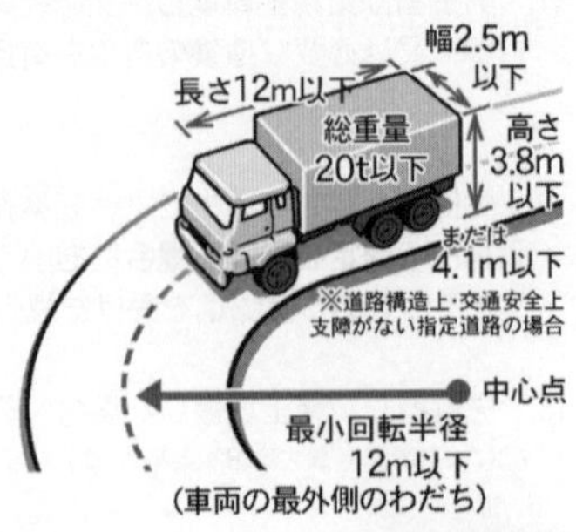

よって，(2)**が誤っている。**

解答 (2)

【No. 37】

(1) 一級河川の管理は，国土交通大臣が行う。二級河川の管理は，当該河川の存する都道府県を統轄する都道府県知事が行う。(河川法第 9 条第 1 項，第 10 条第 1 項) 一級及び二級河川以外の準用河川の管理は，市町村長が行う。(同法第 100 条第 1 項)
よって，正しい。

(2) 河川に**含まれる施設**として，ダム，堰，水門，堤防，護岸，床止め，樹林帯その他河川の流水によって生ずる公利を増進し，又は公害を除却し，若しくは軽減する効用を有するものをいう。
(河川法第 3 条第 2 項)
よって，**誤っている。**

(3) 河川区域内の土地において工作物を新築し，改築し，又は除却しようとする者は，河川管理者の許可を受けなければならない。(河川法第 26 条第 1 項)
民有地での工事材料置き場等を設置するときも許可は必要である。
よって，正しい。

(4) 河川管理者は，河岸又は河川管理施設を保全するため必要があると認めるときは，河川区域に隣接する一定の区域を河川保全区域として指定することができる。(河川法第 54 条第 1 項)
河川管理施設保全のために指定した，河川区域に接する一定区域を河川保全区域という。
よって，正しい。

解答 (2)

【No. 38】

(1) 道路とは，幅員 4 m(特定行政庁がその地方の気候若しくは風土の特殊性又は土地の状況により必要と認めて都道府県都市計画審議会の議を経て指定する区域内においては，6 m。) 以上のもの（地下におけるものを除く。）をいう。(建築基準法第 42 条第 1 項)
よって，正しい。

(2) 建築物の延べ面積の敷地面積に対する割合を容積率という。(建築基準法第 52 条第 1 項)
よって，正しい。

(3) 建築物の敷地は，原則として，幅員 4 m 以上の道路に **2 m 以上**接しなければならない。
(建築基準法第 43 条第 1 項)
よって，**誤っている。**

(4) 建築物の建築面積の敷地面積に対する割合を建蔽率という。(建築基準法第 53 条第 1 項)
よって，正しい。

解答 (3)

【No. 39】

⑴ 火工所以外の場所においては，薬包に工業雷管，電気雷管又は導火管付き雷管を取り付ける作業を行わないこと。(火薬類取締法施行規則第52条の2第3項第6号)
よって，正しい。

⑵ 消費場所において火薬類を取り扱う場合，固化したダイナマイト等は，**もみほぐすこと。**
(火薬類取締法施行規則第51条第7号)
よって，**誤っている。**

⑶ 火工所に火薬類を存置する場合には，見張人を常時配置すること。
(火薬類取締法施行規則第52条の2第3項第3号)
よって，正しい。

⑷ 火薬類の取扱いには，盗難予防に留意すること。(火薬類取締法施行規則第51条第18号) よって，正しい。

解答 (2)

【No. 40】

騒音規制法における特定建設作業（騒音規制法第2条第3項，同法施行令第2条別表第2）に規定している。

1. **くい打機**（もんけんを除く。），くい抜機又はくい打くい抜機（圧入式くい打くい抜機を除く。）を使用する作業（くい打機をアースオーガーと併用する作業を除く。）
2. **びょう打機**を使用する作業
3. **さく岩機**を使用する作業（作業地点が連続的に移動する作業にあっては，1日における当該作業に係る2地点間の最大距離が50 m を超えない作業に限る。）
4. **空気圧縮機**（電動機以外の原動機を用いるものであって，その原動機の定格出力が 15 kW以上のものに限る。）を使用する作業（さく岩機の動力として使用する作業を除く。）
5. **コンクリートプラント**（混練機の混練容量が 0.45 m^2 以上のものに限る。）又はアスファルトプラント（混練機の混練重量が 200 kg 以上のものに限る。）を設けて行う作業（モルタルを製造するためにコンクリートプラントを設けて行う作業を除く。）
6. **バックホウ**（一定の限度を超える大きさの騒音を発生しないものとして環境大臣が指定するものを除き，原動機の定格出力が 80 kW 以上のものに限る。）を使用する作業
7. **トラクターショベル**（一定の限度を超える大きさの騒音を発生しないものとして環境大臣が指定するものを除き，原動機の定格出力が 70 kW 以上のものに限る。）を使用する作業
8. **ブルドーザー**（一定の限度を超える大きさの騒音を発生しないものとして環境大臣が指定するものを除き，原動機の定格出力が 40 kW 以上のものに限る。）を使用する作業

よって，⑴のロードローラを使用する作業は，特定建設作業の**対象とならない作業である。**

解答 (1)

【No. 41】

振動規制法における特定建設作業（振動規制法第2条第3項，同施行令第2条，別表第2）に規定している。

1. **くい打機**（もんけん及び圧入式くい打機を除く。），くい抜機（油圧式くい抜機を除く。）又はくい打くい抜機（圧入式くい打くい抜機を除く。）を使用する作業
2. **鋼球**を使用して建築物その他の工作物を破壊する作業
3. **舗装版破砕機**を使用する作業（作業地点が連続的に移動する作業にあっては，1日における当該作業に係る2地点間の最大距離が50 m を超えない作業に限る。）
4. **ブレーカー**（手持式のものを除く。）を使用する作業（作業地点が連続的に移動する作業にあっては，1日における当該作業に係る2地点間の最大距離が50 m を超えない作業に限る。）

よって，⑴のジャイアントブレーカは特定建設作業の**対象となる建設機械である。**

解答 (1)

【No. 42】

⑴ 船舶は，航路内においては，他の船舶を追い越してはならない。(港則法第 13 条第 4 項)

よって，正しい。

⑵ 汽艇等以外の船舶は，特定港に出入し，又は特定港を通過するには，**国土交通省令で定める航路**によらなければならない。(港則法第 11 条) 港長の定める航路ではない。 よって，**誤っている。**

⑶ 船舶は，航路内においては，原則として投びょうし，又はえい航している船舶を放してはならない。(港則法第 12 条) よって，正しい。

⑷ 船舶は，航路内においては，並列して航行してはならない。(港則法第 13 条第 2 項) よって，正しい。

解答 (2)

【No. 43】

側線	距離 I (m)	方位角	緯距 L (m)	経距 D (m)
AB	37.373	180° 50′ 40″	−37.289	−2.506
BC	40.625	103° 56′ 12″	−9.785	39.429
CD	39.078	36° 30′ 51″	31.407	23.252
DE	38.803	325° 15′ 14″	31.884	−22.115
EA	41.378	246° 54′ 60″	−16.223	−38.065
計	197.257		−0.005	−0.005

トラバース測量では全測線長に対する閉合誤差で表され，精度の目安となる値を閉合比といい，$1/P$＝閉合誤差 / 距離で表される。

よって，0.007/197.257＝28.180≒28.100 より，1/28.100 と計算される。

よって，**閉合比は⑶である。**

解答 (3)

【No. 44】

公共工事標準請負契約約款第 1 条より「設計図書（別冊の図面，仕様書，現場説明書及び現場説明に対する質問回答書をいう)」とある。**見積書は受注者が提出するものである。** よって，**⑷が該当しない。**

解答 (4)

【No. 45】

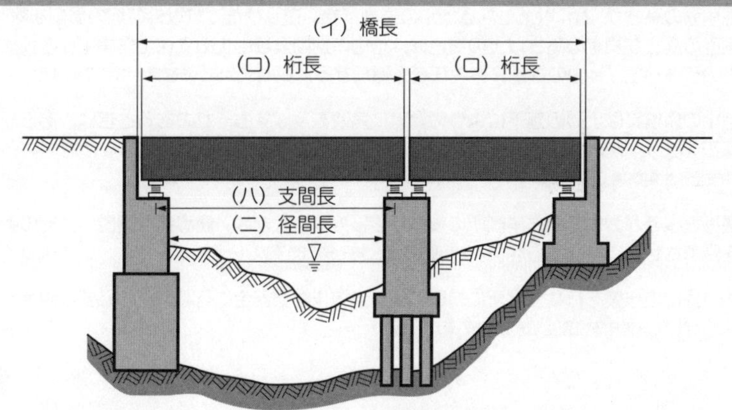

図面より**（イ）橋長，（ロ）桁長，（ハ）支間長，（ニ）径間長**である。

よって，**(3)が適当である。**

解答 (3)

【No. 46】

(1) ランマは，本体のエンジンやモーターにより振動や打撃を与えて，路肩や狭い場所等の締固めに使用される。 よって，適当である。

(2) タイヤローラは，接地圧の調節や自重を加減することができ，各種土質への対応が可能で路盤等の締固めに使用される。 よって，適当である。

(3) ドラグラインは，バケットを遠くへ投げることができ，水中掘削，浚渫作業が可能である。**機械の位置より低い場所**の掘削に適し，砂利の採取等に使用される。 よって，**適当でない。**

(4) クラムシェルは，ブームの先端にワイヤで吊られたクラムシェルバケットで土砂をつかんで掘削していく掘削機である。水中掘削等，狭い場所での深い掘削に使用される。 よって，適当である。

解答 (3)

【No. 47】

(1) 直接仮設工事と間接仮設工事のうち，現場事務所や労務宿舎等の設備は，**間接仮設工事**である。 よって，**適当でない。**

(2) 仮設備は，重要度，使用目的や期間に応じて構造計算を行い，労働安全衛生規則の基準に合致するかそれ以上の計画とする。 よって，適当である。

(3) 指定仮設と任意仮設のうち，任意仮設では施工者独自の技術と工夫や改善の余地が多いため，より合理的な計画を立てることが重要である。指定仮設は発注者の承諾を得ないと変更できない。 よって，適当である。

(4) 仮設工事の材料は，できるだけ経済性を重視し，一般の市販品を使用する。可能な限り規格を統一することで，他工事にも転用できるような計画にする。 よって，適当である。

解答 (1)

【No. 48】

⑴ 掘削面の高さが 2ｍ以上となる地山の掘削（ずい道及びたて坑以外の坑の掘削を除く。）の作業等，掘削面の高さが規定の高さ以上の場合は，地山の掘削及び土止め支保工作業主任者技能講習を修了した者のうちから，地山の掘削作業主任者を選任する。（労働安全衛生法施行令第６条第９号）よって，正しい。

⑵ 地山の崩壊又は土砂の落下により労働者に危険を及ぼすおそれのあるときは，あらかじめ，土止め支保工を設け，防護網を張り，労働者の立入りを禁止する等の措置を講じなければならない。
（労働安全衛生規則第 361 条） よって，正しい。

⑶ 運搬機械等が労働者の作業箇所に後進して接近するときは，**誘導者を配置**し，その者にこれらの機械を誘導させなければならない。（労働安全衛生規則第 365 条） よって，**誤っている。**

⑷ 明り掘削の作業を行なう場所については，当該作業を安全に行なうため必要な照度を保持しなければならない。（労働安全衛生規則第 367 条） よって，正しい。

解答 (3)

【No. 49】

⑴ 外壁，柱等の引倒し等の作業を行うときは，引倒し等について一定の合図を定め，関係労働者に周知させなければならない。（労働安全衛生規則第 517 条の 16） よって，正しい。

⑵ 事業者は，解体用機械を用いて作業を行うときは，物体の飛来等により労働者に危険が生ずるおそれのある箇所に**運転者以外の労働者**を立ち入らせないこと。（労働安全衛生規則第 171 条の６第１号）
また，物体の飛来又は落下による労働者の危険を防止するため，当該作業に従事する労働者に保護帽を着用させなければならない（同規則第 517 条の 19）ともある。 よって，**誤っている。**

⑶ 強風，大雨，大雪等の悪天候のため，作業の実施について危険が予想されるときは，当該作業を中止すること。（労働安全衛生規則第 517 条の 15） よって，正しい。

⑷ 作業計画には，作業の方法及び順序，使用する機械等の種類及び能力等が示されているものでなければならない。（労働安全衛生規則第 517 条の 14 第２項） よって，正しい。

解答 (2)

【No. 50】

⑴ ロットとは，**等しい条件下**で生産された品物の集まりである。 よって，**適当でない。**

⑵ サンプルをある特性について各種目的で測定した値を，データ値（測定値）という。
よって，適当である。

⑶ ばらつきの状態が安定の状態にあるとき，測定値の分布はデータが平均値の付近に集積するような分布を表す正規分布になる。 よって，適当である。

⑷ 測定する対象の材料の母集団からその特性を調べるため，一部取り出したものをサンプル（試料）という。 よって，適当である。

解答 (1)

【No. 51】

⑴ 1回の圧縮強度試験の結果は，21.0 N/mm^{2}であった。「コンクリート標準示方書［施工編］」より，1回目の試験は指定した呼び強度値の85%以上より判定基準内。よって，適当である。

⑵ 3回の圧縮強度試験結果の平均値は，24.0 N/mm^{2}であった。「コンクリート標準示方書［施工編］」より，3回目の試験は指定した呼び強度値以上より判定基準内。よって，適当である。

⑶ スランプ試験の結果は，10.0 cmであった。「コンクリート標準示方書［施工編］」より，スランプ8 cm以上18 cm以下より ±2.5 cmの判定基準内。よって，適当である。

⑷ 空気量試験の結果は，3.0%であった。「コンクリート標準示方書［施工編］」より，許容誤差**±1.5%以上。** よって，**適当でない。**

解答 (4)

【No. 52】

⑴ 舗装版の取壊し作業では，**油圧ジャッキ式舗装版破砕機，低騒音型のバックホウの使用**を原則とする。また，コンクリートカッタ，ブレーカ等についても，できる限り低騒音の建設機械の使用に努めるものとする。よって，適当でない。

⑵ 掘削土をバックホウ等でダンプトラックに積み込む場合，**落下高を低く**して掘削土の放出をスムーズに行う。よって，適当でない。

⑶ 車輪式（ホイール式）の建設機械は，履帯式（クローラ式）の建設機械に比べて，一般に騒音振動レベルが小さい。騒音振動を低減させるために，低騒音型建設機械の選択を検討する。よって，**適当である。**

⑷ 作業待ち時は，建設機械等のエンジンを**停止状態**にしておく。よって，適当でない。

解答 (3)

【No. 53】

この法律において「特定建設資材」とは，コンクリート，木材その他建設資材のうち，建設資材廃棄物となった場合に再資源化が特に必要であり，かつ，その再資源化が経済性の面においても認められるものとして政令で定めるものをいう。（建設工事に係る資材の再資源化等に関する法律第2条5項）

特定建設資材は，1 コンクリート
2 コンクリート及び鉄から成る建設資材
3 木材
4 アスファルト・コンクリート

（同法律施行令第1条）

よって，⑷**が該当する。**

解答 (4)

【No. 54】

「建設機械の作業能力の算定」に関する問題である。

・ダンプトラックより普通ブルドーザ（15 t 級）の方がコーン指数は **(イ) 小さい** 。

・スクレープドーザより **(ロ) 超湿地ブルドーザ** の方がコーン指数は小さい。

・超湿地ブルドーザより自走式スクレーパ（小型）の方がコーン指数は **(ハ) 大きい** 。

・普通ブルドーザ（21 t 級）より **(ニ) ダンプトラック** の方がコーン指数は大きい。

よって，⑵**の組合せが適当である。**

解答 (2)

【No. 55】

「建設機械のの作業内容」に関する問題である。

・ **(イ) トラフィカビリティー** とは，建設機械の走行性をいい，一般にコーン指数で判断される。

・リッパビリティーとは， **(ロ) 大型ブルドーザ** に装着されたリッパによって作業できる程度をいう。

・建設機械の作業効率は，現場の地形， **(ハ) 土質** ，工事規模等の各種条件によって変化する。

・建設機械の作業能力は，単独の機械又は組み合わされた機械の **(ニ) 時間当たり** の平均作業量で表される。

よって，⑷**の組合せが適当である。**

解答 (4)

【No. 56】

工程管理における「基本事項」に関する問題である。

・ **(イ) バーチャート** は，各工事の必要日数を棒線で表した図表である。

・ **(ロ) 出来高累計曲線** は，工事全体の出来高比率の累計を曲線で表した図表である。

・ **(ハ) グラフ式工程表** は，各工事の工程を斜線で表した図表である。

・ **(ニ) ネットワーク式工程表** は，工事内容を系統だてて作業相互の関連，順序や日数を表した図表である。

よって，⑷**の組合せが適当である。**

解答 (4)

【No. 57】

工程管理における「ネットワーク式工程表」に関する問題である。

※クリティカルパスは，作業開始から終了までの経路の中で，所要日数が最も長い経路について計算する。

・⓪→①→②→⑤→⑥　3+4+8+3=18日（作業A, B, D, G）

・⓪→①→②…→③→⑤→⑥　3+4+9+3=19日（作業A, B, E, G）

・⓪→①→②…→③→④…→⑤→⑥　3+4+8+3=18日（作業A, B, F, G）

・⓪→①→③→⑤→⑥　3+6+9+3=21日（作業A, C, E, G）

（クリティカルパス上の作業である。）

・⓪→①→③→④…→⑤→⑥　3+6+8+3=20日（作業A, C, F, G）

※遅延しても，全体の工期に影響ないのは，「トータルフロート」で，

(作業C)−(作業B)=6−4=**2日**である。

・ **(イ) 作業 C** 及び **(ロ) 作業 E** は，クリティカルパス上の作業である。

・作業 B が **(ハ) 2日** 遅延しても，全体の工期に影響はない。

・この工程全体の工期は， **(ニ) 21日間** である。

よって，⑵**の組合せが正しい。**

解答 (2)

【No. 58】

安全管理における「作業床」に関する問題である。(労働安全衛生規則第519, 第563条)

・作業床の端, 開口部には, 必要な強度の囲い, (イ) **手すり** , (ロ) **覆い** を設置する。

・囲い等の設置が困難な場合は, 安全確保のため (ハ) **安全ネット** を設置し, (ニ) **要求性能墜落制止用器具** を使用させる等の措置を講ずる。

よって, (1)**の組合せが適当である。**

解答 (1)

【No. 59】

安全管理における「車両系建設機械」に関する問題である。

・運転者は, 運転位置を離れるときは, 原動機を止め, (イ) **かつ** 走行ブレーキをかける。(労働安全衛生規則第160条第1項第2号)

・転倒や転落のおそれがある場所では, 転倒時保護構造を有し, かつ, (ロ) **シートベルト** を備えた機種の使用に努める。(同規則第157条の2)

・(ハ) **乗車席** 以外の箇所に労働者を乗せてはならない。(同規則第162条)

・(ニ) **その日の作業開始前** にブレーキやクラッチの機能について点検する。(同規則第170条)

よって, (3)**の組合せが正しい。**

解答 (3)

【No. 60】

品質管理における「$\bar{x}-R$ 管理図」に関する問題である。

・データには, 連続量として測定される (イ) **計量値** がある。

・$\bar{x}$ 管理図は, 工程平均を各組ごとのデータの (ロ) **平均値** によって管理する。

・R 管理図は, 工程のばらつきを各組ごとのデータの (ハ) **最大・最小の差** によって管理する。

・$\bar{x}-R$ 管理図の管理線として, (ニ) **中心線** 及び上方・下方管理限界がある。

よって, (2)**の組合せが適当である。**

解答 (2)

【No. 61】

品質管理における「盛土の締固め」に関する問題である。

・盛土の締固めの品質管理の方式のうち (イ) **品質** 規定方式は, 盛土の締固め度等を規定するもので, (ロ) **工法** 規定方式は, 使用する締固め機械の機種や締固め回数等を規定する方法である。

・盛土の締固めの効果や性質は, 土の種類や含水比, (ハ) **施工** 方法によって変化する。

・盛土が最もよく締まる含水比は, 最大乾燥密度が得られる含水比で (ニ) **最適** 含水比である。

よって, (1)**の組合せが適当である。**

解答 (1)

図解でよくわかるシリーズで

好評発売中

■A5判
本文2色：384頁
付録1色：80頁
定価 2,500円+税

令和5年3月刊行予定

■A5判
本文2色：336頁
付録1色：16頁
定価 2,800円+税

著者紹介

井上　国博　いのうえ　くにひろ
日本大学 工学部 建築学科卒業
資　格：1級建築士/建築設備士/
1級造園施工管理技士

渡辺　彰　わたなべ　あきら
東京農工大学 農学部 農業生産工学科卒業
資　格：1級土木施工管理技士/環境カウンセラー/
環境再生医（上級）/CEAR審査員補（ISO 14001）/JRCA審査員補（ISO 9001）

速水　洋志　はやみ　ひろゆき
東京農工大学 農学部 農業生産工学科（土木専攻）卒業
資　格：技術士（総合技術監理・農業土木）/
測量士/環境再生医（上級）

吉田　勇人　よしだ　はやと
国土建設学院卒業
資　格：1級土木施工管理技士/RCCM（農業土木）

企画・取材・編集・制作■内藤編集プロダクション

図解でよくわかる
2級土木施工管理技術検定 第1次検定 2023年版

2023年2月16日発　行　　NDC 510

著　者　井上国博　速水洋志
　　　　渡辺　彰　吉田勇人
イラスト　なかどくにひこ
発行者　小川雄一
発行所　株式会社 誠文堂新光社
〒113-0033　東京都文京区本郷3-3-11
電話 03-5800-5780
https://www.seibundo-shinkosha.net/

印刷・製本　図書印刷 株式会社

ISBN978-4-416-52361-2